创一流 技工院校 职业院校 "一体化"精品教材

电子产品的装接与检修

◎主　编　黄诚壬　李玉静
◎副主编　易观来　廖谷祥　卢　茹
◎主　审　陈令平

電子工業出版社
Publishing House of Electronics Industry
北京•BEIJING

内 容 简 介

本书是根据创建全国一流技师学院的指导思想进行编写的一体化教材，本着“工学结合、项目引导、任务驱动”的原则，以来自企业生产实际并经过教学化处理的工作任务为驱动，展现了基于工作过程开展一体化教学的特色。

本书包括八个项目：电子线路装接工艺训练、仪器仪表的操作测量、直流电源线路的安装与调试、扩音器线路的安装与调试、晶闸管调光线路的安装与调试、循迹小车线路的安装与调试、液位传感器的安装与调试、声光控开关线路的安装与调试。

本书可供机电一体化、电气自动化、工业机器人等专业开展工学一体化教学的班级使用，也可以作为电子技术相关专业的一体化课程用书。

图书在版编目（CIP）数据

电子产品的装接与检修 / 黄诚壬，李玉静主编. —北京：电子工业出版社，2022.10

ISBN 978-7-121-35083-2

Ⅰ. ①电… Ⅱ. ①黄… ②李… Ⅲ. ①电子产品－装配（机械）－职业教育－教材 ②电子产品－检修－职业教育－教材 Ⅳ. ①TN

中国版本图书馆 CIP 数据核字（2018）第 217811 号

责任编辑：张　凌　　　特约编辑：田学清
印　　刷：三河市良远印务有限公司
装　　订：三河市良远印务有限公司
出版发行：电子工业出版社
　　　　　北京市海淀区万寿路 173 信箱　　　邮编　100036
开　　本：880×1230　1/16　印张：20　字数：448 千字
版　　次：2022 年 10 月第 1 版
印　　次：2022 年 10 月第 1 次印刷
定　　价：54.00 元

凡所购买电子工业出版社图书有缺损问题，请向购买书店调换。若书店售缺，请与本社发行部联系，联系及邮购电话：（010）88254888，88258888。

质量投诉请发邮件至 zlts@phei.com.cn，盗版侵权举报请发邮件至 dbqq@phei.com.cn。

本书咨询联系方式：（010）88254583，zling@phei.com.cn。

前言

本书是根据创建全国一流技师学院的指导思想进行编写的一体化教材，本着“工学结合、项目引导、任务驱动”的原则，以来自企业生产实际并经过教学化处理的工作任务为驱动，展现了基于工作过程开展一体化教学的特色。

本书结合企业生产实际提炼了八个典型项目，涵盖焊接工艺、模电数电技术、传感器技术、高新技术等方面。内容包括电子线路装接工艺训练、仪器仪表的操作测量、直流电源线路的安装与调试、扩音器线路的安装与调试、晶闸管调光线路的安装与调试、循迹小车线路的安装与调试、液位传感器的安装与调试、声光控开关线路的安装与调试。

书中八个典型项目都提供了相关职业标准或工艺规范。每个任务都有规范的操作流程。首先，使用通用和专用工具对电子产品进行安装；其次，根据各电子产品的控制要求，对安装好的电子产品进行调试、检修；再次，通过规定时长的整机试运行，验证电子产品的功能、稳定性及安全性；最后，在电子产品装接与检测完成后，做好记录、存档工作。

本书是广东省机械技师学院“创建全国一流技师学院项目”成果——“一体化”精品系列教材之一。本系列教材以“基于工作过程的一体化”为特色，通过典型的工作任务，创设实际工作场景，让学生扮演工作中的不同角色，在教师的引导下完成不同的工作任务，并进行适度的岗位训练，达到提高学生综合职业能力的目的，为学生的可持续发展奠定基础。

在本书的编写过程中，各位编者付出了辛勤的劳动，在此谨向为编写本书付出辛勤劳动的全体人员表示衷心的感谢！限于编者水平，书中难免存在疏漏之处，恳请读者批评指正。

编　者

目录

项目一

电子线路装接工艺训练

项目描述

手工电烙铁焊接（简称手工焊接）在电子线路装接中是必不可少的一部分，也是设备维修必须掌握的技能。结合在电子线路装接和电子设备维修中常遇见的焊接问题，这里主要介绍电子元器件的成形、插装、焊接，各类金属导线的处理，导线与各类金属材料的焊接，以导线与连接器为引导，使读者掌握不同焊接对象的焊接技巧。

项目目标

（1）能够按照装接工艺进行电子元器件成形、插装、焊接。

（2）能够按照装接工艺进行导线焊前处理。

（3）能够按照装接工艺进行导线连接。

（4）能够按照装接工艺进行各类连接器焊接。

（5）能够按照装接工艺对闪烁灯线路进行安装。

任务一　电子元器件的成形、插装、焊接

任务描述

能够按照装接工艺对 6 个电阻器、4 个二极管、4 个电容器进行成形、插装、焊接。

任务目标

终极目标：能够按照装接工艺进行电子元器件的成形、插装、焊接。

促成目标：

（1）能够按照装接工艺进行焊接训练。

（2）能够按照装接工艺进行电子元器件成形。

（3）能够按照装接工艺进行电子元器件插装。

（4）能够按照装接工艺进行电子元器件焊接。

知识平台

知识一 锡焊机理

关于锡焊机理，有不同的解释和说法。从理解锡焊过程、指导正确焊接操作来说，以下几点是最基本的。

1. 扩散

锡焊就其本质来说，是焊料与焊件在其界面上的扩散。金属之间的扩散不是在任何情况下都会发生的，而是有条件的，两个基本条件如下。

（1）距离：两块金属必须接近到足够小的距离，只有在一定小的距离内，两块金属原子间的引力作用才会发生。金属表面的氧化层或其他杂质，都会使两块金属达不到这个距离。

（2）温度：只有在一定温度下金属原子才具有动能，使扩散得以进行。从理论上说，到“绝对零度”时金属之间便没有扩散的可能。实际上，金属之间在常温下扩散是非常缓慢的，为了实现焊接技术需要的焊料和焊件之间的扩散，必须加热到足够的温度。

2. 润湿

润湿是发生在固体表面和液体之间的一种物理现象。如果液体能在固体表面漫流开（又称为铺展），那么就说这种液体能润湿该固体表面。

3. 表面张力与自由能

1）焊料表面张力

对润湿现象而言，液体的表面张力是起阻碍作用的，表面张力越大，润湿现象越不容易发生。表面张力在焊接过程中是一个非常重要的物理量，它的存在直接影响焊接过程和焊点最终的质量，许多焊接缺陷的分析都会用到表面张力的概念。表面张力是物质的固有性质，我们无法消除它，只能改变它。

表面张力随液体温度的升高而减小。因为升高焊料的温度，意味着焊料内分子之间的距离增大，分子对表面分子的引力减小，故其表面张力减小。这也是在焊接中必须把熔融焊料加热到高于熔点的原因。

表面张力与环境气体有关。采用氮气焊接，不仅可以防止焊料氧化，还可以减小焊料表面张力，有助于增强焊接润湿性。

表面张力与液体成分有关。例如，铅锡焊料中铅的比例越大，表面张力越小；一般无铅焊料表面张力大于有铅焊料。

表面张力与液体表面有关。锡焊时使用助焊剂的目的之一就是利用助焊剂在液态熔融焊料的表面形成一层覆盖而减小焊料表面张力，增强焊接润湿性。

2）焊件自由能

自由能指的是在自然界三种形态（固态、液态和气态）之间的接触面上由于分子作用力不平衡而产生的一种能量。对固体而言，自由能表现为对气体的吸附作用及对物体润湿其表面的拉动作用。物体表面自由能越大，润湿越容易进行。对锡焊来说，焊件在润湿过程中是固体，其表面自由能的大小也影响润湿性。

所有清洁的金属表面自由能都远大于其氧化物，因而在锡焊中避免氧化或在焊接过程中去除氧化层至关重要。

金属表面积越大，表面自由能就越大。在锡焊中，粗糙的焊件表面更容易被润湿就是这个缘故。此外，关于锡焊中毛细管效应的说法，其实质也是因为粗糙的表面或焊件缝隙处金属表面积大，因而具有较大的自由能。

不同金属及其合金表面自由能不同，因而可以通过焊件表面镀层改善其润湿性能。

4．润湿角

对确定的固体表面和液体而言，在确定的环境条件（温度、气压等）下，固体自由能和液体表面张力都是确定的，因此润湿程度也是确定的，即液体在固体表面漫流到一定程度就停止了。此时，液体和固体交界处形成一定的角度，这个角称为润湿角，也称为接触角，是定量分析润湿现象的一个物理量。润湿角如图 1-1-1 所示。润湿角θ的取值范围是[0°,180°]，θ越小，润湿越充分。实际中，以 90° 为是否润湿的分界。

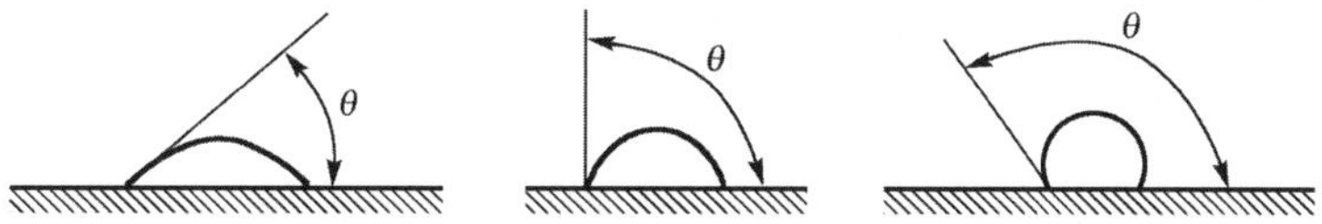

（a）θ<90°，润湿　　（b）θ=90°　　（c）θ>90°，不润湿

图 1-1-1　润湿角

在锡焊过程中，熔化的铅锡焊料和焊件之间的作用，正是这种润湿现象。如果焊料能润湿焊件，那么就说它们之间可以焊接。观测润湿角是检测锡焊品质的方法之一，润湿角越小，焊接品质越好。

一般质量合格的铅锡焊料和铜质之间的润湿角可达 14°，无铅焊料和铜质之间的润湿角一般超过 20°。实际应用中，对铅锡焊料而言，若润湿角达到 45°，则焊接质量很好。必须注意，焊点润湿角指的是接口，而不是焊料的几何形状，如图 1-1-2 所示。

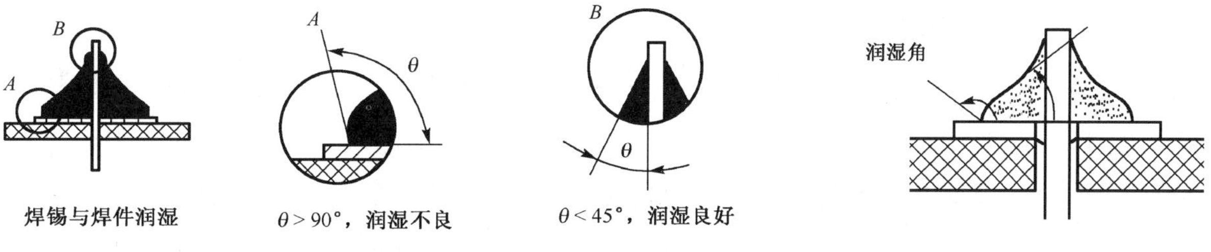

焊锡与焊件润湿　　θ>90°，润湿不良　　θ<45°，润湿良好

（a）润湿　　（b）焊点

图 1-1-2　焊点润湿角

综上所述，我们可以得到锡焊机理，如图 1-1-3 所示，将表面清洁的焊件与焊料加热到一定温度，焊料熔化，润湿焊件表面，在其接触面上发生金属扩散并形成结合层，从而实现金属的焊接。

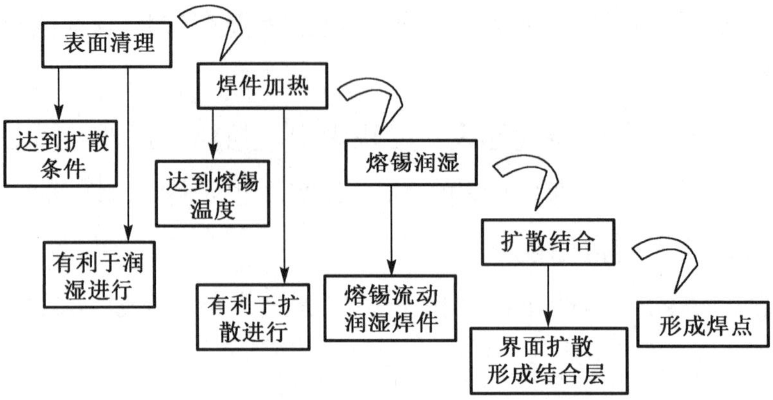

图 1-1-3　锡焊机理

知识二　焊接的方法

1．手工焊接操作方法与卫生

助焊剂加热挥发出的化学物质对人体是有害的。若操作时鼻子距离烙铁头太近，则很容易将有害气体吸入。一般烙铁头与鼻子的距离应不小于 30cm，通常以 35～40cm 为宜。

1）电烙铁与焊锡丝的拿法

电烙铁的拿法如图 1-1-4 所示。反握法动作稳定，长时间操作不易疲劳，适合大功率电烙铁的操作。正握法适合中等功率电烙铁或带弯头电烙铁的操作。一般在操作台上焊印制电路板等焊件时多采用握笔法。焊锡丝的拿法如图 1-1-5 所示。

（a）反握法　（b）正握法　（c）握笔法

图 1-1-4　电烙铁的拿法

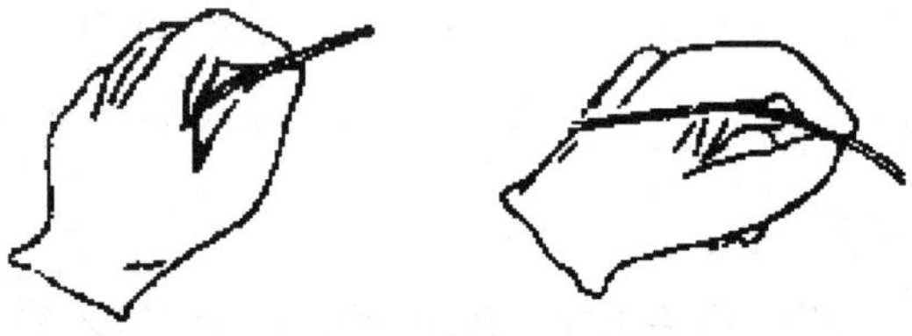

（a）连续锡焊时焊锡丝的拿法　（b）断续锡焊时焊锡丝的拿法

图 1-1-5　焊锡丝的拿法

2）手工焊接操作卫生

由于焊料中的金属成分有一定的毒性，特别是铅锡焊料中的铅是对人体危害很大的重金属，因此操作时应戴手套或操作后及时洗手，避免铅毒进入人体。

此外，手工焊接时助焊剂挥发产生的烟雾对健康也不利，应该避免长时间吸入这种气体，最简单的办法是焊接操作时人的面部与焊接点的距离不小于 30cm，同时注意室内通风换气。最好的办法是在焊接工作台上设置单独或集中的烟雾净化或抽气装置。手工焊接烟雾净化机及其使用如图 1-1-6 所示。

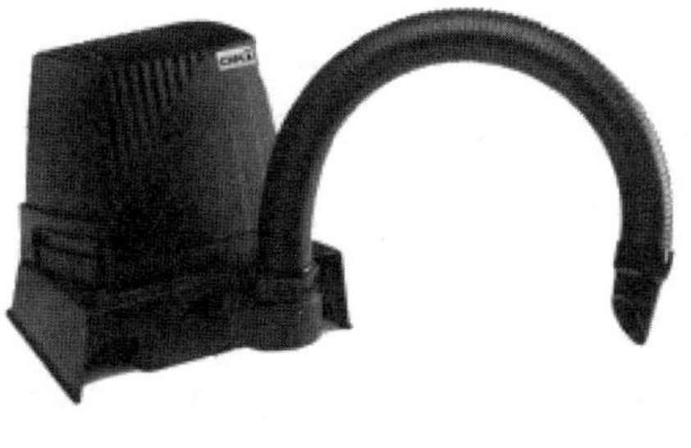

图 1-1-6　手工焊接烟雾净化机及其使用

3）五步法训练

作为一种初学者掌握手工焊接（锡焊）技术的训练方法，五步法是经过实践证明确实卓有成效的方法，学习手工锡焊技术应该从五步法开始。不少电子爱好者常用的一种焊接操作方法，就是先用烙铁头蘸上一些焊锡，然后将烙铁头放到焊件上停留等待加热后焊锡润湿焊件。这种方法不是正确的操作方法。虽然这样也可以完成焊接，但是不能保证质量，根据我们所了解的锡焊机理不难理解这一点。

助焊剂在烙铁头上的挥发如图 1-1-7 所示，当我们把焊锡熔化到烙铁头上时，焊锡丝里的助焊剂熔化并附在烙铁头表面，由于烙铁头温度一般为 250～350℃，在烙铁头放到焊件上之前，助焊剂会不断挥发；而当烙铁头放到焊件上时，由于焊件温度低，加热还需一段时间，在此期间助焊剂很可能挥发大半甚至完全挥发，因而在润湿过程中会由于缺少助焊剂而润湿不良。同时，由于焊锡和焊件温度相差太大，结合层不容易形成，因此很容易造成虚焊。而且助焊剂的保护作用丧失后焊锡容易氧化，质量得不到保证就在所难免了。正确的方法应该是五步法，如图 1-1-8 所示。

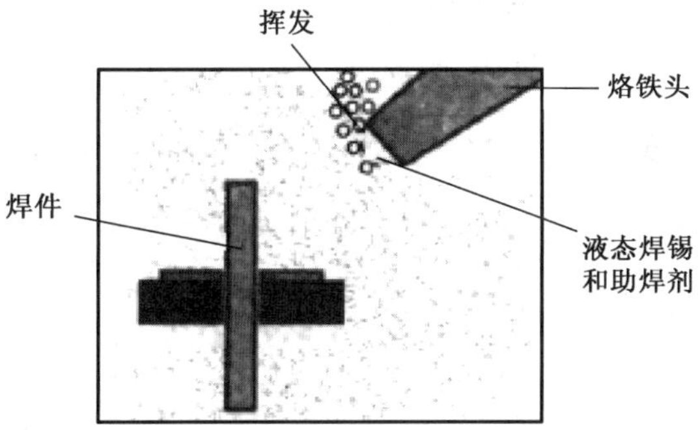

图 1-1-7　助焊剂在烙铁头上的挥发

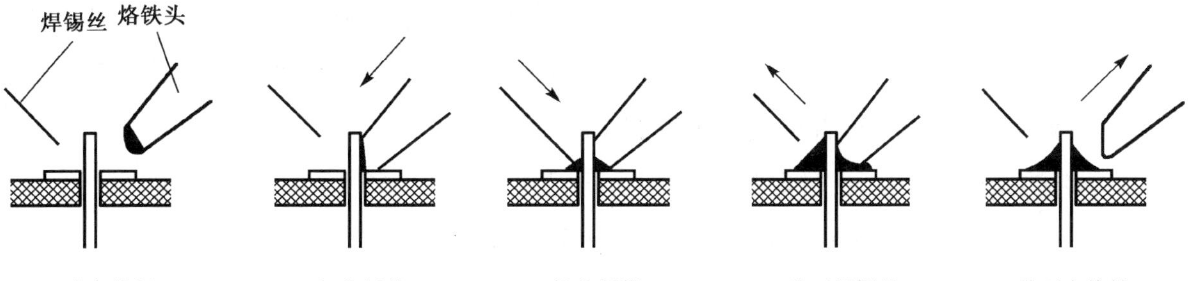

图 1-1-8　五步法

（1）准备施焊。准备好焊锡丝和电烙铁。此时要特别强调的是，烙铁头要保持干净，即可以蘸上焊锡（俗称吃锡）。

（2）加热焊件。将烙铁头接触焊件，首先要注意保持烙铁头加热焊件各部分（如印制电路板上引脚和焊盘都要受热）；其次要注意让烙铁头的扁平部分（较大部分）接触热容量较大的焊件部分，让烙铁头的侧面或边缘部分接触热容量较小的焊件部分，以保持焊件均匀受热。

（3）熔化焊锡。当焊件加热到能熔化焊锡的温度后，将焊锡丝置于焊件上，焊锡开始熔化并润湿焊件。

（4）移开焊锡丝。当熔化一定量的焊锡后将焊锡丝移开。

（5）移开电烙铁。当焊锡完全润湿焊件后移开电烙铁，注意移开电烙铁应该在大致 45°的方向。

对一般焊件而言，上述过程需要两三秒钟。对热容量较小的焊件（如印制电路板上的小焊盘）而言，有时用三步法概括操作方法，即将上述步骤（2）和（3）合为一步，将步骤（4）和（5）合为一步。实际上，细微区分还是五步，所以五步法有普遍性，是掌握手工焊接的基本方法。特别是在各步骤之间停留的时间，对保证焊接质量至关重要，只有通过实践才能逐步掌握。

2．手工焊接操作要领

1）焊件表面清理

手工焊接中遇到的焊件是各种各样的电子零件和导线，除非在规模生产条件下使用“保鲜期”内的电子组件，一般情况下遇到的焊件往往需要进行表面清理工作，去除焊接面上的锈迹、油污、灰尘等影响焊接质量的杂质。

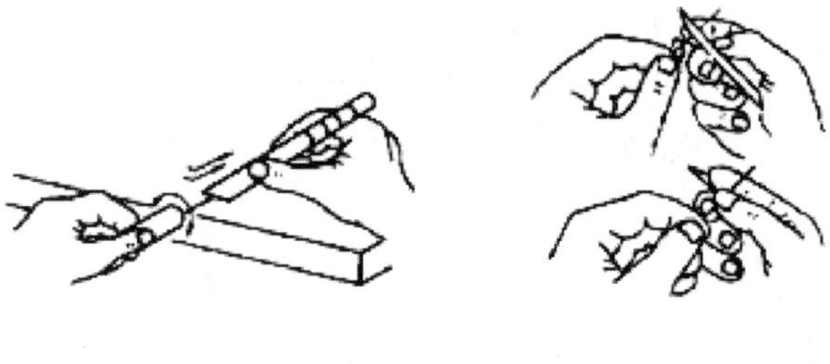
（a）元器件引脚表面清理　　（b）细导线表面清理

图 1-1-9　焊件表面清理

手工操作中，常用机械刮磨和酒精、丙酮擦洗等简单易行的方法进行焊件表面清理。焊件表面清理如 1-1-9 所示。

2）掌握好加热时间

锡焊时可以采用不同的加热速度。例如，烙铁头形状不良或用小电烙铁焊大焊件时，我们不得不延长加热时间以满足焊锡温度的要求。在大多数情况下，延长加热时间对电子产品装配是有害的，原因如下。

（1）焊点的结合层由于长时间加热而超过合适的厚度，使得焊点性能劣化。

（2）印制电路板、塑料等材料受热过多会变形变质。

（3）元器件受热后性能变差甚至失效。

（4）焊点表面由于助焊剂挥发失去保护而氧化。

结论：在保证焊料润湿焊件的前提下，加热时间越短越好。

3）预焊

预焊就是将要锡焊的元器件引脚或导线的焊接部位预先用焊锡润湿，一般也称为镀锡、上锡、挂锡、搪锡等。将此过程称为预焊是准确的，因为其过程和机制都是锡焊的全过程——焊料润湿焊件表面，靠金属的扩散形成结合层后而使焊件表面“镀”上一层焊锡。

预焊并不是锡焊不可缺少的操作，但对手工焊接特别是维修、调试、研制工作来说，几乎是必不可少的。简单的元器件引脚预焊如图 1-1-10 所示。

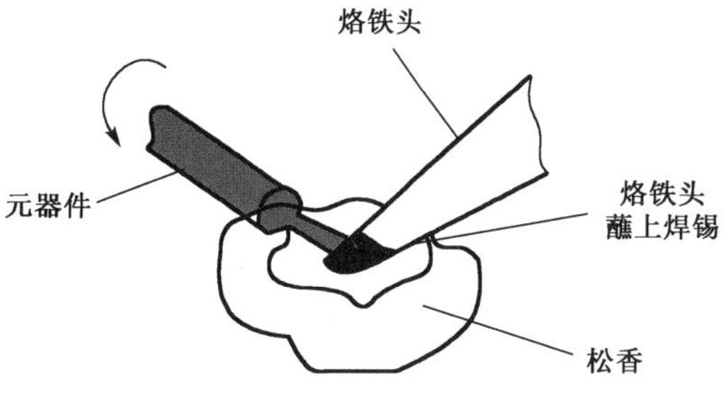

图 1-1-10　简单的元器件引脚预焊

4）保持烙铁头的清洁

因为焊接时烙铁头长期处于高温状态，同时接触助焊剂等受热分解的物质，所以其表面很容易氧化而形成一层黑色杂质。这些杂质几乎形成隔热层，使烙铁头失去加热作用，因此要随时在烙铁架上蹭去杂质。图 1-1-11 所示的烙铁架上的清洁垫，就是用于蹭去烙铁头上杂质的。用一块湿布或湿海绵随时擦烙铁头，也是常用的蹭去烙铁头上杂质的方法。

5）加热要靠焊锡桥

在非流水线作业中，一次焊接的焊点形状是多种多样的，我们不可能不更换烙铁头。要提高烙铁头加热的效率，需要形成热量传递的焊锡桥。所谓焊锡桥，就是指靠烙铁头上保留少量焊锡作为加热时烙铁头与焊件之间传热的桥梁。显然，由于金属液的导热效率远高于空气，焊锡桥会使焊件很快被加热到焊接温度。焊锡桥的作用如图 1-1-12 所示。应注意的是，作为焊锡桥锡的保留量不可过多。

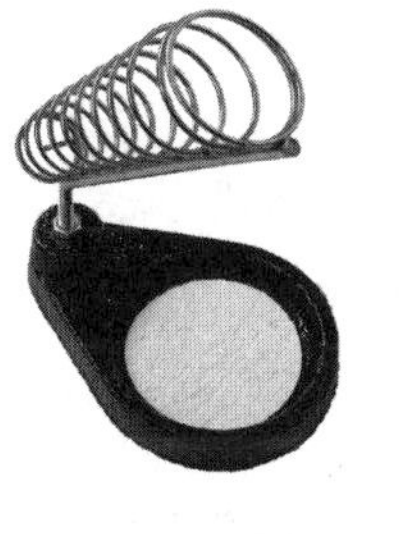

图 1-1-11　烙铁架上的清洁垫

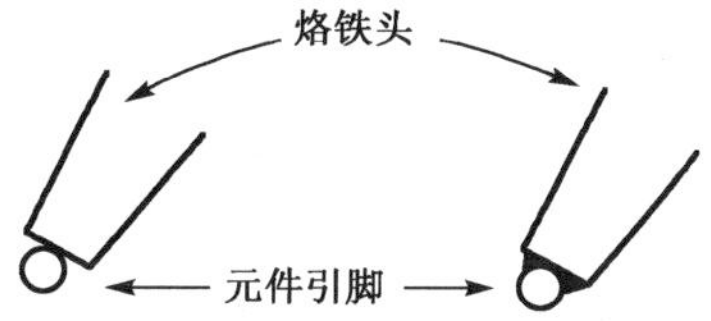

（a）无焊锡桥，接触面小，传热慢　（b）有焊锡桥，接触面大，传热快

图 1-1-12　焊锡桥的作用

6）焊锡量要合适

过量的焊锡不但没有必要，而且增加了焊接时间，相应地也降低了工作速度。更为严重的是，在高密度的电路中，过量的焊锡很容易造成不易觉察的短路。但是，焊锡过少不能形成牢固的结合，会降低焊点强度，特别是在板上焊导线时，焊锡不足往往会造成导线脱落。

在实际操作中，要根据实践经验选取合适的焊锡量，如图 1-1-13 所示。

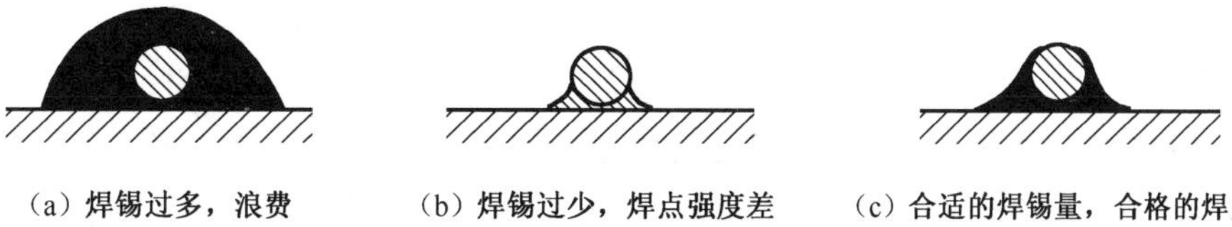

（a）焊锡过多，浪费　（b）焊锡过少，焊点强度差　（c）合适的焊锡量，合格的焊点

图 1-1-13　焊锡量

7）在焊锡凝固前保持焊件静止

在焊锡凝固前保持焊件静止，这是因为焊锡凝固过程是结晶过程。根据结晶理论，在结晶期间受到外力（焊件振动）会改变结晶条件，导致晶体粗大，造成所谓的“扰焊”。造成“扰焊”后，外观现象是表面无光泽，呈豆腐渣状，焊点内部结构疏松，容易有气隙和裂缝，造成焊点强度降低，导电性能差。因此，在焊锡凝固前一定要保持焊件静止。实际操作时可以用各种适宜的方法将焊件固定，如使用可靠的夹持措施。

8）用烙铁头对焊点加力是有害的

烙铁头把热量传给焊点主要靠增加接触面积，用烙铁头对焊点加力对加热是徒劳的，很多情况下会造成焊件的损伤。例如，电位器、开关、接插件的焊点往往都是固定在塑料构件上的，加力的结果是容易造成组件失效。

知识三　基本元器件焊接

1. 集成电路焊接

CMOS 集成电路特别是绝缘栅型，由于输入阻抗很高，稍不慎即可能使内部击穿而失效。双极型集成电路不像 CMOS 集成电路那样“娇气”，但由于内部集成度高，通常管子隔离层都很薄，一旦受到过量的热就容易损坏。无论哪种电路都不能承受高于 240℃的温度，因此焊接时必须非常小心。集成电路焊接的注意事项如下。

（1）电路引线如果是镀金处理的，那么不要用刀刮，只需用酒精擦洗或用绘图橡皮擦干净即可。

（2）对于 CMOS 集成电路，如果事先已将各引线短路，那么焊接前不要拿掉短路引线。

（3）要在保证润湿的前提下尽量缩短焊接时间，一般不超过 3s。

（4）使用的电烙铁最好是恒温电烙铁，也可用 20W 内热式电烙铁，接地线应保证接触良好。若用外热式电烙铁，则最好将电烙铁断电，用余热焊接，必要时还要采取人体接地的措施。

（5）工作台上如果铺有橡皮、塑料等易于积累静电的材料，那么 CMOS 集成电路芯片及印制电路板不宜放在台面上。

（6）烙铁头应修整得窄一些，使得焊一个端点时不会碰到相邻端点。所用电烙铁的功率：内热式电烙铁不超过 20W，外热式电烙铁不超过 30W。

（7）集成电路若不使用插座，直接焊到印制电路板上，则安全焊接顺序为地端→输出端→电源端→输入端。

2. 瓷片电容器、发光二极管的焊接

这类元器件的共同弱点是加热时间过长就会失效，瓷片电容器是内部接点断开，发光二极管（LED）是管芯损坏。焊接前一定要处理好焊点，施焊时强调一个“快”字。采用辅助散热措施，可避免过热失效。辅助散热示意图如图 1-1-14 所示。

3. 基本元器件插装焊接

基本元器件插装焊接的注意事项如下。

（1）所有元器件引脚均不得从根部弯曲。因为制造工艺上的原因，根部容易折断，一般应留 1.5mm 以上。元器件引脚成形如图 1-1-15 所示。

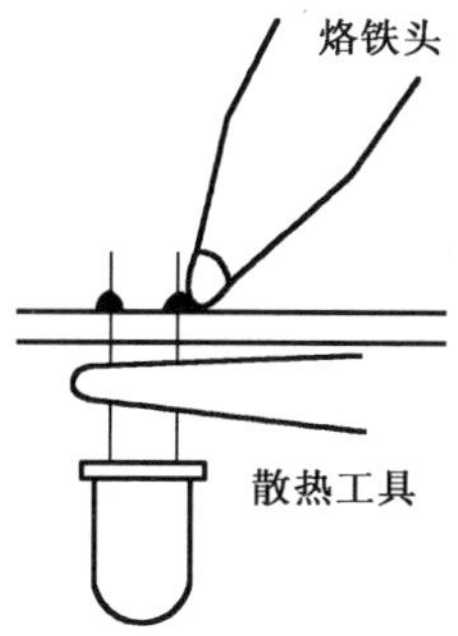

图 1-1-14　辅助散热示意图

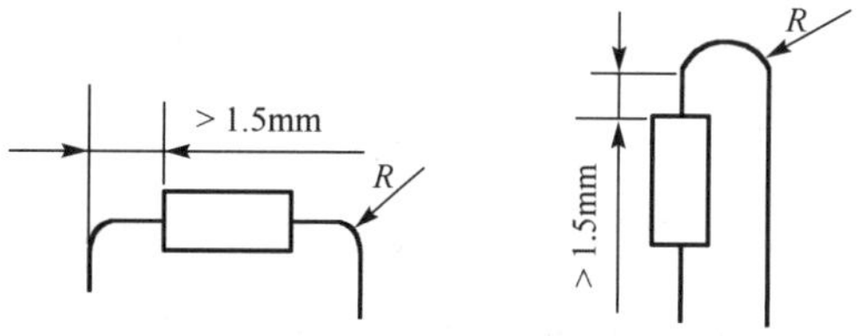

图 1-1-15　元器件引脚成形

（2）弯曲一般不要成死角，圆弧半径应是引脚直径的 1～2 倍。

（3）贴板插装与悬空插装。贴板插装稳定性好，插装简单，但不利于散热，且对某些安装位置不适用。悬空插装适用范围广，有利于散热，但插装较复杂，要控制一定高度以保证美观一致，悬空高度一般取 2～6mm。元器件插装高度要求如图 1-1-16 所示。

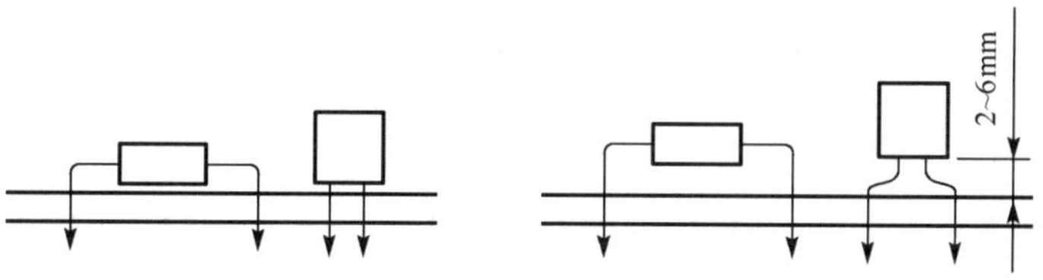

（a）贴板插装　　　　（b）悬空插装

图 1-1-16　元器件插装高度要求

（4）安装时应注意元器件字符标记方向一致，容易读出。元器件的安装方向如图 1-1-17 所示。

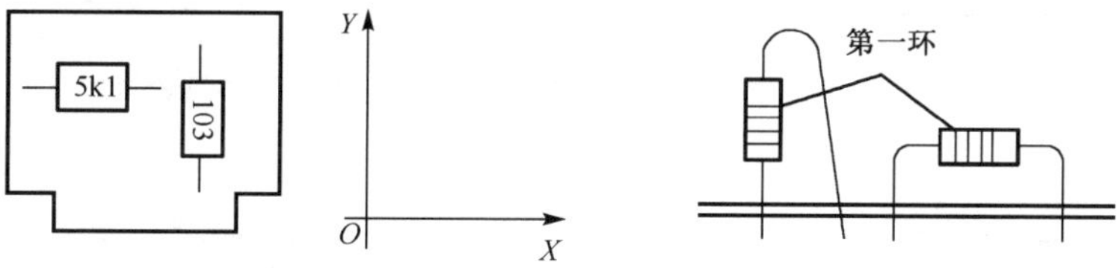

图 1-1-17　元器件的安装方向

知识四　焊接品质检测

1. 焊接的基本要求

1）可靠的电连接

电子产品的焊接是同电路通断情况紧密相连的。一个焊点要能稳定、可靠地通过一定的电流，没有足够的连接面积和稳定的组织是不行的。锡焊连接不是靠压力，而是靠结合层达到电连接目的的。如果焊料仅仅堆在焊件表面或只有少部分形成结合层，那么在最初的测试和工作中也许不能发现，而随着条件的改变和时间的推移，电路会时通时断或干脆不工作。此时观察外表，电路依然是连接的，这是电子产品使用中最头疼的问题，也是制造者必须十分重视的问题。

2）足够的机械强度

焊接不仅起电连接作用，还是固定元器件、保证机械连接的手段，这就有了机械强度的问题。作为锡焊材料的铅锡合金本身强度是比较低的，常用铅锡焊料的抗拉强度只有普通钢材的 1/10。要想提高强度，就要有足够的连接面积。当然，如果是虚焊点，焊料仅仅堆在焊盘上，也就谈不上强度了。常见的影响机械强度的缺陷还有焊料过少、焊点不饱满、焊接时焊料尚未凝固就使焊件振动而引起的焊点晶粒粗大（如豆腐渣状）及裂纹、夹渣等。

3）合格的外表

良好的焊点要求焊料量恰到好处，外表有金属光泽，没有拉尖、桥接等现象，具有可接受的几何外形尺寸，并且不伤及导线绝缘层及相邻组件。良好的外表是焊接质量的反映。例如，外表有金属光泽是焊接温度合适、金属微结构良好的标志，而不仅仅是外表美观的要求。不过，这一点只适用于铅锡焊料焊接。对大多数无铅焊料而言，外表不具有金属光泽。有关焊点可接受标准，目前业界认可的标准是 IPC-A-610D。

2. 常见焊接缺陷及分析

造成焊接缺陷的原因很多，在材料（焊料与助焊剂）与工具（电烙铁、夹具）一定的情况下，操作者采用什么方式及是否有责任心，是决定性的因素。

导线端子焊接的常见缺陷如图 1-1-18 所示，表 1-1-1 和表 1-1-2 分别列出了插装和贴装中印制电路板焊点缺陷的外观及原因分析，可供焊点检查、分析时参考。

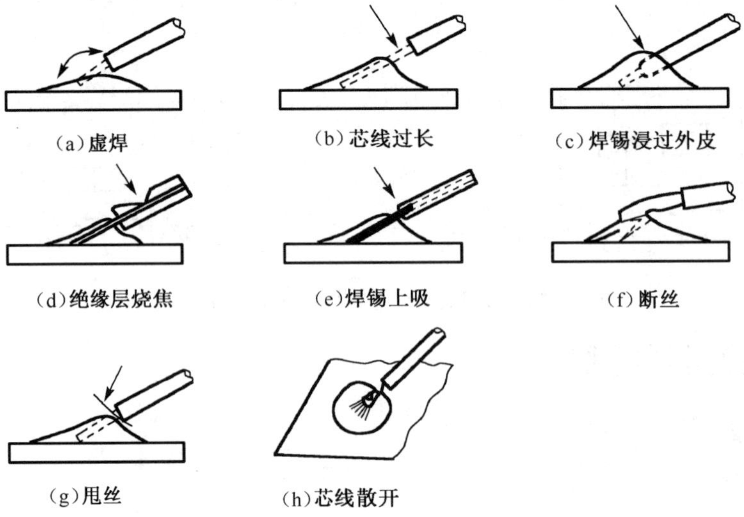

图 1-1-18　导线端子焊接的常见缺陷

表 1-1-1 插装中印制电路板焊点缺陷的外观及原因分析

焊点缺陷的外观	说 明	危 害	原因分析
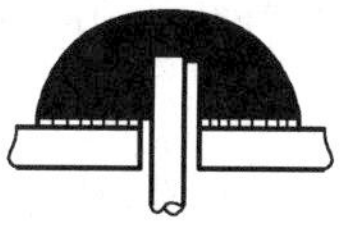 焊料过多	焊料面呈凸形	浪费焊料，且可能包藏缺陷	焊锡丝撤离过迟
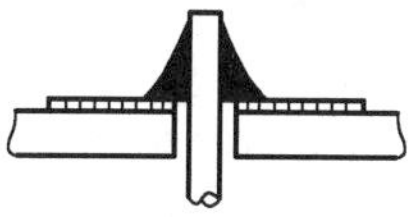 焊料过少	焊料未形成平滑面	机械强度不足	焊锡丝撤离过早
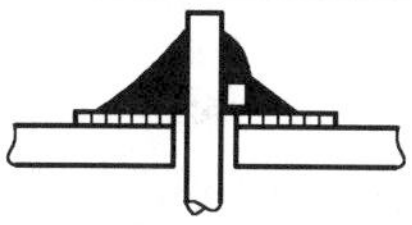 松香焊	焊点中夹有松香渣	强度不足，导通不良，有可能时通时断	① 加助焊剂过多，或已失效 ② 焊接时间不足，加热不足 ③ 表面氧化膜未去除
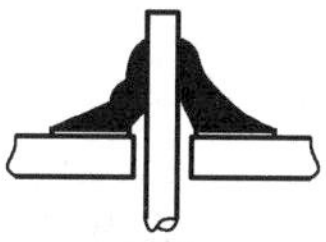 过热	焊点发白，无金属光泽，表面较粗糙	容易剥落，强度降低，造成元器件失效损坏	① 电烙铁功率过大 ② 加热时间过长
 扰焊	表面呈豆腐渣状颗粒，有时有裂纹	强度低，导电性不好	焊料未凝固时焊件振动
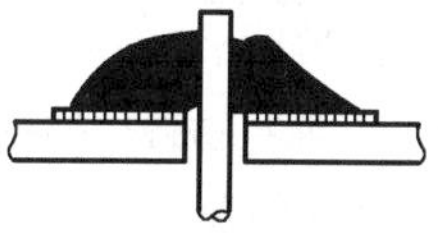 冷焊	润湿角过大，表面粗糙，界面不平滑	强度低，不通或时通时断	① 焊件加热温度不够 ② 焊件清理不干净 ③ 助焊剂不足或质量差
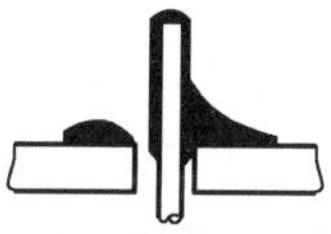 不对称	焊料未流满焊盘	强度不足	① 焊料流动性不好 ② 助焊剂不足或质量差 ③ 加热不足
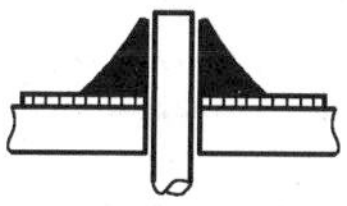 松动	导线或元器件引脚可移动	导通不良或不导通	① 焊料未凝固前导线或引脚移动造成空隙 ② 导线或引脚未处理好 ③ 润湿不良或不润湿
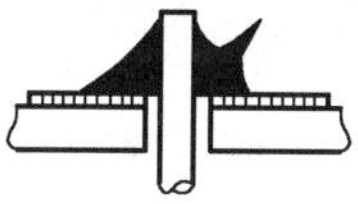 拉尖	出现尖端	外观不佳，容易造成桥接现象	① 加热不足 ② 焊料不合格
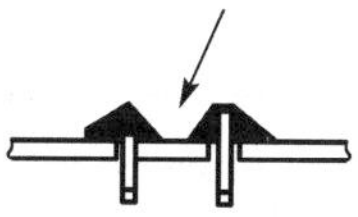 桥接	相邻导线搭接	电气短路	① 焊料过多 ② 电烙铁施焊撤离方向不当
 焊盘脱落	焊盘与基板脱离	焊盘活动，进而可能断路	① 电烙铁温度过高 ② 电烙铁接触时间过长

续表

焊点缺陷的外观	说　明	危　害	原因分析
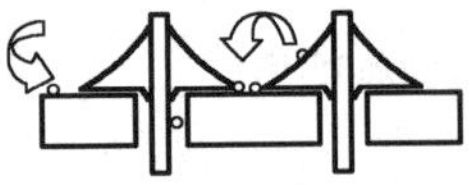 焊料球	部分焊料成球状散落在印制电路板上	可能引起电气短路	① 一般原因见本表中的“气泡”部分 ② 波峰焊接时，印制电路板通孔较少或小时，各种气体易在焊点成形区产生高压气流 ③ 焊料含氧高且焊接后期助焊剂已失效 ④ 在表面安装工艺中，焊料质量差（金属含氧超标、介质失效），焊接曲线预热段升温过快，环境相对湿度较高造成焊料吸湿
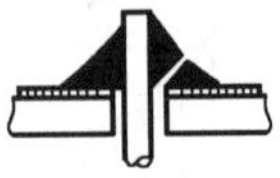 针孔	目测或放大镜可见有孔	焊点容易腐蚀	焊盘孔与引脚间隙太大
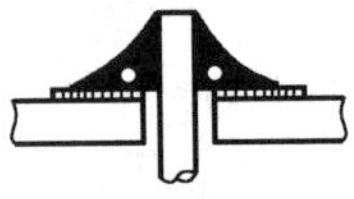 气泡	引脚根部有时有焊料隆起，内部藏有空洞	暂时导通但长时间容易引起导通不良	引脚与孔间隙过大或引脚润湿性不良
 丝状桥接	此现象多发生在集成电路焊盘间隔小且密集的区域，丝状物多呈脆性，直径为数微米至数十微米	电气短路	① 焊料中杂质铜含量超标，铜含量越高，丝状物直径越粗 ② 由于杂质铜所形成的松针状 Cu_6Sn_5 合金的固相点（217℃）与铅（37%）锡（63%）焊料的固相点（183℃）温差较大，因此在较低的温度下进行波峰焊接时，积聚的松针状 Cu_6Sn_5 合金易产生丝状桥接

表 1-1-2　贴装中印制电路板焊点缺陷的外观及原因分析

焊点缺陷的外观	说　明	原因分析
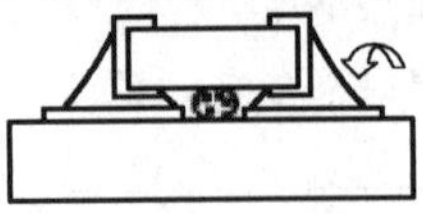 漏焊	元器件一端或多端未上焊料	① 波峰焊接时，设备缺少有效驱赶气泡的装置（如喷射波）或喷射波射出高度不够 ② 印制电路板传送方向设计或选择不恰当
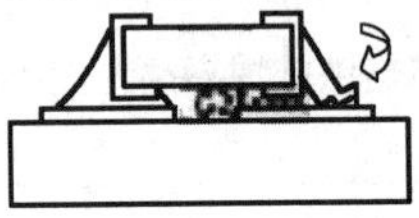 溢胶	胶黏剂从焊点中或焊点边缘渗出造成空洞	① 胶黏剂失效不可固化 ② 点胶过程中出现拉丝、塌陷、失准或过量现象 ③ 返工时人工补胶未达到固化要求

续表

焊点缺陷的外观	说　明	原 因 分 析
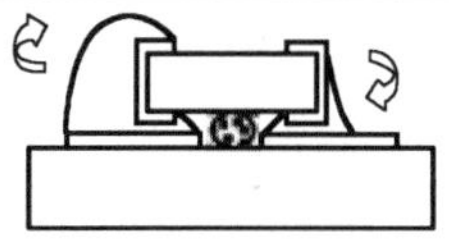 两端焊点不对称	两端焊点明显不一致，易产生焊点应力集中	① 印制电路板传送方向设计或选择不恰当 ② 焊料含氧高且焊接后期助焊剂已失效 ③ 波峰面不稳且有湍流
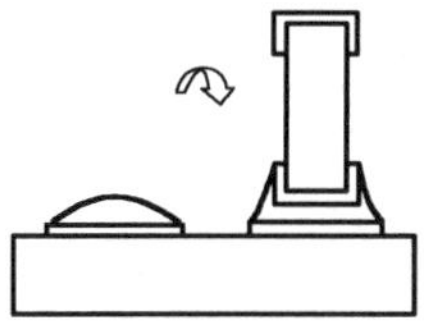 直立	片状元器件呈竖立状	① 因大元器件的屏蔽、反射和遮挡作用，焊盘面积和焊料沉积量不一致，造成了两端焊接部位温度不一致 ② 一端元器件端子和焊盘的可焊性比另一端差 ③ 气相焊接升温速度过快时，以上情况均会导致一端的焊料较另一端先熔化，使两端表面张力不一致，先熔的一端将另一端拉起
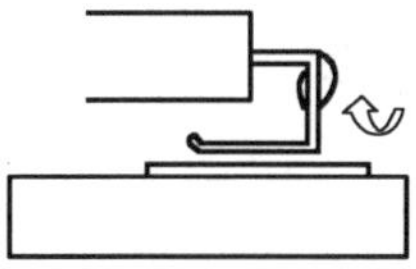 虹吸	焊料吸引到元器件的引脚上，焊盘上失去焊料呈开路状态	此现象多发生在集成电路焊接中： ① 一般原因可参考本表中的“直立”部分 ② 引脚共面度超标 ③ 未经预热直接进入气相焊接，元器件引脚较焊盘先达到焊接温度
 丝状桥接	此现象多发生在集成电路焊盘间隔小且密集的区域，丝状物多呈脆性，直径为数微米至数十微米	① 焊料中杂质铜含量超标，铜含量越高，丝状物直径越粗 ② 由于杂质铜所形成的松针状 Cu_6Sn_5 合金的固相点（217℃）与铅（37%）锡（63%）焊料的固相点（183℃）温差较大，因此在较低的温度下进行波峰焊接时，积聚的松针状 Cu_6Sn_5 合金易产生丝状桥接

任务实施

1. 按照装接工艺进行纯焊点焊接训练

在万能电路板上进行焊点练习是焊接操作的最基本要求，按照下面的工艺要求和步骤进行焊点练习，如图 1-1-19 所示。

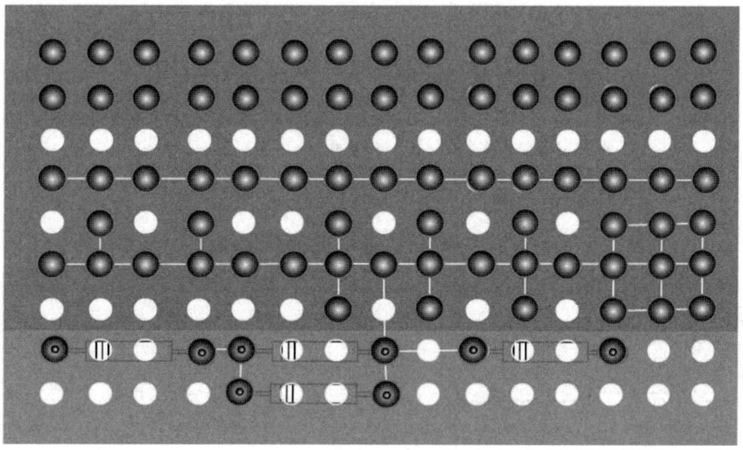

图 1-1-19　焊点练习

1）纯焊点焊接要求

纯焊点焊接要求如表 1-1-3 所示。

表 1-1-3　纯焊点焊接要求

内　　容	标准描述/图示
用锡量	
焊点形状（棱角、虚焊、露引脚）	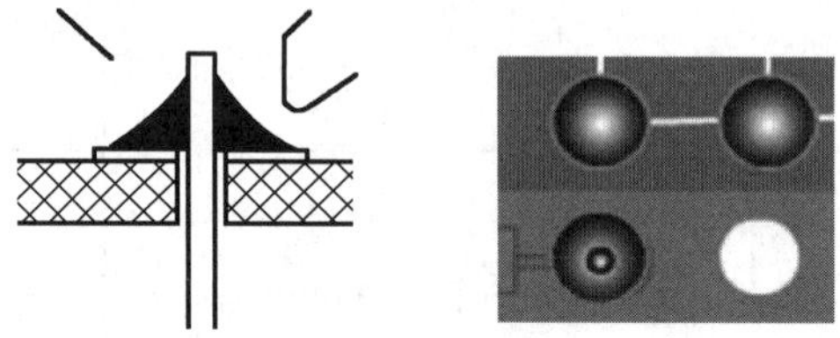 合格焊点形状（侧视、俯视） 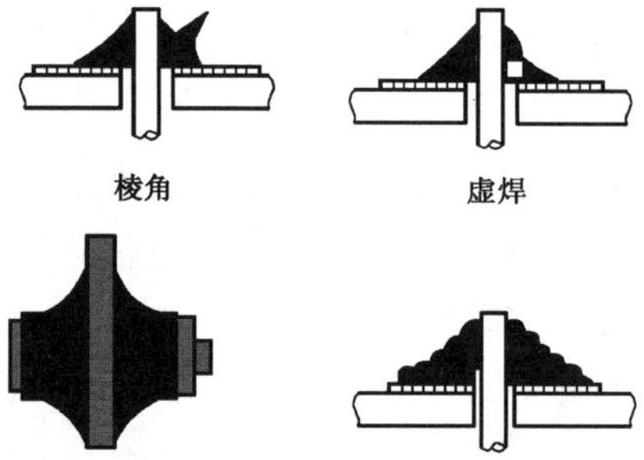
牢固程度	① 可靠的电连接 ② 足够的机械强度（铜材 1/10）

2）连接线焊接要求

连接线焊接要求、错误示例及侧视图如图 1-1-20～图 1-1-22 所示。

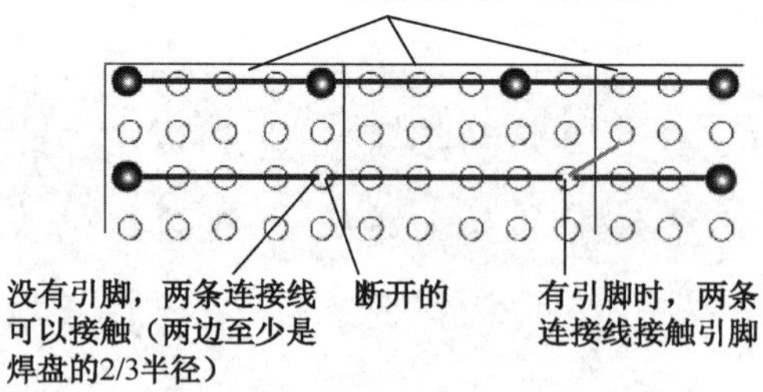

图 1-1-20　连接线焊接要求

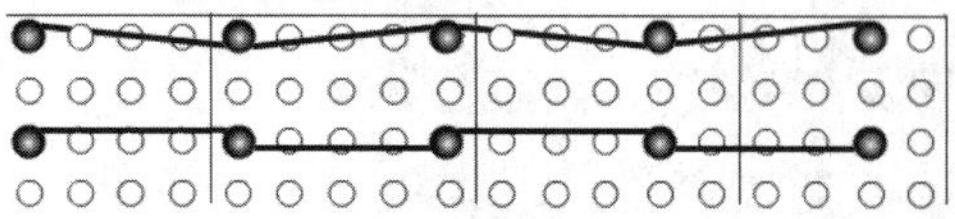

图 1-1-21　连接线焊接错误示例

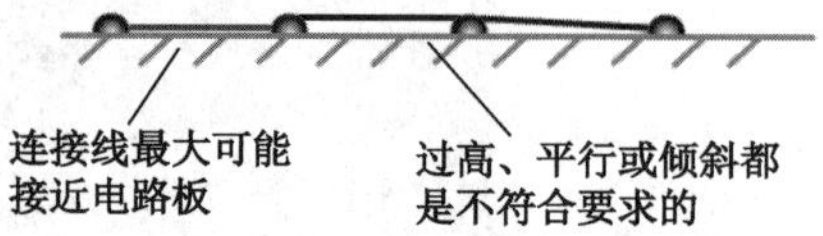

图 1-1-22　连接线侧视图

2．按照装接工艺进行电子元器件成形

竖立插装元器件标识方向如图 1-1-23 所示。元器件引脚弯曲标准如图 1-1-24 所示。

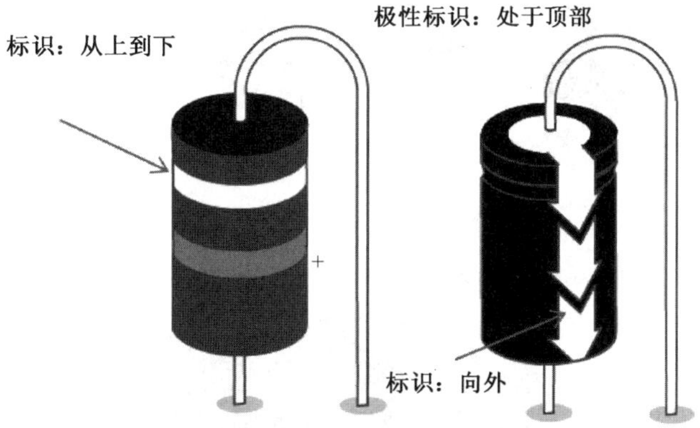

图 1-1-23　竖立插装元器件标识方向

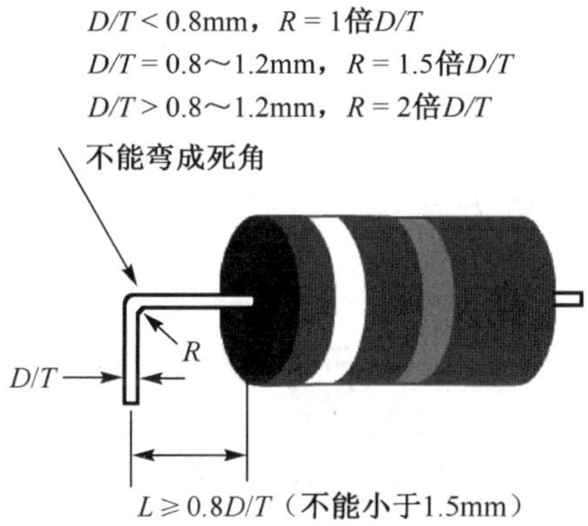

图 1-1-24　元器件引脚弯曲标准

3．按照装接工艺进行电子元器件插装

应按下列要求插装。

（1）对元器件进行排列，水平、垂直、竖立都要求一致。元器件排列要求如图 1-1-25 所示。

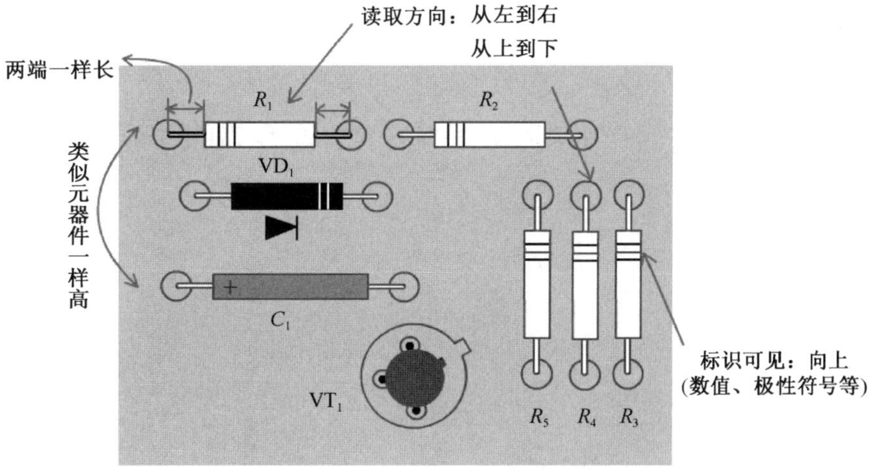

图 1-1-25　元器件排列要求

（2）元器件与电路板距离要求如图 1-1-26 所示。

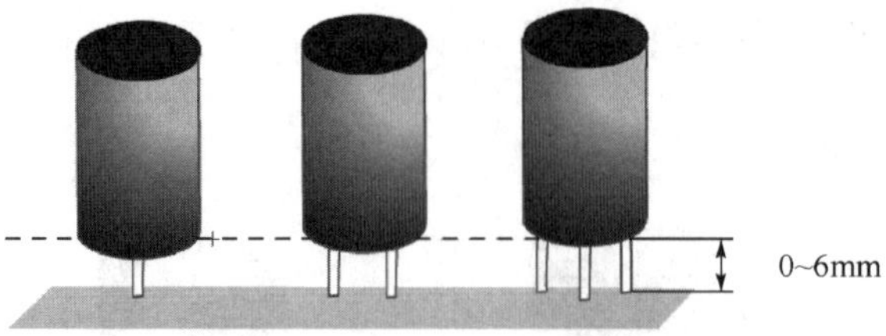

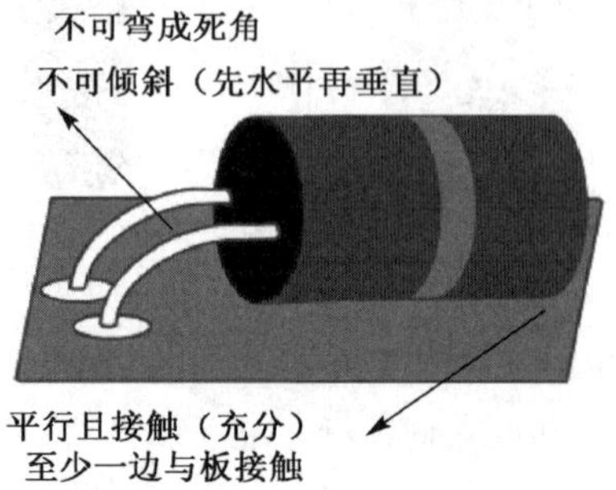

图 1-1-26　元器件与电路板距离要求

4．按照装接工艺进行电子元器件焊接

按前面的焊接要求进行焊接。焊后元器件引脚剪切如图 1-1-27 所示。

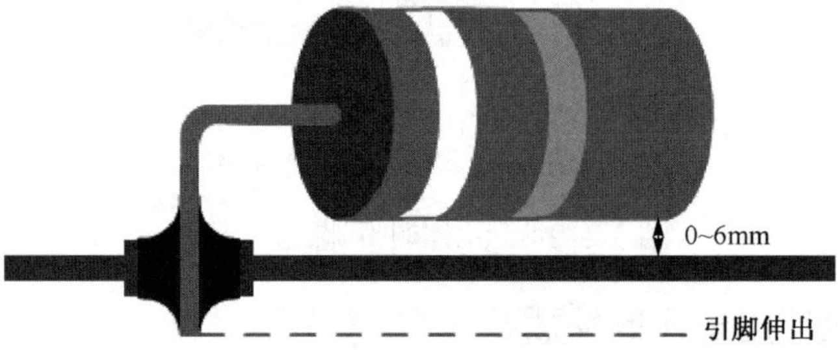

图 1-1-27　焊后元器件引脚剪切

任务二　各类导线和连接器的焊接

任务描述

能够按照装接工艺进行导线焊前处理、导线连接、连接器的焊接等。

任务目标

终极目标：能够按照装接工艺进行各类导线和连接器的焊接。

促成目标：

（1）能够按照装接工艺进行导线焊前处理。

（2）能够按照装接工艺进行导线连接。

（3）能够按照装接工艺进行连接器的焊接。

知识平台

知识一　电烙铁的种类和选用

锡焊工具和材料是实施锡焊作业必不可少的条件。合适、高效的工具是焊接质量的保证，合格的材料是锡焊的前提。了解这方面的基本知识，对掌握锡焊技术是必需的。

1. 电烙铁的种类及结构

有各式各样的电烙铁，其用途和结构各有不同。电烙铁的加热方式有直热式、感应式、气体燃烧式等；电烙铁的发热功率有 20W、30W、…、300W 等；电烙铁的功能有单用式、两用式、调温式等。

1）直热式电烙铁

最常用的电烙铁是单一焊接用的直热式电烙铁，它又可分为内热式和外热式两种，其结构如图 1-2-1 所示。

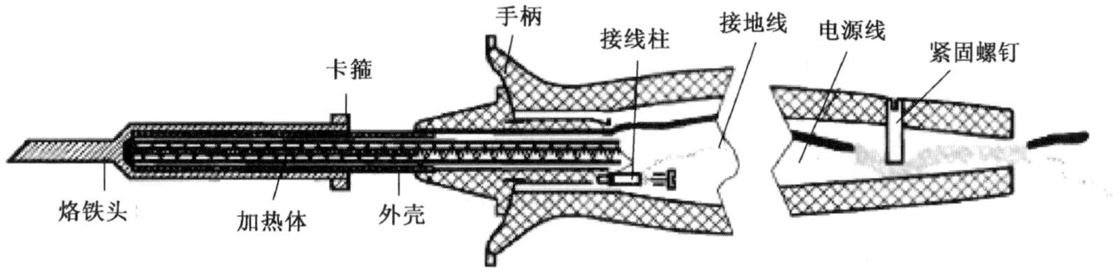

(a)内热式

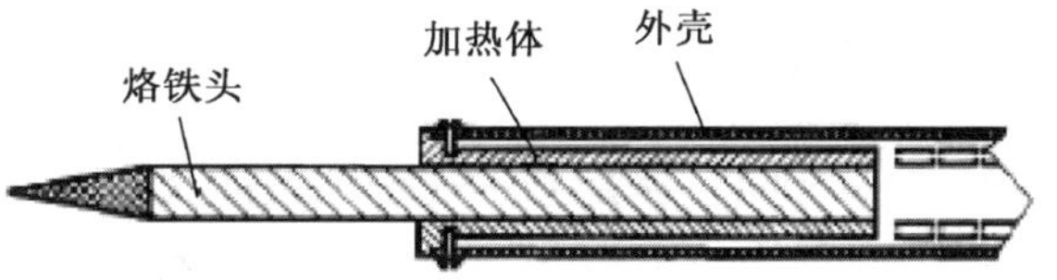

(b)外热式

图 1-2-1　直热式电烙铁的结构

2）吸锡电烙铁

吸锡电烙铁就是在普通直热式电烙铁上增加吸锡结构，使其具有加热、吸锡两种功能，也可将吸锡器做成单独的一种工具。吸锡电烙铁和吸锡器如图 1-2-2 所示。

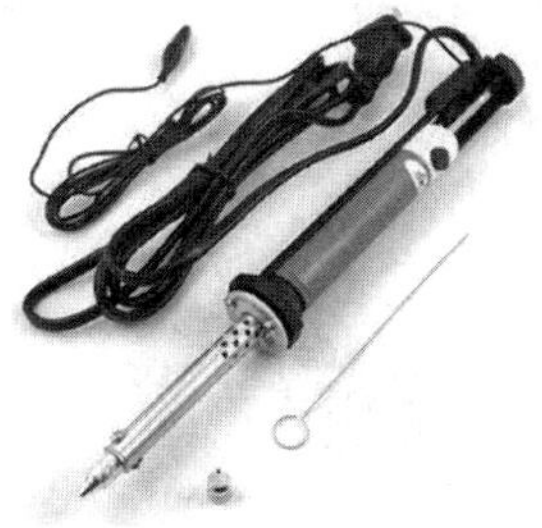

（a）吸锡电烙铁

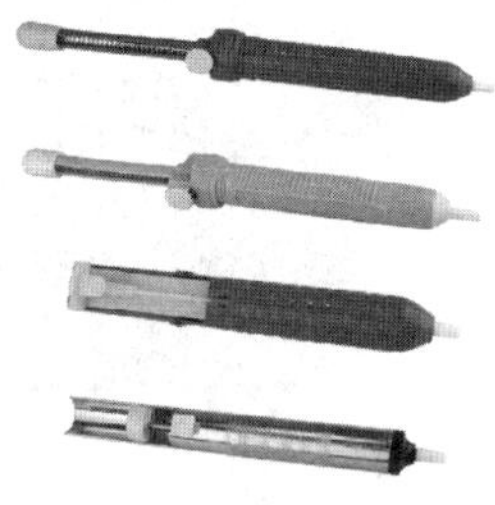

（b）吸锡器

图 1-2-2　吸锡电烙铁和吸锡器

3）调温电烙铁

调温电烙铁有自动和手动两种。手动调温实际上就是将电烙铁接到一个可调电源上。例如，接到调压器上，由调压器上的刻度调节电烙铁的温度。自动调温电烙铁由手柄上的调节旋钮设置温度，靠电烙铁内部的温度传感器监测烙铁头温度，并通过放大器将传感器的输出信号放大，控制电烙铁供电电路，从而达到恒温的目的，因此也称为恒温电烙铁。调温电烙铁如图 1-2-3 所示。

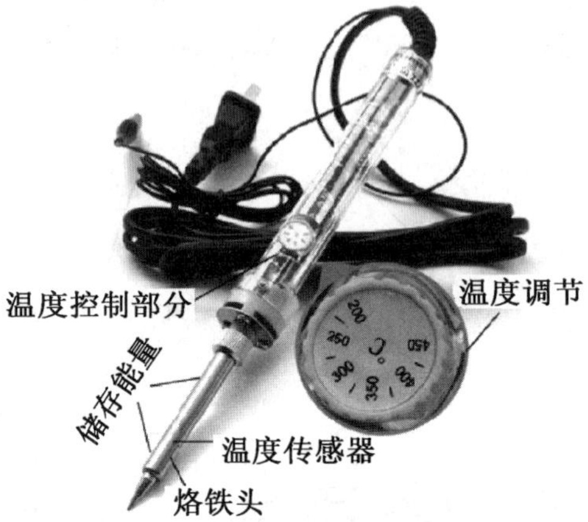

图 1-2-3　调温电烙铁

4）电焊台

近年来流行的一种高级电烙铁又称为电焊台，如图 1-2-4 所示。电焊台实际上是一种台式调温电烙铁，一般功率为 50～200W。

电焊台采用低压（AC 15～24V）供电，温度为 200～480℃，具有温度指示或温度数字显示功能，温度稳定性为±（1～3）℃。大部分电焊台具有防静电功能。电焊台在安全和焊接性能方面都优于普通电烙铁，一般用于要求较高的焊接工作。

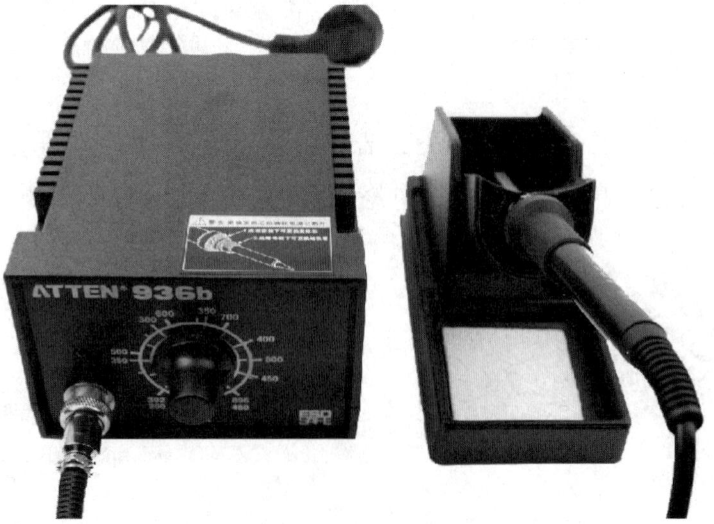

图 1-2-4　电焊台

5）数控焊接台

数控焊接台（智能电烙铁）是一种应用现代自动化技术控制手工焊接过程的高档电烙铁，除具有一般电焊台的功能外，其主要特点是能够根据焊点焊接工艺需要，迅速调节输出功率，达到最佳焊接条件。例如，采用数控 PID 算法调节，可以准确、快速地进行焊接温度控制，从而满足各种焊点焊接工艺的要求。

数控焊接台配备多种烙铁头和附件，一般用于高密度、高可靠性电路板的组装、返修及维修等工作。图 1-2-5 所示为常用的数控焊接台。

图 1-2-5　常用的数控焊接台

2．电烙铁的选用

1）从功率和温度方面考虑

如果有条件，选用恒温电烙铁是比较理想的。对于一般研制、生产，可根据不同施焊对象选择不同功率的普通电烙铁。表 1-2-1 所示的电烙铁的选用可供用户参考。

表 1-2-1　电烙铁的选用

焊件及工作性质	烙铁头温度	选用电烙铁
一般印制电路板、安装导线		20W 内热式、30W 外热式、恒温式
集成电路	250～400℃	20W 内热式、恒温式、储能式
焊片、电位器、2～8W 电阻器、大电解功率管	350～450℃	35～50W 内热式、调温式、50～75W 外热式
8W 以上大电阻器、$\phi 2$ 以上导线等较大元器件	400～550℃	100W 内热式、150～200W 外热式
汇流排、金属板等	500～630℃	300W 以上外热式或火焰锡焊
维修、调试一般电子产品	350℃	20W 内热式、恒温式、感应式、储能式、两用式
SMT 高密度、高可靠性电路组装、返修及维修等工作，无铅焊接	350～400℃	恒温式、电焊台或数控焊接台

烙铁头温度的高低，可以用热电偶或表面温度计测量，一般可根据助焊剂发烟状态粗略估计。观察法估计烙铁头温度如表 1-2-2 所示。温度越低，冒烟越小，持续时间越长，温度高则反之。当然，对比的前提是烙铁头上蘸有等量的助焊剂。

表 1-2-2　观察法估计烙铁头温度

观察现象	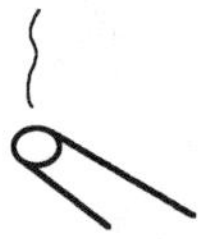			
	烟细长，持续时间较长，超过 20s	烟稍大，持续时间为 10～15s	烟大，持续时间较短，7～8s	烟很大，持续时间短，3～5s
估　计	< 200℃	230～250℃	300～350℃	> 350℃
焊　接	达不到锡焊温度	印制电路板及小型焊点	导线焊接、预热及较大焊点	粗导线、板材及大焊点

实际使用时，可根据情况灵活选用。需要指出的是，不要以为电烙铁功率越小，就越不会烫坏元器件。图 1-2-6 所示为用小功率电烙铁焊大组件，因为电烙铁功率较小，它同组件接触后供不上足够的热。因焊点达不到焊接温度而不得不延长电烙铁的停留时间。这样电烙铁的热量将传到整个组件上，且其温度达到可能损坏组件的程度。相反，用较大功率的电烙铁可使焊点局部很快达到焊接温度而不会使整个组件承受长时间高温，因而不易损坏元器件。

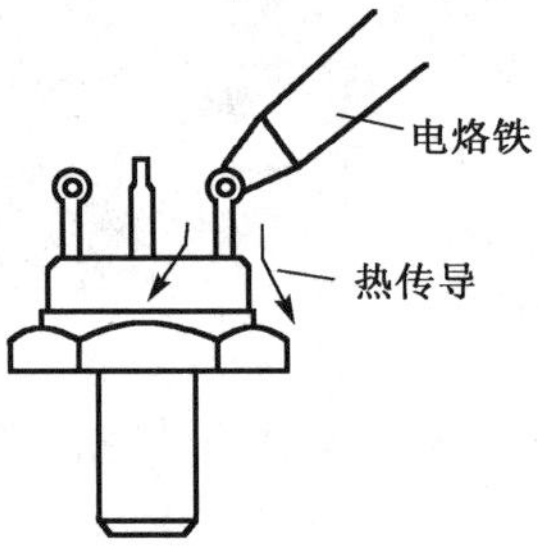

图 1-2-6　用小功率电烙铁焊大组件

2）从烙铁头方面考虑

（1）烙铁头镀层及形状：烙铁头一般用紫铜制成，现在的内热式烙铁头都经过了三层电镀。烙铁头的镀层如图 1-2-7 所示。这种有镀层的烙铁头，如果不是特殊需要，一般不要修钝或打磨，因为镀层的目的就是保护烙铁头不易被腐蚀。表 1-2-3 所示为专业电烙铁公司配套烙铁头形状。

还有一种新型合金烙铁头，使用寿命较长，但需要配专门的电烙铁，一般用于固定产品的印制电路板焊接。高档电烙铁都配备了电烙铁公司生产的各种形状的烙铁头，在其使用周期内一般不需要修整。

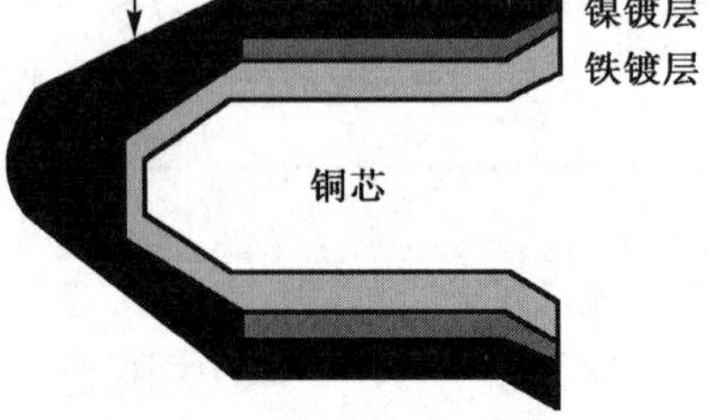

图 1-2-7　烙铁头的镀层

表 1-2-3　专业电烙铁公司配套烙铁头形状

图　形	序　号	焊　形	图　形	序　号	焊　形
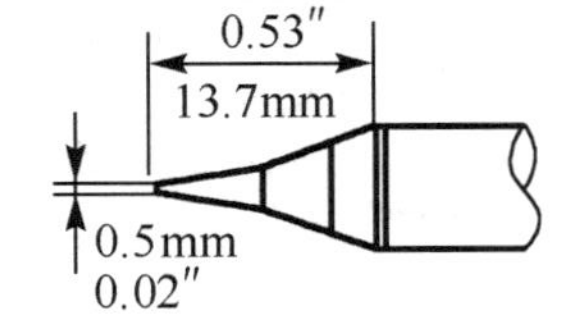	SFV-CN05A	锥形 0.5mm(0.02″)	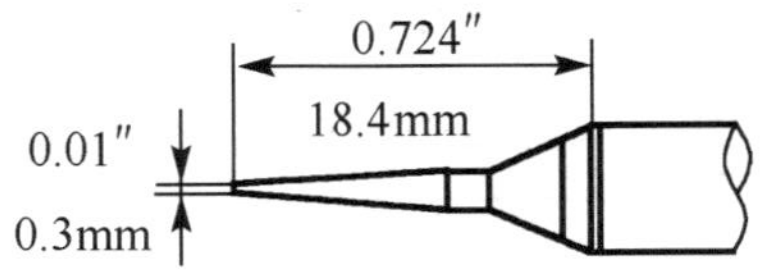	SFV-CNL03A	长锥形 0.3mm(0.01″)
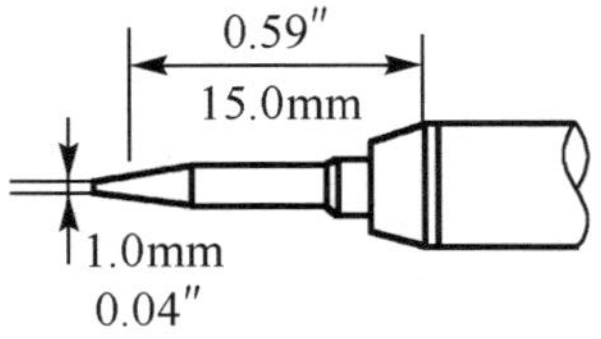	SFV-CNL10A	长锥形 1.0mm(0.04″)	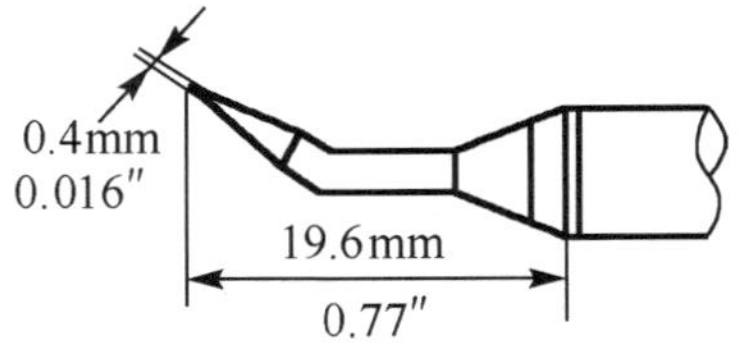	SFV-CNB04A	尖锥形弯头 0.4mm(0.016″)
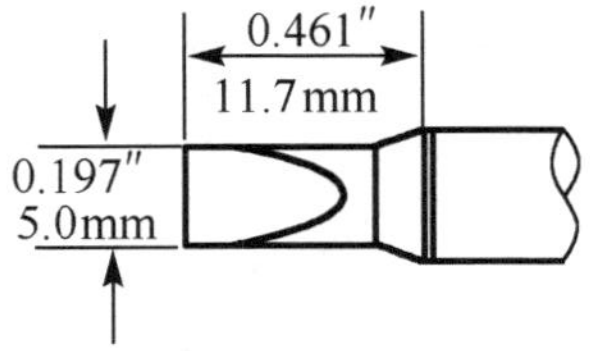	SFV-CH50A	凿形 5.0mm(0.197″)	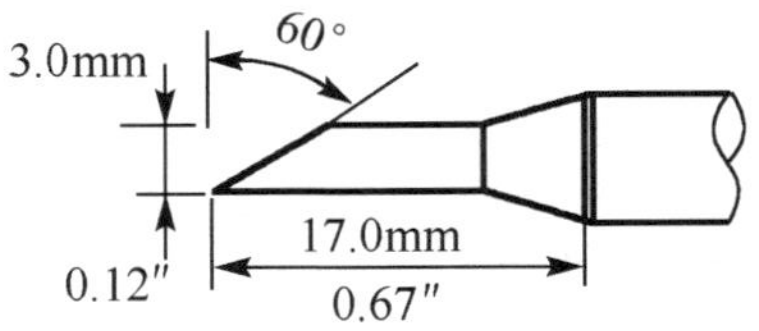	SFV-DRH630A	蹄形 Hoof, 60°, 3.0mm(0.12″)
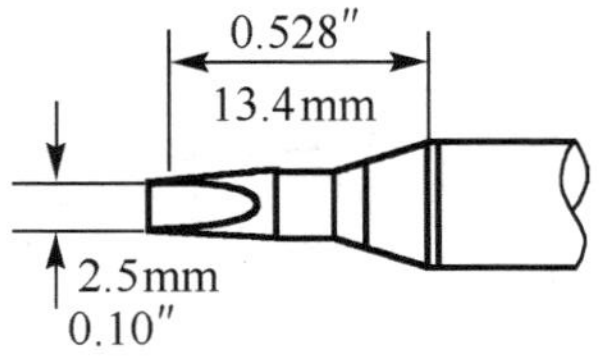	SFV-CH25A	凿形 2.5mm(0.10″)	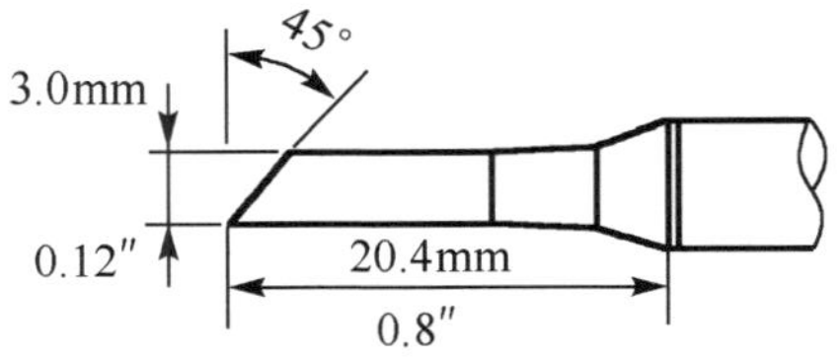	SFV-DRH430A	蹄形 Hoof, 45°, 3.0mm(0.12″)
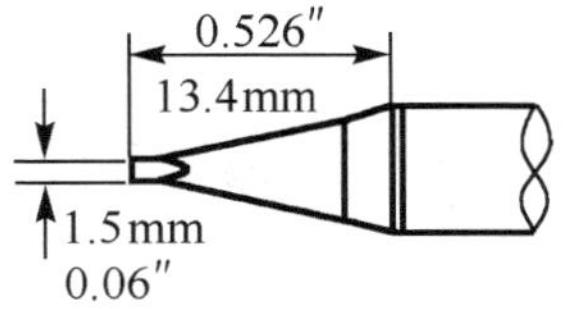	SFV-CH15A	凿形 1.5mm(0.06″)	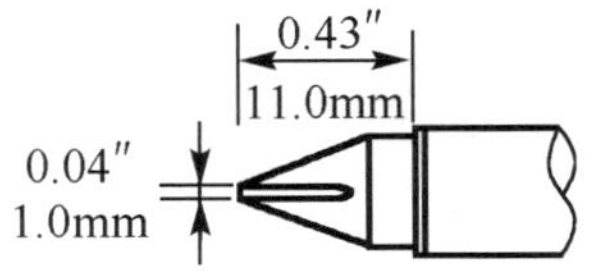	SFV-CH10	凿形 1.0mm(0.04″)
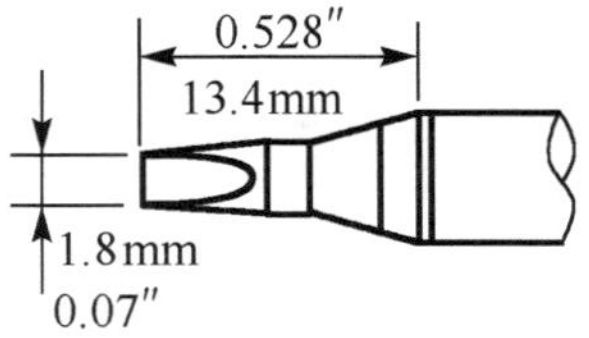	SFV-CH18A	凿形 1.8mm(0.07″)	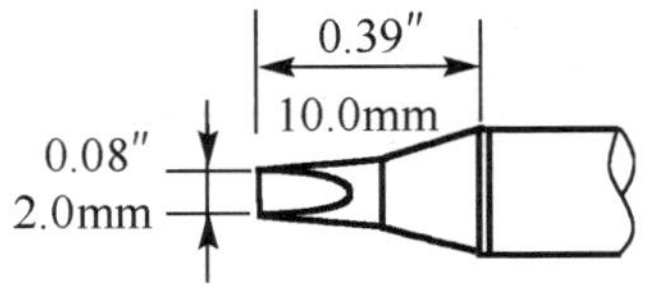	SFV-CH20	凿形 2.0mm(0.08″)

续表

图　形	序　号	焊　形	图　形	序　号	焊　形
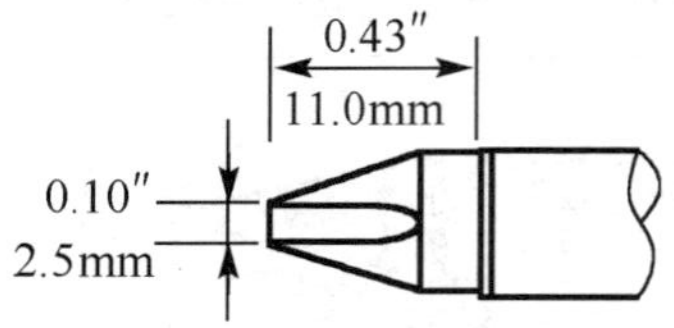	SFV-CH25	凿形 2.5mm(0.10″)	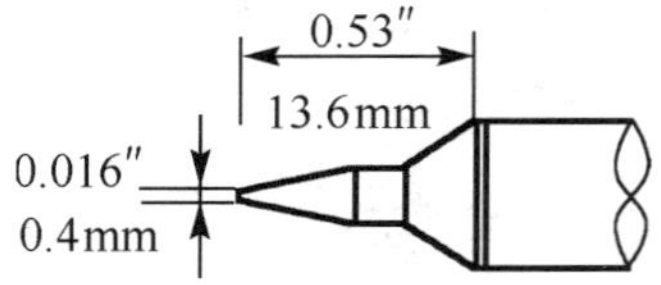	SFV-CNL04	锥形 0.4mm(0.016″)
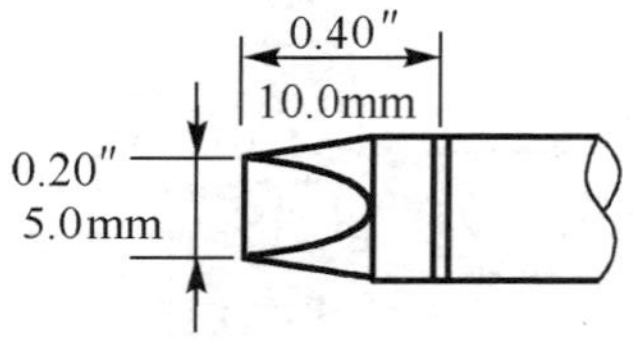	SFV-CH50	大凿形 5.0mm(0.20″)	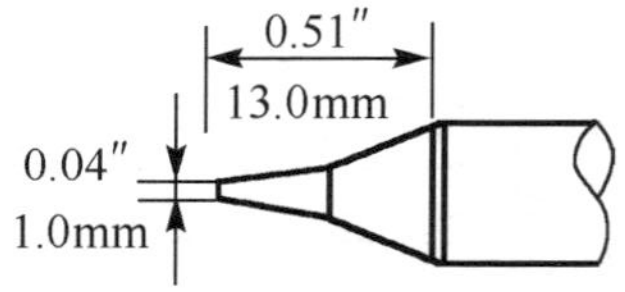	SFV-CNL10	锥形 1.0mm(0.04″)
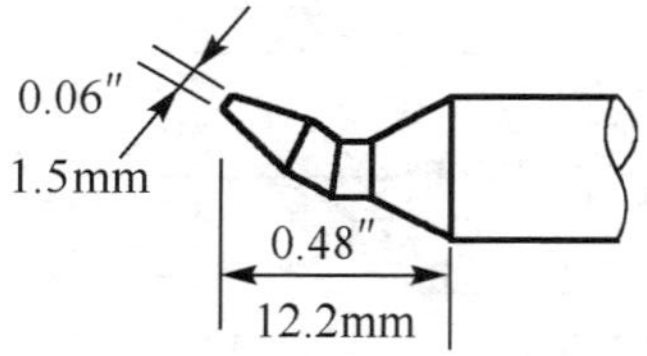	SFV-CHB15	凿形 1.5mm(0.06″)	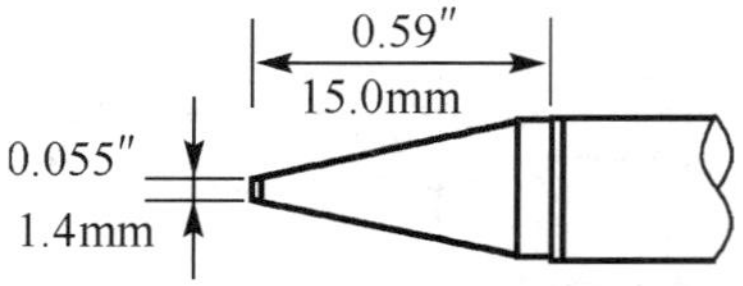	SFV-CNL14	锥形 1.4mm(0.055″)
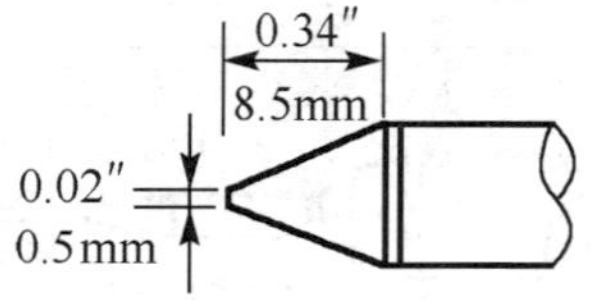	SFV-CN05	锥形 0.5mm(0.02″)	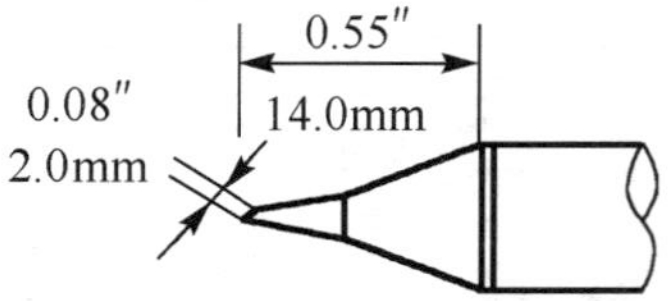	SFV-DRH20	锥形 2.0mm(0.08″)
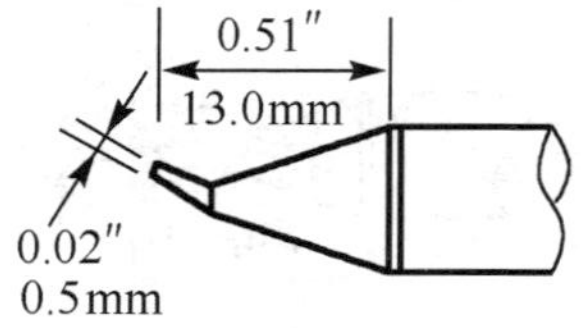	SFV-CNB05	弯头锥形 0.5mm(0.02″)	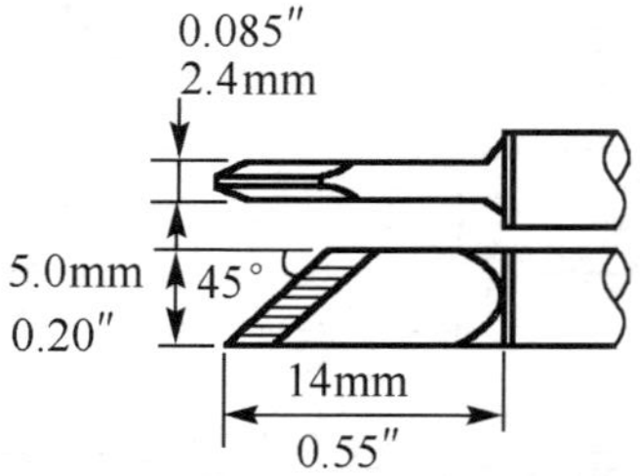	SFV-DRK50	刀形 5.0mm(0.20″)

（2）普通烙铁头的应用：一般电子装配操作中往往使用普通廉价的电烙铁，烙铁头的形状为圆斜面形，通常也不具有完善的镀层。这种烙铁头经一段时间的使用后，表面会凹凸不平，而且氧化严重，在这种情况下需要对其进行修整。一般将烙铁头拿下来，夹到台钳上修整，先修整为自己需要的形状，再用工具修平，最后用细砂纸打磨光即可。

对焊接数字电路、计算机电路的工作来说，普通烙铁头太粗了，可以将头部用锤头锻打到合适的粗细，再进行修整。图 1-2-8 所示为几种常用烙铁头的形状及其应用。

修整后的烙铁头应立即镀锡，方法是将烙铁头装好通电，在木板上放些松香并放一段焊锡，烙铁头蘸上锡后在松香中来回摩擦，直到整个烙铁头修整面均匀镀上一层锡为止。常用烙铁头镀锡如图 1-2-9 所示。

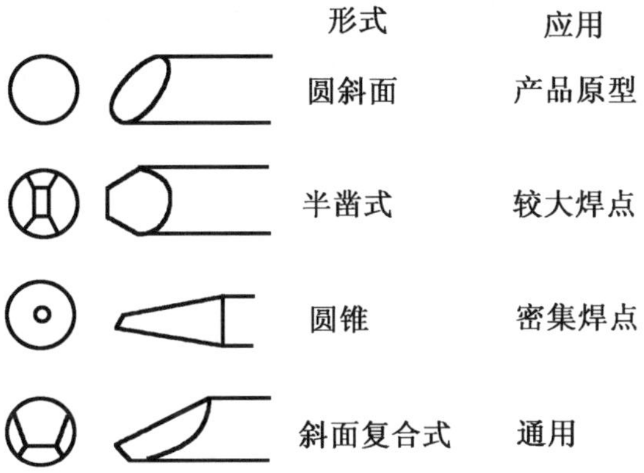

图 1-2-8　几种常用烙铁头的形状及其应用

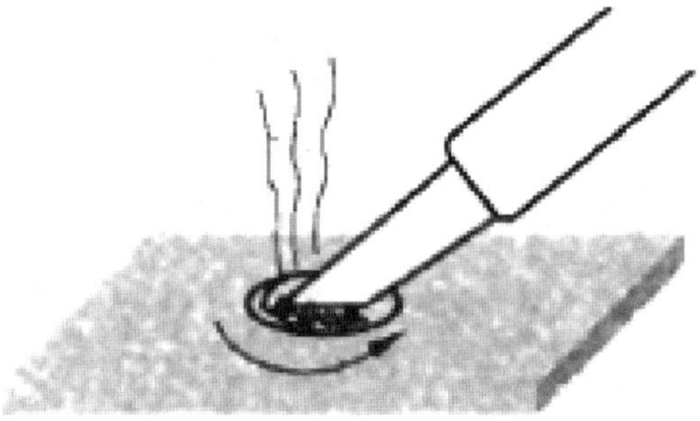

图 1-2-9　常用烙铁头镀锡

应该注意，电烙铁通电后一定要立刻蘸上焊料，否则表面会生成难镀锡的氧化层。可以根据个人习惯及使用体会选用烙铁头，并随焊接对象变化，每把电烙铁可配多个烙铁头。对焊接器件变化很大的工作来说，复合式烙铁头能适应大多数情况。

知识二　不同焊接对象的焊接技巧

1. 导线的焊接

导线焊接在电子产品装配中占有重要地位。实践中发现，在出现故障的电子产品中，导线焊接的失效率高于印制电路板，所以有必要对导线的焊接工艺给予特别的重视。

1）导线种类

电子装配常用导线有三类，如图 1-2-10 所示。

（1）单股导线绝缘层内只有一根导线，俗称“硬线”，容易成形固定，常用于固定位置连接。

（2）多股导线绝缘层内有七根或更多的导线，俗称“软线”，使用最为广泛。

（3）屏蔽线在弱信号的传输中应用很广，同样结构的还有高频传输线，一般也称同轴电缆导线。

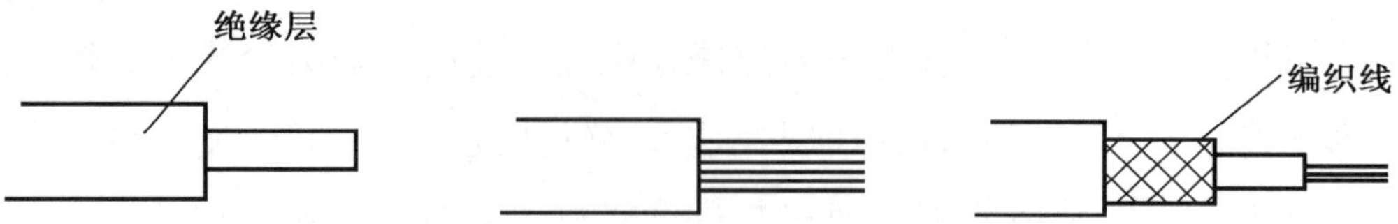

（a）单股导线　（b）多股导线　（c）屏蔽线

图 1-2-10　电子装配常用导线

2）导线焊前处理

（1）剥除绝缘层。

导线焊接前要除去末端绝缘层。剥除绝缘层可用普通工具或专用工具，大规模生产中有专用机械。一般可用剥线钳或普通斜口钳等工具。两种常用的剥线器如图 1-2-11 所示。

用剥线钳或普通斜口钳剥线时要注意，单股导线不应伤及导线，多股导线及屏蔽线不断线，否则将影响接头质量。对多股导线剥除绝缘层时要注意将芯线拧成螺旋状，一般采用边拽边拧的方式。多股导线剥线技巧如图 1-2-12 所示。

图 1-2-11　两种常用的剥线器

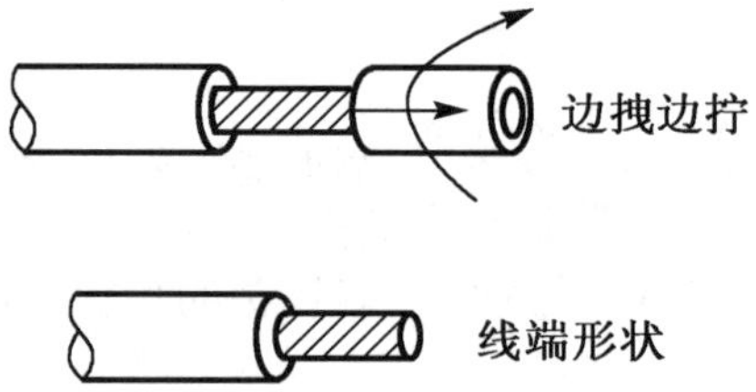

图 1-2-12　多股导线剥线技巧

（2）预焊。

导线焊接中，预焊是关键的步骤。尤其是对多股导线而言，如果没有预焊的处理，那么焊接质量很难保证。导线的预焊又称为挂锡、上锡等，方法同元器件引脚预焊一样，但注意导线挂锡时要边挂锡边旋转，旋转方向与拧合方向一致。

多股导线挂锡要注意“烛芯效应”，即焊锡浸入绝缘层内，造成软线变硬，容易导致接头故障，如图 1-2-13 所示。

（a）合格镀层，$L = 1 \sim 5$mm　（b）烛芯效应

图 1-2-13　多股导线挂锡

导线预焊的步骤如图 1-2-14 所示。

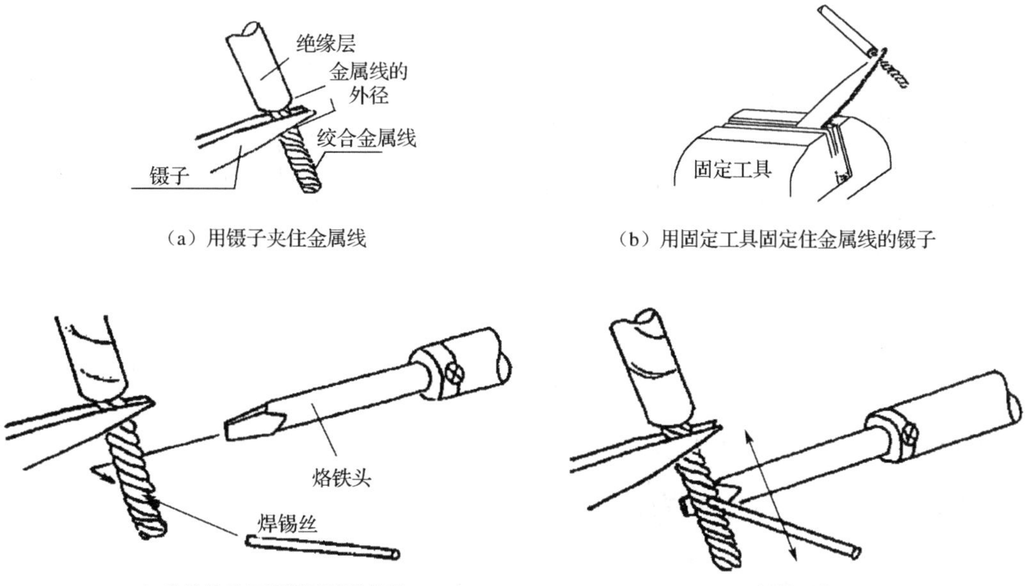

（a）用镊子夹住金属线　（b）用固定工具固定住金属线的镊子

（c）使烙铁头同焊锡丝贴近芯线　（d）焊接开始

图 1-2-14　导线预焊的步骤

导线预焊要求及效果如图 1-2-15 所示。

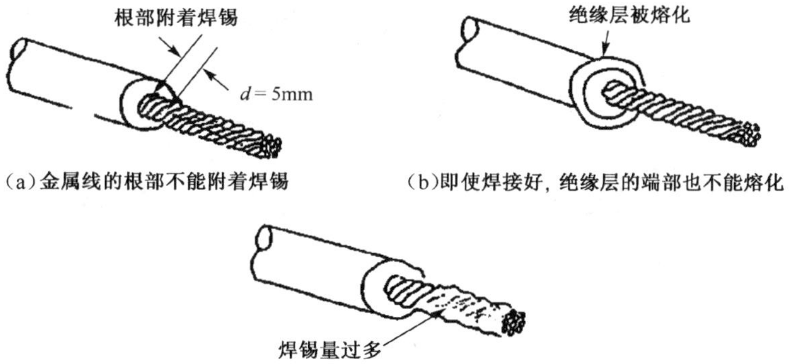

（a）金属线的根部不能附着焊锡　（b）即使焊接好，绝缘层的端部也不能熔化

（c）焊锡量不能过多

图 1-2-15　导线预焊要求及效果

（3）拆焊与补焊。

对不符合要求的镀锡导线进行拆焊和补焊时，要注意焊接时间的把握，防止烧坏导线绝缘层。

3）导线焊接方法及末端处理

（1）导线与接线端子的焊接如图 1-2-16 所示。

① 绕焊：把经过预焊的导线端头在接线端子上绕一圈，用钳子拉紧缠牢后进行焊接。绕焊如图 1-2-16（b）所示。导线一定要紧贴端子表面，绝缘层不接触端子，一般 L 取 1～3mm 为宜。这种焊接可靠性最好。

② 钩焊：将经过预焊的导线端头弯成钩形，钩在接线端子上并用钳子夹紧后施焊。钩焊如图 1-2-16（c）所示，接头处理与绕焊相同。这种焊接强度低于绕焊，但操作简便。

③ 搭焊：把经过预焊的导线端头搭到接线端子上施焊。搭焊如图 1-2-16（d）所示。这种焊接最方便，但强度和可靠性最差，仅用于临时连接或不便于绕、钩的地方及某些接插件上。

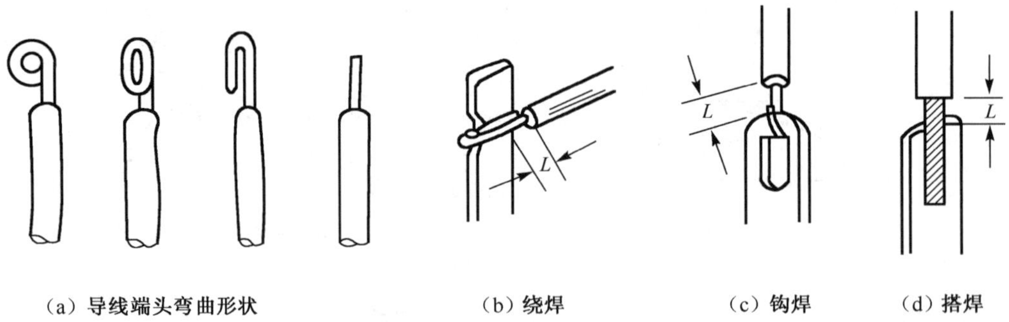

图 1-2-16　导线与接线端子的焊接

（2）导线与导线的焊接如图 1-2-17 所示。

导线之间的焊接以绕焊为主，操作步骤如下。

① 绞合、施焊。

② 整形。

③ 趁热套上套管，冷却后套管固定在接头处。

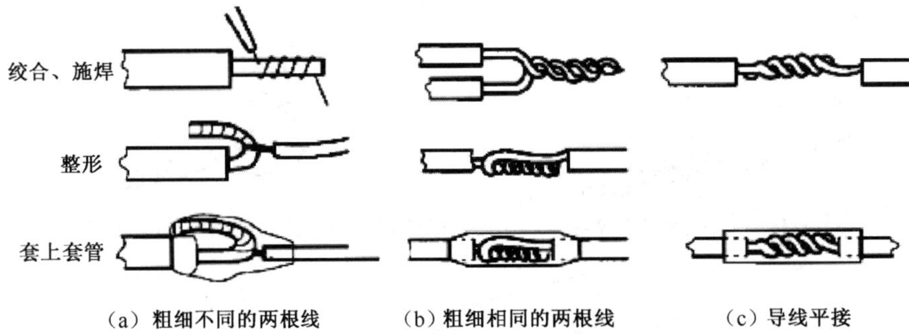

图 1-2-17　导线与导线的焊接

（3）导线与片状端子（焊片）的焊接如图 1-2-18 所示。

导线与片状端子（焊片）焊接的具体步骤如图 1-2-18（a）～（c）所示。切记不要只用烙铁头蘸上锡，在焊件上堆成一个焊点，这样很容易造成虚焊。如果焊片上焊的是多股导线，那么最好用套管将焊点套上，这样焊点不易和其他部位短路，同时多股导线也不容易断开，如图 1-2-18（d）所示。

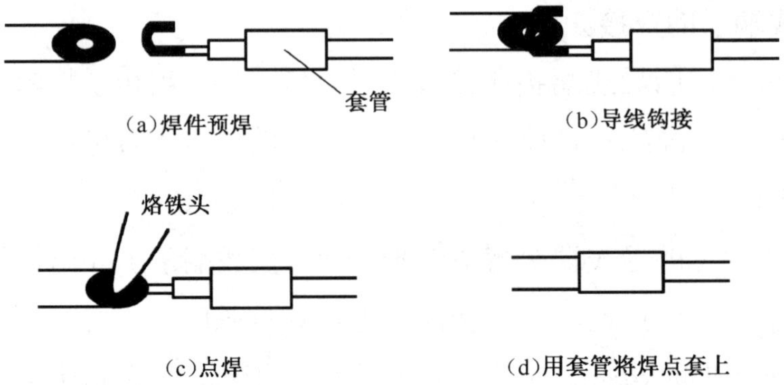

图 1-2-18　导线与片状端子（焊片）的焊接

（4）导线的槽形、板形、柱形焊点焊接。

焊件一般没有供绕线的焊孔，其焊接方法可用钩焊、搭焊，但对于某些重要部位，如电源线等处，应尽量采用绕线固定后焊接的办法。导线的槽形、板形、柱形焊点焊接如图 1-2-19 所示。其中，槽形、板形焊点焊接主要用于插接件上，板形、柱形焊点焊接则见于变压器、电位器等组件上。其焊接要点同焊片类相同。这类焊点中，每个焊点一般仅接一根导线，一般应套上塑料套管。套管尺寸要合适，应在焊点未完全冷却前套入，且套入后不能自行滑出。

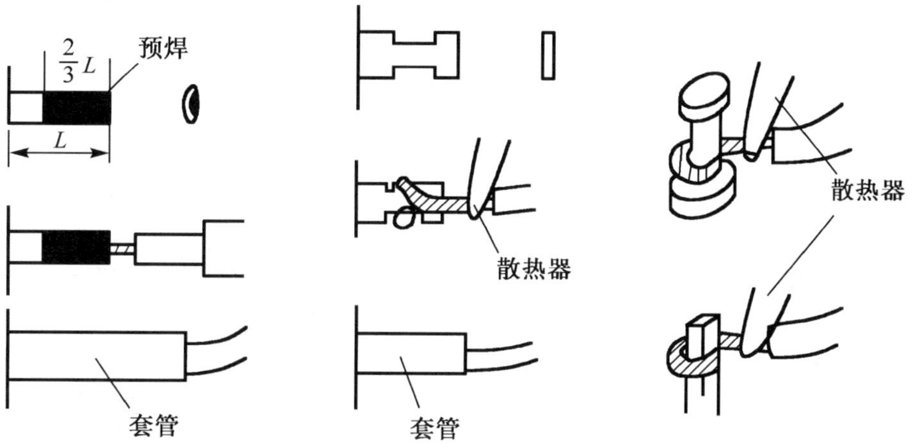

图 1-2-19　导线的槽形、板形、柱形焊点焊接

热缩套管是一种非常有用的绝缘和保护材料。热缩套管是由热缩型的聚烯类材质制成的，柔软有弹性，在加热到 70～90℃时直径可缩小到原来直径的 1/3～1/2，具有良好的阻燃、绝缘、耐温性能，并且有各种尺寸和颜色可供选择。在线缆连接和端子加工中，选择合适尺寸的热缩套管作为绝缘和保护材料，使用热风枪或普通电吹风加热即可获得满意的效果。

（5）在金属板上焊导线。

将导线焊到金属板上，关键是向板上镀锡。一般金属板表面积大，吸热多且散热快，要用功率较大的电烙铁。根据板的厚度和面积选用 50～300W 的电烙铁。若板厚为 0.3mm 以下，则也可用 20W 的电烙铁，只是要增加焊接时间。紫铜、黄铜、镀铜板等都很容易镀上锡，只要表面清洁干净，使用少量助焊剂即可镀上锡。如果要使焊点更牢靠，可以先在焊区用小刀划出一些刀痕再镀锡。铝板镀锡如图 1-2-20 所示。

（6）屏蔽线末端的处理方法。

屏蔽线末端连接对象不同，处理方法也不同。图 1-2-21 所示为屏蔽线末端与其他端子焊接时的处理方法，特别强调芯线和屏蔽层的绞合及挂锡时的烛芯效应。屏蔽线的芯线一般很细且线数少，无论采用何种焊接方法均不应使芯线承受拉力。

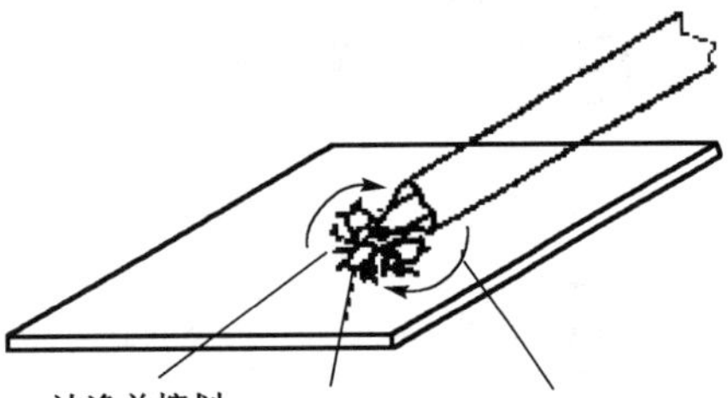

图 1-2-20　铝板镀锡

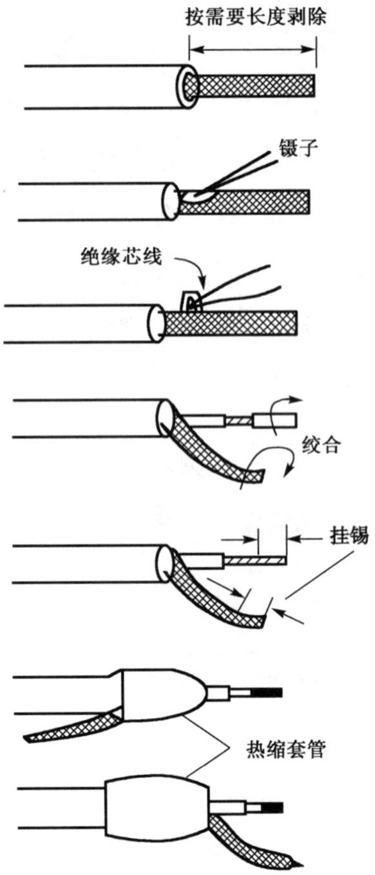

图 1-2-21　屏蔽线末端与其他端子焊接时的处理方法

2．铸塑组件的焊接

铸塑制成的组件焊接时必须注意以下几点。

（1）在组件预处理时，尽量清理好接点，一次镀锡成功后，不要反复镀，尤其是当组件在锡锅中浸镀时，更要掌握好浸入深度及时间。

（2）焊接时烙铁头要修整得尖一些，焊接一个接点时不碰相邻接点。

（3）镀锡及焊接时加助焊剂要少，防止浸入电接触点。

（4）烙铁头在任何地方均不要对接线片施加压力。

（5）在保证润湿的情况下焊接时间越短越好。实际操作时，在焊件预焊良好的情况下只要用挂上锡的烙铁头轻轻一点即可。焊后不要在塑壳未冷前对焊点做牢固性试验。

铸塑组件焊接不当造成开关失效的例子如图 1-2-22 所示。

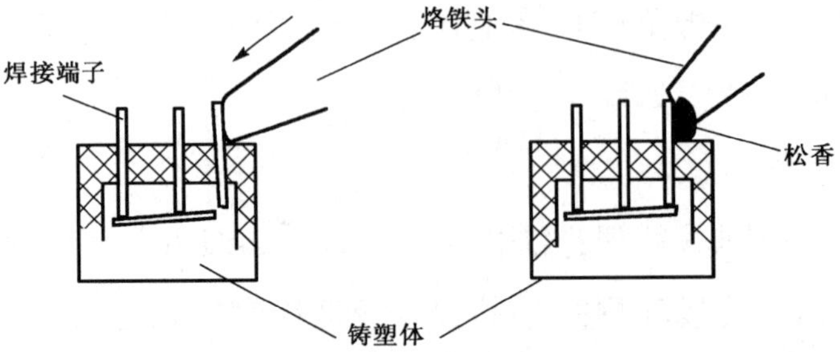

（a）焊接时烙铁头对端子加力，导致变形开关失效　（b）助焊剂过多流入开关电接触点，造成接触不良

图 1-2-22　铸塑组件焊接不当造成开关失效的例子

3. 簧片类组件的焊接

这类组件有继电器、波段开关等，它们的共同特点是在簧片制造时加预应力，使之产生适当弹力，保证电接触性能。若在安装施焊过程中对簧片施加外力，则会破坏接触点的弹力，造成组件失效。簧片类组件的焊接要领如下。

（1）可靠的预焊。

（2）加热时间要短。

（3）不可对焊点任何方向加力。

（4）焊锡量宜少。

任务实施

1. 按照装接工艺进行导线焊前处理

导线与导线、导线与金属连接器之间的焊接是比较常见的连接方式，在连接之前进行焊前处理是焊接操作最基本的要求和重要步骤，可按下面的步骤进行导线焊前处理。

1）导线绝缘层剥皮

导线剥皮时可用专业的剥皮工具，如剥线钳。导线剥皮过程中要确保不能“伤芯”，也不能“伤皮”，特别是剪断部分芯线，或者拉扯导致断皮的现象是绝对不允许的。断口要平整，不能出现凸凹不平的情况。

2）导线焊接

分别针对单股导线和多股导线进行焊前处理，焊接要求和可接受效果如图 1-2-23 所示。

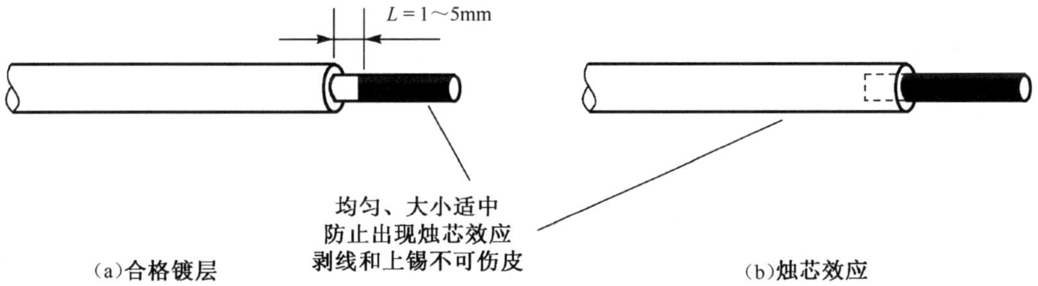

图 1-2-23　焊接要求和可接受效果

注意事项

（1）选择合适的电烙铁、焊锡和助焊剂，进行相应烙铁头的处理。

（2）焊接面污垢清除：清除电路板焊盘的污垢（杂物、氧化层），使其表面干净清洁；清除导线的污垢（杂物、氧化层），磨到能看到铜线的程度。

（3）按照不同焊接对象的处理方法进行焊前处理。

（4）按照正确的焊接方法进行焊接。

（5）焊接品质检测：可靠的电连接、足够的机械强度、合格的外表。

2. 按照装接工艺进行导线连接

取两段单股导线，分别剥皮，剥皮要求同上面的要求。按照图 1-2-24 所示的连接方式进行导线与导线的焊接。

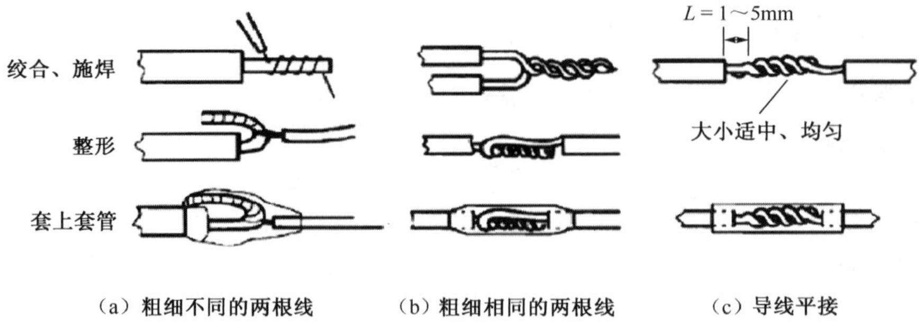

图 1-2-24　导线与导线的焊接

注意事项

（1）平接方法和注意事项如图 1-2-25 所示。

（2）平接 3～5 圈，可数单边线的圈数。圈数的数法如图 1-2-26 所示。

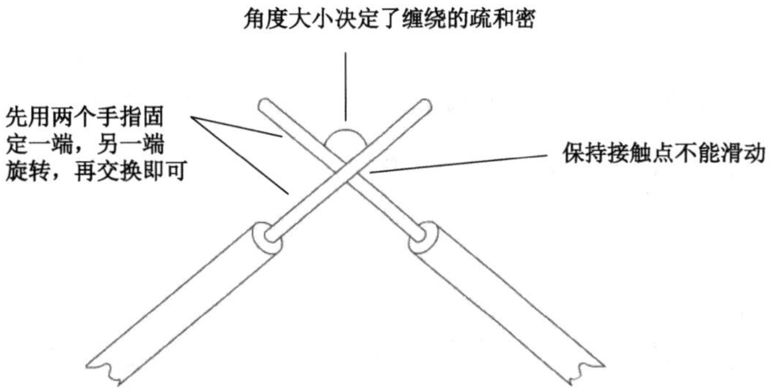

图 1-2-25　平接方法和注意事项

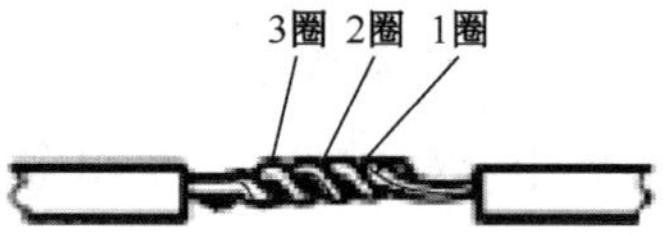

图 1-2-26　圈数的数法

（3）平接效果：不松动，不宜过密，也不宜过疏，过密后面不好上锡，过疏接口过长、不牢固。

（4）上锡效果：锡量适中、均匀，不能露铜，但也不能过锡，以可见轮廓为佳。

（5）给平接导线加热缩套管，套上合适大小的热缩套管，以保持一定的松度为佳，但不宜过大。用烙铁加热部位无限接触热缩套管，使其牢牢包紧导线，不能拉动且看到平接轮廓为佳。热缩套管的长度示意图如图 1-2-27 所示。

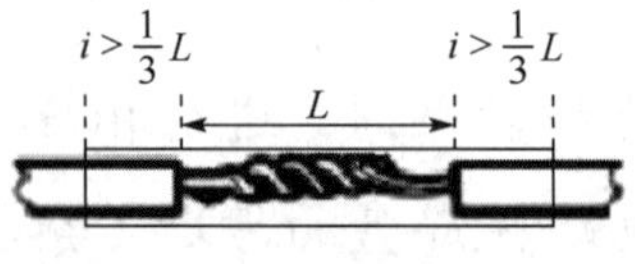

图 1-2-27　热缩套管的长度

（6）焊接品质检测：可靠的电连接、足够的机械强度、合格的外表。

3. 按照装接工艺进行各类连接器的焊接

导线与连接器焊接的操作流程如图 1-2-28 所示。

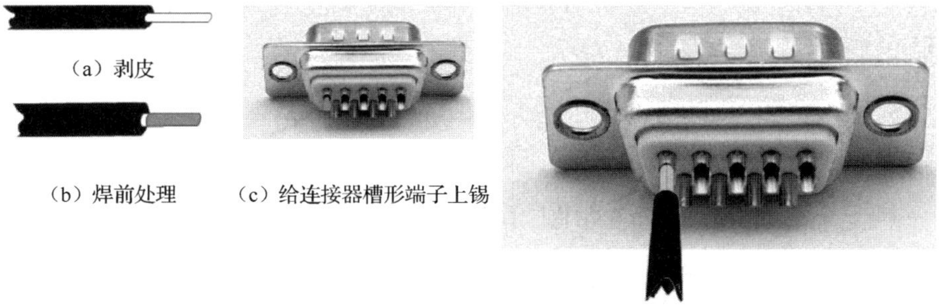

（a）剥皮

（b）焊前处理　（c）给连接器槽形端子上锡

（d）用烙铁把导线焊接到端子上

图 1-2-28　导线与连接器焊接的操作流程

注意事项

（1）焊前处理根部不上锡长度应根据连接器端子长度而定。

（2）槽形端子上锡量根据导线和槽形端子大小而定。

（3）导线与连接器塑料固定面的距离，根据槽形端子长度而定。

（4）焊接效果：锡量合适、均匀，光滑，不露铜，可见轮廓。

（5）焊接品质检测：可靠的电连接、足够的机械强度、合格的外表。

任务三　对闪烁警示灯线路进行安装

任务描述

能够按照装接工艺对闪烁警示灯线路进行安装。

任务目标

终极目标：能够按照装接工艺对闪烁警示灯线路进行安装。

促成目标：

（1）能够对闪烁警示灯线路原理图进行识读。

（2）能够对闪烁警示灯线路插装布线图进行识读。

（3）能够根据元器件检测要求进行闪烁警示灯线路元器件的检测。

（4）能够按照装接工艺对闪烁警示灯线路进行安装。

（5）能够按照检测步骤对闪烁警示灯线路进行调试检测。

知识平台

知识　元器件的拆焊与替换

调试和维修中常需要更换一些元器件，如果方法不得当，就会破坏印制电路板，也会使换下但并没有失效的元器件无法重新使用。

1．元器件的拆焊

1）一般元器件的拆焊

一般像电阻器、电容器、晶体管等引脚不多且每个引脚可相对活动的元器件，可用电烙铁直接拆焊。一般元器件的拆焊方法如图 1-3-1 所示，将印制电路板竖起来夹住，一边用烙铁头加热待拆元器件的焊点，一边用镊子或尖嘴钳夹住元器件引脚轻轻拉出。

重新焊接时，在加热熔化焊锡的情况下，需先用吸锡器或非金属利器等工具进行通孔。需要指出的是，这种方法不宜在一个焊点上多次使用，因为印制导线和焊盘经反复加热后很容易脱落，易造成印制电路板损坏。在可能多次更换的情况下可用断线法更换元器件，如图 1-3-2 所示。

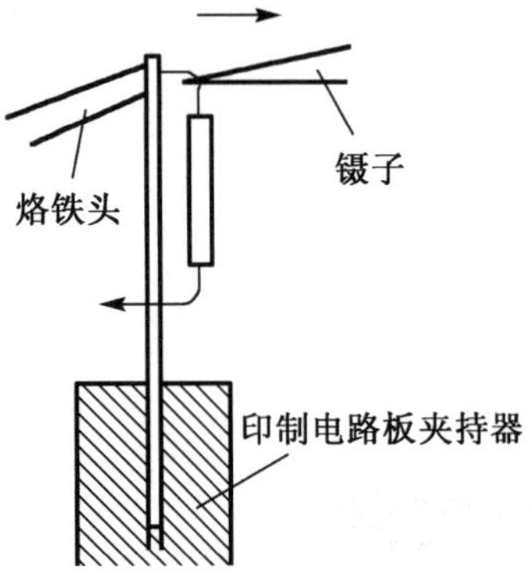

图 1-3-1　一般元器件的拆焊方法

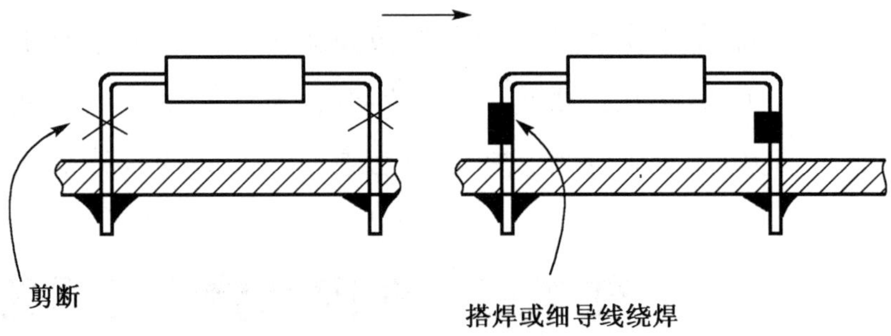

图 1-3-2　断线法更换元器件

2）多引脚元器件的拆焊

长排插座及拆焊专用工具如图 1-3-3 所示。当需要拆下多引脚且引脚较硬的元器件时，以上方法就不适用了，如要拆下图 1-3-3 所示的长排插座，一般有以下三种方法。

（1）采用拆焊专用工具：采用专用烙铁头，这样一次可将所有焊点加热熔化而取出插座。

（2）采用吸锡电烙铁或吸锡器：吸锡电烙铁或吸锡器对拆焊是很有用的，既可以拆下待换的元器件，又不使焊孔堵塞，而且不受元器件种类的限制。但采用它要逐个焊点除锡，效率不高，而且必须及时排出吸入的焊锡。

（3）万能拆焊法：这种方法以铜丝编织的屏蔽线或较粗的多股导线为吸锡材料。将吸锡材料浸上松香水贴到待拆焊点上，用烙铁头加热吸锡材料，通过吸锡材料将热量传到焊点并熔化焊锡，熔化的焊锡沿吸锡材料上升，将焊点拆开。焊点拆焊如图 1-3-4 所示。这种方法简便易行，且不易烫坏印制电路板，在没有专用工具和吸锡电烙铁时是一种适合各种拆焊工作的行之有效的方法。一些焊接工具和材料供货商提供带有助焊剂的专门用于拆焊的铜丝编织线。

清理拆除的焊锡以后，该区域应当用蘸有溶剂的毛刷进行彻底地清洗，以保证良好的焊点替换，新的元器件安装好以后，重新按工艺要求进行表面涂敷即可。

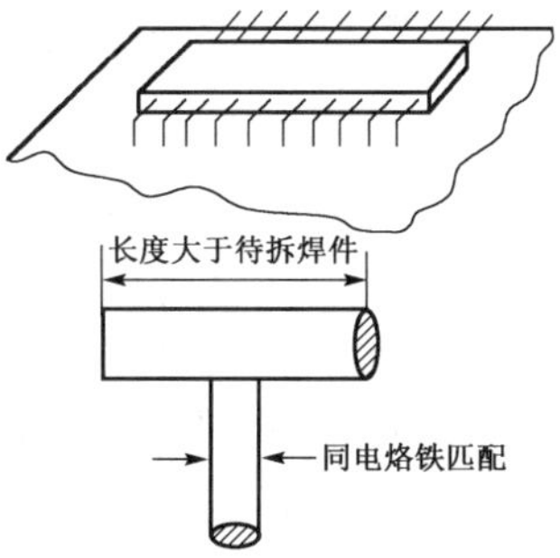

图 1-3-3　长排插座及拆焊专用工具

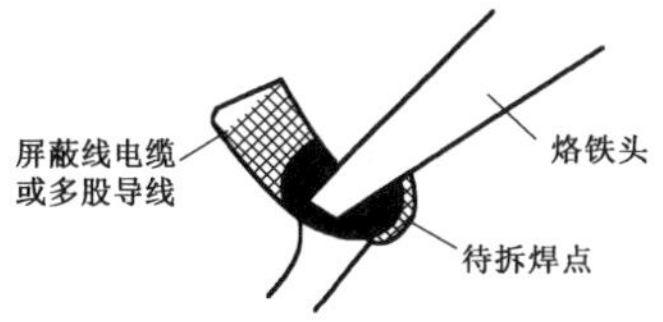

图 1-3-4　焊点拆焊

2．元器件的替换

现代设备中使用的印制电路板通常是双面板及多层板类型的，其两面的绝缘材料上都有印制电路和元器件，在进行元器件替换以前，需要全面考虑并按照正确的步骤进行。

1）元器件替换的基本准则

（1）避免不必要的元器件替换，因为存在损坏电路板或邻近元器件的风险。

（2）在非大功率电路板上不要使用大功率的焊接电烙铁，因为过多的热量会使导体松动或破坏电路板。

（3）在通孔操作中，只能使用吸锡器或牙签等工具从元器件安装孔中去除焊锡，绝不能使用锋利的金属物体来做这项工作，以免破坏通孔中的导体。

（4）元器件替换焊接完成后，从焊接区域去除过多的助焊剂并施加保护膜，以阻止污染和锈蚀。

2）元器件替换的步骤

（1）仔细阅读设备说明书和用户手册上提供的元器件替换程序。注意原电路板是否采用了无铅技术。

（2）如果电路板不能从产品中拔出，那么操作前必须断开电源，拔出电源插头。

（3）尽可能移开电路板上其他附件和其他可以分离的部分。

（4）给将要去除的元器件做标记。

（5）在去除元器件之前仔细观察它是如何放置的，需要记住的信息包括元器件的极性、放置的角度及位置、绝缘需求和相邻元器件。建议对全板及需要进行元器件替换的部位分别照相存档。

（6）操作中只能触摸印制电路板的边缘，因为尽管指纹看不见，却可能引起电路板上污物和灰尘的积累，所以通常导致电路板应当具有很高阻抗的部分阻抗值变低。在必须触摸电路板的情况下，应当佩戴手套。

（7）把将要处理的焊点表面的保护膜或密封材料去除，去除时可以采用蘸有推荐使用溶剂的棉签或毛刷涂抹。不允许有大量的溶剂滴在电路板上，因为这些溶剂会从电路板的一个地方流到另外一个地方。

（8）采用合适的方法拆焊，尽量避免高温和长时间加热，以保护电路板和相邻元器件。

（9）将元器件从印制电路板上拆除以后，被拆除元器件的周围区域需要用蘸有溶剂的棉签或毛刷进行彻底清洗。另外，通孔或电路板的其他区域可能还有残留的焊锡，这些也必须予以去除，以便使新的元器件容易插入。

（10）用清洗工具对新元器件的引脚进行清洗，必要时还可以使用机械方法。对于导线端头，还必须去除绝缘层；对于多股导线，应将其拧成一股，并从距绝缘层 3mm 的地方镀锡。获得良好焊点的秘诀就是使所有的焊件都洁净，而达到这一效果并不仅仅依赖助焊剂。

（11）将新元器件的引脚成形以适合安装焊盘的间距，贴片元器件对准并进行定位（至少点焊对角线两点），通孔元器件的引脚插入安装孔时注意不要用强力，因为尖锐的引脚端可能会破坏镀铜安装孔。

（12）采用合适的工具设备、正确的焊料（注意区分有铅和无铅）和适用的工艺完成新元器件焊接，注意焊接的温度和焊锡的用量。

（13）移开电烙铁或其他加热器，使焊锡冷却凝固，这段时间不要振动电路板，否则将会产生不良焊接，形成“扰焊”缺陷。

（14）使用无公害清洗溶剂清洗焊接区域中泼溅的松香助焊剂和残留物时，不要将棉花纤维留在印制电路板上，应将电路板在空气中完全风干。

（15）检查焊接点，检测电路板功能。

（16）如果原电路板有保护膜，那么应该恢复该保护膜。

任务实施

1．闪烁警示灯线路原理图识读

原理图是电子线路装接和检修的重要资料之一，正确识读原理图，不管是对电子线路装接还是对检修而言都至关重要。要正确识读原理图，关键是掌握原理图三要素：元器件符号、元器件代号、元器件参数。闪烁警示灯线路原理图三要素如图 1-3-5 所示。

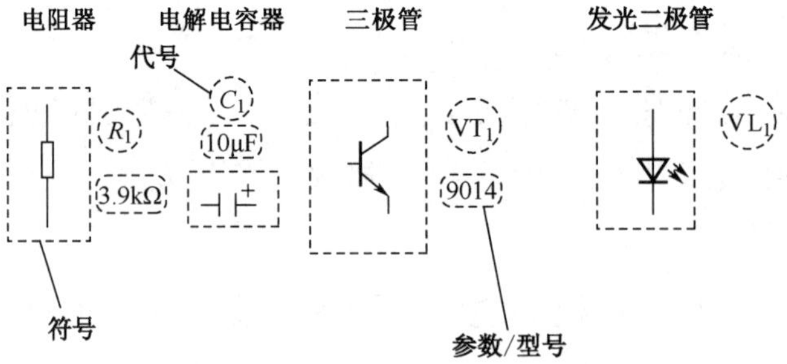

图 1-3-5　闪烁警示灯线路原理图三要素

原理图识读或绘制具体要求如下。

（1）图上体现交点。

①“∟”连接和“⊥”连接的连接点可以不加黑点。

②“＋”连接的连接点必须加黑点，不加则表示为非连接点。

（2）图上体现元器件极性。

① 符号无极性特点但实际有极性的元器件要标明极性。

② 符号有极性特点的元器件可不标明极性。

（3）图上体现元器件符号、代号、参数、连接。

① 必须正确画出元器件符号。

② 必须正确标出元器件的代号和参数（型号或值）。

③ 画出正确的电气连接。

闪烁警示灯线路原理图如图 1-3-6 所示。

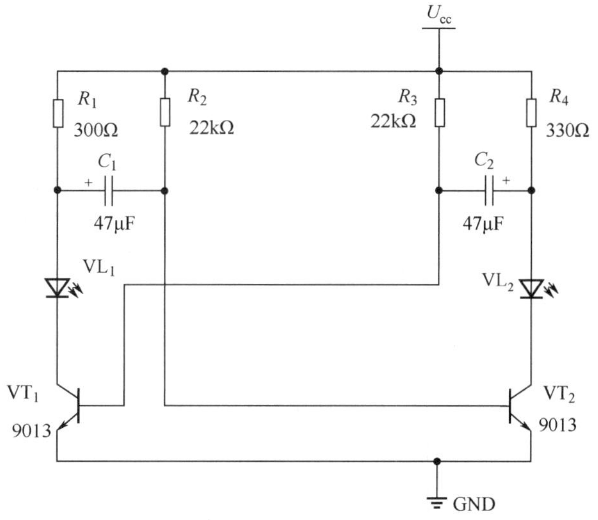

图 1-3-6　闪烁警示灯线路原理图

2. 闪烁警示灯线路插装布线图识读

插装布线图是电子线路插装的依据，它是线路原理和插装要求相结合的产物。要正确装接线路就需要正确识读插装布线图。同原理图一样，关键是掌握三要素：元器件形状、元器件代号、元器件参数。闪烁警示灯线路插装布线图三要素如图 1-3-7 所示。

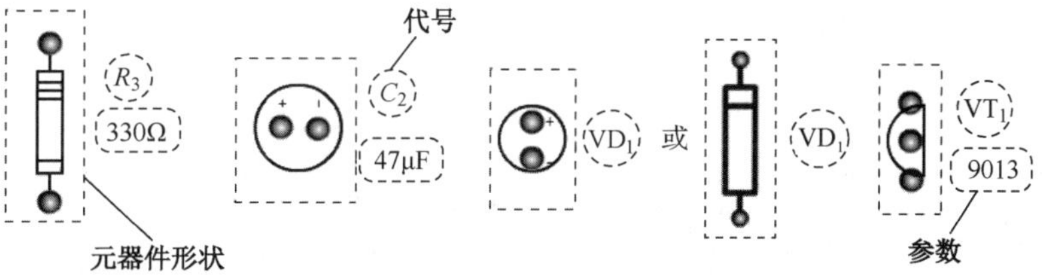

图 1-3-7　闪烁警示灯线路插装布线图三要素

插装布线图识读或绘制具体要求如下。

（1）图上体现焊点。

连接处必须体现焊点（加焊点标志）。

（2）图上体现元器件形状。

① 图上体现元器件的真实形状，电阻器要标明色环。

② 图上元器件所占的孔数与总占格数要符合要求。

（3）图上体现元器件极性。

有极性的元器件要正确标明极性。

（4）图上体现元器件代号、参数、连接。

① 必须正确标出元器件的代号和参数（型号或值）。

② 画出正确的电气连接（必须与线路原理图的电气连接一致）。

闪烁警示灯线路插装布线图如图 1-3-8 所示。

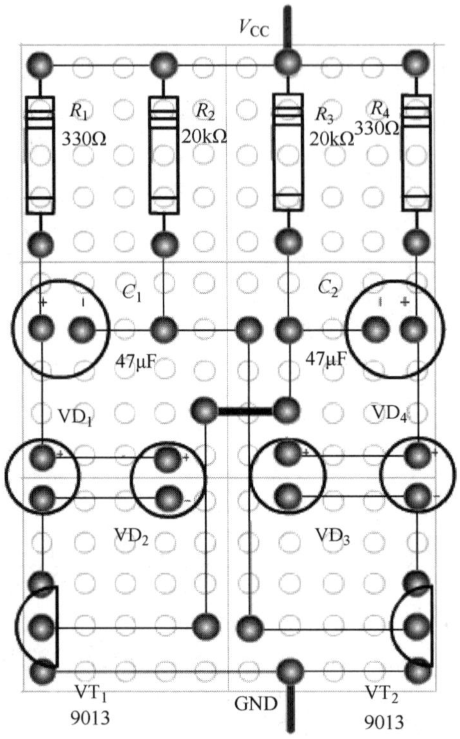

图 1-3-8　闪烁警示灯线路插装布线图

3．闪烁警示灯线路元器件检测

焊接前检测元器件是电路制作的重要一步，必须认真完成这一步，降低返工的可能性。可按照表 1-3-1 所示进行元器件检测。

表 1-3-1　元器件检测表

元器件	型号/规格	检测项目	检测过程		检测结果	
			检测工具	检测步骤	好坏/值	极性/标识
电阻器	1kΩ，1/4W	电阻	万用表	① 用色环法读出电阻、精度（如电阻为 1kΩ，精度为±10%）	电阻为 900Ω	
		好坏		② 万用表选取电阻挡（机械、欧姆调零） ③ 选取合适的量程（使指针落在满刻度的 2/3～1 处，换挡时注意欧姆调零） ④ 读数（读数时，眼睛、指针、刻度要在同一条直线上） ⑤ 判断好坏：$\frac{测量值-标称值}{标称值}\times 100\%$ 小于等于精度时，电阻器可用，可判断为好。例如，(900 − 1000)/1000 = −10%	好/坏	

续表

<table>
<tr><th rowspan="2">元器件</th><th rowspan="2">型号/规格</th><th rowspan="2">检测项目</th><th colspan="2">检 测 过 程</th><th colspan="2">检 测 结 果</th></tr>
<tr><th>检测工具</th><th>检 测 步 骤</th><th>好坏/值</th><th>极性/标识</th></tr>
<tr><td rowspan="3">电解电容器</td><td rowspan="3">47μF，25V</td><td>电容</td><td>电容表/目测</td><td rowspan="3">① 万用表选取电阻挡（机械、欧姆调零）
② 选取合适量程：原则上，大电容选取倍率小的挡位，小电容选取倍率大的挡位，不可以选取 R × 10kΩ 挡（如 47μF 的电容，可选取 R × 100Ω 挡）
③ 判断好坏：将黑表笔接电容器正极，红表笔接电容器负极，万用表指针迅速偏转（充电，较大幅度），然后又慢慢返回电阻无穷大处；将电容器放电，再将黑表笔接电容器负极，红表笔接电容器正极，万用表指针迅速偏转（充电，较大幅度），然后又慢慢返回接近电阻无穷大处（电容器一般存在一定的反向漏电流，所以反接时，指针返回不到无穷大，会有一定距离）。若出现这种情况，则可以认为这个电容器可用，是好的。返回越到位，电容器性能越好。其他情况认为不可用
④ 判断极性：根据电容器反接时存在较大漏电流这一特点，可以判断返回不到无穷大那次，红表笔接电容器正极
⑤ 电容器的电容可以用电容表测量，也可以直接目测，读出参数（小电容的电容器由于充放电不明显，因此一般不直接用万用表测极性和好坏）</td><td>47μF
25V</td><td rowspan="3"></td></tr>
<tr><td>好坏</td><td>万用表</td><td>好/坏</td></tr>
<tr><td>极性</td><td>万用表/目测</td><td>目测：引脚较长的一侧为正极，引脚较短或白边那一侧为负极</td></tr>
<tr><td rowspan="3">三极管</td><td rowspan="3">9013</td><td>管型</td><td>万用表</td><td rowspan="3">① 万用表选取电阻挡（机械、欧姆调零）
② 选取合适量程：原则上，选取 R × 100Ω 或 R × 1kΩ 挡，不可以选取 R × 10kΩ 挡（两支表笔插口要正确，这里用模拟万用表，正确插入表笔后，黑表笔连接万用表内部电源正极）
③ 判断管型：用两支表笔两两测量三极管三个引脚，如下所示。
<table><tr><th>次数</th><th>黑表笔</th><th>红表笔</th><th>挡位</th><th>电阻</th></tr><tr><td>第一次</td><td>1</td><td>2</td><td rowspan="6">R × 1kΩ</td><td>∞</td></tr><tr><td>第二次</td><td>2</td><td>1</td><td>5kΩ</td></tr><tr><td>第三次</td><td>1</td><td>3</td><td>∞</td></tr><tr><td>第四次</td><td>3</td><td>1</td><td>∞</td></tr><tr><td>第五次</td><td>2</td><td>3</td><td>5.6kΩ</td></tr><tr><td>第六次</td><td>3</td><td>2</td><td>∞</td></tr></table>六次测量后，有两次偏转比较大（第二次和第五次测量的特点是黑表笔都连接在 2 脚），其余几次基本不偏转，则可以判断：2 脚为 B 极，同时三极管为 NPN 型（若偏转较大的那两次是红表笔接同一引脚，则管型为 PNP 型，且该引脚为 B 极）
④ 判断引脚：保持三极管三个引脚不相碰，用手捏住 B 极（2 脚）和余下任意一个引脚，如下所示。</td><td>NPN/PNP</td><td rowspan="3">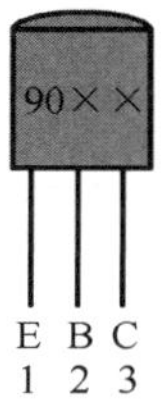</td></tr>
<tr><td>引脚</td><td>万用表</td><td>E：1
B：2
C：3</td></tr>
<tr><td>好坏</td><td>万用表</td><td>好/坏</td></tr>
</table>

续表

<table>
<tr><th rowspan="2">元器件</th><th rowspan="2">型号/规格</th><th rowspan="2">检测项目</th><th colspan="2">检 测 过 程</th><th colspan="2">检 测 结 果</th></tr>
<tr><th>检测工具</th><th>检 测 步 骤</th><th>好坏/值</th><th>极性/标识</th></tr>
<tr><td>三极管</td><td>9013</td><td>好坏</td><td>万用表</td><td><table>
<tr><th>次数</th><th colspan="2">用手捏住的引脚</th><th>黑表笔</th><th>红表笔</th><th>挡位</th><th>电阻</th></tr>
<tr><td>第一次</td><td rowspan="4">2</td><td rowspan="2">1</td><td>1</td><td>3</td><td rowspan="4">R × 1kΩ</td><td>∞</td></tr>
<tr><td>第二次</td><td>3</td><td>1</td><td>6kΩ</td></tr>
<tr><td>第三次</td><td rowspan="2">3</td><td>1</td><td>3</td><td>∞</td></tr>
<tr><td>第四次</td><td>3</td><td>1</td><td>38kΩ</td></tr>
</table>四次测量后（注意：四次测量中万用表的两支表笔不可接触2脚，即B极），找出指针偏转最大（电阻最小）的那次，黑表笔接的引脚为C极，剩下的引脚为E极（若三极管为PNP型，则找出指针偏转最大的那次，黑表笔接的引脚为E极）
⑤ 按照以上判断管型和引脚的方法，若可以判断，则认为三极管是好的，否则认为质量不好</td><td></td><td></td></tr>
<tr><td>发光二极管</td><td>ϕ5 普亮</td><td>好坏</td><td>万用表/目测</td><td>① 判断好坏：万用表选取 R × 1Ω 挡（机械、欧姆调零）。黑、红表笔搭在发光二极管的正、负极，发光二极管发光。万用表选取 R × 1kΩ 挡，红、黑表笔对调，发光二极管不亮，万用表的读数为∞。这表明发光二极管是好的
② 判断极性：目测，引脚较长的一侧为正极，引脚较短的一侧为负极。透明封装的普通发光二极管，内部电极较宽且大的一侧为负极，而较窄且小的一侧为正极。用万用表测量点亮发光二极管时，黑表笔接的是发光二极管的正极</td><td>目测：引脚较长的一侧为正极，引脚较短或白边那一侧为负极</td><td>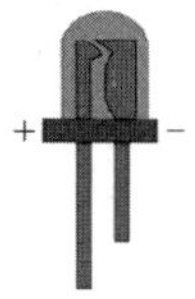</td></tr>
</table>

4. 按照装接工艺对闪烁警示灯线路进行装接

关于元器件成形、插装、焊接的工艺和要求，请参照电子线路装接工艺训练部分的相关工艺。闪烁警示灯线路安装布线图如图 1-3-9 所示。

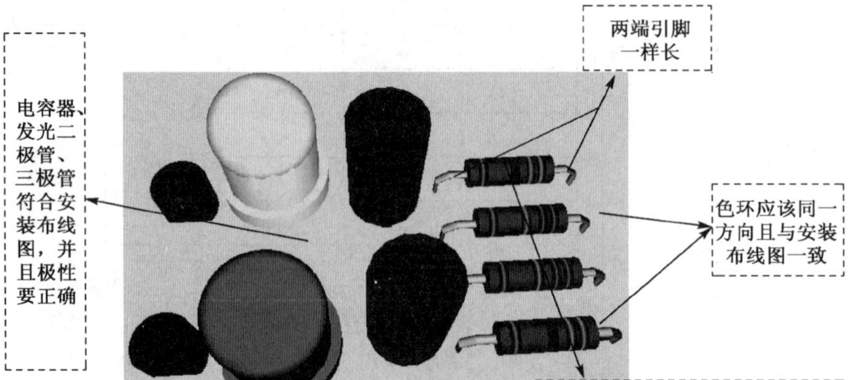

图 1-3-9 闪烁警示灯线路安装布线图

5．按照检测步骤对闪烁警示灯线路进行调试检测

如果将电路板装到警示灯座里，需要把发光二极管用线引出，再安装到相应模具里。接通电源，电源电压为 DC 4～12V 为最佳。电压不宜过低，过低容易不起振或振动频率过快，而电压过高则容易烧坏三极管。正确接通电源，发光二极管以 3s 闪烁两次的频率运行。

项目二 仪器仪表的操作测量

项目描述

在电子装调技术领域中，处处都离不开使用仪器仪表进行测量。借助于仪器仪表，我们能检测各种元器件、测量线路相关数据参数、明确地看到波形，从而可以对电子线路进行定量分析与评价。

项目目标

（1）能使用万用表进行电压、电流测量及电阻、电容检测。

（2）能使用示波器进行函数信号发生器信号测量。

任务一 万用表测量电压、电流及检测电阻、电容

任务描述

能使用万用表进行电压、电流测量及电阻、电容检测。

任务目标

终极目标：能使用万用表进行交直流电压、交直流电流测量及电阻、电容的检测。

促成目标：

（1）能够使用万用表进行交直流电压测量。

（2）能够使用万用表进行交直流电流测量。

（3）能够使用万用表进行电阻检测。

（4）能够使用万用表进行电位器检测。

（5）能够使用万用表进行电容检测。

知识平台

知识一　模拟万用表的使用

模拟万用表也被称为指针万用表，它通过指针指示的方式直接在刻度盘上显示测量的结果，是在电子产品的生产、调试、维修中应用最广泛的仪表之一。检测时，用户可以根据指针的摆动情况或指向来获取测量状态或测量数值，进而对检测过程做出判断。

1．模拟万用表的结构与功能

常用的模拟万用表有 MF47T、Si47、500 型等。图 2-1-1 所示为 MF47T 型万用表的结构图。

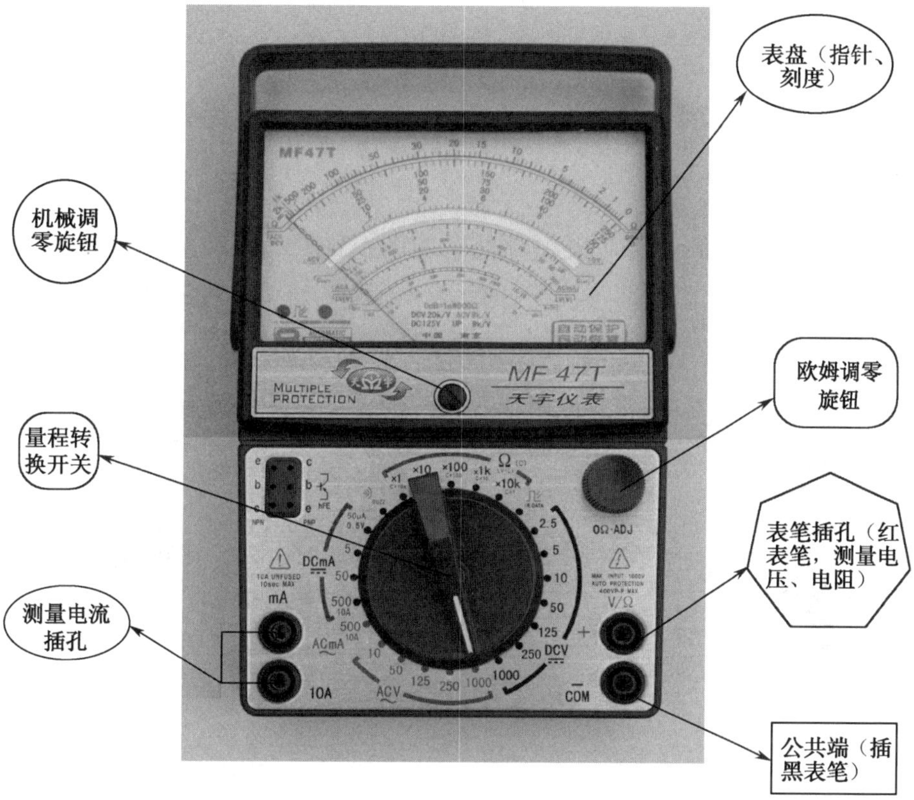

图 2-1-1　MF47T 型万用表的结构图

模拟万用表从外观上主要由测试表笔、刻度盘、功能旋钮、插孔等几部分构成。其中，刻度盘主要用于显示测量的结果；功能旋钮主要用于控制万用表的功能；插孔主要用来连接部分元器件或是通过测试表笔连接被测对象。下面分别介绍其作用。

1）刻度盘

通过模拟万用表指针指向刻度盘上的位置，可以明确地指示出检测到的数值。刻度盘主要分为电阻刻度线、交流/直流电压刻度线、分贝数刻度线、晶体管电流放大系数刻度线等，使用万用表要充分了解刻度盘上每条刻度线所对应的被测电量。模拟万用表的刻度盘如图 2-1-2 所示。

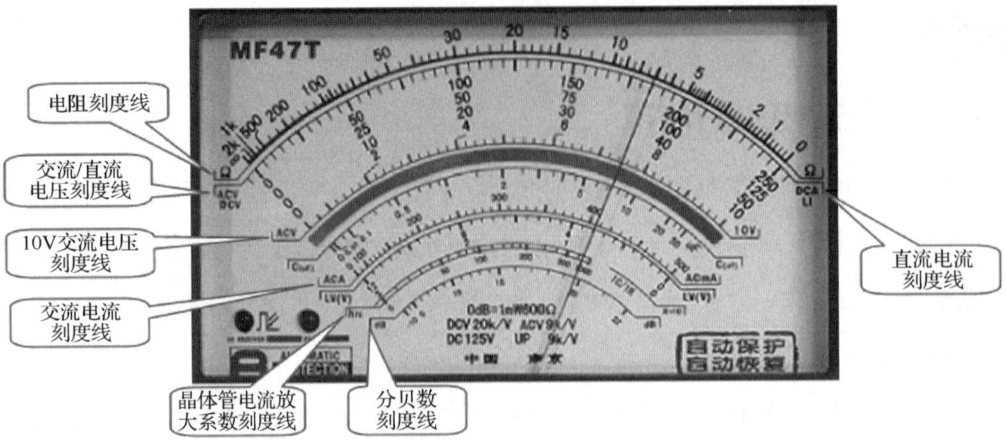

图 2-1-2　模拟万用表的刻度盘

注意

电阻刻度值分布是从右到左的，刻度线最右侧为 0，最左侧为无穷大。

2）机械调零旋钮

模拟万用表的机械调零旋钮用来机械调零，如图 2-1-3 所示。当模拟万用表在电流或电压的待测状态下指针没有指向 0 位时，应使用一字螺丝刀调整表头校正钮，对指针的位置进行校正，也称之为机械调零，以保证检测到的数值准确有效。

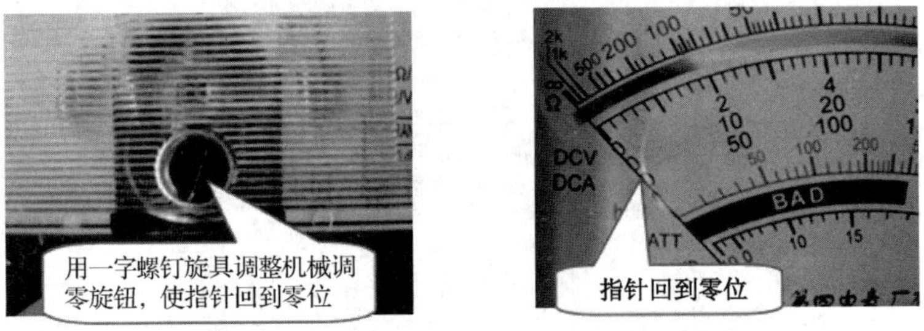

图 2-1-3　模拟万用表的机械调零旋钮

3）量程转换开关

模拟万用表的量程转换开关主要是根据不同的检测对象来改变检测功能和选择量程挡位的，如图 2-1-4 所示。量程是指指针偏转满刻度时所指示的值。其挡位功能具体如下。

（1）若进行通断测试，将量程转换开关调至挡。

（2）若检测直流电压，将量程转换开关调至“DC V”挡。

（3）若检测交流电压，将量程转换开关调至“AC V”挡。

（4）若检测直流电流，将量程转换开关调至“DC mA”挡。

（5）若检测交流电流，将量程转换开关调至“AC mA”挡。

（6）若检测 0.5～10A 的直流电流，将量程转换开关调至“10A”挡。

（7）若检测电阻，将量程转换开关调至“Ω”挡。

（8）若检测晶体管电流放大系数，将量程转换开关调至“hFE（R × 10）”挡。

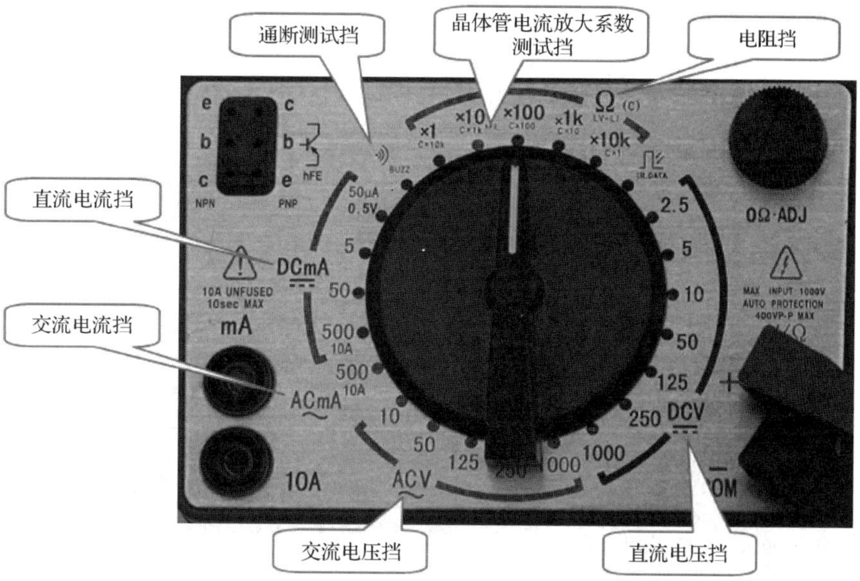

图 2-1-4　模拟万用表的量程转换开关

注意

在对电路中的电流和电压进行检测时，若无法得知待测电流和电压的大小，则应当将模拟万用表量程调整为该量程的最大挡位。这样可以避免因待测的电流或电压过大而导致模拟万用表损坏。

4）欧姆调零旋钮

用模拟万用表检测电阻时，在检测前应当将红、黑表笔对接短路，观察万用表的指针，应指向 0 位。若不在 0 位，则必须调整欧姆调零旋钮，如图 2-1-5 所示。将万用表指针调整为 0，这样才能确保电阻挡检测的准确性。

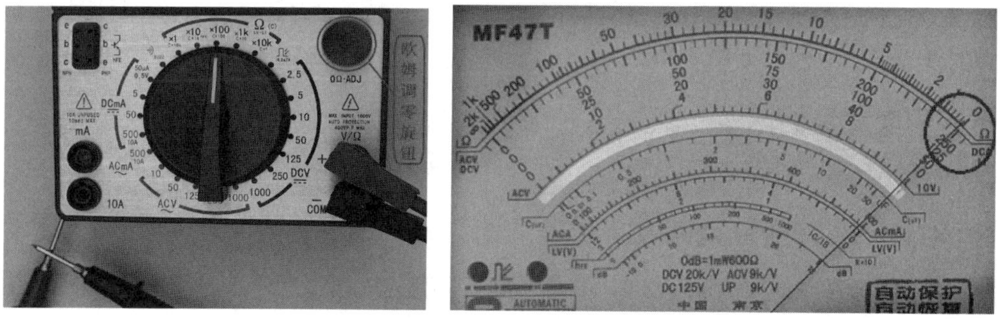

图 2-1-5　欧姆调零旋钮

5）表笔插孔

模拟万用表的表笔插孔主要用来连接测试表笔，模拟万用表共有四类表笔插孔，如图 2-1-6 所示。

（1）公共端“COM”表示负极，用于连接黑表笔。

（2）检测电压、电阻时，红表笔插入“+”（V/Ω）插孔中。

（3）检测 500mA 以内的交直流电流时，红表笔插入“mA”插孔中。

（4）检测 500mA～10A 的交直流电流时，红表笔插入“10A”插孔中。

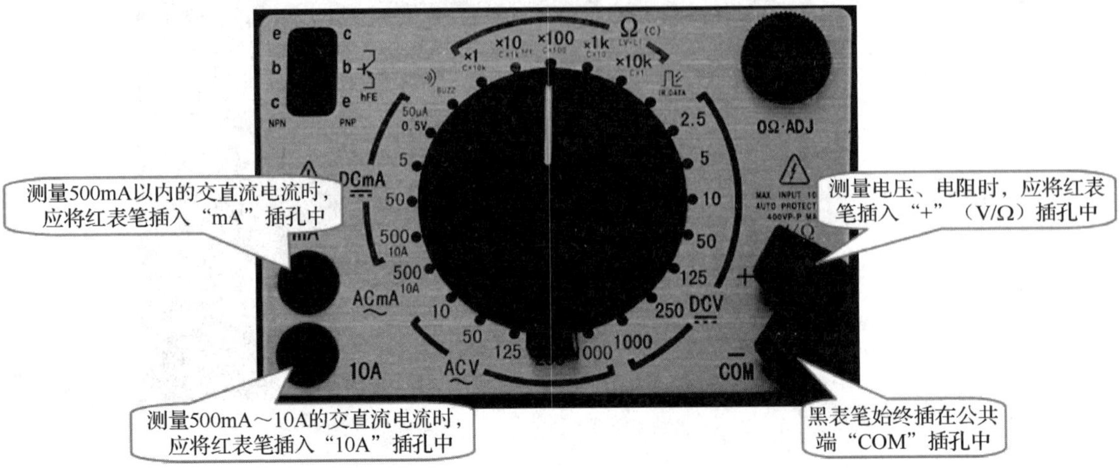

图 2-1-6　表笔插孔

6）晶体管检测插孔

通常情况下，模拟万用表会有晶体管检测插孔，用于检测晶体管的放大系数。晶体管检测插孔如图 2-1-7 所示。

（1）测量 NPN 型晶体管时，将晶体管插接在带有标识“NPN”的一端。

（2）测量 PNP 型晶体管时，将晶体管插接在带有标识“PNP”的一端。

其中，“b”表示基极，“c”表示集电极，“e”表示发射极。

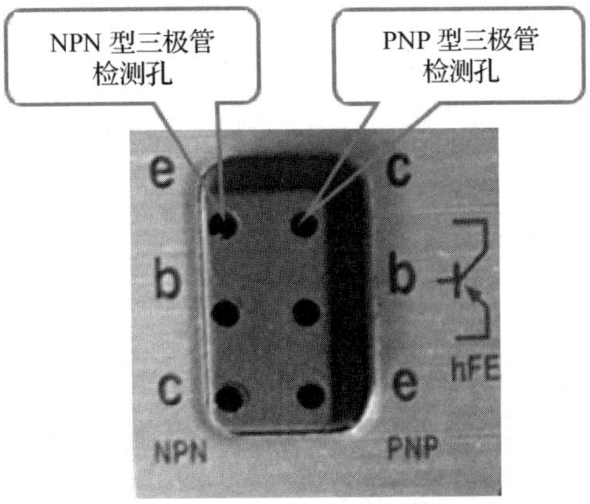

图 2-1-7　晶体管检测插孔

2．模拟万用表测量的基本步骤

1）检查

（1）检查外壳，并特别检查接线端子旁的绝缘。

（2）检查表笔的绝缘是否有损坏，是否有裸露的金属。

（3）检查表笔的通断。

（4）损坏的表笔必须进行更换。

2）调零

（1）万用表处于水平放置时，表头指针应处于交直流挡标尺的零刻度线上，否则读数会有较大的误差。若不在零位，则应通过机械调零的方法（使用一字螺丝刀调整表头下方的机械调零旋钮）使指针回到零位。

（2）测量电阻前，要进行欧姆调零，并且每更换一次挡位都要重新进行欧姆调零。

3）表笔连接

针对不同的测量对象和被测量的大小，将两支表笔按图 2-1-6 所示连接在相应的插孔中。

4）选择测量种类和量程

（1）针对不同的测量对象和被测量的大小，将量程转换开关调至合适的量程上。如果估计不到被测量的大小，可选择最大量程，再逐渐调小到适当的量程。

（2）选择测量电阻的量程时，应尽量使指针偏转到满刻度的中间及附近的区域。

（3）除测量电阻外，其他的测量在选择量程时应尽量使指针偏转到满刻度 2/3 以上的区域。

（4）不能带电换挡（测量过程中拨动量程转换开关），以免产生电弧，烧坏量程转换开关的触点。

5）测量

不同的测量对象，其测量方法亦不同，具体测量方法详见后面的万用表使用方法。

6）读数

（1）按不同的测量对象，在对应的刻度盘标尺上读数。

（2）读数时，两眼与刻度线垂直，以防产生读数误差。

7）复位

用完后将挡位旋转到交流电压最高挡、OFF 挡或空挡。

3．模拟万用表的使用

模拟万用表的挡位不同，可以测量的范围也不相同，通常可以测量元器件或电路的电阻、电流、电压、放大系数等量。各种具体的测量方法详见后面的“任务实施”。

4．使用模拟万用表的注意事项

万用表是比较精密的仪器，如果使用不当，不仅会造成测量不准确，还极易损坏。但是，只要掌握万用表的使用方法和注意事项，那么万用表就能经久耐用。使用万用表时应注意如下事项。

（1）测量电流与电压不能旋错挡位。如果误用电阻挡或电流挡去测电压，就极易烧坏万用表。

（2）测量直流电压和直流电流时，注意“+”“−”极性，不要接错。若发现指针反转，则应立即调换表笔，以免损坏指针及表头。

（3）若不知道被测电压或电流的大小，则应先用量程转换开关的最高挡，而后选用合适的挡位来测试，以免表针偏转过度而损坏表头。不能带电换挡（测量过程中拨动量程转换开关），以免产生电弧，烧坏转换开关的触点；所选用的挡位越靠近被测值，测量的数值就越准确。尽量使指针偏转到满刻度 2/3 以上的区域。

（4）测量电阻时，不要用手触及元器件裸露的两端（或两支表笔的金属部分），以免人体电阻与被测电阻并联，使测量结果不准确。

（5）测量电阻时，如将两支表笔短接，欧姆调零旋钮调至最大，指针仍然达不到零点。这种现象通常是由于表内电池电压不足造成的，应换上新电池后再进行测量。

（6）万用表不用时，最好将挡位调至交流电压最高挡，避免因使用不当而损坏。

知识二　数字万用表的使用

数字万用表是最常见的测量仪表之一，其使用领域与模拟万用表类似。数字万用表凭借强大的功能、简便的操作及直观的测量显示，得到了越来越广泛的应用。

1．数字万用表的结构和功能

数字万用表主要是由液晶显示屏、电源开关、量程转换开关、表笔插孔及测试附件等部分构成的。检测时，将表笔分别插接到数字万用表的表笔插孔上即可，然后将表笔搭在被测元器件或电路的相应检测点上，配合量程转换开关即可实现相应的检测功能。以 VC890C+数字万用表为例进行介绍，其结构图如图 2-1-8 所示。

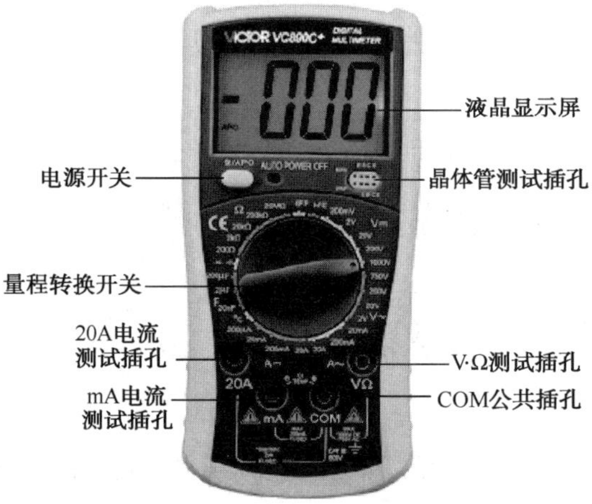

图 2-1-8　VC890C+数字万用表结构图

VC890C+数字万用表共有 27 个量程，工作温度为 0～40℃，采用 9V 直流电池供电，能够测量交直流电压及电流、电阻、电容、二极管的导通压降、晶体管电流放大系数和温度。

（1）液晶显示屏：采用了 LCD，自动显示极性、小数点和低电压符号，最大显示值为 1999。

（2）电源开关：AUTO POWER OFF 自动断电功能，当仪表停止使用 20min 左右时，仪表自动进入休眠状态，耗电量大大降低，延长了电池的使用寿命。

（3）量程转换开关：量程转换开关用来选择不同的量程和测量类型。V 表示电压挡，A 表示电流挡，Ω 表示电阻挡，F 表示电容挡，hFE 表示晶体管电流放大系数测量挡。量程转换开关对应的每一个数值表示该挡位所能测得的最大值，超过最大值，就会显示 1。例如，Ω 挡测量范围是 200Ω 到 20MΩ，当量程转换开关调至 20kΩ 挡时，表示只能测量 20kΩ 以内的电阻，超过 20kΩ 就会显示 1。

（4）表笔插孔：数字万用表一般有 4 个插孔，一般情况下，黑表笔插在 COM 孔，红表笔根据测量种类和测量范围分别插入 V • Ω、mA、20A 插孔。此外，插孔之间还有一些提示性的数字。例如，V • Ω 与 COM 孔之间所加直流电压不能超过 1000V，交流电压不能超过

750V。mA 和 20A 测量时都有熔断器保护等提示。因为数字万用表红表笔接的是表内电池的正极，黑表笔接的是表内电池的负极，所以在测量电容器、二极管等有极性的元器件时，要注意表笔的极性。

2．数字万用表测量的基本步骤

使用数字万用表进行测量时，一般分为以下六个步骤。

1）检查

（1）检查外壳，并特别检查接线端子旁的绝缘。

（2）检查表笔的绝缘是否有损坏，是否有裸露的金属。

（3）检查表笔的通断。

（4）损坏的表笔必须进行更换。

2）表笔连接

针对不同的测量对象和被测量的大小，选择表笔插孔，确定红、黑表笔接的位置。

3）选择合适的量程

（1）针对不同的测量对象和被测量的大小，将量程转换开关调至合适的量程上。若估计不到被测量的大小，则应将量程转换开关调至较高的挡位，然后按显示值调至相应挡位上。

（2）若屏幕显示“1”，则表明所测值已超过量程范围，须将量程转换开关调至较高挡位上。

（3）不能带电换挡（测量过程中拨动量程转换开关），以免产生电弧，烧坏量程转换开关的触点。

4）测量

不同的测量对象，其测量方法亦不同，具体测量方法详见后面的万用表使用方法。

5）读数

各挡所标的数值是该挡位可测量的最大值，读数时直接从显示屏上读出测量值，再加上该挡位的单位，不需要乘以倍率。

6）关闭仪表

测量完毕后，将挡位拨到交流电压最大挡或关闭仪表。

3．数字万用表的使用

数字万用表通常可以测量元器件或电路的电阻、电容、电流、电压、晶体管电流放大系数等量。各种具体的测量方法详见后面的“任务实施”。

4．使用数字万用表的注意事项

在使用数字万用表之前，要详细阅读说明书和注意事项，严格按照说明书的要求规范操作。

（1）在使用之前，要检查万用表的外观。检查电池仓是否装好、外壳有没有盖好或拧紧、电池电量是否充足。当电池仓没有装好，或者外壳没有盖好或松开时，切勿使用仪表。

（2）检查表笔，看是否有损坏的绝缘或裸露的金属。短接表笔检查表笔的通断性，在使用表笔时，要使手指在表笔的挡板之后。

（3）不要在高湿、高温、易燃、易爆和强磁场的环境下存放或使用万用表。

（4）在测量交流 25V、直流 36V 以上电压时要特别注意，因为此类电压会有电击的危险。

（5）不能在测量时切换量程，以免产生电弧，烧坏量程转换开关的触点。

（6）若无法预估被测电压或电流的大小，则应先将量程转换开关拨至最高量程挡测量一次，再视情况逐渐把量程减小到合适位置。测量完毕后，应将量程转换开关拨到最高电压挡，并关闭电源。

（7）满量程时，仪表仅在最高位显示数字“1”，其他位均消失，此时应选择更大的量程。

（8）测电压时，应将数字万用表与被测电路并联；测电流时，应将数字万用表与被测电路串联；测直流量时不必考虑正、负极性。

（9）当误用交流电压挡去测量直流电压，或者误用直流电压挡去测量交流电压时，显示屏将显示“000”，或者低位上的数字出现跳动。

（10）当显示“LOWBAT”（或“BATT”）时，表示电池电压低于工作电压。

知识三　电阻器的识读与检测

电阻器在电子产品中的应用十分广泛，它是电子产品中最基本、最常用的电子元器件之一。

1．电阻器的基本知识

1）电阻器的概念

物体对电流通过会产生阻碍作用，利用这种阻碍作用制成的电子元器件称为电阻器（简称电阻）。

2）电阻器的结构

典型电阻器的结构示意图如图 2-1-9 所示。

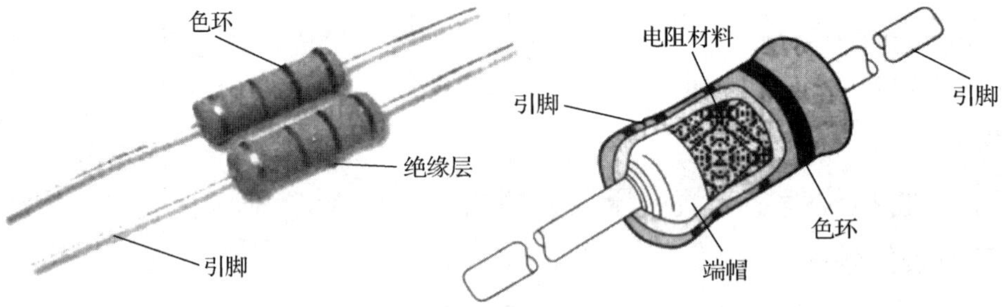

图 2-1-9　典型电阻器的结构示意图

3）电阻器的符号

（1）电阻器的图形符号如图 2-1-10 所示。

（2）文字符号：电阻器用字母“R”表示，电位器用字母“W”表示。

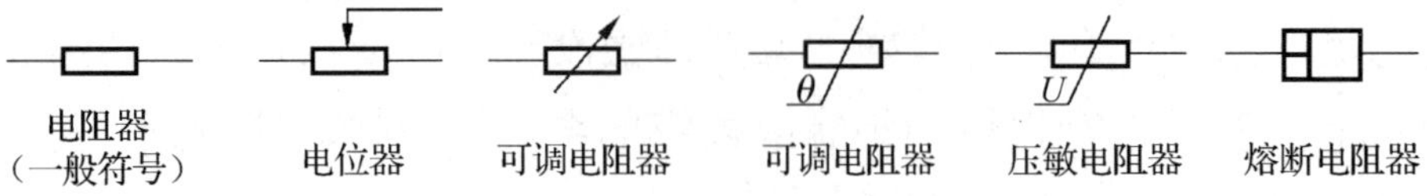

图 2-1-10　电阻器的图形符号

4）电阻的单位

（1）物体在电流通过时的阻碍作用称为电阻，其基本单位是欧姆（Ω）。

（2）电阻常用的单位有千欧（kΩ）、兆欧（MΩ）。

（3）换算关系为 $1\text{M}\Omega = 10^3\text{k}\Omega = 10^6\Omega$。

5）电阻器的作用

在电子设备中，电阻器主要做负载或用于分流、限流、分压、降压、取样等。

2．电阻器的种类

电阻器的种类很多，如图 2-1-11 所示。

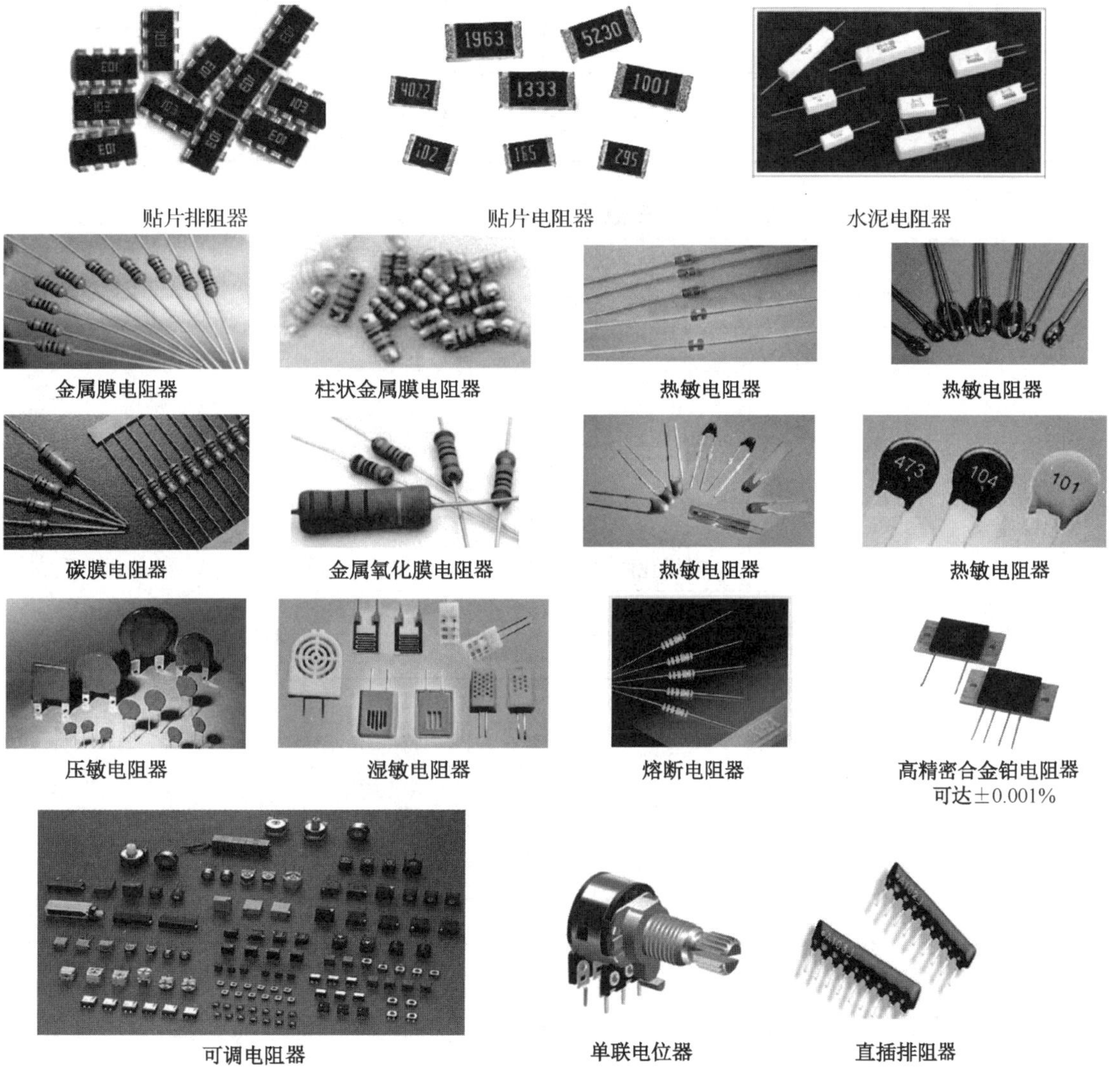

图 2-1-11　电阻器的种类

3．电阻器的命名规格

根据我国国家标准规定，固定电阻器型号的命名由四部分构成，其命名规格如图 2-1-12 所示。电阻器主称部分符号、意义对照表如表 2-1-1 所示。其他各部分符号、意义对照表如表 2-1-2 所示。

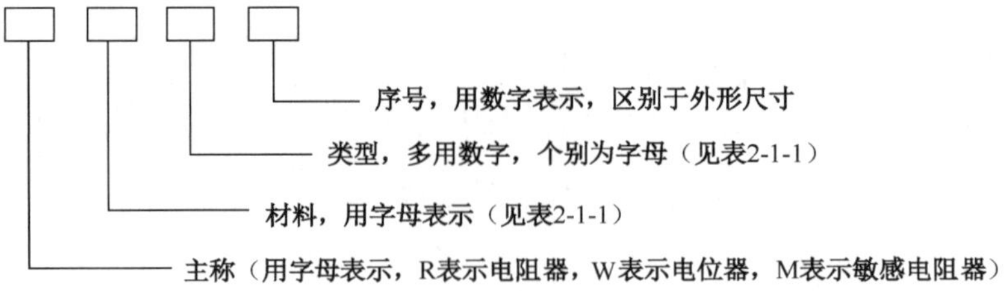

图 2-1-12　固定电阻器型号的命名规格

表 2-1-1　电阻器主称部分符号、意义对照表

符　号	意　义	符　号	意　义
R	普通电阻器	MS	湿敏电阻器
MY	压敏电阻器	MQ	气敏电阻器
MZ	正温度系数热敏电阻器	MC	磁湿敏电阻器
MF	负温度系数热敏电阻器	ML	力湿敏电阻器
MG	光敏电阻器		

表 2-1-2　其他部分符号、意义对照表

第一部分：主称		第二部分：电阻器外壳材料		第三部分：类型		第四部分：序号
字　母	含　义	字　母	含　义	符　号	产 品 类 型	用数字表示
R	电阻器	T	碳膜	0		常用一位阿拉伯数字或无数字表示
		H	合成膜	1	普通型	
		S	有机实芯	2	普通型	
		N	无机实芯	3	超高频	
		J	金属膜	4	高阻	
		Y	金属氧化膜	5	高阻	
		C	化学沉积膜	6		
		I	玻璃釉膜	7	精密型	
		X	线绕	8	高压型	
				9	特殊型	
				G	高功率	
				W	微调	
				T	可调	
				D	多圈	

4．电阻器的标注方法

电阻器的种类很多，所用材料及功率各不相同，标注方法也多种多样。

不同的电阻器有不同的电阻，通常将其电阻和相关参数通过色环标注法或直接标注法标注在电阻器的外壳上。电阻器的标注方法如下。

1）色环标注法

电阻器的色环标注法（简称色标法）是将电阻器的参数用不同颜色的色环或色点标注在电阻器的外壳上。电阻器常见的色环标注有 4 环标注和 5 环标注。电阻器 4 环标注和 5 环标注原则如图 2-1-13 所示。

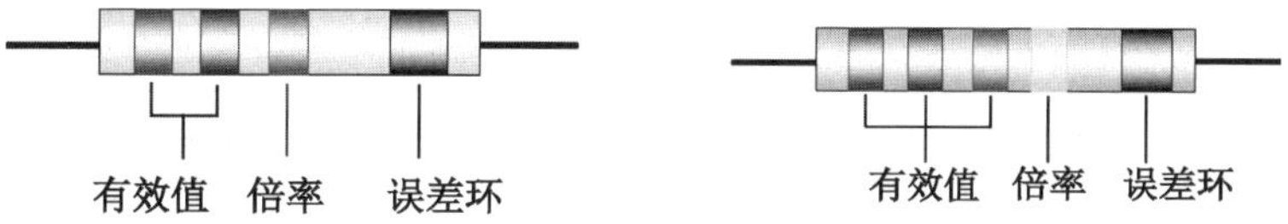

图 2-1-13　电阻器 4 环标注和 5 环标注原则

不同颜色的色环代表的意义不同，相同颜色的色环排列在不同位置上的意义也不同。色标法的含义如表 2-1-3 所示。

表 2-1-3　色标法的含义表

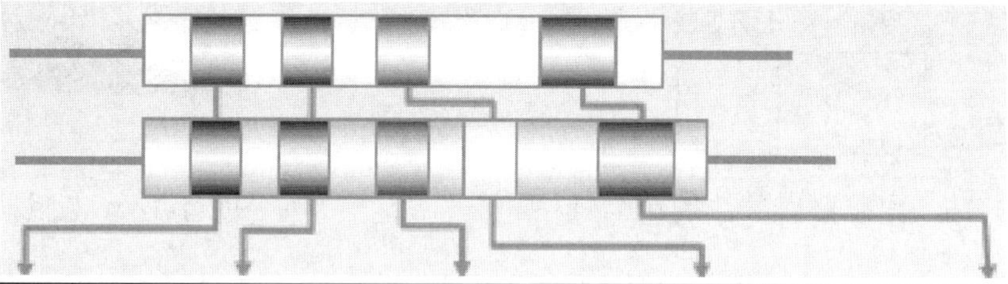

颜　色	Ⅰ	Ⅱ	Ⅲ	倍　率	允许偏差
黑	0	0	0	10^0	
棕	1	1	1	10^1	±1%
红	2	2	2	10^2	±2%
橙	3	3	3	10^3	
黄	4	4	4	10^4	
绿	5	5	5	10^5	±0.5%
蓝	6	6	6		±0.25%
紫	7	7	7		±0.1%
灰	8	8	8		
白	9	9	9		
金				10^{-1}	±5%
银				10^{-2}	±10%

电阻器色标法的应用实例如图 2-1-14 所示。它是有 5 条色环标识的电阻器，其色环颜色依次为“橙蓝黑棕金”。“橙色”表示有效数字为 3；“蓝色”表示有效数字为 6；“黑色”表示有效数字为 0；“棕色”表示倍乘数为 10^1；“金色”表示允许偏差为±5%。因此，该电阻标识为 3.6kΩ ± 5%。

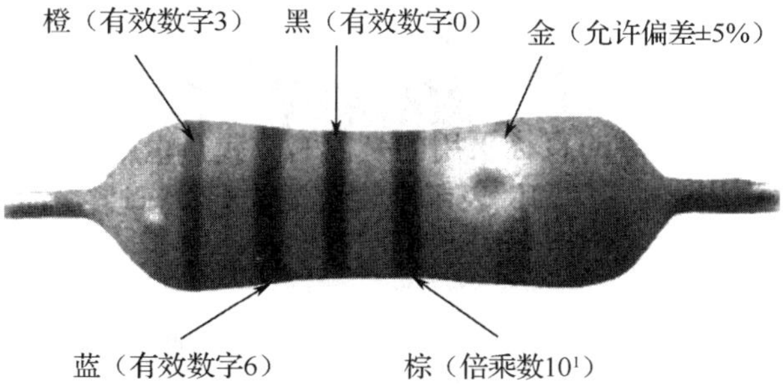

图 2-1-14　电阻器色标法的应用实例

2）直接标注法

电阻器的直接标注法（简称直标法）是将电阻器的类别、标称值、允许偏差、额定功率及其他主要参数的数值直接标注在电阻器的外壳上。根据我国国家标准规定，电阻器直标法的命名规格如图 2-1-15 所示。电阻器直标法命名实例如图 2-1-16 所示。

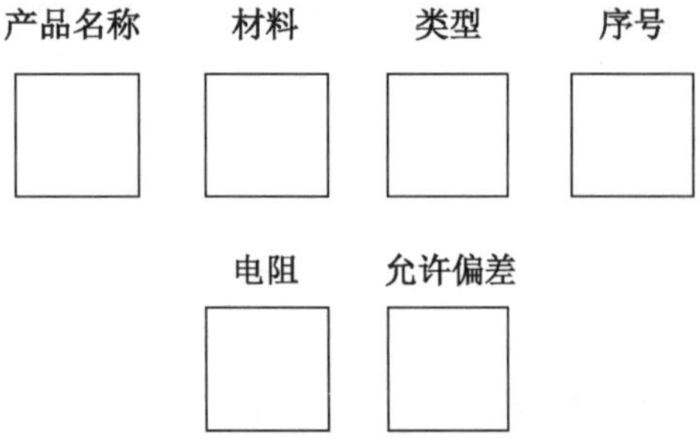

图 2-1-15　电阻器直标法的命名规格

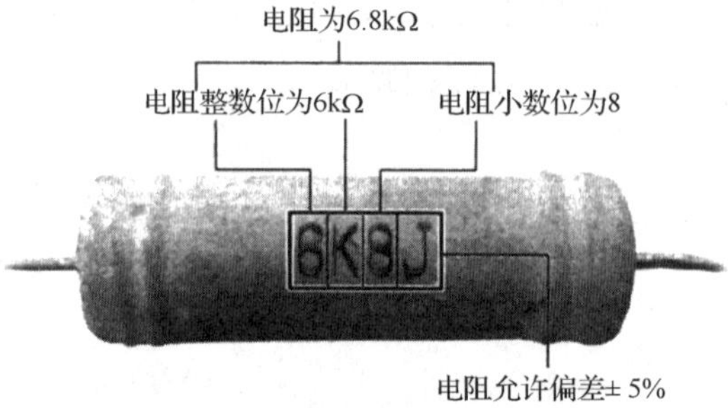

图 2-1-16　电阻器直标法命名实例

在进行电阻器的标注时，单位符号代替小数点进行描述。例如：R68 表示标称值为 0.68Ω；3R6 表示标称值为 3.6Ω；3K6 表示标称值为 3.6kΩ；3G32 表示标称值为 3.32GΩ。

3）贴片电阻器的标注

在一些小型电子产品中，常采用贴片电阻器。由于贴片电阻器很小，在命名时往往采用由字母或数字组合而成的标识，常见的贴片电阻器有以下两种表示形式。

（1）全数字标注的形式。

① 全数字标注形式如图 2-1-17 所示，采用三个数字表示时，前两位数字为有效数字，第三位数字表示倍乘（添加 0 个数）。也就是说，第一位和第二位的“2”表示该电阻器电阻的有效值为“22”，第三位的“0”表示该电阻器电阻有效值的倍乘为 10^0，因此，该电阻器的标称值为 22Ω（$22 \times 10^0 = 22\Omega$）。

② 采用四个数字表示时，前三位数字为有效数字，第四位数字表示倍乘。

③ 当倍乘位数字是“9”时，为特例，表示 10^{-1}。

④ 片式元器件标注，采用三个数字表示的，其精度默认为±5%；采用四个数字表示的，其精度默认为±1%。

电阻器全数字标注实例如图 2-1-18 所示。

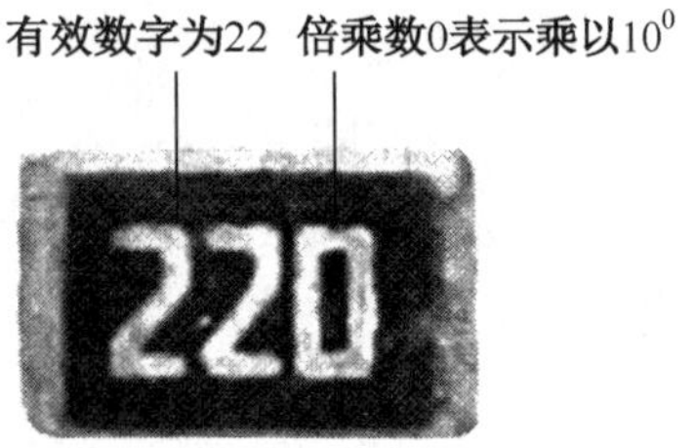

图 2-1-17　全数字标记形式

图 2-1-18　电阻器全数字标记实例

（2）数字与字母混合的标注形式。

在数字与字母的混合标注形式中，前两位数字是标识电阻的代号，而并非实际的有效值，第三位字母表示有效电阻的倍乘数。数字与字母混合标注形式如图 2-1-19 所示，电阻器外壳上的标识为“22A”，其中的“22”对应电阻的有效值为 165，“A”对应的倍乘为“10^0”，因此，该电阻器的标称值为 165Ω（$165 \times 10^0 = 165\Omega$）。

图 2-1-19　数字与字母混合标注形式

表 2-1-4 所示为不同代码表示的有效数字。

表 2-1-4　不同代码表示的有效数字

代码	01	02	03	04	05	06	07	08	09	10
数值	100	102	105	107	110	113	115	118	121	124
代码	11	12	13	14	15	16	17	18	19	20
数值	127	130	133	137	140	143	147	150	154	158
代码	21	22	23	24	25	26	27	28	29	30
数值	162	165	169	175	178	182	187	191	196	200
代码	31	32	33	34	35	36	37	38	39	40
数值	205	210	215	221	226	232	237	243	249	255
代码	41	42	43	44	45	46	47	48	49	50
数值	261	267	274	280	287	294	301	309	316	324
代码	51	52	53	54	55	56	57	58	59	60
数值	332	340	348	357	365	374	383	392	402	412
代码	61	62	63	64	65	66	67	68	69	70
数值	422	432	442	453	464	475	487	499	511	523
代码	71	72	73	74	75	76	77	78	79	80
数值	536	549	562	576	590	604	619	634	649	665
代码	81	82	83	84	85	86	87	88	89	90
数值	681	698	715	732	750	768	787	806	852	845
代码	91	92	93	94	95	96	97	98	99	100
数值	866	887	909	931	953	976				

表 2-1-5 所示为不同字母与倍乘的对应关系。

表 2-1-5　不同字母与倍乘的对应关系

代码字母	A	B	C	D	E	F	G	H	X	Y	Z
倍乘	10^0	10^1	10^2	10^3	10^4	10^5	10^6	10^7	10^{-1}	10^{-2}	10^{-3}

5. 电阻器的主要参数

电阻器的主要参数有标称值、允许偏差、额定功率及温度系数。

1）标称值

标称值是指电阻器外壳上标注的电阻，其单位为 Ω（对于热敏电阻器，其表示 25℃时的电阻）。

2）允许偏差

电阻器的允许偏差是指电阻器的实际电阻对于标称值所允许的最大偏差范围，它标志着电阻的精度。

3）额定功率

额定功率是指电阻器在直流或交流电路中，当在一定大气压力（87～107kPa）和在产品标准中规定的温度下（−55～125℃），长期连续工作时所允许承受的最大功率。

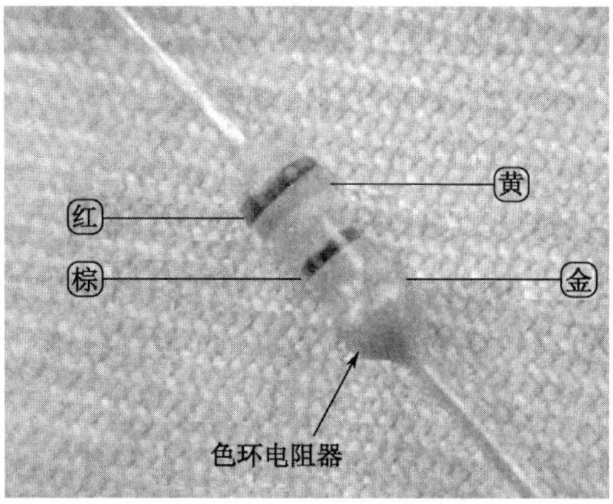

图 2-1-20　待测电阻器

4）温度系数

电阻器的温度系数是表示电阻器热稳定性随温度变化的物理量。电阻器温度系数越大，其热稳定性越差。

6．电阻器的检测

1）普通电阻器的检测

（1）待测电阻器如图 2-1-20 所示，根据前面所学的知识可得该电阻器的电阻为 240Ω，允许偏差为± 5%。

（2）将万用表的量程调整到欧姆挡，并将其挡位调整到“R × 10Ω”后，短接两表笔进行欧姆调零，如图 2-1-21 所示。

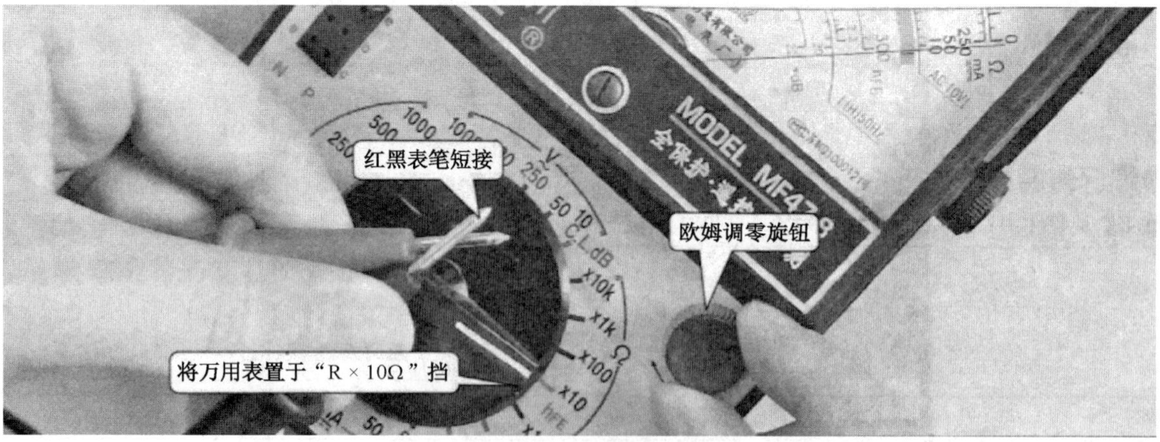

图 2-1-21　欧姆调零

（3）将万用表的红、黑表笔分别搭在待测电阻器的两引脚上，观察万用表的读数。电阻器的检测如图 2-1-22 所示。

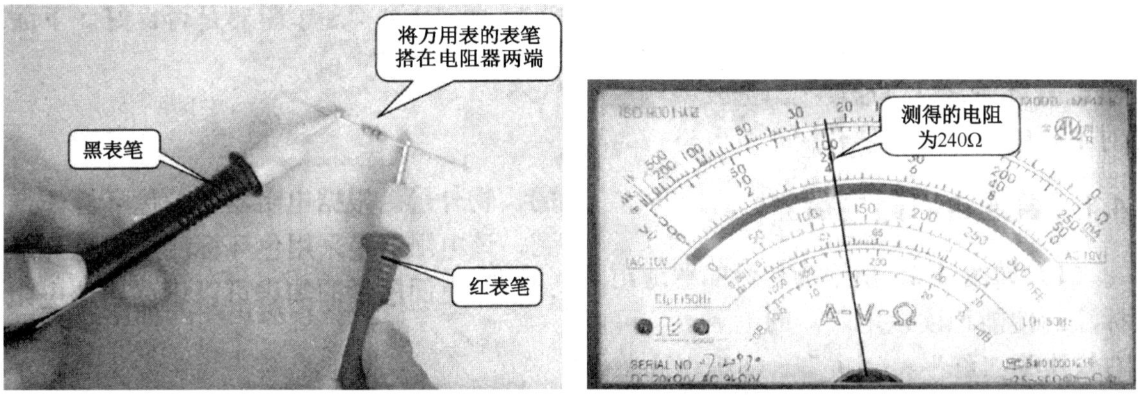

图 2-1-22　电阻器的检测

若测量的电阻与标称值相符或相近，则表明该电阻器正常；若测量的电阻与标称值相差较大，超出允许偏差范围，则表明该电阻器可能已损坏。

2）电位器的检测

电位器的结构如图 2-1-23 所示。微调电阻器的结构如图 2-1-24 所示。

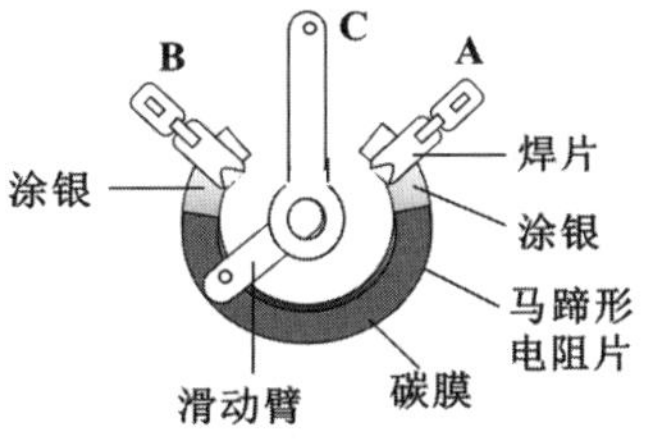

图 2-1-23　电位器的结构

图 2-1-24　微调电阻器的结构

（1）检查转轴的机械性能：转动旋柄，转动应平滑，接触良好，其噪声应尽量小，带开关电位器的开关应灵活。

（2）万用表检测：用万用表检测电位器。电位器的检测如图 2-1-25 所示。

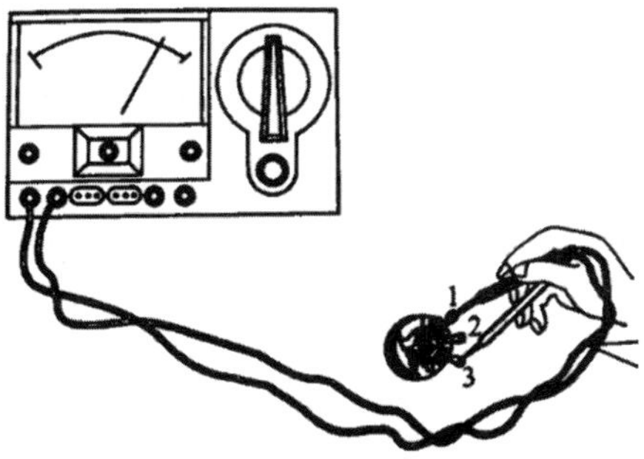

图 2-1-25　电位器的检测

① 标称值的检测。

a．置万用表欧姆挡于适当量程，进行欧姆调零。

b．测量电位器两个定片之间的电阻是否与标称值相符或相近。

c．测动片与任一定片间的电阻。慢慢将转轴从一个极端转向另一个极端，若万用表的指针从 0Ω（或标称值）至标称值（或 0Ω）连续变化，且电位器内部无“沙沙”声，则质量良好。

d．若转动中指针有跳动，则说明该电位器存在接触不良的故障；若电阻没有变化，则说明该电位器发生了电气性能损坏。

② 开关电位器的检测：除进行标称值检测外，还应检测开关。旋转电位器轴柄，接通或断开开关时应能听到清脆的“咔嗒”声。置万用表于 R × 1Ω 挡，两表笔分别接触开关的外接焊片，接通时电阻应为 0Ω，断开时应为无穷大，否则开关损坏。

③ 检测外壳与引脚间的绝缘性能：置万用表于 R × 10kΩ 挡，一只表笔接触电位器外壳，另一只表笔分别接触电位器的各引脚，测得电阻都应为无穷大，否则存在短路或绝缘不好的故障。

其他各类电阻器的检测，请查阅相关资料，这里不再赘述。

知识四　电容器的识读与检测

1. 电容器的基本知识

1）电容器的定义

电容器（简称电容）是一种可储存电能的元件（储能元件），它的结构非常简单，主要是由两个互相靠近的导体中间夹一层不导电的绝缘介质构成的。

2）电容器的重要特性

（1）通交隔直：阻止直流电流通过，允许交流电流通过。

（2）电容器两端的电压不能突变：在充电或放电过程中，电容器两极板上的电荷有积累过程，即极板上电压的建立过程，因此，电容器的电压不能突变。

3）电容器的符号

（1）电容器的图形符号如图 2-1-26 所示。

（2）电容器的文字符号用字母“C”表示。

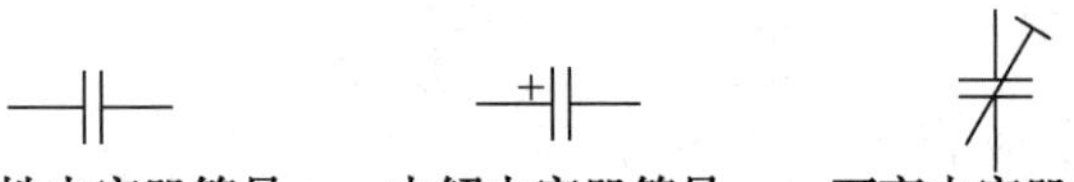

图 2-1-26　电容器的图形符号

4）电容的单位

（1）电容器储存电荷的能力叫电容。电容的单位是法拉（F）。

（2）电容常用的单位有微法（μF）、纳法（nF）和皮法（pF）。

（3）当标注中省略单位时，默认单位应为 pF。

（4）换算关系为 $1F = 10^6\mu F = 10^9 nF = 10^{12}pF$。

5）电容器的作用

利用电容器的特性，在电路中可以实现调谐、滤波、耦合、旁路、能量转换和延时等功能。

2. 电容器的种类

电容器的种类很多，如图 2-1-27 所示。

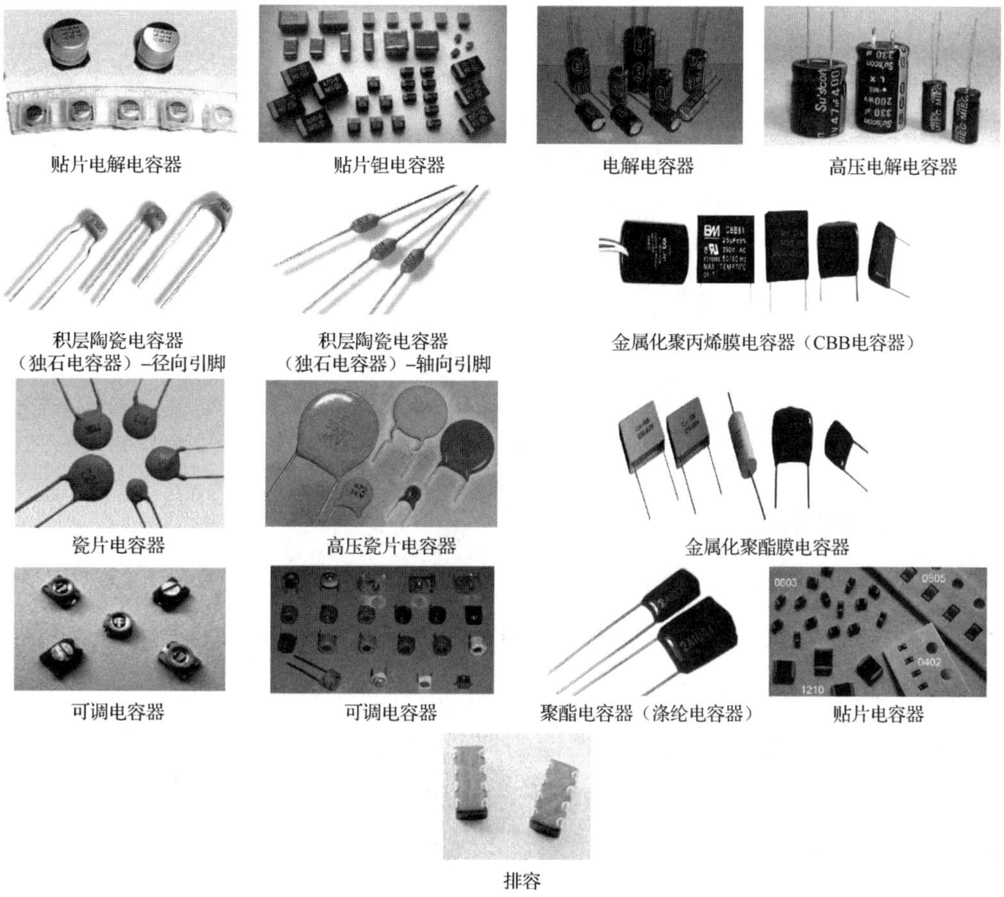

图 2-1-27　电容器的种类

3．电容器的命名及规格

根据我国国家标准规定，电容器命名由四部分构成，容量值由两部分构成。电容器直标法命名规格如图 2-1-28 所示。铝电解电容器命名规格实例如图 2-1-29 所示。

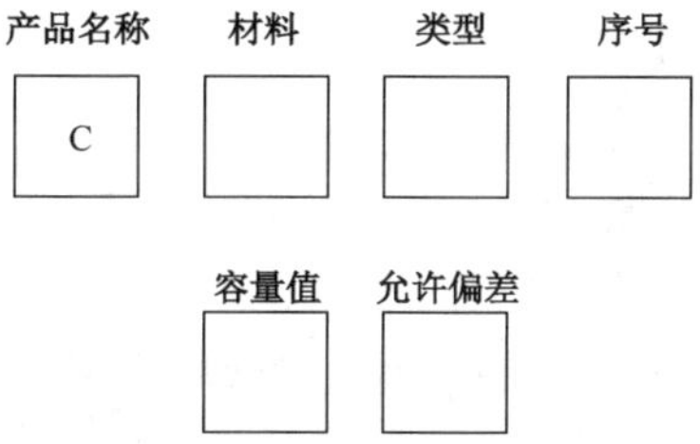

图 2-1-28　电容器直标法命名规格

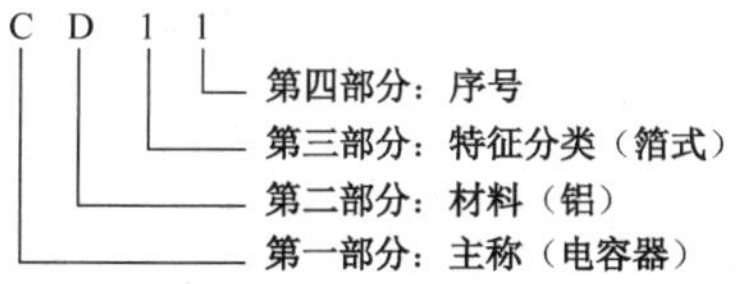

图 2-1-29　铝电解电容器命名规格实例

4．电容器的标注方法

在实际电容器的外壳上，通常标有电容器的电容，有极性的电容器上还标有极性。电容器直标法采用的是简略方式，因此只标识出重要的信息，有些则被省略。下面选取典型电容器分别介绍电容器实物的标注方法。

1）无极性电容器的标注

无极性电容器的标注实例如图 2-1-30 所示。该电容器的标注为“CZJD1μF ± 10%400 V80.4”，经查阅相关手册，其含义为电容为 1μF、允许偏差为 ± 10%、额定电压为 400V 的金属化纸介铝电容器。

图 2-1-30　无极性电容器的标注实例

2）有极性电容器的标注

（1）有极性电容器的标注实例如图 2-1-31 所示。该电容器标注为“2200μF25V＋85℃M CE”，经查阅相关手册，其含义为电容为 2200μF、额定电压为 25V、正常工作的温度不超过+85℃、允许偏差为±20%的其他材料电解电容器。

（2）对于有极性的电容器来说，电容器引脚的极性也要标注，如图 2-1-31 所示。电容器外壳上标有“－”的引脚为负极性引脚，用于连接电路的低电位。有些电解电容器也可从引脚的长短进行判别，引脚相对较长的为正极性引脚。

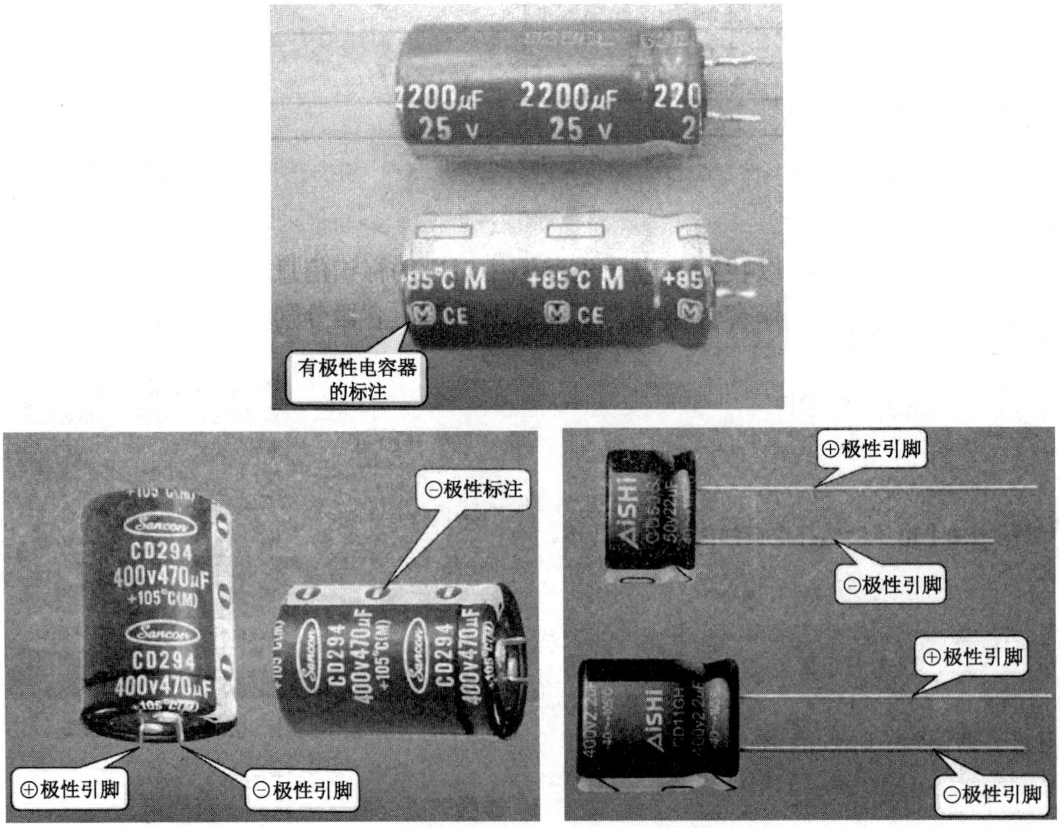

图 2-1-31　有极性电容器的标注实例

（3）许多贴片式有极性电容器在顶端和底部也通过不同的方式进行标注。顶端和底部标记识别电容器极性如图 2-1-32 所示。从顶端标记进行识别时，带有颜色标记的一侧引脚为负极性引脚。从底部标记进行识别时，有缺口的一侧为正极性引脚，没有缺口的一侧为负极性引脚。

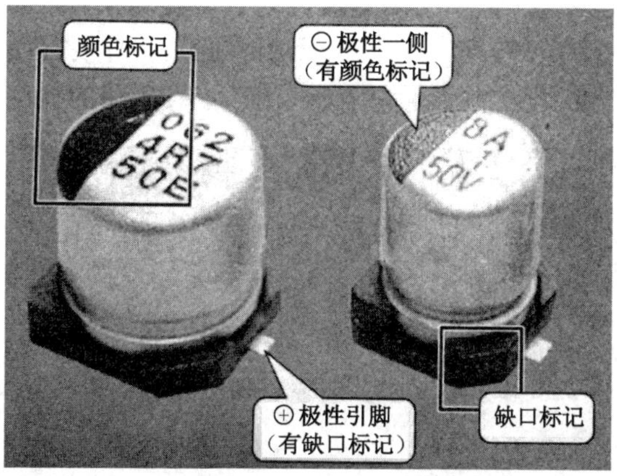

图 2-1-32　顶端和底部标记识别电容器极性

5. 电容器的主要参数

电容器的主要参数有标称容量（电容）、允许偏差、额定工作电压、绝缘电阻、温度系数及频率特性。

1）标称容量

电容器的标称容量是指加上电压后储存电荷能力的大小。相同电压下，储存电荷越多，电容器的标称容量越大。

2）允许偏差

电容器的实际容量与标称容量存在一定偏差，电容器的标称容量与实际容量允许的最大偏差范围，称为电容器的允许偏差。电容器的允许偏差可以分为 3 个等级：I 级，即偏差±5%以下的电容器；II 级，即偏差±5%～±10%的电容器；III级，即偏差±20%以上的电容器。

3）额定工作电压

额定工作电压指电容器在规定的温度范围内，能够连续可靠工作的最高电压。额定工作电压是一个参考数值，在实际使用中若工作电压大于电容器的额定电压，则电容器容易损坏，呈被击穿状态。

4）绝缘电阻

电容器的绝缘电阻等于加在电容器两端的电压与通过电容器的漏电流的比值。对于同一种介质的电容器，电容越大，绝缘电阻越小。

5）温度系数

温度系数指在一定温度范围内，温度每变化 1℃电容的相对变化值，此值越小越好。

6）频率特性

频率特性是指电容器在交流电路或高频电路的工作状态下，其电容等参数随电场频率的变化而变化的性质。

6. 电容器的检测

通常可以使用万用表检测电容器电容的方法来判断电容器的性能是否良好。用数字万用表的电容挡来检测电容器的电容。下面具体介绍其检测方法。

1）普通电容器的检测

图 2-1-33 所示为待测的普通电容器，其电容为 220nF。对其进行如下检测。

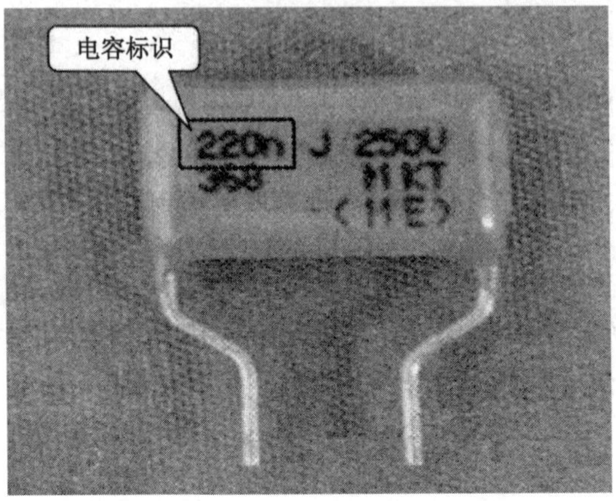

图 2-1-33　待测的普通电容器

（1）调整数字万用表的量程为“2μF”，并将附加测试器安装到数字万用表上。调整万用表并安装附加测试器如图 2-1-34 所示。

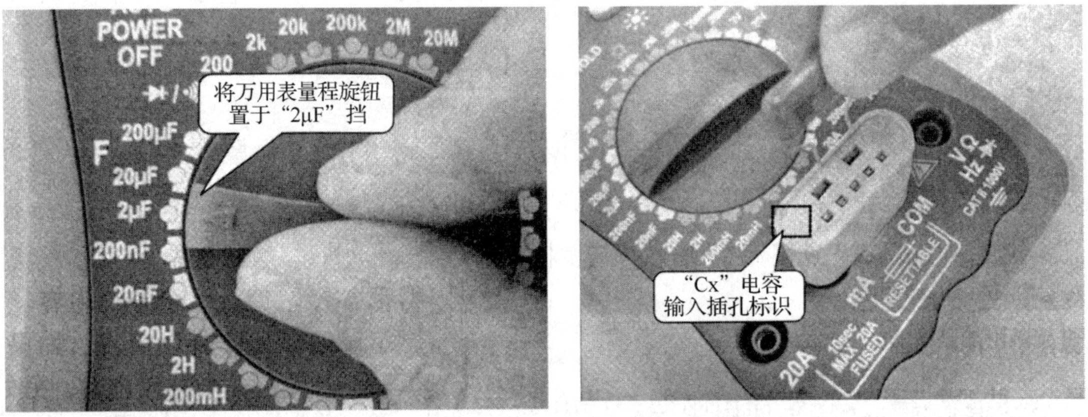

图 2-1-34　调整万用表并安装附加测试器

（2）电容器的检测如图 2-1-35 所示。将待测的普通电容器接到附加测试器上，万用表的读数为 0.231μF（231nF），证明该电容器正常。若测量值和电容器标称容量相比过大或过小，则该电容器可能已损坏。

2）电解电容器的检测

（1）电解电容器的检测如下。

① 对电解电容器进行检测时，通常可使用数字万用表的电容挡进行操作。图 2-1-36 所示为待测的电解电容器。电解电容器的检测如图 2-1-37 所示。

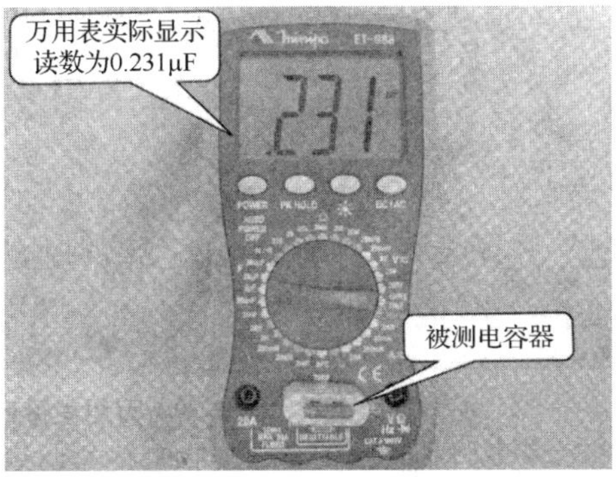

图 2-1-35　电容器的检测

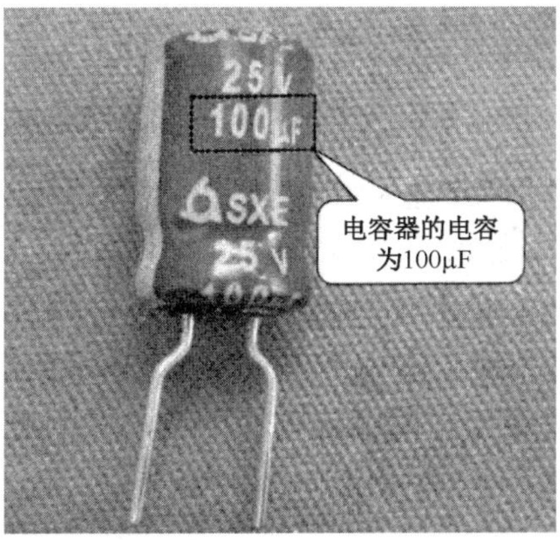

图 2-1-36　待测的电解电容器

② 将万用表调至 100μF 挡，并将附加测试器安装在数字万用表上，如图 2-1-37 所示。

③ 将电容器放电，将待测的电容器安装在附加测试器上，并观察万用表的读数，如图 2-1-37 所示，电容为 103.2μF，说明该电容器正常。若测得的电容与标称值差距过大，则说明电容器已损坏。

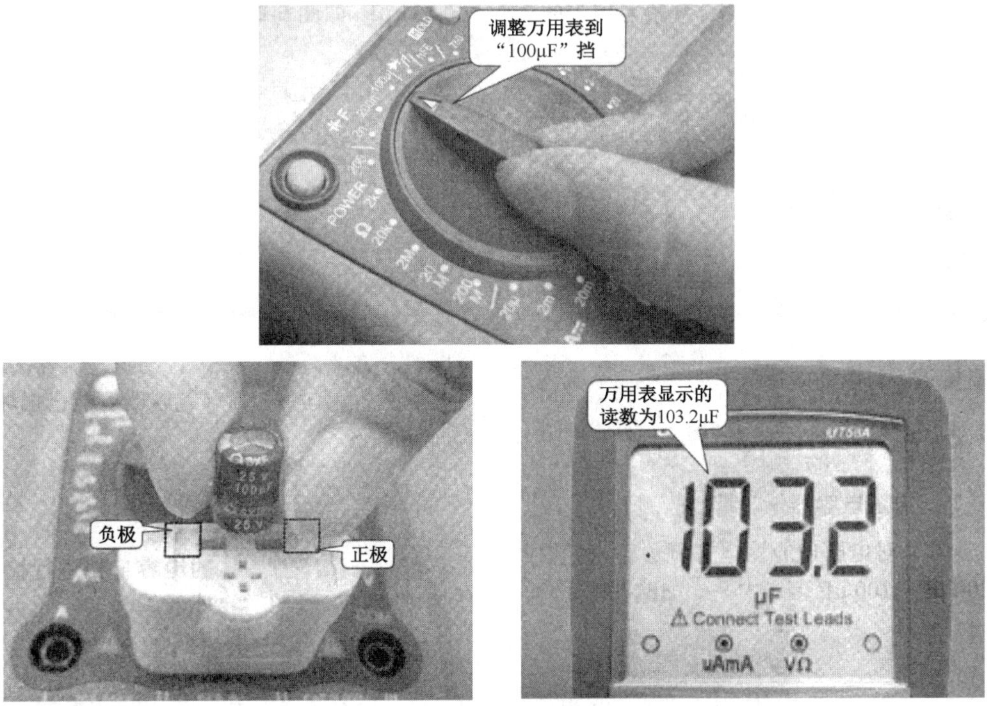

图 2-1-37　电解电容器的检测

（2）电解电容器性能检测：如果万用表没有测量电容的功能，可用模拟万用表电阻挡直接检测电解电容器充放电的过程（测量正、反漏电阻）来判断电解电容器的性能。

因为电解电容器的电容较一般固定电容器大得多，所以用模拟万用表测量时，应针对不同电容选用合适的量程。根据经验，一般情况下，1～47μF 间的电容，可用 R × 1kΩ 挡测量，大于 47μF 的电容可用 R × 100Ω 挡测量。

测量漏电阻的方法：将万用表调至适当量程，对电解电容器进行放电，将万用表的红、黑表笔分别搭在电解电容器的两个引脚上，指针应向右摆动，接着逐渐向左回转，直到停在某一位置。此时的电阻即电解电容器的漏电阻，电解电容器的正向漏电阻略大于反向漏电阻。电解电容器性能的检测（见图 2-1-38）方法如下。

① 将万用表调至 R × 100Ω 挡，并对万用表进行欧姆调零。

② 对电容器进行放电，将万用表的黑表笔搭在电解电容器的正极引脚，红表笔搭在电解电容器的负极引脚，观察万用表的指针。

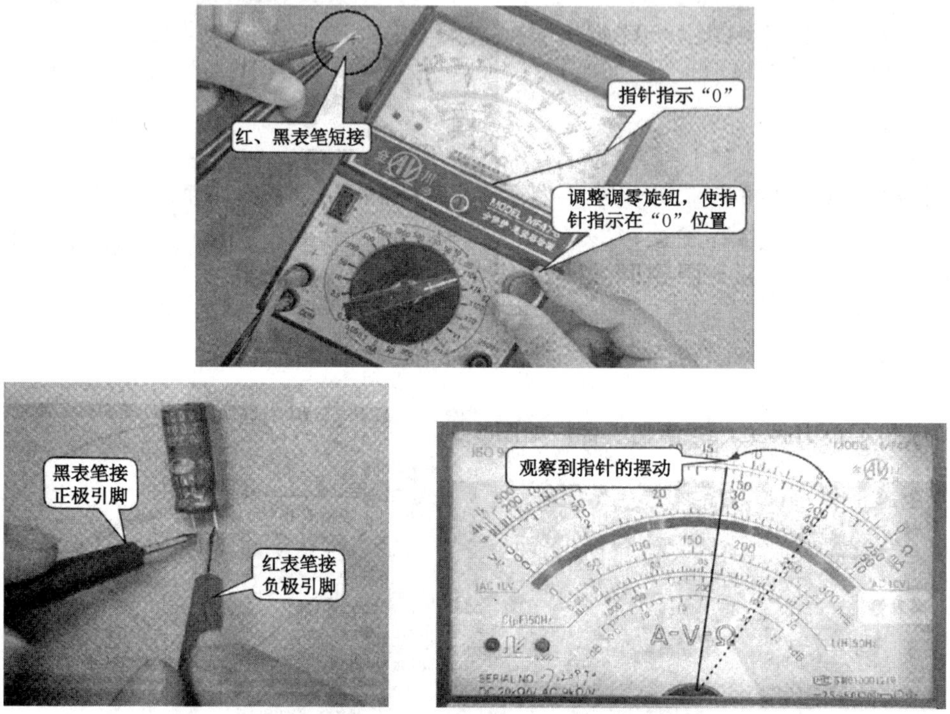

图 2-1-38　电解电容器性能的检测

③ 根据指针摆动情况来判断电容器性能的好坏。

a．好的电容器：测量时指针向右摆动后，又逐渐往左回摆且摆到左端“∞”附近。

b．漏电的电容器：测量时指针向右摆动后，往左回摆但摆不到左端“∞”附近。

c．已击穿损坏的电容器：测量时指针指示为“0”，不再往左回摆。

若所测电阻很小或为零，则说明电容器漏电大或已击穿损坏，不能再使用。

d．开路或无容量的电容器：测量时指针根本不向右摆动，正、反向均无充电的现象。

（3）电解电容器极性的判别方法如下。

判断依据：电解电容器的正向漏电阻略大于反向漏电阻。

先任意测一下漏电阻，记住其大小，然后交换表笔再测出一个漏电阻。两次测量中漏电阻大的那一次便是正向接法，即黑表笔接的是正极，红表笔接的是负极。

（4）电解电容器电容大小的判别方法如下。

将万用表红表笔接负极，黑表笔接正极，在刚接触的瞬间，万用表指针向右偏转较大的电容器，其电容大一些（对于同一电阻挡，电容器电容越大，摆幅越大）。

任务实施

1. 使用模拟万用表进行交、直流电压的测量

1）测量直流电压

（1）插入表笔。

测量直流电压如图 2-1-39 所示。将红、黑表笔分别插入“+”“COM”插孔中。

图 2-1-39　测量直流电压

（2）选择量程。

① 将量程转换开关调至直流电压挡相应的量程。选择量程时应尽量使指针偏转到满刻度 2/3 以上的区域。

② 如果不知道被测电压的大致数值，需将量程转换开关调至交流电压挡最高量程上试测，再逐渐调小到适当的量程上。

（3）测量。

① 将模拟万用表并联接在被测电路中。

② 在测量直流电压时，应注意被测电压的极性，红表笔接在高电位的一端，黑表笔接在低电位的一端。

③ 如果不知道被测电压的极性，可在电路的一端先接好一支表笔，另一支表笔在电路的另一端轻轻地碰一下。若指针向右偏转，则说明接线正确，可以继续测量；若指针向左偏转，则应把两支表笔调换位置后再继续测量。

（4）读数。

读数时选择第二条刻度线（DCV 刻度线），第二条刻度线上有四组数字，可根据所选择的量程来选择刻度读数。例如，量程为10V，测量直流电压时指针的偏转位置如图 2-1-40 所示，指针所指示的值为 9.25V。

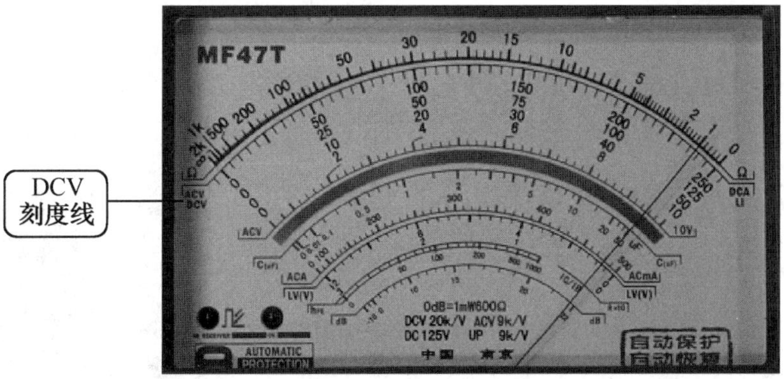

图 2-1-40　测量直流电压时指针的偏转位置

2）测量交流电压

图 2-1-41　测量交流电压

（1）插入表笔。

测量交流电压如图 2-1-41 所示。将红、黑表笔分别插入“+”“COM”插孔中。

（2）选择量程。

① 将量程转换开关调至交流电压挡相应的量程，如图 2-1-41 所示。选择量程时应尽量使指针偏转到满刻度 2/3 以上的区域。

② 如果不知道被测电压的大致数值，需将量程转换开关调至交流电压挡最高量程上试测，再逐渐调小到适当的量程上。

（3）测量。

将模拟万用表并联接在被测电路中，且不必考虑被测电压的极性。

（4）读数。

读数时选择第二条刻度线（ACV 刻度线），第二条刻度线上有四组数字，可根据所选择的量程来选择刻度读数。例如，量程为 250V，测量交流电压时指针的偏转位置如图 2-1-42 所示，指针所指示的值为 142V。

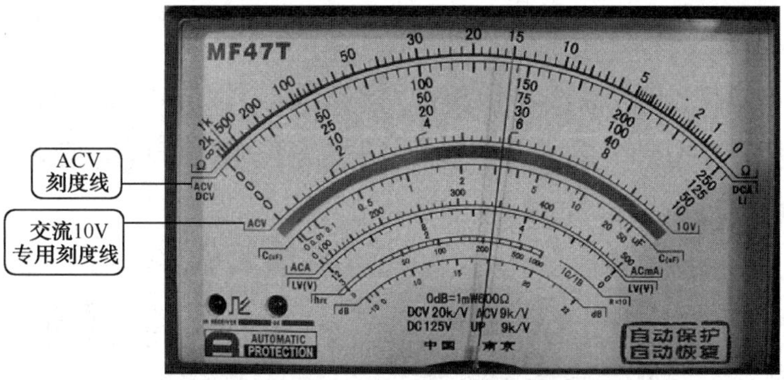

图 2-1-42　测量交流电压时指针的偏转位置

注意

测量 10V 以下交流电压时，应使用交流 10V 专用刻度线进行读数。

2. 使用模拟万用表进行交、直流电流的测量

1）测量直流电流

图 2-1-43　测量直流电流

（1）插好表笔。

测量直流电流如图 2-1-43 所示。将量程转换开关调至所需的电流挡。黑表笔插入“COM”插孔中，红表笔要根据所测量值的大小做出如下选择。

① 测量 500mA 以下的电流时，应将红表笔插入“mA”插孔中。

② 测量 500mA～10A 的电流时，将红表笔插入“10A”插孔中，将量程转换开关调至 500mA 直流电流挡上。

（2）选择量程。

① 测量 500mA～10A 的电流时，应将量程转换开关调至 500mA/10A 直流电流挡上。

② 如果不知道被测电流的大致数值，需将量程转换开关调至直流电流挡最高量程上进行试测，再逐渐调小到适当的量程上。

（3）测量。

① 模拟万用表应串联接在被测电路中。

② 测量直流电流时，模拟万用表的红表笔必须接电流流入的一端，黑表笔必须接电流流出的一端。

③ 如果不知道被测电流的方向，可以在电路的一端先接好一支表笔，另一支表笔在电路的另一端轻轻地碰一下。若指针向右摆动，则说明接线正确；若指针向左摆动（低于零点），则说明接线不正确，应调换万用表的两支表笔。

（4）读数。

读数时选择第二条刻度线（DCA 刻度线），第二条刻度线上有四组数字，根据所选择的量程来选择刻度读数。例如，量程为 5mA 时，测量直流电流时指针的偏转位置如图 2-1-44 所示，选择第二条刻度线的第三组数字 0～50，指针所指示的值为 3.7mA。

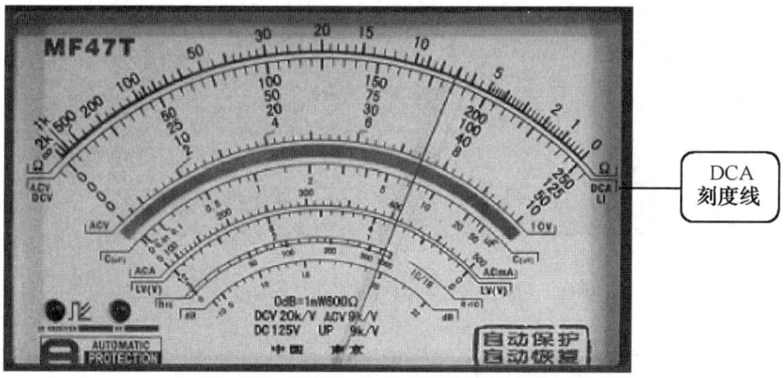

图 2-1-44　测量直流电流时指针的偏转位置

2）测量交流电流

（1）插好表笔。

测量交流电流如图 2-1-45 所示。将量程转换开关调至所需的电流挡。黑表笔插入“COM”插孔中，红表笔要根据所测量值的大小做出如下选择。

① 测量 500mA 以下的电流时，应将红表笔插入“mA”插孔中。

② 测量 500mA～10A 的电流时，应将红表笔插入“10A”插孔中。

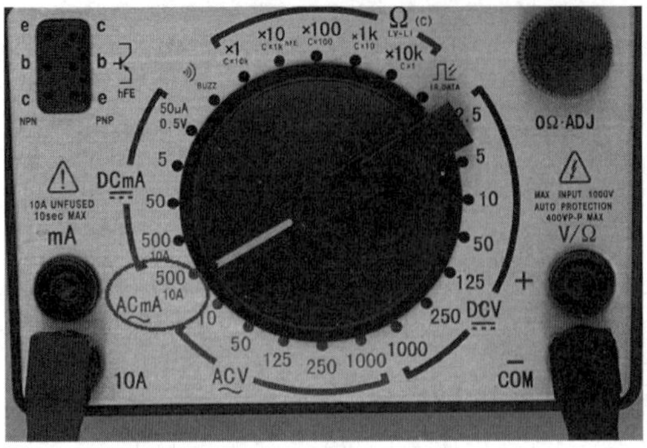

图 2-1-45　测量交流电流

（2）选择量程。

如图 2-1-45 所示，将量程转换开关调至 500mA/ 10A 交流电流挡上。

（3）测量。

与直流电流测量方法一样，将模拟万用表串联接在被测电路中，但不必考虑被测电流的极性。

（4）读数。

表盘读数为红色 ACA 刻度线，根据所选择的量程来选择刻度读数。例如，量程为10A 时，测量交流电流时指针的偏转位置如图 2-1-46 所示，指针所指示的值为 9A。

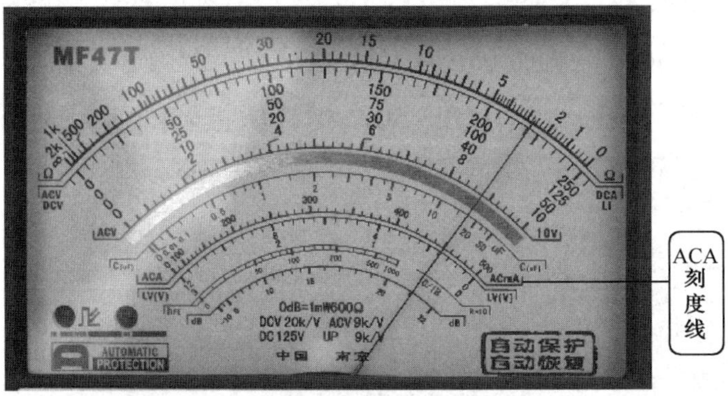

图 2-1-46　测量交流电流时指针的偏转位置

3．使用数字万用表进行交、直流电压的测量

1）测量直流电压

（1）将黑表笔插入“COM”插孔中，红表笔插入“V/Ω”插孔中。

（2）将量程转换开关调至相应的 DCV 量程上，然后将测试表笔跨接在被测电路中，红表笔所接点的电压与极性显示在液晶显示屏上。如果事先对被测电压范围无法估测，应将量程转换开关调至最高的挡位，然后根据显示值调至相应挡位上。若屏幕显示“1”，则表明已超过量程范围，必须将量程转换开关调至较高挡位上。

（3）液晶显示屏上显示的数字就是被测电压值。直流电压的测量如图 2-1-47 所示，选择的挡位为直流 20V，显示的读数为 9.85，则被测电压为 9.85V。需要指明的是，数字万用表在读数时，挡位量程的单位就是读数的单位。例如，直流电压的挡位有 200mV、2V、20V、200V、1000V，若选用的是 200mV，则读数单位为 mV；若选用的是 2V、20V、200V、1000V 中的任一挡，则读数的单位都是 V。同样地，交流电流、电阻等其他量的测量读数方法也一样。

2）测量交流电压

（1）将黑表笔插入“COM”插孔中，红表笔插入“V/Ω”插孔中。

（2）将量程转换开关调至相应的 ACV 量程上，然后将测试表笔并联接在被测电路中。

（3）液晶显示屏上显示的数字就是被测电压值。交流电压的测量如图 2-1-48 所示，选择的挡位为交流 200V，显示的读数为 36.6，则被测电压为 36.6V。

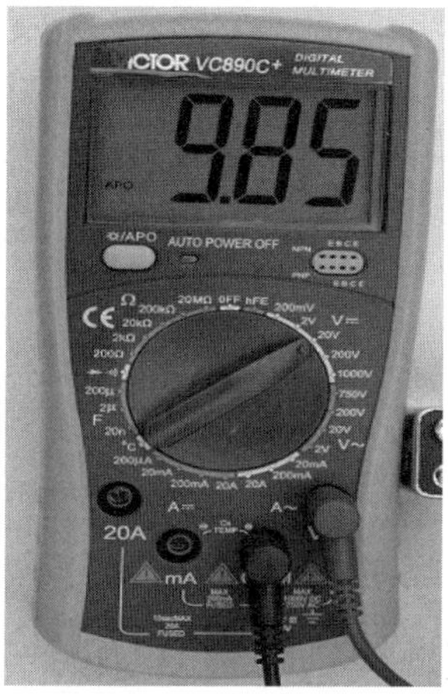

图 2-1-47　直流电压的测量

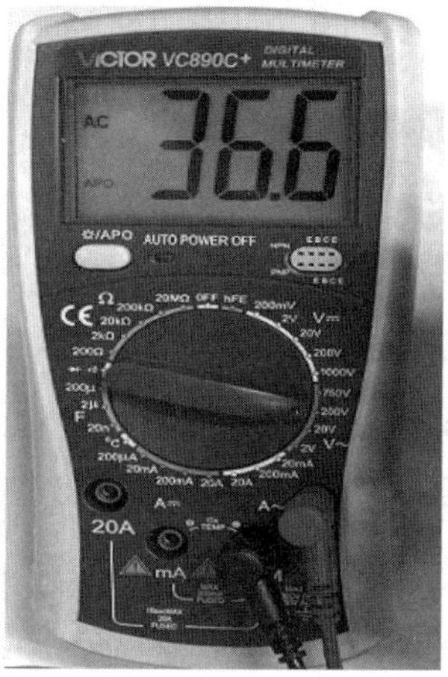

图 2-1-48　交流电压的测量

4．使用数字万用表进行交、直流电流的测量

1）测量直流电流

（1）将黑表笔插入“COM”插孔中，红表笔插入“mA”插孔（最大值为 200mA）中，或者红表笔插入“20A”插孔（最大值为 20A）中。

（2）将量程转换开关调至相应的 DCA 量程上，然后将仪表的表笔串联接在被测电路中，被测电流值及红色表笔所接点的电流极性将同时显示在显示屏上。

（3）直流电流的测量如图 2-1-49 所示。液晶显示屏上显示的数字就是被测电流值。若选择的挡位为直流 20mA，显示的读数为 1.85，则被测电流为 1.85mA。

2）测量交流电流

（1）将黑表笔插入“COM”插孔中，红表笔插入“mA”插孔（最大值为 200mA）中，或者红表笔插入“20A”插孔（最大值为 20A）中。

（2）将量程转换开关调至相应的 ACA 量程上，然后将仪表的表笔串联接在被测电路中。

（3）交流电流的测量如图 2-1-50 所示。液晶显示屏上显示的数字就是被测电流值。若选择的挡位为交流 200mA，显示的读数为 5.32，则被测电流为 5.32mA。

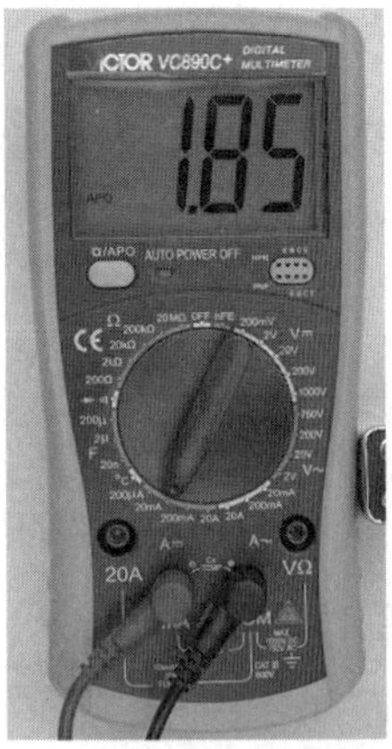

图 2-1-49　直流电流的测量

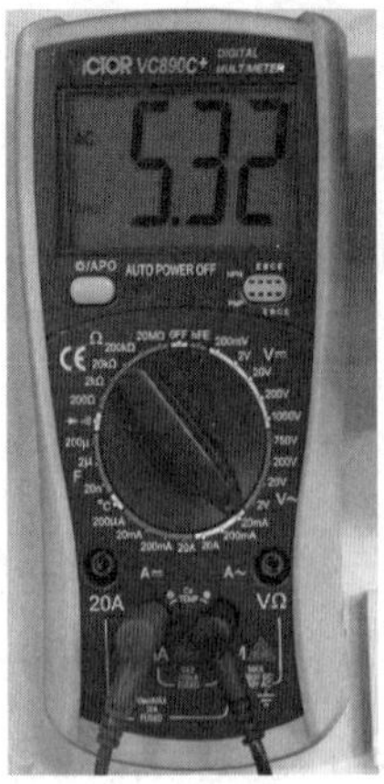

图 2-1-50　交流电流的测量

5．使用万用表进行电阻检测

1）使用模拟万用表进行电阻检测

（1）插入表笔。

图 2-1-51　测量电阻

测量电阻如图2-1-51所示。将红、黑表笔分别插入“+”“COM”插孔中。

（2）选择量程。

① 估值：先粗略估计所测电阻器的电阻，再选择合适量程（倍率）。MF47T 型万用表的电阻挡有 × 1Ω、× 10Ω、× 100Ω、× 1kΩ、× 10kΩ 五个倍率。若不能估计被测电阻器的电阻，则一般情况是先将开关拨到 R × 100Ω 或 R × 1kΩ 的位置进行初测。然后看指针是否停在中线附近，若是，则说明挡位合适；若指针太靠近零，则要减小挡位；若指针太靠近无穷大，则要增大挡位。测量时，尽量使指针停在中间或中间附近。

② 欧姆调零：量程选定以后，在正式测量之前必须进行欧姆调零，否则测量值有误差。欧姆调零如图 2-1-52 所示。若重新换挡，则在正式测量之前必须重新进行欧姆调零。

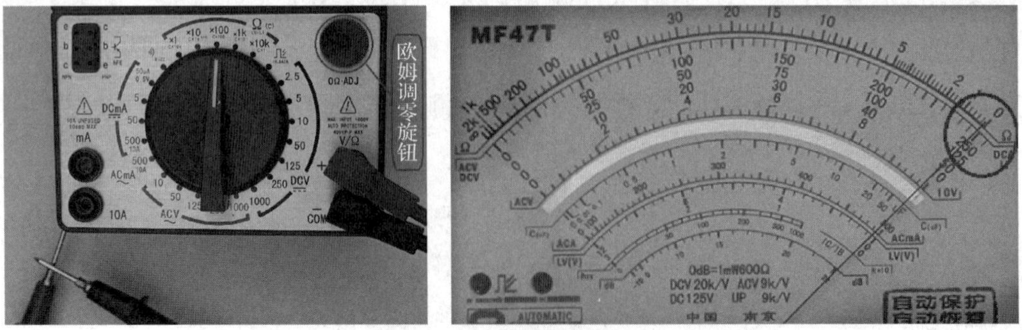

图 2-1-52　欧姆调零

③ 测量：将万用表两表笔并联接在所测电阻器两端进行测量。

④ 读数：读数时选择第一条刻度线（Ω 刻度线），实际读数为电阻 = 刻度值 × 倍率。测

量电阻时的读数如图 2-1-53 所示，此时刻度读数是 19.5，倍率是 R × 1kΩ，则电阻 $R = 19.5 \times 1\text{k} = 19.5\text{k}\Omega$，即该电阻器的电阻是 19.5kΩ。

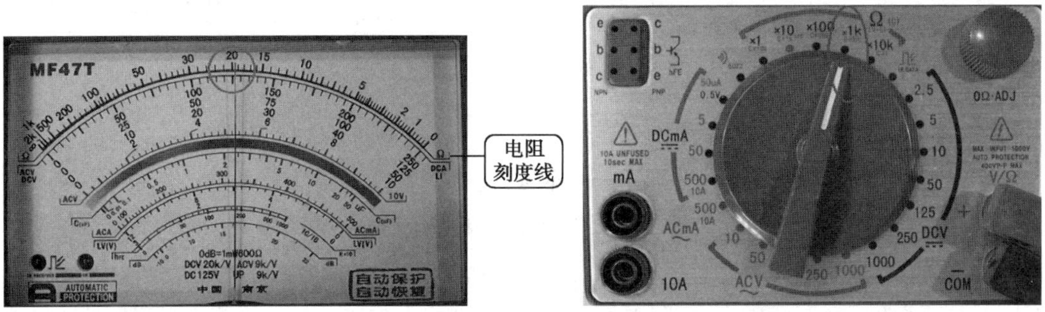

图 2-1-53　测量电阻时的读数

2）使用数字万用表进行电阻检测

（1）将黑表笔插入“COM”插孔中，红表笔插入“V/Ω”插孔中。

（2）将量程转换开关调至相应的电阻量程上，然后将两表笔跨接在被测电阻器上。

（3）液晶显示屏上显示的数字就是被测电阻器的电阻。电阻的测量如图 2-1-54 所示，若选择的挡位为交流 20kΩ，显示的读数为 5.09，则被测电阻器的电阻为 5.09kΩ。

（4）若电阻超过所选的量程值，则会显示“1”，此时应将量程转换开关调至较高挡位上；当测量电阻为 1MΩ 以上时，读数需几秒才能稳定，这在测量高电阻时是正常的；测量在线电阻器时，要确认被测电路中所有电源已关断及所有电容器已全放电后，才能进行测量。

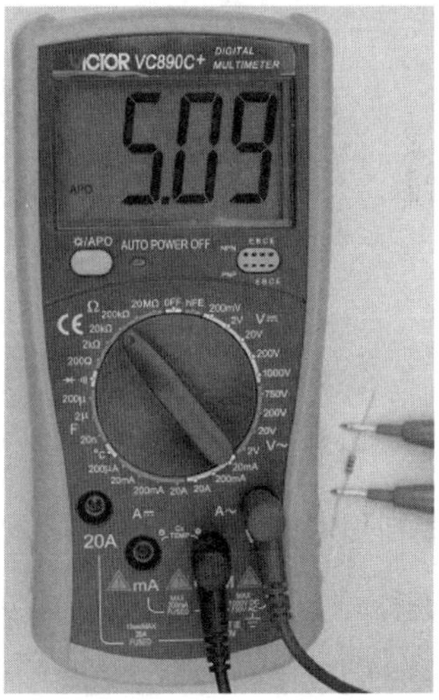

图 2-1-54　电阻的测量

6．使用模拟万用表进行电位器检测

先检查转轴的机械性能，再进行电阻检测。先将模拟万用表置于适当的欧姆挡，进行欧姆调零，测量两个定片间的电阻，应与标称值相符，慢慢将转轴从一个极端转向另一个极端。然后测量动片与任一定片间的电阻，万用表的指针从 0Ω（或标称值）至标称值（或 0Ω）连续变化。最后测量动片与另一定片间的电阻，万用表的指针从标称值（或 0Ω）至 0Ω（或标称值）连续变化。此种情况表明该电位器是好的。

7．使用万用表进行电容检测

1）数字万用表检测电解电容器的电容及其好坏

将附加测试器安装在数字万用表上，将万用表的量程调至“××μF”挡，将电容器放电，安装在附加测试器上。电解电容器的检测如图 2-1-55 所示。若 100μF 的电容器显示为 103.2μF，则说明该电容器正常；若测得的电容与标称值差距过大，则说明电容器损坏。

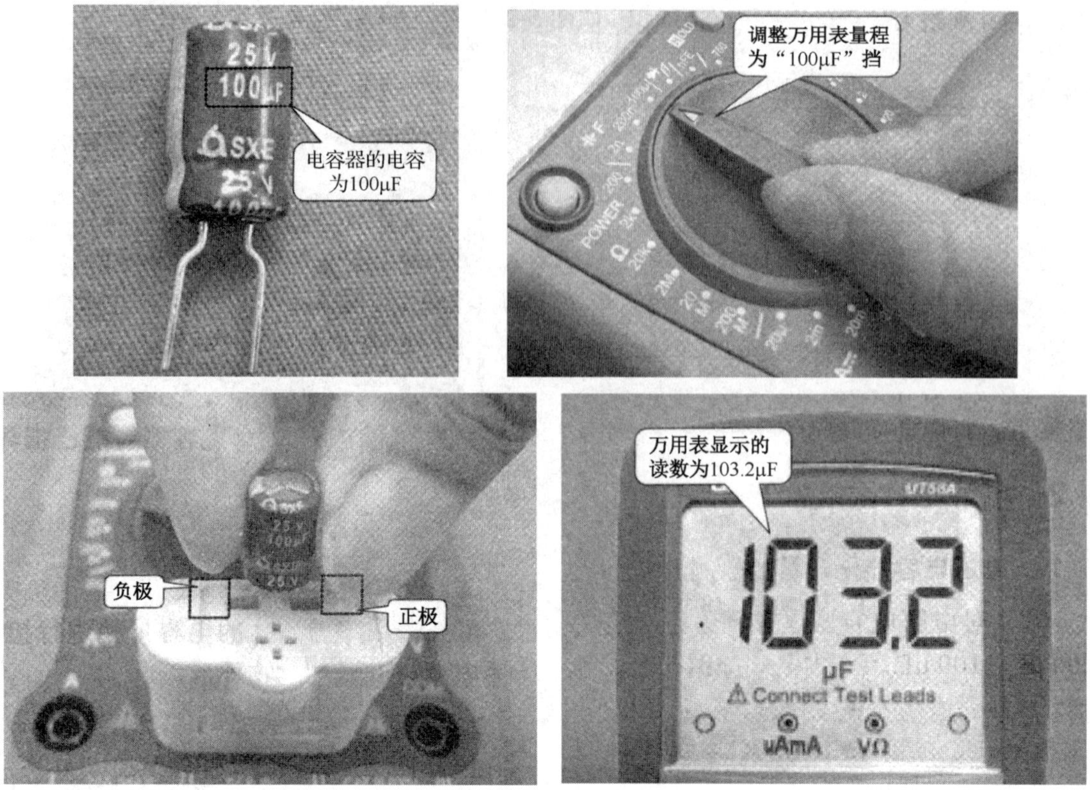

图 2-1-55　电解电容器的检测

2）模拟万用表检测电解电容器的好坏

将模拟万用表的量程调至适当挡位，并对万用表进行欧姆调零，对电容器进行放电，黑表笔接电容器正极，红表笔接电容器负极。电解电容器的检测如图 2-1-56 所示。观察万用表的指针，其摆动示意图如图 2-1-57 所示。

（1）好的电容器：测量时指针向右摆动后，又逐渐往左回摆且摆到左端“∞”附近。

（2）漏电的电容器：测量时指针向右摆动后，往左回摆但摆不到左端“∞”附近。

（3）已击穿损坏的电容器：测量时指针指示为“0”，不再往左回摆。

若所测电阻很小或为零，则说明电容器漏电大或已击穿损坏，不能再使用。

（4）开路或无容量的电容器：测量时指针根本不向右摆动，正、反向均无充电的现象。

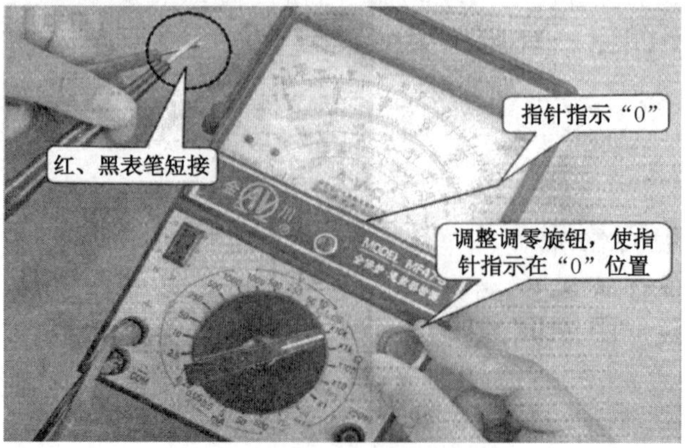

图 2-1-56　电解电容器的检测

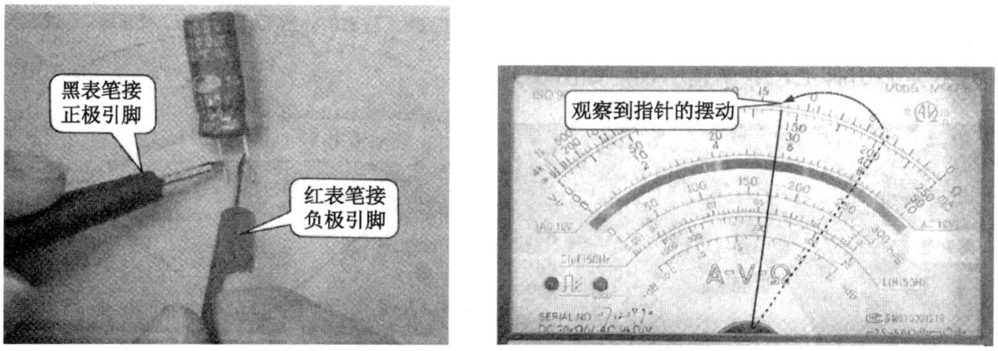

图 2-1-56　电解电容器的检测（续）

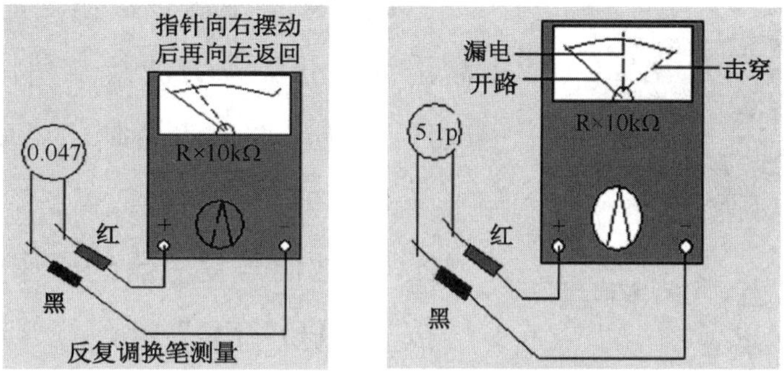

（a）性能好　　（b）性能不好

图 2-1-57　指针摆动示意图

3）电解电容器极性的判别

将电容器放电，先任意测一下漏电阻，然后交换表笔再测出一个漏电阻。两次测量中漏电阻大的那一次便是正向接法，即黑表笔接的是正极，红表笔接的是负极。

4）电解电容器电容大小的判别

将万用表红表笔接负极，黑表笔接正极，在刚接触的瞬间，万用表指针向右偏转较大的电容器，其容量大一些（对于同一电阻挡，电容器电容越大，摆幅越大）。

任务二　示波器测量函数信号发生器信号

任务描述

使用双踪示波器对函数信号发生器信号进行测量。

任务目标

终极目标：能使用示波器进行函数信号发生器信号测量。

促成目标：

（1）能够按照操作要求对函数信号发生器信号进行调节。

（2）能够按照操作要求使用示波器对函数信号发生器信号进行测量。

知识平台

知识一　函数信号发生器的操作使用

信号发生器是一种应用非常广泛的电子设备，可作为各种电子元器件、部件及整机测量、调试、检修时的信号源。信号发生器能产生正弦波、方波、三角波等多种信号波形，使用起来很灵活。下面以 SFG-1013 DDS 函数信号发生器为例说明其操作及使用。

1．函数信号发生器前面板

函数信号发生器各键钮功能如图 2-2-1 所示。其输出波形为正弦波、方波及三角波，可提供振幅控制、−40dB 衰减、占空比控制、可变直流偏压控制、信号输出开关控制、输出过载保护。

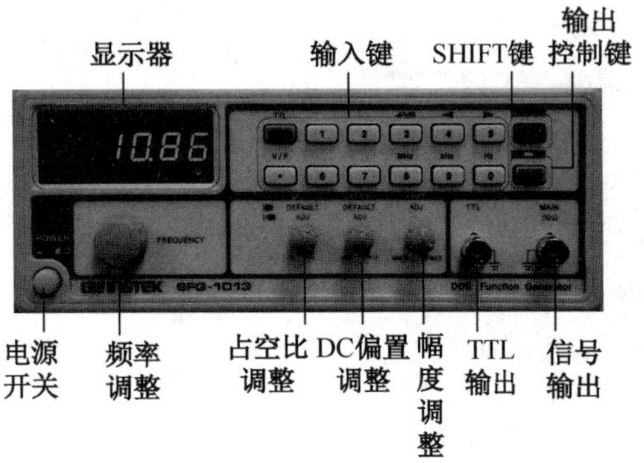

图 2-2-1　函数信号发生器各键钮功能

2．函数信号发生器的操作使用

按下“POWER”键，打开电源。调整好信号后，按下“OUTPUT”（输出）键，发光二极管亮，打开信号输出。

1）波形调节

重复按下“WAVE”（波形选择）键即可在显示器上显示相应的波形符号，直到显示出所需的波形。函数信号发生器产生波形操作如图 2-2-2 所示。

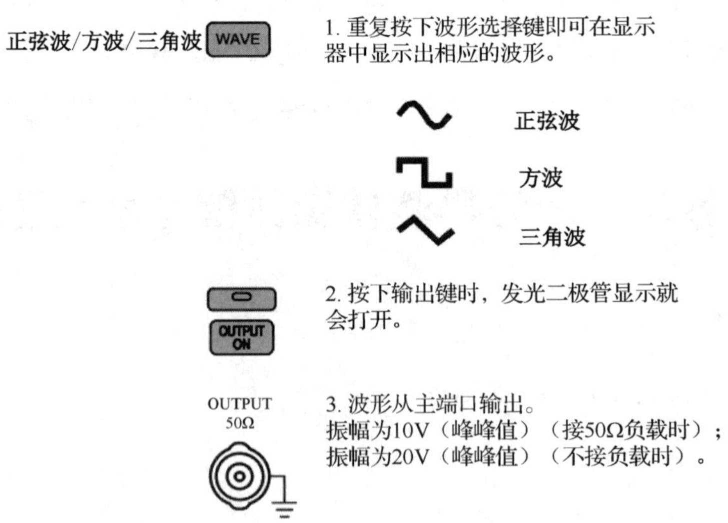

图 2-2-2　函数信号发生器产生波形操作

2）设置频率

使用数字键直接输入波形频率。函数信号发生器设置频率操作如图 2-2-3 所示。

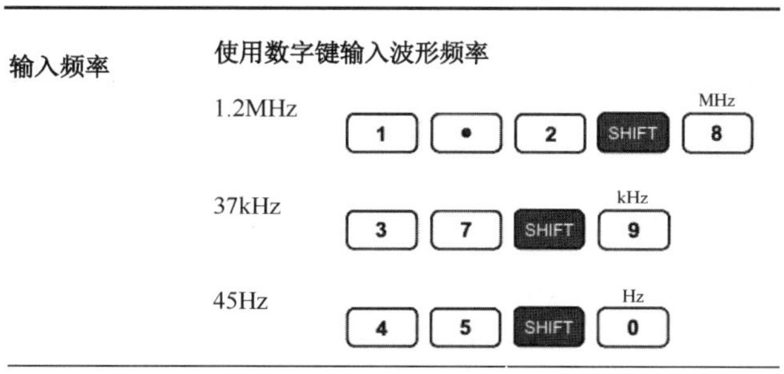

图 2-2-3　函数信号发生器设置频率操作

3）编辑频率

若仪器当前设置的频率与所需频率相差不大，则可通过频率调节旋钮将其调整到所需要的频率。

操作方法：按“SHIFT + 左（右）光标”键，使光标左（右）移至需调整的位置，旋转频率旋钮即可调整该位的数值。函数信号发生器频率编辑操作如图 2-2-4 所示。

当输入频率超过最大频率或低于最小频率时，都会显示错误信息。函数信号发生器超过最大频率时的错误显示样例如图 2-2-5 所示。函数信号发生器低于最小频率时的错误显示样例如图 2-2-6 所示。

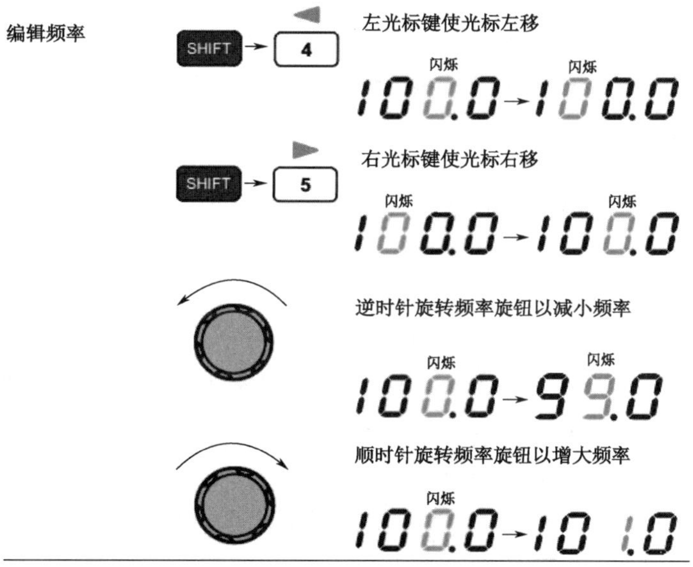

图 2-2-4　函数信号发生器频率编辑操作

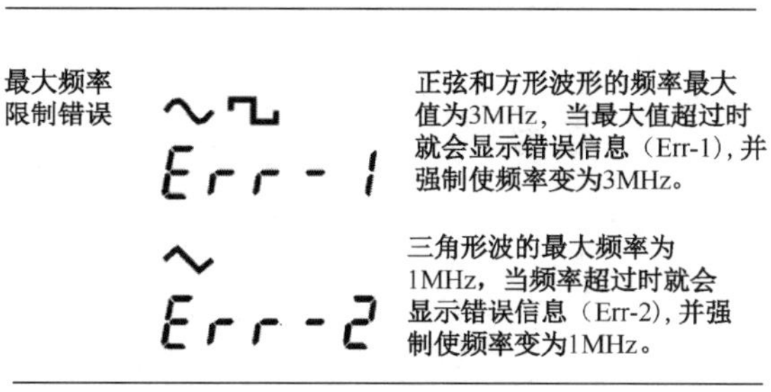

图 2-2-5　函数信号发生器超过最大频率时的错误显示样例

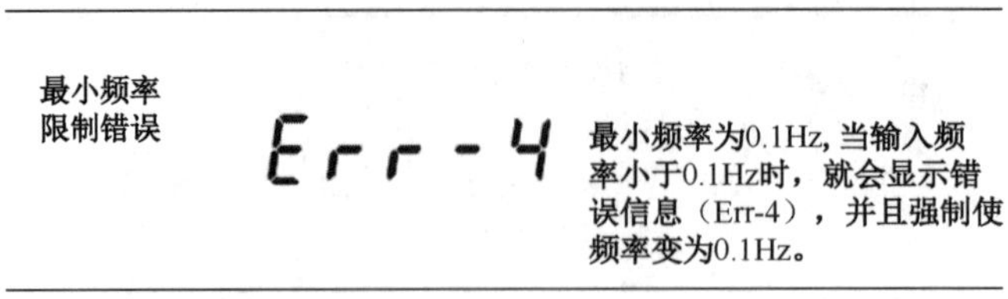

图 2-2-6　函数信号发生器低于最小频率时的错误显示样例

4）观察幅度

当视窗中显示频率，而用户要监视电压幅度时，可按下“SHIFT + •（V/F）”键，此时即可显示电压幅度（振幅），重复此操作，则返回至频率显示。函数信号发生器设置振幅操作如图 2-2-7 所示。

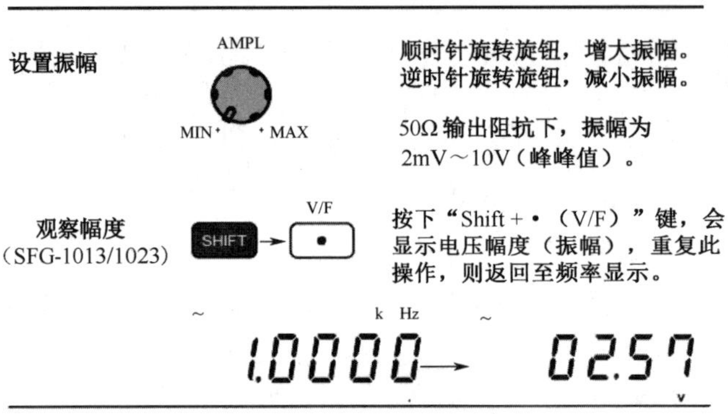

图 2-2-7　函数信号发生器设置振幅操作

5）调整输出信号幅度

顺时针旋转幅度调节旋钮，可增大幅度；逆时针旋转此旋钮，可减小幅度，如图 2-2-7 所示。

6）−40dB 衰减

按下“SHIFT + 3（−40dB）”键，输出将会衰减−40dB，并且显示屏上的−40dB 指示灯将会亮。函数信号发生器−40dB 衰减操作如图 2-2-8 所示。

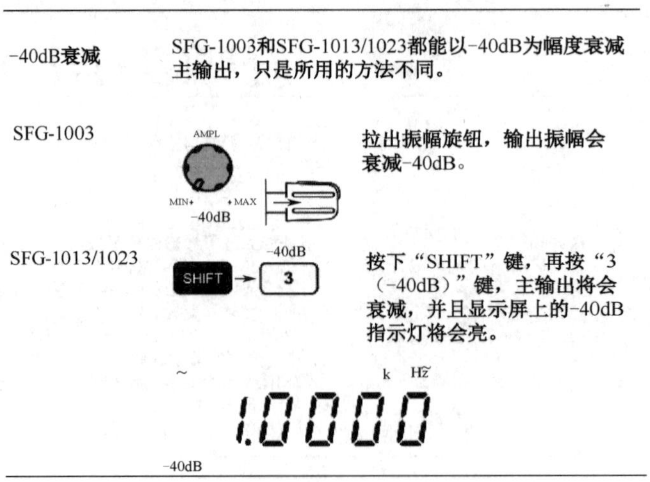

图 2-2-8　函数信号发生器−40dB 衰减操作

7）设置偏置

用户能够对正弦波、方波、三角波增加或减少偏移量，从而改变波形的电压偏移量（偏置的设定不适用于 TTL 输出）。拉出偏移量旋钮，打开偏移量设置，顺时针旋转此旋钮可增大偏移量，逆时针旋转此旋钮可减小偏移量。函数信号发生器设置偏置操作如图 2-2-9 所示。

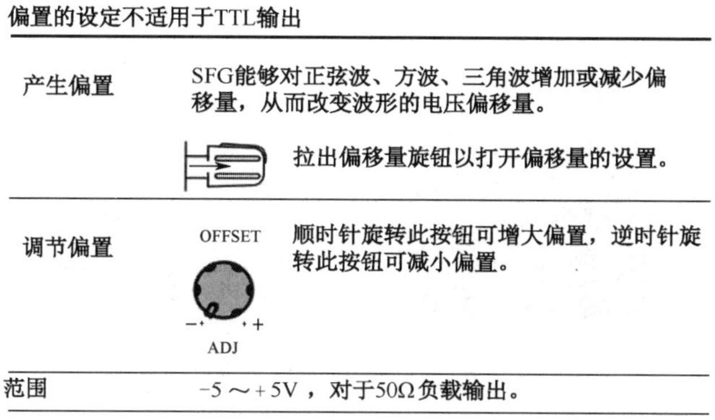

图 2-2-9　函数信号发生器设置偏置操作

8）调节占空比（方波）

拉出占空比旋钮，顺时针旋转可增大占空比，逆时针旋转可减小占空比，初始值设置为 50%。占空比设定不适用于正弦波与三角波。函数信号发生器调节占空比（方波）操作如图 2-2-10 所示。

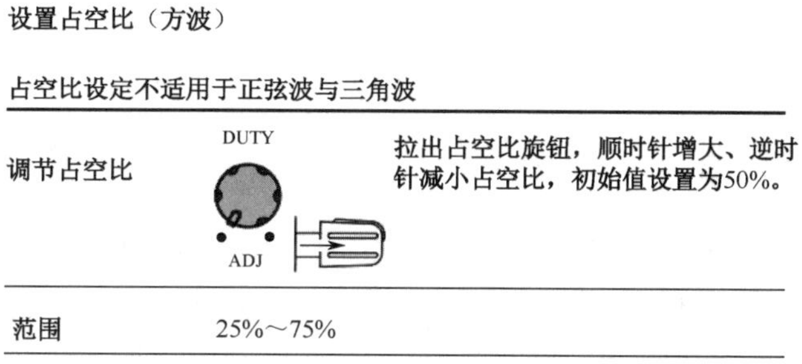

图 2-2-10　函数信号发生器调节占空比（方波）操作

9）信号输出

将测试数据线接在主输出上，按下输出键，会有波形输出。

注意

函数信号发生器操作使用安全注意事项详见仪器使用说明书。

知识二　双踪示波器的操作使用

示波器是一种用来展示和观察信号波形及相关参数的电子仪器，可以观测和直接测量信号波形的形状、幅度和周期，呈现的图形能够表明信号随时间的变化过程，这一简单的图形能够说明信号的很多特性。根据示波器的测量功能，可以分为模拟示波器和数字示波器，如图 2-2-11 所示。

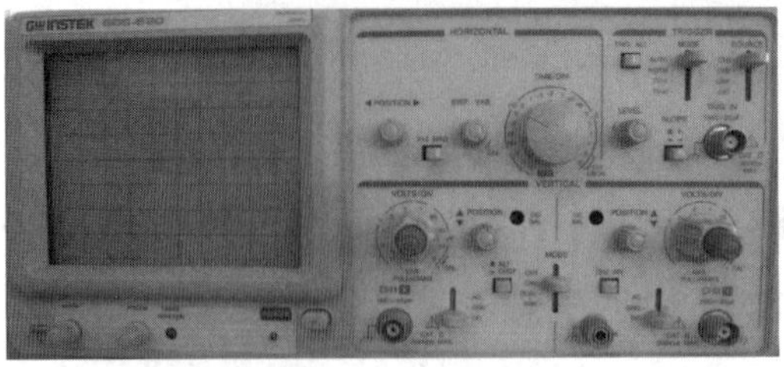

（a）模拟示波器

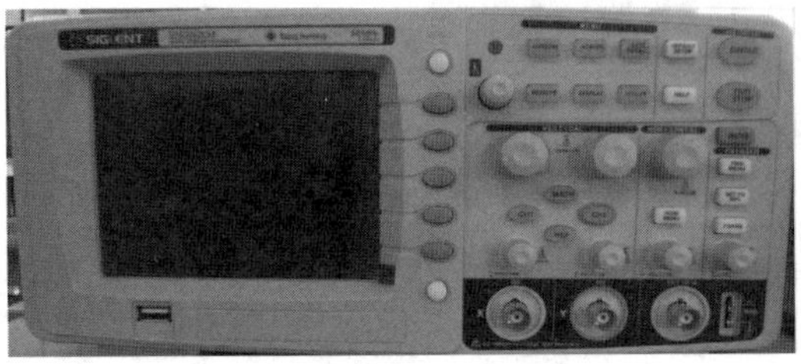

（b）数字示波器

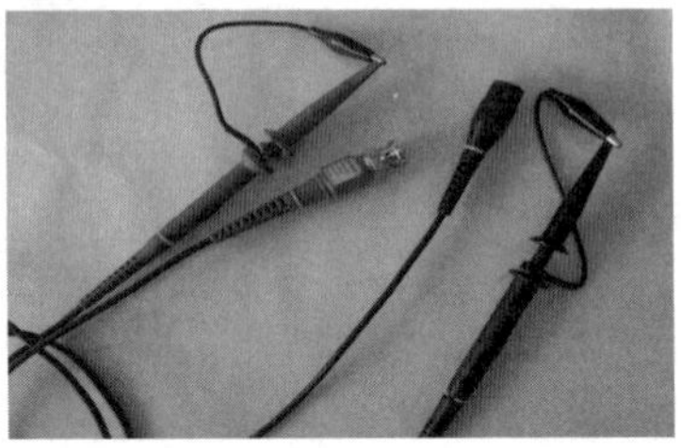

（c）探头

图 2-2-11　模拟示波器和数字示波器

1．模拟示波器的前面板功能

模拟示波器是一种以模拟电路作为基础的示波器，是比较常用的一种实时检测波形的示波器，显示波形的部件为 CRT 显像管（示波管）。下面将以比较常用的 GOS-620 双踪模拟示波器为例来说明其操作。

模拟示波器可以分为两大部分，一部分为信号波形的显示（CRT 显示）部分；另一部分为示波器的调节控制部分。示波器包含四个不同的基本系统：显示系统、垂直系统、触发系统和水平系统，其面板功能如图 2-2-12 所示。理解每一个系统的含义，有助于更有效地应用示波器，完成特定的测量任务。

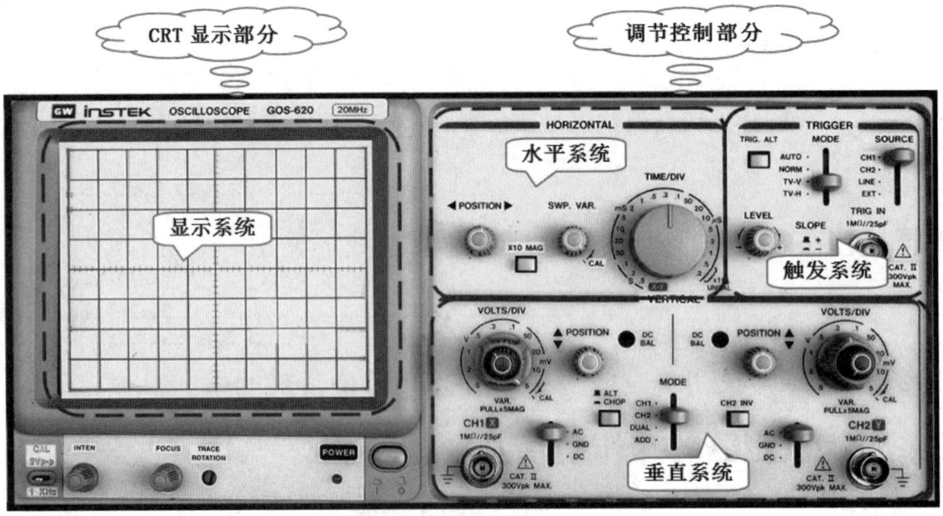

图 2-2-12　示波器面板功能

（1）模拟示波器显示区域各键的功能如图 2-2-13 所示。

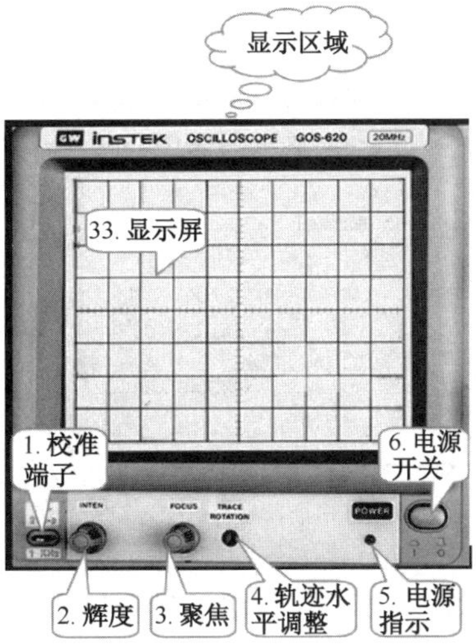

图 2-2-13　模拟示波器显示区域各键的功能

（2）模拟示波器垂直区域各键的功能如图 2-2-14 所示。

（3）模拟示波器触发区域各键的功能如图 2-2-15 所示。

（4）模拟示波器水平区域各键的功能如图 2-2-16 所示。

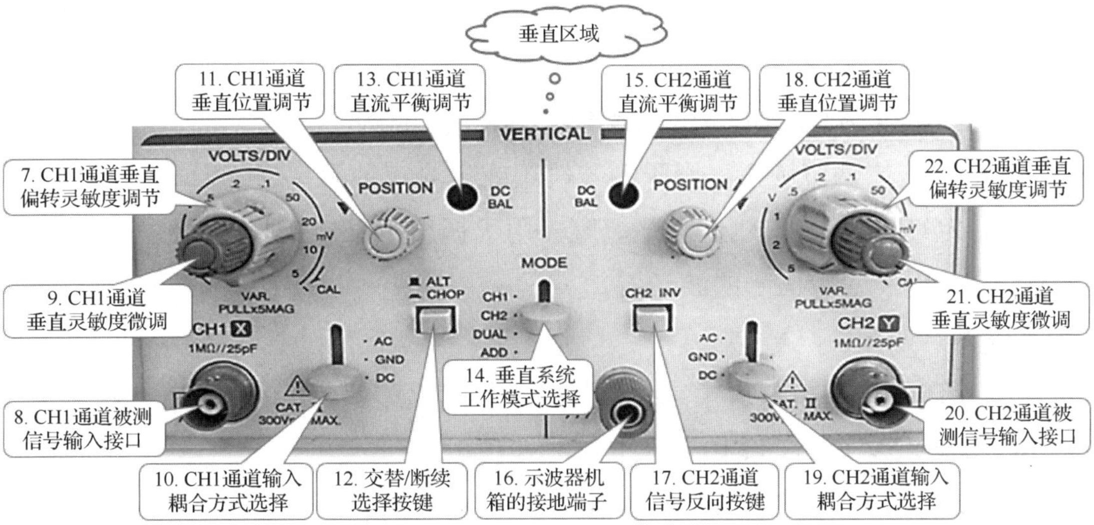

图 2-2-14　模拟示波器垂直区域各键的功能

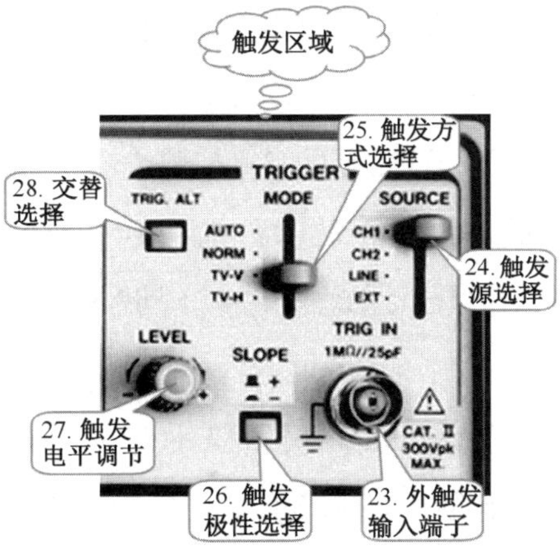

图 2-2-15　模拟示波器触发区域各键的功能

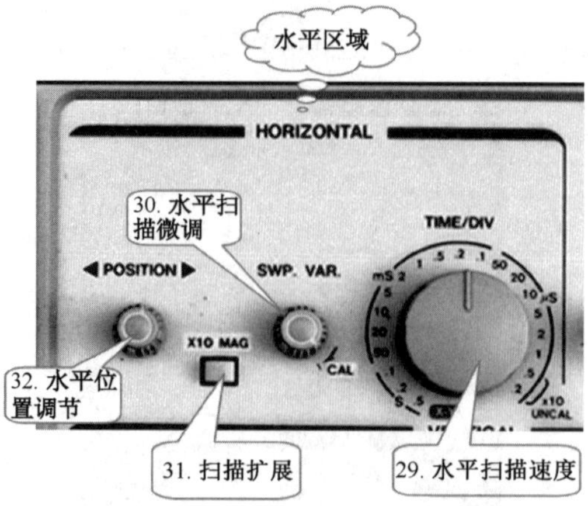

图 2-2-16　模拟示波器水平区域各键的功能

2．模拟示波器面板各键操作指南

1）示波管操作部分

1（CAL）：示波器校正信号输出端，提供振幅为 2V（峰峰值）、频率为 1kHz 的方波信号，用于校正 10∶1 探棒的补偿电容器和检测示波器垂直及水平偏转因数等。

6（POWER）：主电源开关及指示灯。按下此开关，其左侧的发光二极管指示灯亮，表明电源已接通。

2（INTEN）：辉度调节旋钮，用于调节轨迹或光点的辉度。

3（FOCUS）：聚焦调节旋钮，用于调节轨迹或亮光点的聚焦。

4（TRACE ROTATION）：轨迹水平调整，用于调整水平轨迹与刻度线平行。

33：显示屏，用于显示信号的波形。

2）垂直轴操作部分

7、22（VOLTS/DIV）：CH1、CH2 通道垂直偏转灵敏度调节旋钮，用于调节垂直偏转灵敏度，从 5mV/Div～5V/Div，共 10 个挡位。

8（CH1 X）：CH1 通道被测信号输入接口。在 X-Y 模式下，作为 X 轴输入端。

20（CH2 Y）：CH2 通道被测信号输入接口。在 X-Y 模式下，作为 Y 轴输入端。

9、21（VAR）：CH1、CH2 通道垂直灵敏度微调旋钮，微调灵敏度大于或等于 1/2.5 标示值。在校正（CAL）位置时，灵敏度校正为标示值。

10、19（AC-GND-DC）：CH1、CH2 通道输入耦合方式选择。可选择被测信号进入垂直通道的耦合方式，AC 表示交流耦合；DC 表示直流耦合；GND 表示接地。

11、18（POSITION）：CH1、CH2 通道垂直位置调节旋钮，用于调节显示波形在显示屏上的垂直位置。

12（ALT/CHOP）：交替/断续选择按键，双踪显示时，松开此键（ALT），CH1 通道与 CH2 通道的信号交替显示，适用于观测频率较高的信号波形；按下此键（CHOP），CH1 通道与 CH2 通道的信号同时断续显示，适用于观测频率较低的信号波形。

13、15（DC BAL）：CH1、CH2 通道直流平衡调节旋钮。CH1、CH2 通道耦合方式在 GND 时，在 5mV 与 10mV 之间反复转动 CH1、CH2 通道垂直偏转灵敏度调节旋钮，调整“DC BAL”使光迹保持在零水平线上不移动。

14（VERTICAL MODE）：垂直系统工作模式选择开关。CH1 表示该通道的信号单独显示；CH2 表示该通道的信号单独显示；DUAL 表示两个通道信号同时显示；ADD 表示显示的是 CH1 通道与 CH2 通道信号的代数和或代数差（按下 CH2 通道信号反向键）。

17（CH2 INV）：CH2 通道信号反向按键。按下此键时，CH2 通道及其触发信号同时反向。

3）触发操作部分

23（TRIG IN）：外触发输入端子，用于输入外部触发信号。当使用该功能时，触发源选择开关应设置在 EXT 位置。

24（SOURCE）：触发源选择开关。CH1 表示当垂直系统工作模式开关设定为 DUAL 或 ADD 时，选择 CH1 通道作为内部触发信号源。CH2 表示当垂直系统工作模式开关设定在 DUAL 或 ADD 时，选择 CH2 通道作为内部触发信号源。LINE 表示选择交流电源作为触发信号源。EXT 表示选择“TRIG IN”端子输入的外部信号作为触发信号源。

25（TRIGGER MODE）：触发方式选择开关。AUTO（自动）表示当没有触发信号输入时，扫描处在自由模式下。NORM（常态）表示当没有触发信号输入时，轨迹处在待命状态并不显示。TV-V（电视场）表示当想要观察一场的电视信号时，可选择此触发方式。TV-H（电视行）表示当想要观察一行的电视信号时，可选择此触发方式。

26（SLOPE）：触发极性选择按键。释放为“+”，上升沿触发；按下为“−”，下降沿触发。

27（LEVEL）：触发电平调节旋钮，用于显示一个同步的稳定波形，并设定一个波形的起始点。向“+”旋转时，触发电平向上移，向“−”旋转时，触发电平向下移。

28（TRIG.ALT）：当垂直系统工作模式开关设定为 DUAL 或 ADD，且触发源选择开关选择 CH1 或 CH2 通道时，按下此键，示波器会交替选择 CH1 和 CH2 通道作为内部触发信号源。

4）水平轴操作部分

29（TIME/DIV）：水平扫描速度旋钮。扫描速度从 0.2μs/DIV 到 0.5s/DIV，共 20 挡。当设置到 X-Y 位置时，示波器可工作在 X-Y 模式下。

30（SWP.VAR）：水平扫描微调旋钮，用于微调水平扫描时间，使扫描时间被校正到于面板上“TIME/DIV”的指示值一致。顺时针转到底为校正（CAL）。

31（×10 MAG）：扫描扩展按键。按下此键，扫描速度扩展 10 倍。

32（POSITION）：水平位置调节旋钮，用于调节显示波形在显示屏上的水平位置。

5）其他操作部分

16（GND）：示波器机箱的接地端子。

3．单一频道的基本操作方法

（1）以 CH1 为例，介绍单一频道的基本操作方法。CH2 单频道的操作程序与其是相同的，只需注意要设定 CH2 的旋钮及按键。请依照表 2-2-1 所示的单一频道的基本操作方法，顺序设定各旋钮及按键。

表 2-2-1　单一频道的基本操作方法

项　　目		设　　定	项　　目		设　　定
POWER	6	OFF 状态	AC-GND-DC	10、19	GND
INTEN	2	中央位置	SOURCE	24	CH1
FOCUS	3	中央位置	SLOPE	26	凸起（+斜率）
VERTICAL MODE	14	CH1	TRIG.ALT	28	凸起
ALT/CHOP	12	凸起（ALT）	TRIGGER MODE	25	AUTO
CH2 INV	17	凸起	TIME/DIV	29	0.5ms/DIV
⬍POSITION	11、18	中央位置	SWP.VAR	30	顺时针转到 CAL 位置
VOLTS/DIV	7、22	0.5V/DIV	◀POSITION▶	32	中央位置
VARIABLE	9、21	顺时针转到 CAL 位置	×10 MAG	31	凸起

（2）按照表 2-2-1 设定完成后，插上电源插头，继续进行下列操作。

① 按下电源开关，并确认电源指示灯亮起。约 20s 后 CRT 显示屏上应会出现一条轨迹，若在 60s 之后仍未有轨迹出现，则应检查上列各项设定是否正确。

② 调整 INTEN 及 FOCUS，以调整出适当的轨迹亮度及聚焦。

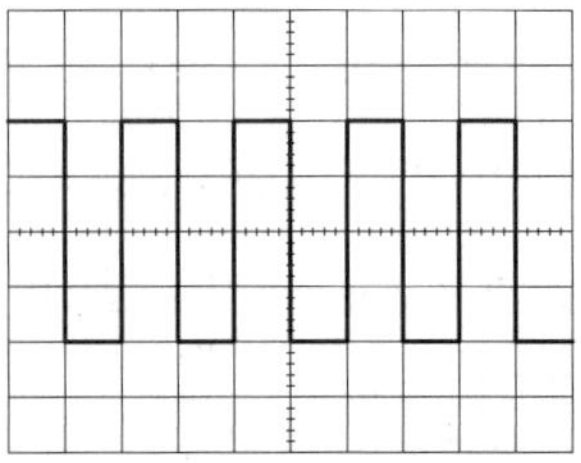

图 2-2-17　校准波形

③ 调整⬍POSITION 及 TRACE ROTATION，使轨迹与中央水平刻度线平行。

④ 将探棒连接至 CH1 输入端，并将探棒接上 2V（峰峰值）校准信号端子。

⑤ 将 AC-GND-DC 置于 AC 位置，此时，CRT 显示屏上会显示图 2-2-17 所示的校准波形。

⑥ 调整 FOCUS，使轨迹更清晰。

⑦ 要想观察细微部分，可调整 VOLTS/DIV 及 TIME/DIV，以显示更清晰的波形。

⑧ 调整⬍POSITION 及◀POSITION▶，以使波形与刻度线齐平，并使电压值（V_{p-p}）及周期（T）易于读取。

4．探棒校正

探棒可进行极大范围的衰减，若没有适当的相位补偿，则显示的波形可能会失真并造成量测错误。因此，在使用探棒之前应进行调整。探棒调整如图 2-2-18 所示。并依照下列步骤做好相位补偿。

（1）将探棒的 BNC 连接至示波器的 CH1 或 CH2 的输入端。（探棒上的开关置于 R × 10Ω 挡）

（2）将 VOLTS/DIV 调至 50mV 位置。

（3）将探棒连接至校正电压输出端 CAL。

（4）调整探棒上的补偿螺钉，直到 CRT 显示屏上出现最佳、最平坦的方波为止。正确补偿如图 2-2-18（a）所示。

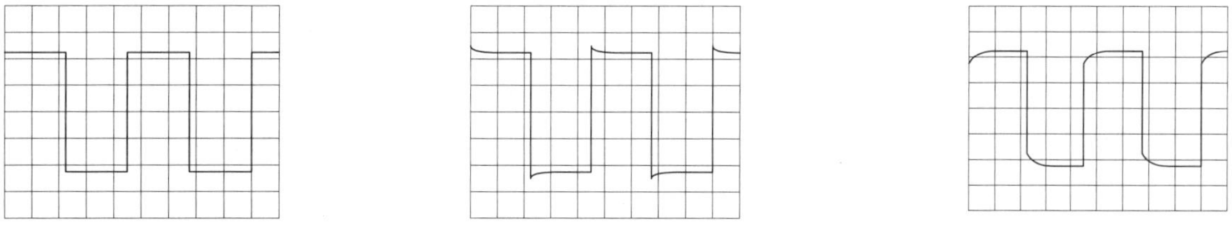

（a）正确补偿　　（b）过度补偿　　（c）补偿不足

图 2-2-18　探棒调整

注意

校准波形仪器使用范围和操作注意事项详见仪器的说明书。

任务实施

1．函数信号发生器信号调节

使用前先检查函数信号发生器，在函数信号发生器外壳完好、挡位灵活、数据线绝缘且完好无损的情况下，打开电源开关。

（1）正弦波信号调节如图 2-2-19 所示。

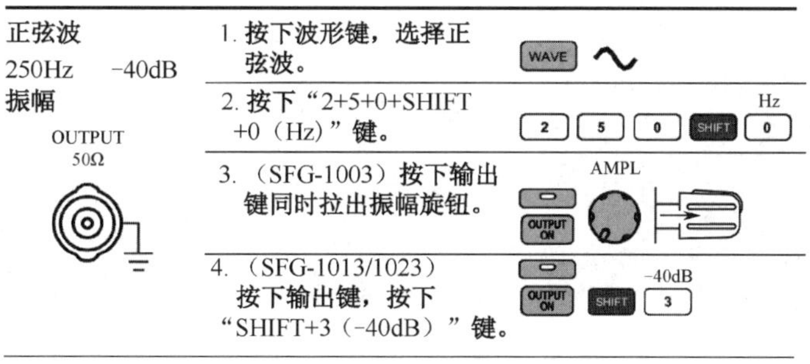

图 2-2-19　正弦波信号调节

（2）三角波信号调节如图 2-2-20 所示。

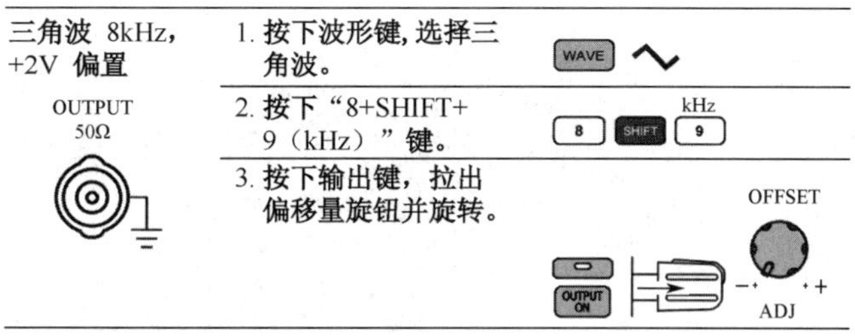

图 2-2-20　三角波信号调节

（3）方波信号调节如图 2-2-21 所示。

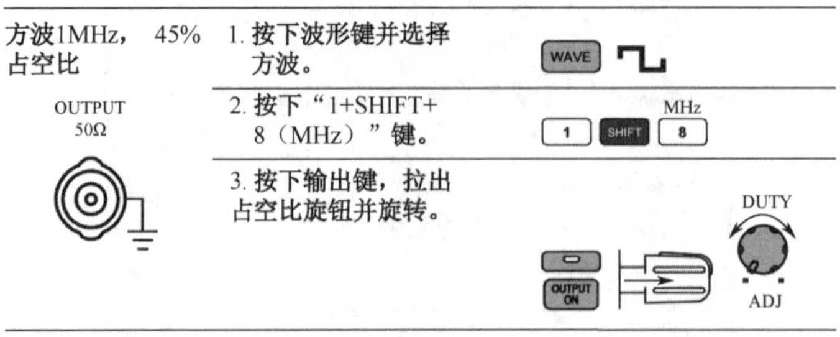

图 2-2-21　方波信号调节

（4）TTL 信号输出如图 2-2-22 所示。

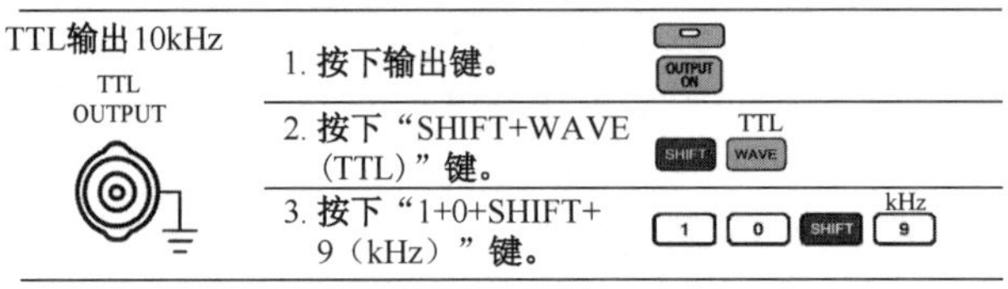

图 2-2-22　TTL 信号输出

2．使用示波器对函数信号发生器的信号进行测量

使用前先检查示波器，在示波器外壳完好、挡位灵活、数据线绝缘且完好无损的情况下，打开电源开关。

1）示波器轨迹调节方法

（1）将水平位移调节、垂直位移调节及亮度旋钮转到中间位置，会出现一条亮线轨迹。示波器轨迹调节如图 2-2-23 所示。

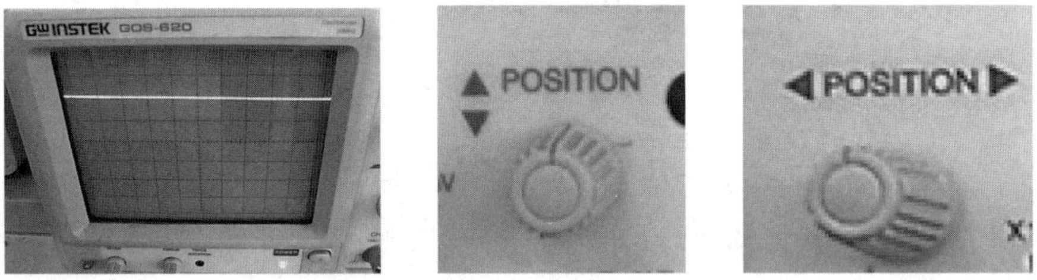

图 2-2-23　示波器轨迹调节

（2）将轨迹调整为水平，并适当调节亮度与聚焦。示波器水平、亮度、聚焦调节如图 2-2-24 所示。

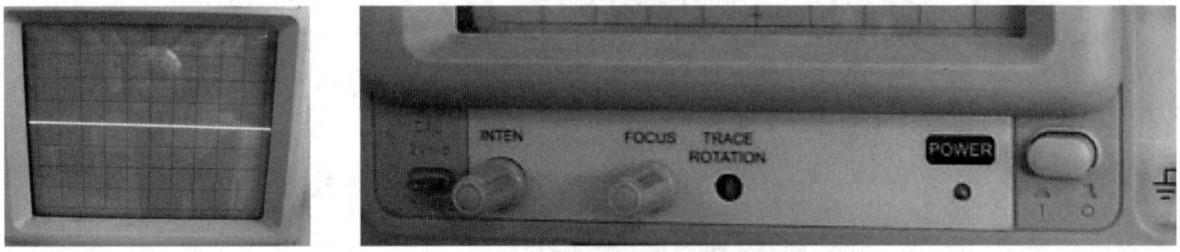

图 2-2-24　示波器水平、亮度、聚焦调节

2）示波器校准方法

（1）将探棒接到校准端子，如图 2-2-25（a）所示，并将探棒上的信号衰减开关调至 R×1Ω 挡，如图 2-2-25（b）所示。

（2）使所有的都凸起（释放）。

（3）将两个 CAL 顺时针旋到底，SWP.VAR、VOLTS/DIV 右旋到底。SWP.VAR 及 VOLTS/DIV 的调节如图 2-2-26 所示。

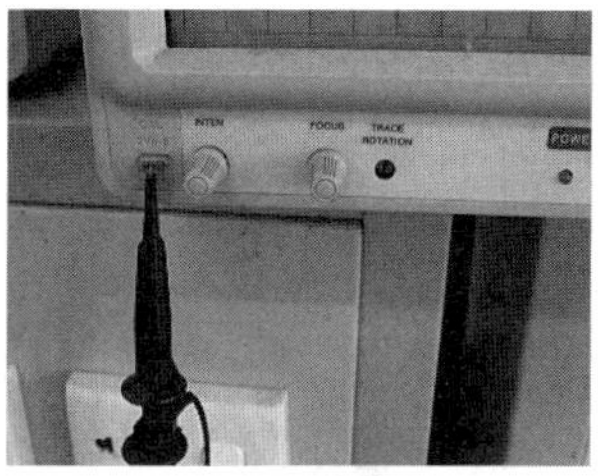

（a）探棒接到校准端子

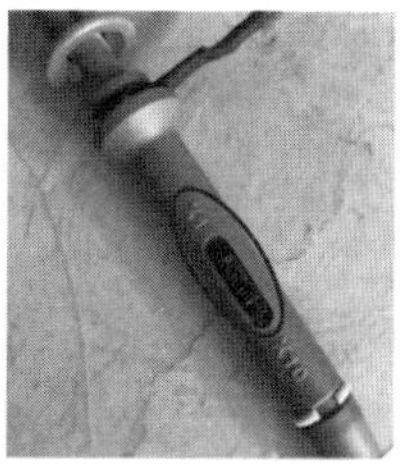

（b）信号衰减开关

图 2-2-25　探棒位置

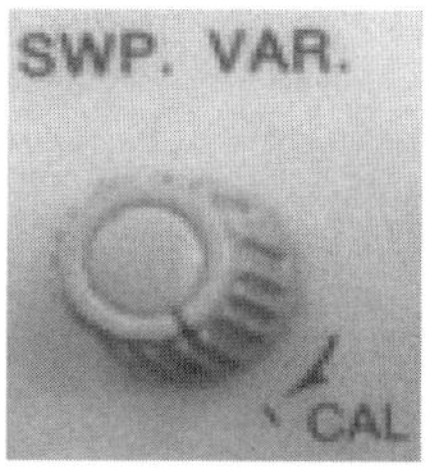

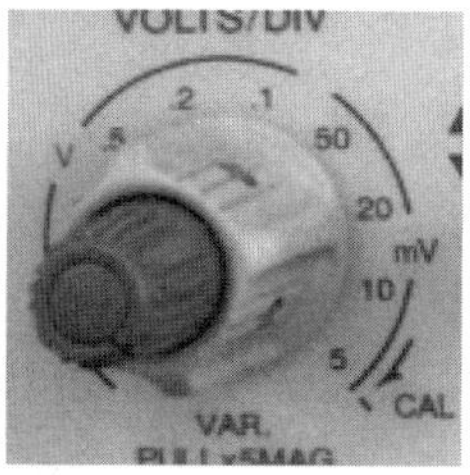

图 2-2-26　SWP.VAR 及 VOLTS/DIV 的调节

（4）将 TIME/DIV 设为 0.5ms/DIV，将 VOLTS/DIV 设为 0.5V/DIV。TIME/DIV 及 VOLTS/DIV 的设置如图 2-2-27 所示。

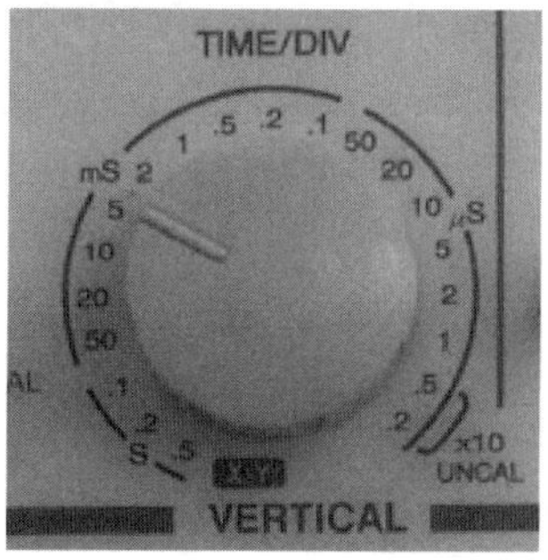

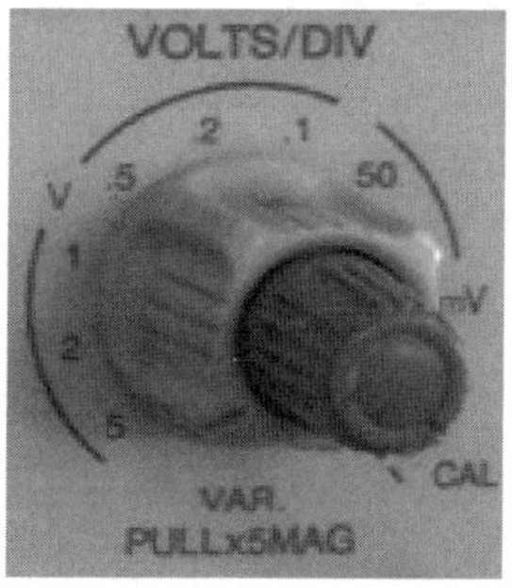

图 2-2-27　TIME/DIV 及 VOLTS/DIV 的设置

（5）CH1 或 CH2 通道的选择如图 2-2-28 所示。第一踪选择 CH1 通道，第二踪选择 CH2 通道。触发模式设为 AUTO，

（6）耦合方式选择 AC，如图 2-2-29 所示。

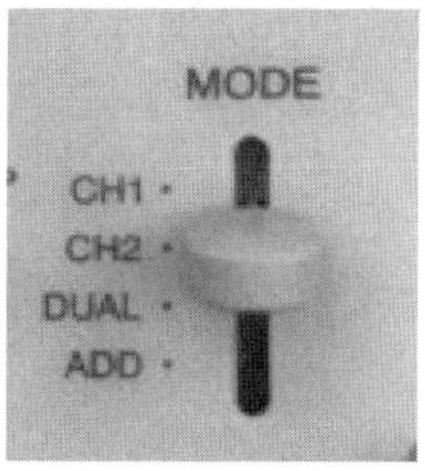

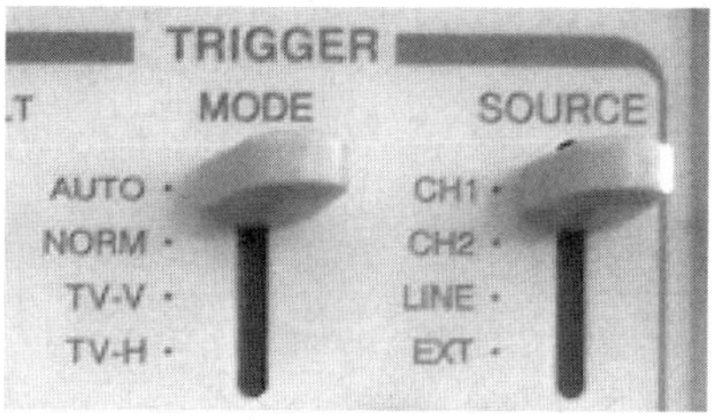

图 2-2-28　CH1 或 CH2 通道的选择

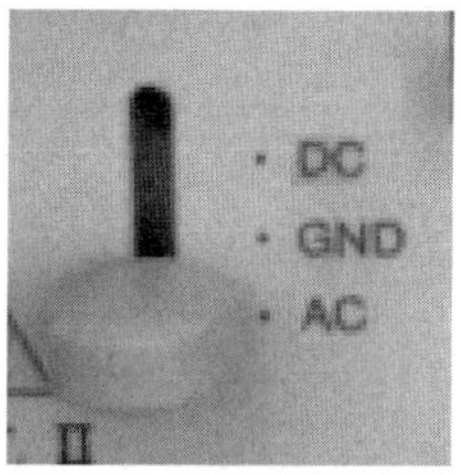

图 2-2-29　耦合方式选择

（7）校正电压波形，经过上述操作后，CRT 显示屏上显示出宽 2 格、高 4 格的方波，即 1 kHz/2V。校准电压的波形如图 2-2-30 所示。

（8）校准后，CAL 的位置不能再改动，如图 2-2-31 所示。

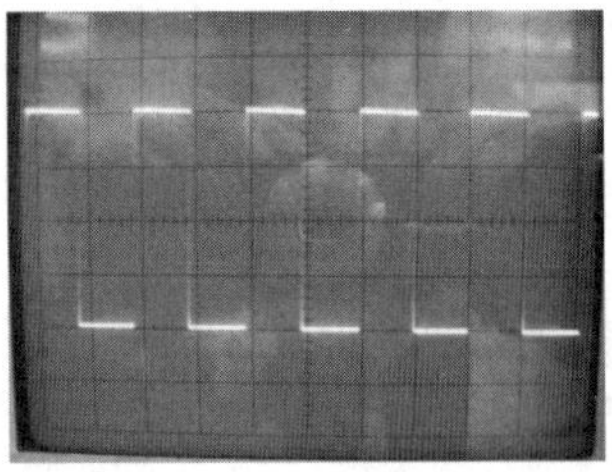

图 2-2-30　校准电压波形

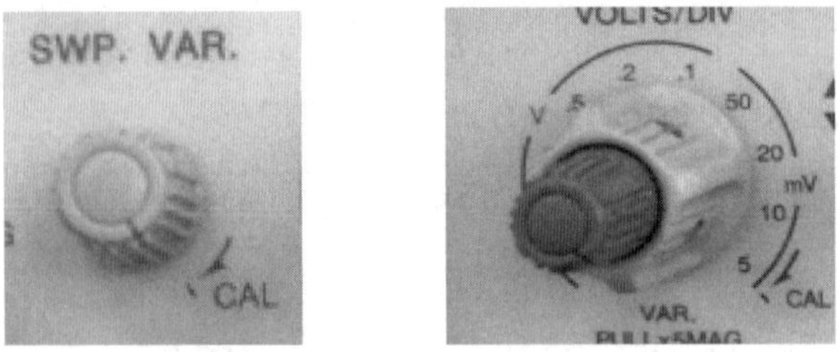

图 2-2-31　CAL 的位置不能再改动

（9）波形不稳定时，可调节 LEVEL 直到其稳定。LEVEL 的调节如图 2-2-32 所示。

3）用示波器测量信号源信号

（1）示波器与信号源的连接图如图 2-2-33 所示。

图 2-2-32　LEVEL 的调节

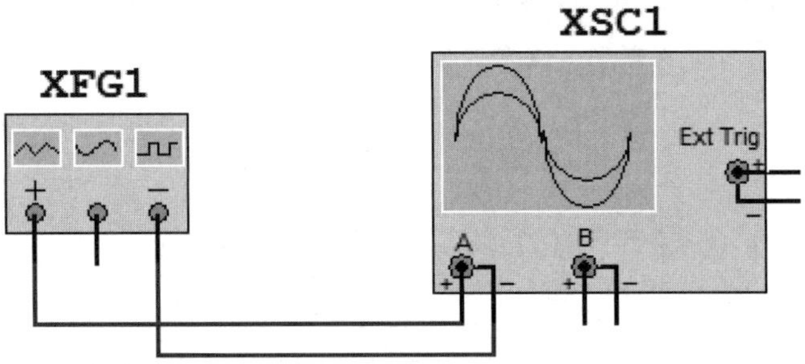

图 2-2-33　示波器与信号源连接图

（2）测量读数，对信号源信号进行测量，调整 VOLTS/DIV 和 TIME/DIV 的挡位，使 CRT 显示屏上能观察到 1～3 个完整的波形信号，务必使波形清晰和稳定。

读数方法如下：

$$测量值 = 格数 \times 倍率$$

① VOLTS/DIV 为纵坐标倍率（代表电压）。

② TIME/DIV 为横坐标倍率（代表周期）。

③ VOLTS/DIV、TIME/DIV 所在挡位均表示 1 大格的数值调节。

④ 1 大格 = 5 小格，每小格 = 0.2 大格。

根据图 2-2-34 所示的正弦波形图，现将 VOLTS/DIV 置于 20mV/DIV 挡，TIME/DIV 置于 5ms/DIV 挡，则可得如下数据。

峰峰值：20mV × 6 格 = 120mV。

最大值：20mV × 3 格 = 60mV。

有效值：60mV ÷ $\sqrt{2}$ = 42.4mV。

周期：5ms × 4 格 = 20ms。

频率：$f=\dfrac{1}{T}=\dfrac{1}{20\text{ms}}=50\text{Hz}$。

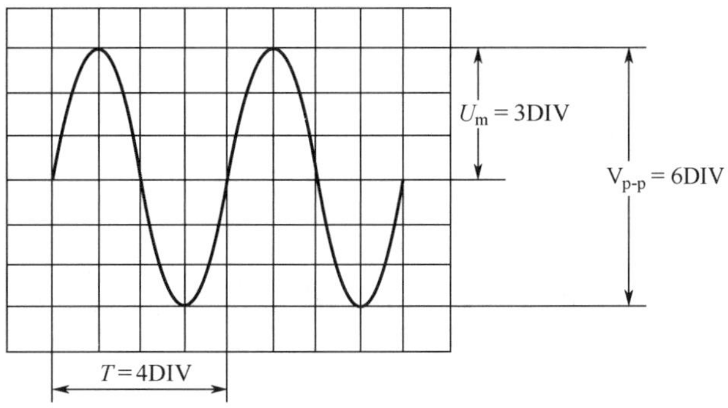

图 2-2-34　正弦波形图

4）操作注意事项

（1）不要将波形轨迹调得太亮。

（2）不要将光点长时间停驻在一处。

（3）CH1 通道及 CH2 通道输入信号最高适用电压为 300V，最大输入电压时其频率必须小于 1kHZ。最大输入电压的频率必须小于 1kHZ。

（4）探棒最高适用电压为 600V。

项目三

直流电源线路的安装与调试

项目描述

在当今社会的生活、生产及科研中，从民用、工控到军工产品，小到小型音响，大到超级计算机等很多电子设备都采用直流电源供电。本项目主要介绍直流电源线路的安装与调试过程。通过对几种典型的直流电源线路进行装调、测量与检修，使读者巩固手工焊接工艺技术，提升焊接技巧，掌握直流电源电子电路制作、调试与检修技术，以及仪器仪表的使用与测量技术等。

项目目标

（1）能够按照工艺要求进行并联稳压线路的安装与调试。

（2）能够按照工艺要求进行 7805 直流电源线路的安装与调试。

（3）能够按照工艺要求进行 AT89S52 控制 LED 心形流水灯线路的安装与调试。

（4）能够按照工艺要求进行 LM317 可调直流电源线路的安装与调试。

任务一　并联稳压线路的安装与调试

任务描述

能够按照装接工艺对并联稳压线路进行安装、调试检测与检修。

任务目标

终极目标： 能够按照工艺要求对并联稳压线路进行安装与调试。

促成目标：

（1）能够对并联稳压线路原理图进行识读。

（2）能够对并联稳压线路插装布线图进行识读。

（3）能够根据元器件检测要求进行并联稳压线路元器件的检测。

（4）能够按照装接工艺对并联稳压线路进行安装。

（5）能够按照检测步骤对并联稳压线路进行调试检测。

（6）能够按照检修要求对并联稳压线路进行检修。

知识平台

知识一　半导体及二极管的基本知识

1. 半导体的基本知识

1）半导体的概念

物质根据导电能力（电阻率）的不同可划分为导体、绝缘体和半导体。半导体的导电能力介于导体和绝缘体之间。现代多数电子元器件是由半导体材料制造的。最常用的半导体材料是硅（Si）和锗（Ge）。

2）半导体的导电特性

半导体的导电特性如表 3-1-1 所示。

表 3-1-1　半导体的导电特性

半导体的导电特性	导 电 能 力	应　　用
热敏性	当温度升高时，半导体的电阻会减小，导电能力增强	可制成各种热敏器件，如热敏电阻器等
光敏性	在光照加强后，许多半导体的电阻会减小，导电能力增强	可制成各种光电元件或器件，如光敏电阻器、光电二极管、光敏三极管等
掺杂性	在纯净的半导体中，加入微量的杂质，其导电能力会急剧增强	可制成二极管、三极管、晶闸管等

3）P 型半导体和 N 型半导体

纯净的半导体称为本征半导体，它的导电能力是很弱的。利用半导体的掺杂性，在本征半导体中掺入微量的五价元素，如磷（P），可制成 N 型半导体；在本征半导体中掺入微量的三价元素，如硼（B），可制成 P 型半导体。

应当注意，不论是 N 型半导体还是 P 型半导体，虽然它们都有一种载流子（空穴或自由电子）占多数，但是整个晶体仍然是不带电的，即呈现电中性。

4）PN 结及其单向导电性

（1）PN 结的形成：在实际应用中，在一块晶片上采用特殊的工艺把 P 型半导体和 N 型半导体结合在一起，载流子通过运动，最终在半导体内达到平衡，在交界面就形成了一个很薄的空间电荷区，称为 PN 结。PN 结示意图如图 3-1-1 所示。PN 结是制造半导体二极管、半导体三极管、场效应管等各种半导体器件的基础。

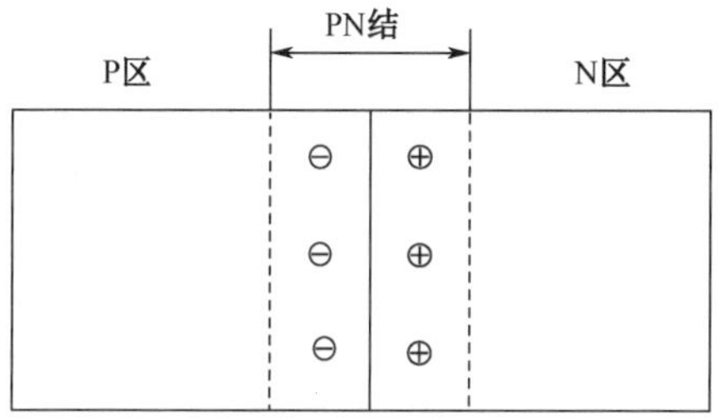

图 3-1-1　PN 结示意图

（2）PN 结的单向导电性。

① PN 结加正向电压——正向导通。在 PN 结两端外加电压，使 PN 结的 P 区电位高于 N 区电位，称为加正向电压（又称正向偏置，简称正偏）。当 PN 结正偏时，空间电荷区变窄，呈低电阻状态，有很大的电流从 P 区通过 PN 结流向 N 区，此时 PN 结正向导通，流过的电流称为正向电流。PN 结正向导通如图 3-1-2（a）所示。

② PN 结加反向电压——反向截止。在 PN 结两端外加电压，使 PN 结的 N 区电位高于 P 区电位，称为加反向电压（又称反向偏置，简称反偏）。当 PN 结反偏时，空间电荷区变宽，呈高电阻状态。只有极微小的电流从 N 区通过 PN 结流向 P 区，此时 PN 结反向截止，流过的电流称为反向电流，一般情况下可以忽略不计。PN 结反向截止如图 3-1-2（b）所示。

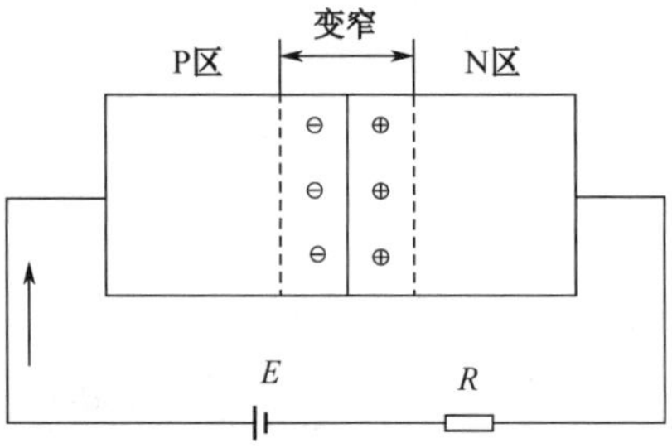

（a）PN结正向导通　　（b）PN结反向截止

图 3-1-2　PN 结的单向导电性

可见，PN 结就像一个阀门，加正向电压导通，加反向电压截止，这就是 PN 结的重要特性——单向导电性。

PN 结反偏时，反向电流的大小与温度有关。温度越高，反向电流越大。

2．二极管的基本知识

1）二极管的结构及符号

把一个 PN 结的两端接上电极引线，外面用金属（或玻璃、塑料等）管壳封装起来，便构成了半导体二极管，又称晶体二极管，简称二极管。从 P 端引出的电极为正极（阳极），从 N 端引出的电极为负极（阴极）。二极管的结构及符号如图 3-1-3 所示，文字符号为 VD。

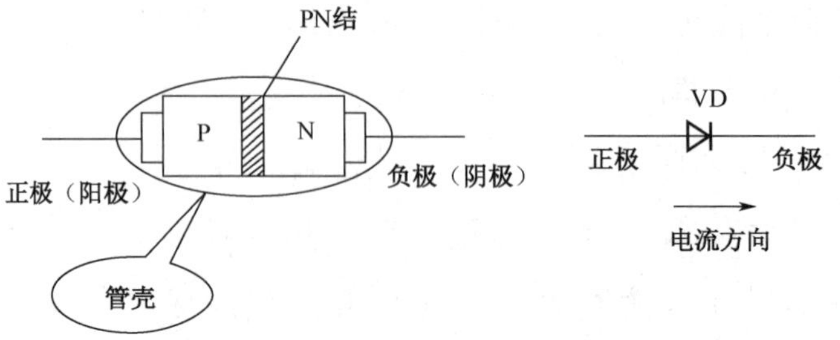

（a）结构　　（b）图形符号及文字符号

图 3-1-3　二极管的结构及符号

二极管是电子线路经常使用的元器件。图 3-1-4 所示为几种常见二极管的外形及封装。

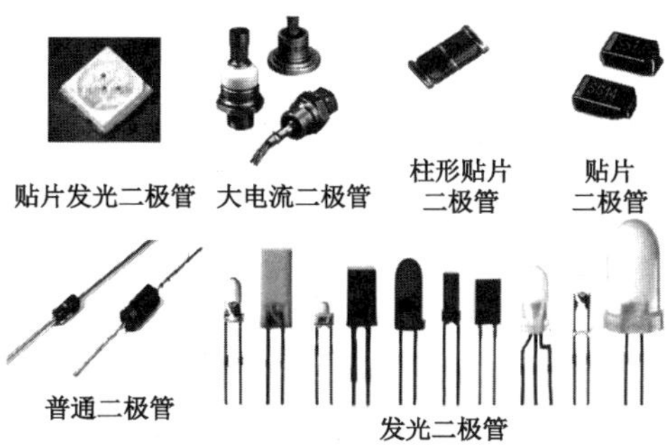

图 3-1-4　几种常见二极管的外形及封装

2）二极管的分类

二极管的分类如表 3-1-2 所示。

表 3-1-2　二极管的分类

分类方法	种　类	说　明
按材料不同分类	硅二极管	硅材料二极管，常用二极管
	锗二极管	锗材料二极管
按用途不同分类	普通二极管	常用二极管
	整流二极管	主要用于整流
	稳压二极管	常用于直流电源
	开关二极管	专门用于开关的二极管，常用于数字电路
	发光二极管	能发出可见光，常用于指示信号
	光电二极管	对光有敏感作用的二极管
	变容二极管	主要用于高频电路
按管壳封装的材料不同分类	玻璃封装二极管	检波二极管一般采用这种封装材料
	塑料封装二极管	大量二极管采用了这种封装材料
	金属封装二极管	大功率整流二极管一般采用这种封装材料

3）二极管的型号命名

二极管的型号由五部分组成。二极管的型号组成部分及其含义如表 3-1-3 所示。

表 3-1-3　二极管的型号组成部分及其含义

第一部分（数字）		第二部分（拼音）		第三部分（拼音）		第四部分（数字）	第五部分（数字）
电极数		材料和极性		类　型			
符　号	意　义	符　号	意　义	符　号	意　义		
2	二极管	A	N 型锗材料	P	普通管	序号	规格号（表示反向峰值电压的档次）
		B	P 型锗材料	Z	整流管		
		C	N 型硅材料	W	稳压管		
		D	P 型硅材料	U	光电管		
				K	开关管		
				C	参量管		
				L	整流堆		
				S	隧道管		

国外半导体二极管的型号及命名方法可以查阅相关手册。

4）二极管的伏安特性

二极管的伏安特性是指二极管中流过的电流与二极管两端电压之间的关系，如图 3-1-5 所示。

（1）正向特性。

① 死区：二极管两端加正向电压会产生正向电流，当正向电压较小时，流过二极管的正向电流十分微弱（几乎为零）。此时，二极管是不导通的，处于正向截止状态，如图 3-1-5 中 *OA* 段所示，这一区域称为死区。*A* 点电压称为死区电压或门槛电压（也称阈值电压）。常温下，硅管的死区电压约为 0.5V，锗管的死区电压约为 0.2V。

② 正向导通特性：只有当外加正向电压达到某一数值（所加正向电压大于死区电压，硅管大于 0.5V，锗管大于 0.2V）时，二极管才能正向导通，电流会急剧增大。而二极管两端的电压几乎不随电流的变化而变化，如图 3-1-5 中 *AB* 段所示。导通后，二极管的正向电压称为正向导通压降，简称管压降，基本上保持不变，硅管为 0.6～0.7V，锗管为 0.2～0.3V。

（2）反向特性。

① 反向截止特性：在电子电路中，给二极管外加反向电压，即当二极管的正极接在低电位端，负极接在高电位端时，这种连接方式称为反偏。当二极管外加的反向电压小于反向击穿电压 U_{BR} 时，只有极小的反向电流流过二极管，这个反向电流用 I_R 表示。此时，二极管处于反向截止状态，如图 3-1-5 中 *OC* 段所示。因反向电流主要取决于温度，且几乎不随反向电压的变化而变化，呈饱和性，故又称为反向饱和电流，用 I_S 表示，因此 $I_R \approx I_S$，一般情况下忽略不计。

二极管的反向饱和电流有以下特点。

a．当反向电压在一定范围内变化时，反向电流基本不变，呈饱和性。在同样的温度下，硅管的反向饱和电流比锗管小很多。

b．反向饱和电流受温度影响很大，当温度升高时，其值随温度的升高而加大，而反向饱和电流加大将影响二极管的单向导电性。

c．在应用时，反向饱和电流越小，二极管的热稳定性越好，质量越高。

② 反向击穿特性：当二极管两端的反向电压增大到一定数值时，反向电流会急剧增大，二极管将失去单向导电特性，这种状态称为二极管的反向击穿，如图 3-1-5 中 *CD* 段所示。此时对应的电压称为反向击穿电压，用 U_{BR} 表示。

二极管的击穿同 PN 结的击穿一样有两种，即电击穿和热击穿。电击穿不是永久性击穿，当反向电压去掉后，二极管能恢复为正常特性。而热击穿为永久性击穿，如果二极管的反向电压超过反向击穿电压 U_{BR}，而没有采取适当的限流措施，那么会因电流大、电压高，使管子过热而造成永久性损坏。当去掉反向电压后二极管也不能恢复正常特性，在实际应用中应尽量避免这种情况的发生。

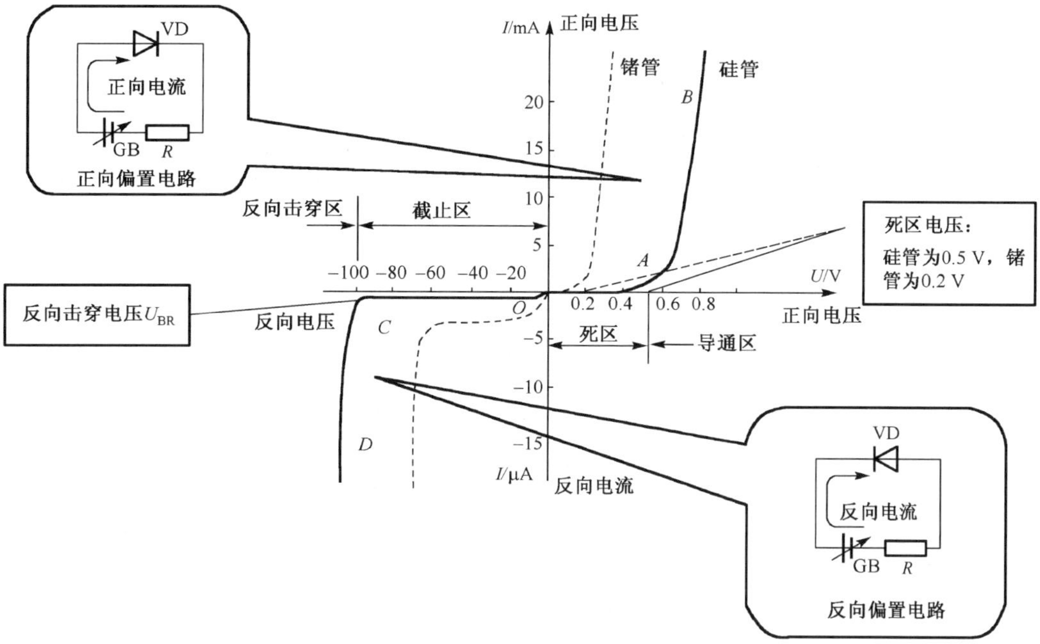

图 3-1-5　二极管的伏安特性

提示

无论是硅管还是锗管，即使工作在最大允许电流下，二极管两端的电压降一般也在0.7V以下，这是由二极管的特殊结构所决定的。因此，在使用二极管时，电路中应该串联限流电阻器，以免因电流过大而损坏二极管。

不同材料、不同结构二极管的伏安特性虽有区别，但曲线形状基本相似，都不是直线，故二极管是非线性元器件。

5）二极管的主要参数

元器件参数是对元器件性能的定量描述，是选择元器件的依据。不同用途二极管的参数是不一样的。以整流二极管为例，其主要参数有 4 个，如表 3-1-4 所示。

表 3-1-4　整流二极管的主要参数

参数名称	符　号	说　明
最大整流电流	I_{FM}	指二极管长时间使用时，允许流过二极管的最大正向平均电流。正常工作时通过二极管的电流应小于 I_{FM}，否则，二极管可能会因过热而损坏
最高反向工作电压	U_{RM}	指二极管长期运行时，规定允许承受的最高反向电压（一般手册中给出的最高反向工作电压约为反向击穿电压的一半，即 $U_{RM} \approx 1/2U_{BR}$）。正常工作时，二极管两端所加反向电压应小于 U_{RM}，否则，二极管可能会因反向击穿而损坏
反向电流	I_R	指二极管外加反向电压且未进入反向击穿区时的反向电流，又称为反向饱和电流 I_S。反向饱和电流主要取决于温度，而与外加电压基本无关。反向饱和电流越小，二极管的单向导电性能越好，工作越稳定
最高工作频率	f_M	指二极管能保持单向导电性的外加电压的最高频率。其值的大小取决于 PN 结结电容的大小。结电容越小，二极管允许的最高工作频率越高。选用二极管时，必须使它的工作频率低于最高工作频率。超过此值时，二极管会因为结电容的作用，不能很好地体现单向导电性

几种常用二极管的特性参数如表 3-1-5 所示。

表 3-1-5　几种常用二极管的特性参数

型　　号	最大整流电流/mA	最高反向工作电压/V	反向饱和电流/μA	最高工作频率/MHz
2AP1	16	20	≤ 250	500
2AP7	12	100	≤ 250	500
2AP9	5	15	≤ 250	100
1N4001	1000	100	≤ 0.1	3
1N4004	1000	100	≤ 0.1	3
1N4007	1000	1000	≤ 0.1	3
1N5401	3000	100	≤ 10	3
1N4148	450	60	≤ 0.1	250

6）二极管的检测

二极管一般可用万用表和晶体管特性图示仪进行检测，这里介绍用模拟万用表检测二极管的方法。借助万用表测量二极管正、反向电阻，可根据电阻判别其正、负极和初步判断二极管质量的好坏。量程选用 R × 100Ω 或 R × 1kΩ 挡（注意：模拟万用表电阻挡上，黑表笔连接的是表内电源正极，红表笔连接的是表内电源负极，不可与万用表面板上的“+”“–”插孔接线端混淆）。

（1）二极管极性的判断方法如下。

① 目测判断极性：可根据外部标识来判别二极管的极性，如图 3-1-6 所示。对于普通二极管，可以看管壳表面，有灰白色圈的一端为负极；对于发光二极管，引脚长的为正极，短的为负极。若引脚被剪得一样长，则发光二极管管体内部金属极较小的是正极，大的片状的是负极。

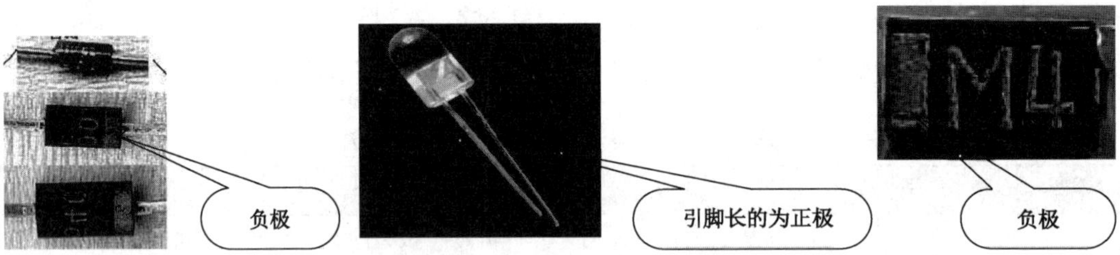

图 3-1-6　根据外部标识来判别二极管的极性

② 测量判断极性。

a．用万用表检测二极管的极性如图 3-1-7 所示。先将万用表的两支表笔分别接在二极管的两个电极，测出一个结果后，对调两支表笔，再进行测量，可测得一大一小两个电阻。

b．在两次测量的结果中，测出电阻较小（指针偏转大）的值为二极管的正向电阻，此时黑表笔接的是二极管的正极，如图 3-1-7（a）所示。

c．测出电阻较大（指针偏转小）的值为二极管的反向电阻，此时红表笔接的是二极管的正极，如图 3-1-7（b）所示。

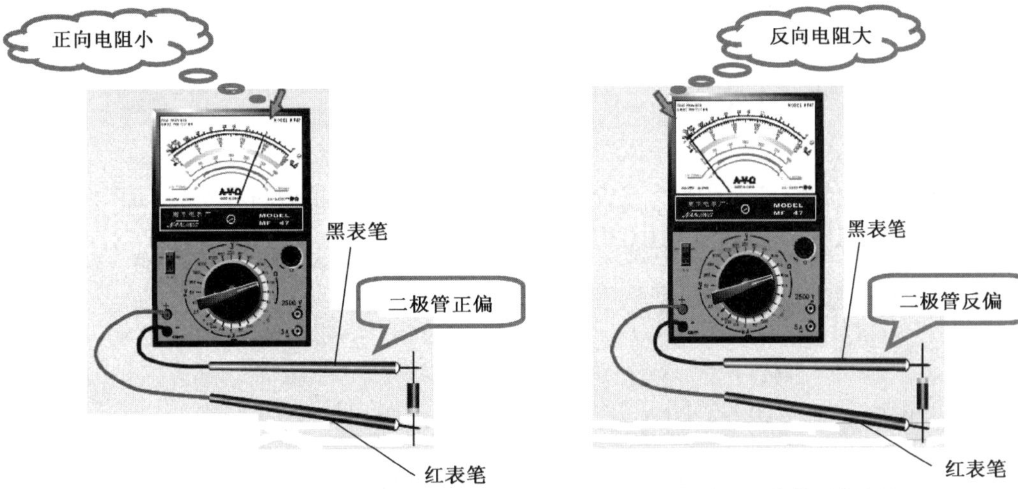

（a）测量二极管正向电阻　（b）测量二极管反向电阻

图 3-1-7　用万用表检测二极管的极性

（2）二极管好坏的判断方法如下。

根据使用上述方法测得的二极管正、反向电阻，可判断二极管的好坏。二极管好坏的简易判断如表 3-1-6 所示。

表 3-1-6　二极管好坏的简易判断

正向电阻	反向电阻	管子好坏
较小	较大	管子好（正、反向电阻相差越大，其单向导电性越好）
趋于 0	趋于 0	管子短路损坏
趋于∞	趋于∞	管子开路损坏
正、反向电阻比较接近		管子质量不佳

（3）判断是硅二极管还是锗二极管的方法如下。

① 根据硅管和锗管的正、反向电阻大小的区别可粗略判断管子是硅管还是锗管，但这种方法并不严密，只能参考使用。

a．硅二极管正向电阻为几千欧，反向电阻趋于无穷大。

b．锗二极管正向电阻为几百欧，反向电阻不趋于无穷大。

② 可靠的方法是用二极管串联合适的电阻器接电源，用万用表测量二极管的管压降来判断管子是硅管还是锗管。

a．若测出的二极管两端管压降为 0.6～0.7V，则为硅二极管。

b．若测出的二极管两端管压降为 0.2～0.3V，则为锗二极管。

（4）检测的注意事项。

① 用万用表检测二极管时，不能用手指同时接触二极管的正、负极，否则相当于在二极管两端并联了一个较大的人体电阻，测出的反向电阻有误差，影响结论的判断。

② 必须用万用表 R × 100Ω 或 R × 1kΩ 挡，因为用 R × 10kΩ 挡时，万用表表内一般接高电压电源，有可能造成二极管耐压不够而击穿损坏；用 R × 1Ω 或 R × 10Ω 挡时，万用表内限流电阻较小，有可能造成二极管因电流过大而损坏。

③ 由于二极管的伏安特性是非线性的，用万用表的不同电阻挡测量二极管的电阻时，会得到不同的值，这种情况是正常的。

7）二极管的选用

二极管在电子电路中的应用很广泛，一般可用于整流、检波、钳位、隔离、电平移动等。应用时，应根据电路需要（如最大电流、最高反向工作电压、信号工作频率、工作环境、温度等）选择特性参数符合要求的二极管。

8）常用二极管的特点

常用二极管的特点如表 3-1-7 所示。

表 3-1-7 常用二极管的特点

管子类别	主要特点
普通二极管	有硅管和锗管两种，主要用于检波、小电流整流等
整流二极管	一般是硅管，主要用于电源电路中，将交流电变成直流电
稳压二极管	简称为硅稳压管，它利用了二极管被反向击穿后，在一定反向电流范围内反向电压不随反向电流变化而变化的特性，在电路中起稳定电压的作用。在实际应用中，要求稳压二极管在反向击穿状态下工作，即稳压二极管两端要加反向电压
检波二极管	检波二极管是用于把叠加在高频载波上的低频信号筛检出来的器件，它具有较高的检波效率和良好的频率特性
开关二极管	既有硅管，又有锗管，开关二极管除能满足普通二极管的性能指标外，还具有良好的开关特性。在脉冲数字电路中用作电子开关，它的特点是反向恢复时间短，能满足高频和超高频应用的需要。主要应用于电视机、通信设备、仪器仪表的控制电路
变容二极管	利用 PN 结的结电容随外加反向电压变化而变化的这一特性制成的非线性电容器元器件，在电路中作为可变电容器，主要应用于高频调谐。在实际应用中，要求变容二极管在反偏状态下工作。当反向电压升高时，其电容减小；当反向电压降低时，其电容增大
发光二极管	发光二极管是一种能直接将电能转变成光能的发光显示元器件，用磷化镓、磷砷化镓材料制成，体积小，正向驱动发光。其工作电压低，工作电流小，发光均匀、使用寿命长。主要应用在两个方面：一是光电控制电路，如光电开关、光电隔离、红外遥控等；二是信号状态指示和数字符号显示，如电源指示、数码显示等。当其内部有一定的电流流过时，就会发光，且电流增大，亮度变大
光电二极管	又称光敏二极管，是一种能将光信号转变成电信号的半导体器件，主要应用于各种控制电路。在实际应用中，光电二极管应反接在电路中，即外加反向工作电压，其反向电流与外加电压关系不大，只取决于入射光的强度。入射光越强，反向电流越大
肖特基二极管	工作特性是用已形成的肖特基来阻挡反向电压，其耐压程度只有 40V 左右。其特点如下：开关速度非常快；反向恢复时间特别短。因此，能制作开关二极管和低压大电流整流二极管

知识二　单相整流、滤波电路

在电子电路设备中，一般最经济简便的办法就是将电力系统供给的交流电变成直流电。直流稳压电源就是实现这种转变的电子设备。将电网供给的 220V、50Hz 的工频正弦交流电，先经过变压器降压，再对交流电压进行处理，使之变成稳定的直流电。图 3-1-8 所示为直流稳压电源的结构框图。

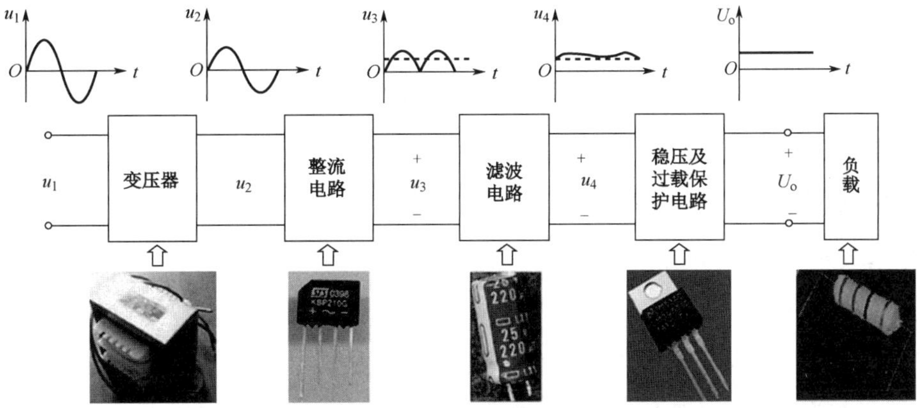

图 3-1-8　直流稳压电源的结构框图

直流稳压电源一般由四部分组成，其各部分的功能分别如下。

（1）变压器：将交流电网电压变成符合用电设备需要的交流电压。

（2）整流电路：通过整流电路将交流电压转换为单一方向的脉动直流电压，该脉动直流电压含有较大的交流分量，会影响负载电路的正常工作。

（3）滤波电路：为了减少电压的脉动，需要通过滤波电路滤除交流分量，将脉动直流电压变成平滑的直流电压。对于稳定性要求不高的电子电路而言，整流、滤波后的直流电压可以作为供电电源。

（4）稳压及过载保护电路：经整流、滤波后的直流电压，当交流电源电压或负载变动时，它也随之波动。若该直流电压向有稳定性要求的电子设备供电，则有可能使电子设备无法正常工作。稳压电路的功能是清除电网波动及负载变化的影响，保持输出电压的稳定。过载保护电路是为保护整个电源而设置的电路，其作用是防止因过载或输出端短路等现象，造成电子元器件烧毁。

稳压电路会因为所采用的调整器件及其所处工作状态的不同，影响稳压电源的电路结构、工作过程及性能。常用直流稳压电路如表 3-1-8 所示。

表 3-1-8　常用直流稳压电路

电路形式	基本概况	应　用
稳压二极管稳压电路	利用稳压二极管构成简单的直流稳压电路	一般小功率稳压二极管的最大稳定电流只有十几毫安到几十毫安，因此不能适应负载较大电流的直流稳压电路的需要
三极管稳压电路	三极管在稳压电路中起调整作用，三极管工作在线性区的称为线性稳压电源，工作在开关状态的称为开关稳压电源	线性稳压电源和开关稳压电源是直流稳压电源的两大类别
晶闸管稳压电路	采用晶闸管作为调整器件构成的稳压电路，是一种开关稳压电路	晶闸管的耐压可达几千伏甚至上万伏，电流也可达几百安，因此常被用来制造大功率的稳压电路
集成稳压电路	利用集成稳压器构成的直流稳压电路	三端集成稳压器具有体积小、稳定性高、性能指标好等优点，广泛应用于各种电子设备的电源部分

1．单相整流电路

整流是指将交流电变成脉动的直流电。整流电路是直流电源的核心部分，它利用二极管的单向导电性，将输入的交流电压转换成脉动的直流电压。常用的单相整流电路有单相半波整流电路、单相桥式整流电路及单相倍压整流电路等。

1）单相半波整流电路

（1）其电路组成如下。

单相半波整流电路由变压器 T、一个整流二极管 VD 和用电负载 R_L 构成，实物接线图如图 3-1-9（a）所示，其电路原理图如图 3-1-9（b）所示。在图 3-1-9 中，u_1 是 220V 的交流电压，u_2 是变压器二次侧交流电压。

图中变压器将电网电压的交流电压 u_1 降压为数值适当的交流电压 u_2。整流二极管主要是利用它的单向导电性，即交流正半周时导通，负半周时截止。R_L 是需要直流供电的负载，u_L 是脉动的直流输出电压。

（2）其工作过程如下。

① 当电压 u_2 为正半周时，设 A 端为正，B 端为负，A 端电位高于 B 端电位，二极管 VD 正偏导通。电流 i_L 流经方向为 A 端→VD→R_L→B 端，自上而下流过 R_L，若忽略二极管下身导通管压降（二极管管压降为 0V），则在负载 R_L 的两端得到一个极性为上正下负的输出电压 $u_L = u_2$。

② 当电压 u_2 为负半周时，设 A 端为负，B 端为正，B 端电位高于 A 端电位，二极管 VD 反偏截止，若忽略二极管的反向漏电流，则在负载 R_L 上没有电流流过，即 $i_L = 0$，负载上的电压 $u_L = 0$。

可见，在输入电压 u_2 变化的一个周期内，二极管有半个周期导通，另半个周期截止，即在负载 R_L 上只有半个周期有电流流过，故称为单相半波整流电路。变压器二次侧的正弦交流电压经过整流元器件，变成了负载 R_L 两端的方向不变、大小变化的脉动直流电压 u_L，达到了整流的目的。

输出电压的极性取决于二极管在电路中的连接方式，若将图 3-1-9（b）中的二极管反接，则输出电压的极性也将变反。

（a）实物接线图　　　　（b）电路原理图

图 3-1-9　单相半波整流电路

（3）工作波形：单相半波整流电路的工作波形如图 3-1-10 所示。

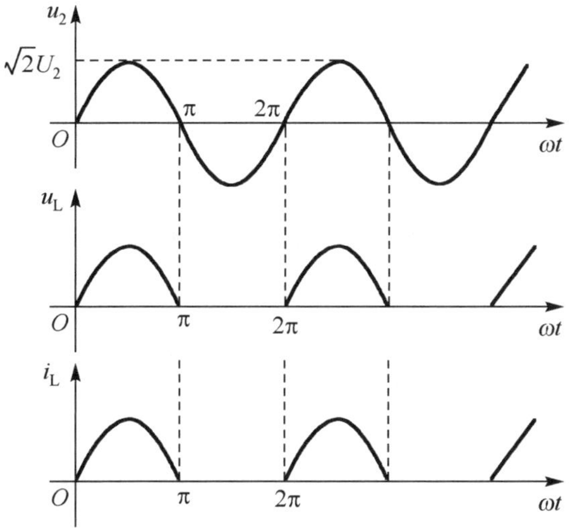

（a）理论波形

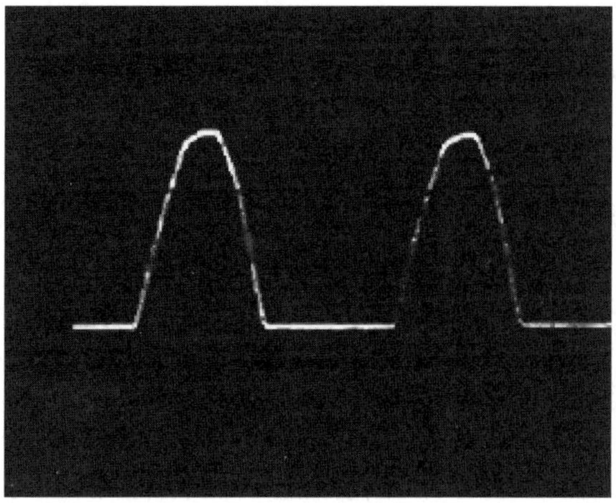

（b）示波器实测波形

图 3-1-10　单相半波整流电路的工作波形

（4）主要参数：单相半波整流电路的主要参数计算如表 3-1-9 所示。

表 3-1-9　单相半波整流电路的主要参数计算

电 路 参 数	计 算 公 式
输出电压的平均值	$U_L = 0.45U_2$
输出电流的平均值	$I_L = \frac{U_L}{R_L}$
通过二极管的平均电流	$I_F = I_L$
二极管承受的最大反向电压	$U_{Rm} = \sqrt{2}U_2$

（5）变压器及整流二极管的选择：I_F 和 U_{Rm} 是单相半波整流电路选择整流二极管的依据。在单相半波整流电路中，对变压器及整流二极管的选择要求如下。

① 变压器二次侧电压 $U_2 = U_2 / 0.45$，变压器的功率应大于负载的功率。

② 二极管的额定电压 $U_{Rm} = \sqrt{2}U_2$。

③ 额定电流 $I_{Fm} \geqslant I_L$。

【例 3-1-1】某电路输出端接直流负载，其电阻为 1.5kΩ，所需要的工作电流为 10mA，如果采用单相半波整流电路，试求变压器二次侧的电压，并选择适当的整流二极管（参考数据：$\sqrt{2} \approx 1.41$）。

解：负载电压为

$$U_L = R_L \times I_L = 1.5 \times 10^3 \times 10 \times 10^{-3} = 15\text{V}$$

变压器二次侧电压的有效值为

$$U_2 = \frac{U_L}{0.45} = \frac{15}{0.45} = \frac{100}{3}\text{V}$$

通过二极管的平均电流为

$$I_F = I_L = 10\text{mA}$$

二极管承受的最大反向电压为

$$U_{Rm} = \sqrt{2}U_2 \approx 1.41 \times \frac{100}{3} \approx 47\text{V}$$

根据以上求得的参数，经查阅整流二极管参数手册，可选用 I_{Fm} 为 100mA、U_{Rm} 为 50V 的 2CZ82B 型整流二极管，或选用符合条件的其他型号二极管，如 1N4001、1N4002 等。

【例 3-1-2】 某一单相半波整流电路的输入电压为 220V，若要求负载上得到 500mA 的直流电流，试选择适当的整流二极管。

解： 由 $I_F = I_L$ 可得通过二极管的平均电流为

$$I_F = 500\text{mA}$$

由 $U_{Rm} = \sqrt{2}U_2$ 可得二极管承受的最大反向电压为

$$U_{Rm} = \sqrt{2}U_2 \approx 311\text{V}$$

根据以上求得的参数，经查阅整流二极管参数手册，可选用 I_{Fm} 为 1A、U_{Rm} 为 400V 的 2CZ11D 或 1N4004 型整流二极管。

（6）电路特点：单相半波整流电路结构简单，使用元器件少，但输出电压的波动性大，变压器利用率低，只适用于对直流电要求很低的场合。

2）单相桥式整流电路

（1）其电路组成如下。

将交流电变成直流电的电路中应用最广泛的是单相桥式整流电路。单相桥式整流电路由变压器 T、4 个同型号的整流二极管 VD_1～VD_4 接成的整流电桥及负载 R_L 组成，其实物接线图如图 3-1-11 所示，其电路原理图如图 3-1-12 所示。

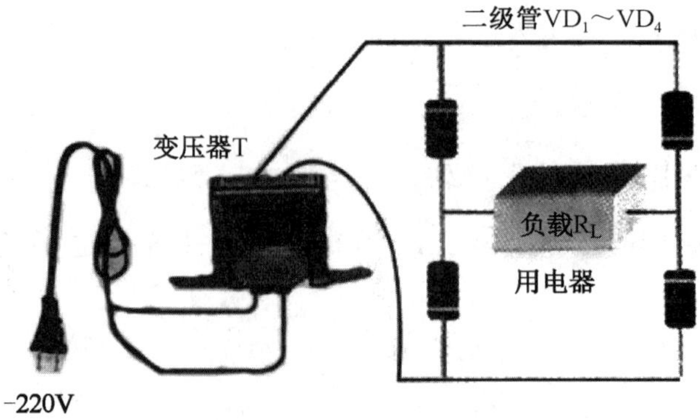

图 3-1-11　单相桥式整流电路实物接线图

图 3-1-12 中 T 为变压器，其作用是将电网上的交流电压变为整流电路要求的交流电压 u_2，VD_1～VD_4 为整流二极管，R_L 是要求供电的负载。图 3-1-12（c）所示为整流电路的简化画法，

在这个电路中，要注意框中二极管图形符号的极性与输出电压 U_L 正、负极性的关系。

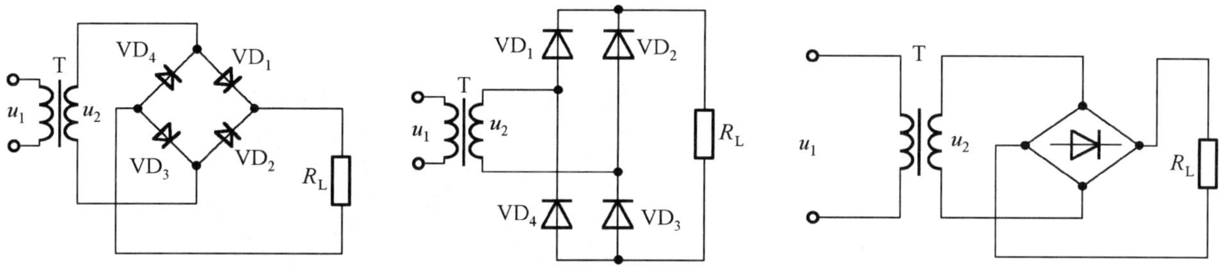

（a）原理图　　（b）习惯画法　　（c）简化画法

图 3-1-12　单相桥式整流电路原理图

（2）单相桥式整流电流通路如图 3-1-13 所示，其工作过程如下。

① 当 u_2 为正半周时，设 A 端为正，B 端为负，若忽略二极管管压降，即二极管管压降为 0V，则此时二极管 VD_1、VD_3 正偏导通，二极管 VD_2、VD_4 反偏截止。电流 i_{L1} 流经方向为 A 端→VD_1→R_L→VD_3→B 端，如图 3-1-13（a）中虚线箭头所示，自上而下流过 R_L，在 R_L 的两端得到上正下负的输出电压 u_L，且 $u_L = u_2$。

② 当 u_2 为负半周时，设 A 端为负，B 端为正，若忽略二极管管压降，即二极管管压降为 0V，则此时二极管 VD_2、VD_4 正偏导通，二极管 VD_1、VD_3 反偏截止。电流 i_{L2} 流经方向为 B 端→VD_2→R_L→VD_4→A 端，如图 3-1-13（b）中虚线箭头所示，该 i_{L2} 流经 R_L 的方向也是自上而下，在 R_L 的两端得到上正下负的输出电压 u_L，且 $u_L = u_2$。下一个周期重复上述过程。

可见，在输入电压 u_2 变化的一个周期内，无论 u_2 是处于正半周还是负半周，两对二极管轮流导通，都有电流分别流过两对二极管，并以相同的方向流过负载 R_L，是单方向的全波脉动波形。

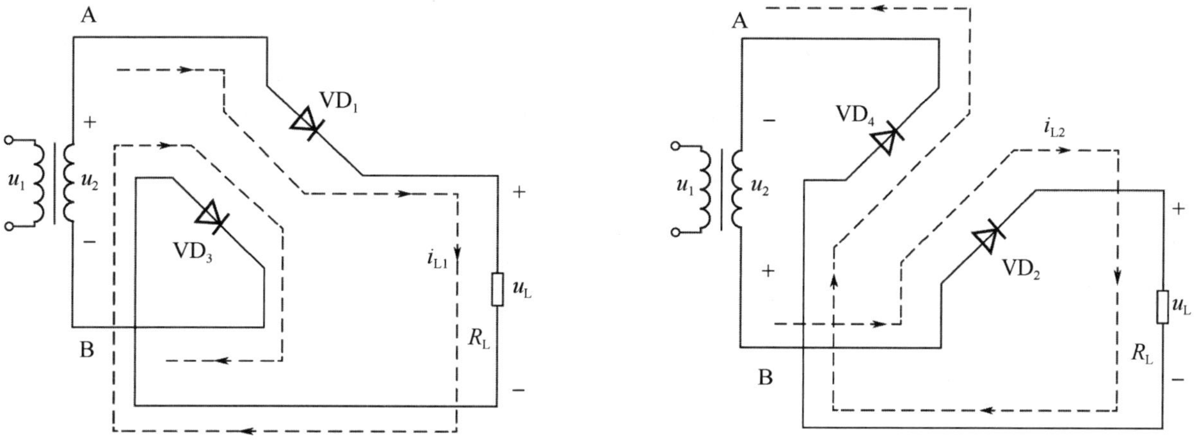

（a）u_2为正半周时　　（b）u_2为负半周时

图 3-1-13　单相桥式整流电流通路

（3）工作波形：单相桥式整流电路的工作波形如图 3-1-14 所示。

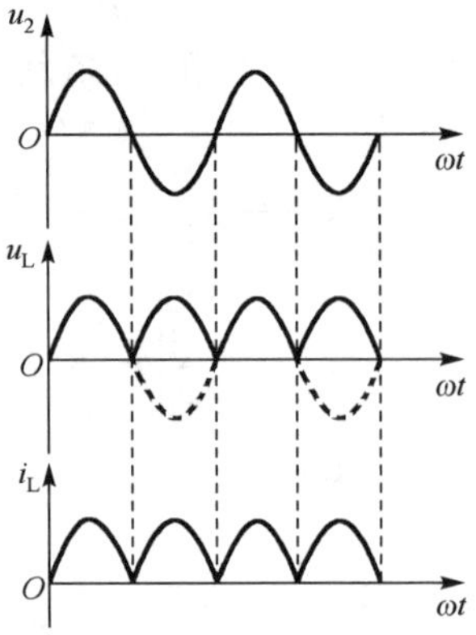

（a）理论波形

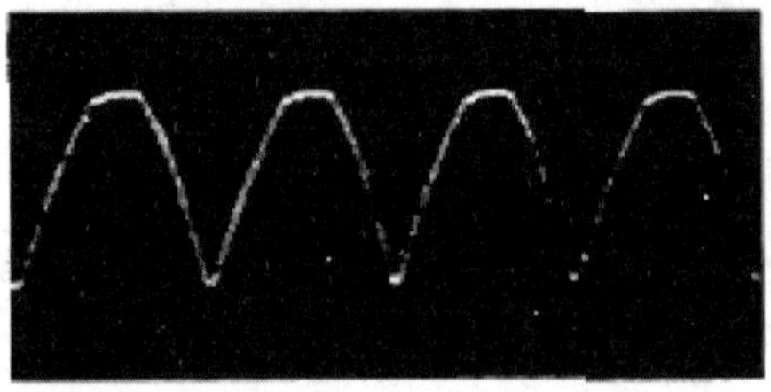
（b）示波器实测波形

图 3-1-14　单相桥式整流电路的工作波形

（4）主要参数：单相桥式整流电路的主要参数计算如表 3-1-10 所示。

表 3-1-10　单相桥式整流电路的主要参数计算

电路参数	计算公式
输出电压的平均值	$U_L = 0.9U_2$
输出电流的平均值	$I_L = \frac{U_L}{R_L}$
通过二极管的平均电流	$I_F = \frac{1}{2}I_L$
二极管承受的最大反向电压	$U_{Rm} = \sqrt{2}U_2$

（5）变压器及整流二极管的选择：在单相桥式整流电路中，对变压器及整流二极管的选择要求如下。

① 变压器二次侧电压$U_2 = \frac{U_L}{0.9}$，变压器的功率应大于负载的功率。

② 二极管的额定电压$U_{Rm} \geqslant \sqrt{2}U_2$。

③ 在桥式整流电路中，每只二极管都是在交流电的半个周期内导通的，每只管子的平均电流是输出电流的二分之一，故选用二极管时要求其额定电流$I_{Fm} \geqslant \frac{1}{2}I_L$。

【例 3-1-3】某一直流负载需直流电压 6V，直流电流 0.4A，若采用单相桥式整流电路，请选择变压器，并选择整流二极管的型号。

解：变压器二次侧电压的有效值为

$$U_2 = \frac{U_L}{0.9} = \frac{6}{0.9} \approx 6.7\text{V}$$

变压器的功率为

$$P_2 = \frac{U_L \times I_L}{\eta} = \frac{6 \times 0.4}{0.7} \approx 3.4\text{W}$$

通过二极管的平均电流为

$$I_F = \frac{1}{2}I_L = \frac{1}{2} \times 0.4 = 0.2\text{A} = 200\text{mA}$$

二极管承受的最大反向电压为

$$U_{\mathrm{Rm}}=\sqrt{2}U_2\approx 9.5\mathrm{V}$$

根据以上求得的参数，经查阅整流二极管参数手册，可选用 I_{Fm} 为 300mA、U_{Rm} 为 10V 的 2CZ56A 型整流二极管共 4 个，可选用 AC220V/6.8V、5W 的变压器一个。

（6）电路特点：二极管组成的单相桥式整流电路与单相半波整流电路相比，当变压器二次侧电压 u_2 相同时，可得到高一倍的直流输出电压，而且电压脉动程度减小了，提高了变压器的利用率。而通过二极管的平均电流变为原来的二分之一，且每一个二极管承受的最大反向电压与单相半波整流电路相同，所以应用较广。

想一想

（1）在单相桥式整流电路中，如果有一个二极管断路，电路会出现什么现象呢？如果有一个二极管短路，电路会出现什么现象呢？如果有一个二极管反接，电路又会出现什么问题呢？

（2）有一个 750Ω 的电阻性负载，需要一个直流电压为 9V 的直流电源供电，试选择变压器及整流元器件。

（3）有一个电阻性负载需要一个电压为 110V、电流为 3A 的直流电源供电，现采用单相半波整流电路，试选择变压器及整流元器件。

3）整流桥

目前，市场上已有各种规格的单相桥式整流电路模块——硅桥式整流器，又称硅桥堆或整流桥，有半桥和全桥两种整流桥，使用非常方便。半桥和全桥整流桥如图 3-1-15 所示。

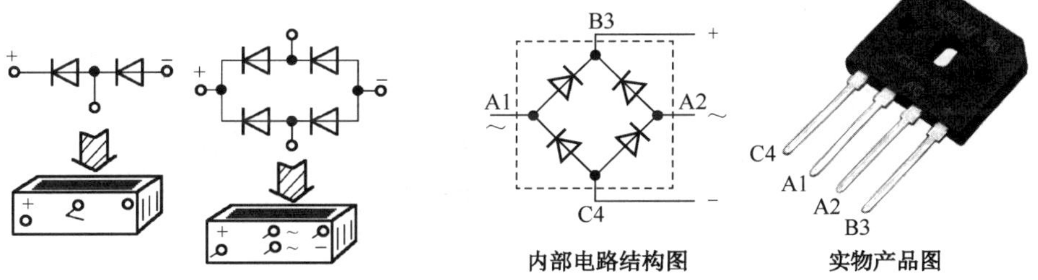

图 3-1-15　半桥和全桥整流桥

采用整流桥的桥式全波整流电路实物接线图如图 3-1-16 所示。

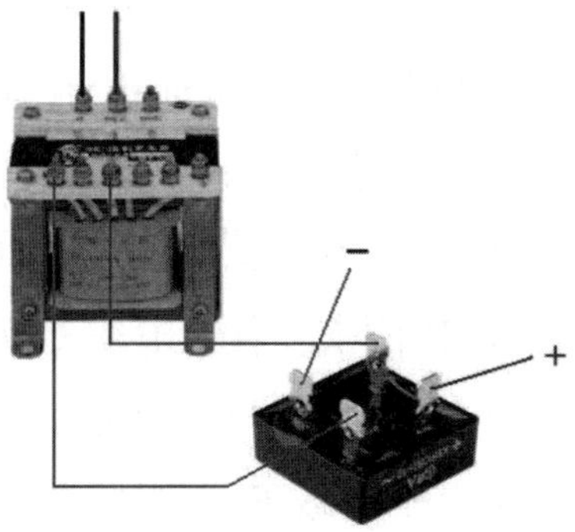

图 3-1-16　采用整流桥的桥式全波整流电路实物接线图

2．滤波电路

交流电经整流电路虽已变成脉动的直流电，但含有较大的交流分量。这种不平滑的直流电仅能在电镀、电焊、蓄电池充电等要求不高的设备中使用，在电子设备中不能直接将其作为电源使用。为了得到平滑的直流电，需要在整流电路之后接入滤波电路，将脉动直流电中的交流成分滤除掉，这个过程称为滤波。常用的滤波电路有电容滤波电路、电感滤波电路、复式滤波电路和电子滤波电路等。

1）电容滤波电路

（1）其电路组成如下。

单相半波整流电容滤波电路和单相桥式整流电容滤波电路，都是由电容很大的电解电容器 C（下文简称为电容 C）与负载 R_L 并联，利用电容器两端的电压不能突变的特性来实现滤波的。桥式全波整流滤波电路实物接线图如图 3-1-17 所示。

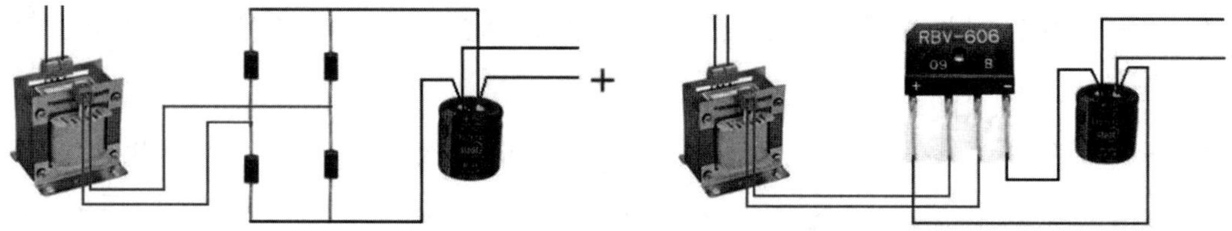

图 3-1-17　桥式全波整流滤波电路实物接线图

单相半波整流电容滤波电路原理图如图 3-1-18 所示。单相桥式整流电容滤波电路原理图如图 3-1-19 所示。

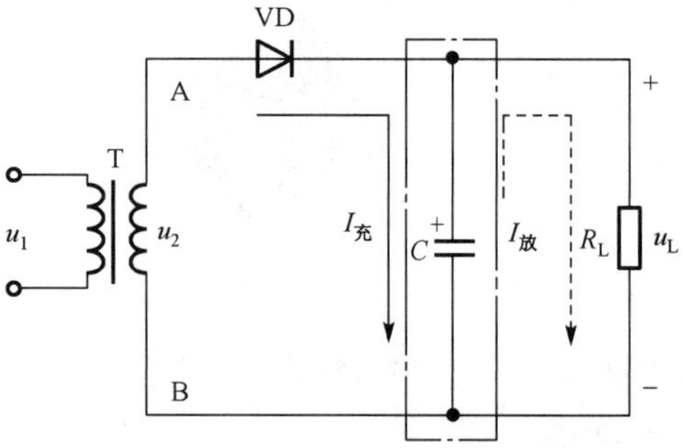

图 3-1-18　单相半波整流电容滤波电路原理图

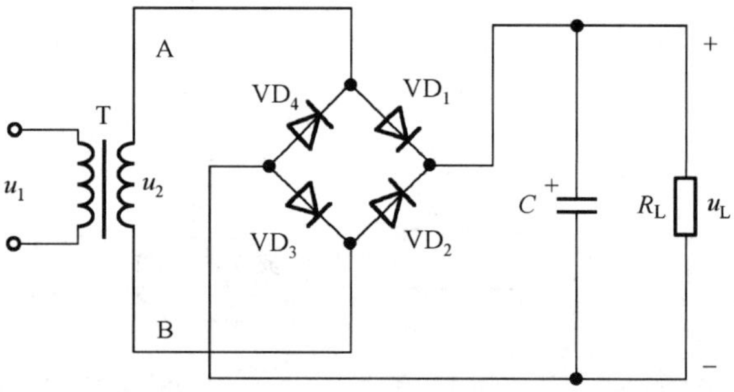

图 3-1-19　单相桥式整流电容滤波电路原理图

（2）其工作过程如下。

① 对于单相半波整流电容滤波电路，假设接通电源前电容 C 两端电压为零，接通电源后 u_2 从零开始增大，二极管 VD 导通，整流输出的电压一方面给负载 R_L 供电，另一方面对电容 C 充电。忽略二极管管压降，充电电压 u_C 与上升的正弦电压 u_2 一致，很快达到最大值 $\sqrt{2}U_2$。而后 u_2 与 u_C 都开始下降，u_2 按正弦规律下降，由于电容 C 两端电压不能突变，因此仍保持较高的电压。当 $u_2 < u_C$ 时，二极管 VD 承受反向电压而截止，电容 C 对负载 R_L 进行放电，维持负载两端电压缓慢下降。由于电容 C 和负载 R_L 较大，放电速度很慢，随着放电的进行 u_C 下降，直到下一个周期 $u_2 > u_C$ 时，二极管 VD 再次导通，电容 C 又开始被充电。如此循环下去，

使输出电压的脉动成分减少，平均值增大，通过这种周期性充放电，达到滤波的目的，负载上就得到了加电容滤波的实测波形。

② 单相桥式整流电容滤波电路的工作原理与单相半波整流电容滤波电路相同。由于在 u_2 的一个周期内，两对整流二极管轮流导通，因此，在 u_2 的一个周期内电容器充放电两次，使输出电压更加平滑。

（3）工作波形：单相半波整流电容滤波电路工作波形如图 3-1-20 所示。

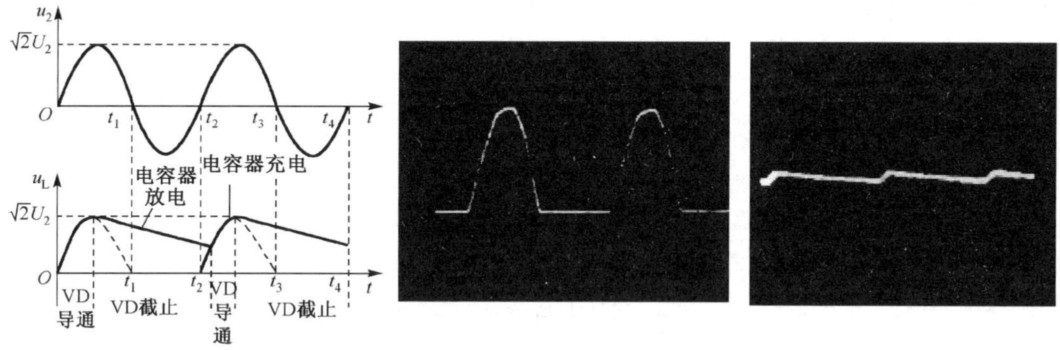

（a）理论波形　（b）未加电容滤波实测波形　（c）加电容滤波实测波形

图 3-1-20　单相半波整流电容滤波电路工作波形

单相桥式整流电容滤波电路工作波形如图 3-1-21 所示。

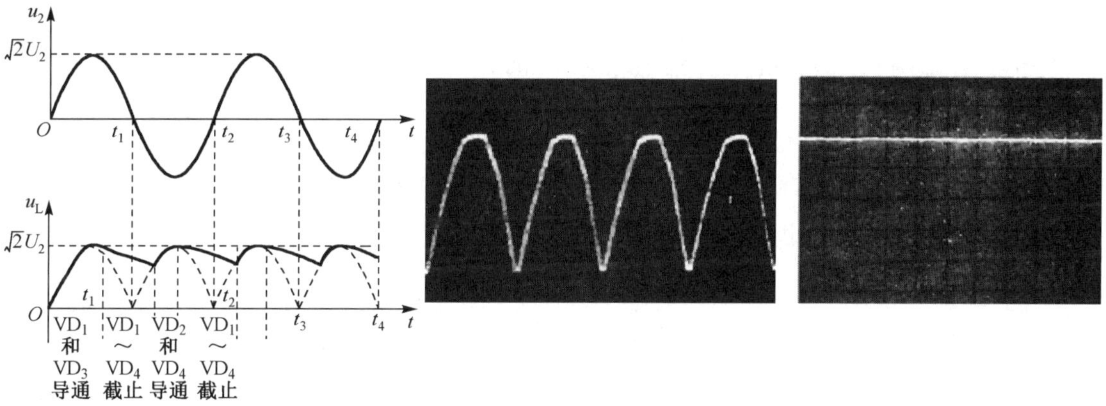

（a）理论波形　（b）未加电容滤波实测波形　（c）加电容滤波实测波形

图 3-1-21　单相桥式整流电容滤波电路工作波形

（4）主要参数：单相半波整流和单相桥式整流经电容滤波后，单相整流电容滤波电路电压和电流的估算可参考表 3-1-11。

表 3-1-11　单相整流电容滤波电路电压和电流的估算

整流电路形式	输入交流电压（有效值）	电容滤波电路输出电压 U_L		电容滤波电路整流器件上的电压、电流	
		负载开路时的电压	带负载时的电压（估算值）	最大反向电压 U_{Rm}	通过的电流 I_F
单相半波整流	U_2	$\sqrt{2}U_2$	U_2	$2\sqrt{2}U_2$	I_L
单相桥式整流	U_2	$\sqrt{2}U_2$	$1.2U_2$	$\sqrt{2}U_2$	$\frac{1}{2}I_L$

可根据负载电流的大小进行滤波电容器电容的选择，如表 3-1-12 所示。

表 3-1-12　滤波电容器电容的选择

输出电流 I_L	2A	1A	0.5～1A	0.1～0.5A	100mA 以下	50mA 以下
滤波电容器的电容	4000μF	2000μF	1000μF	500μF	200～500μF	200μF

注意

此为单相桥式整流电容滤波 $U_L = 12～36V$，电流输出为以上参考值时电容的选择。

提示

滤波电容器的电容较大，一般用电解电容器时，应注意电容器的正极接高电位，负极接低电位，否则易击穿而爆裂。电容器的耐压应大于它实际工作时所能承受的最大电压。

（5）电容大小对滤波效果的影响：采用电容滤波时，输出电压的脉动程度与电容器的放电时间常数 R_LC 有关系。为了得到比较平滑的输出电压，一般要求

$$R_LC \geqslant (3\sim5)\frac{T}{2R_L} \quad （全波）$$

$$R_LC \geqslant (3\sim5)\frac{T}{R_L} \quad （半波）$$

式中，T 是交流电源电压的周期。电容器的耐压取 $U_C \geqslant \sqrt{2}U_2$。

R_LC 值的大小对电容滤波的影响如图 3-1-22 所示。由图可得 R_LC 值越大，电容 C 放电越慢，脉动就越小，输出直流电的电压就越大，滤波效果就越好。图 3-1-23 所示为采用不同电容的电解电容器滤波效果的仿真图。

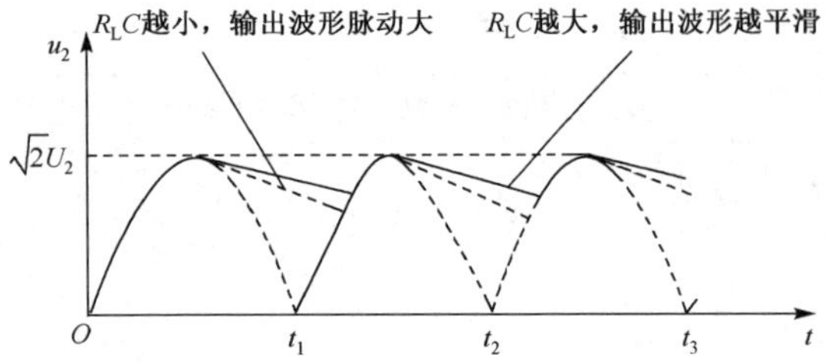

图 3-1-22　R_LC 值的大小对电容滤波的影响

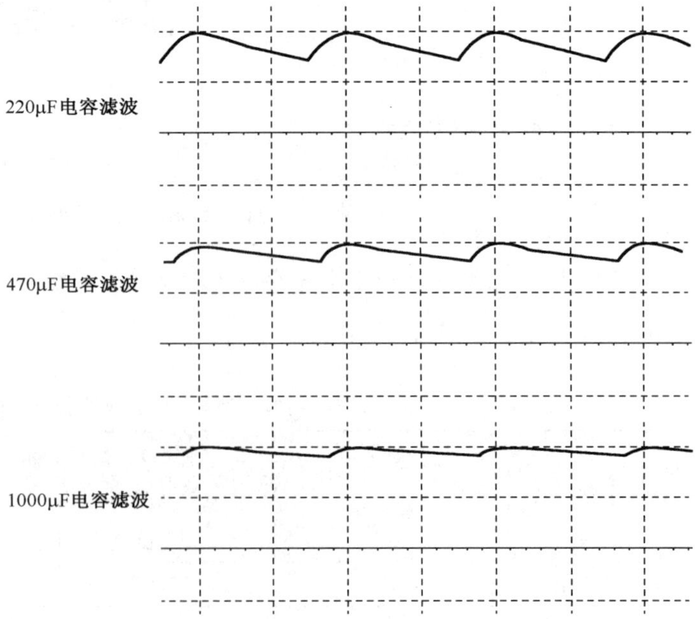

图 3-1-23　采用不同电容的电解电容器滤波效果的仿真图

（6）电路特点：电容滤波电路简单，输出电压较高，脉动也较小，但是外特性较差，且有电流冲击，因此，电容滤波器一般用于要求输出电压较高、负载电流较小且变化也较小的场合。

① 接入滤波电容器后，二极管的导通时间变短了，工作电流变大，特别是在接通电源瞬间会产生很大的浪涌电流。一般浪涌电流是正常工作电流 I_L 的 5～7 倍。为了保证二极管的安全，选择二极管参数时，正向平均电流的参数应留有足够的余量。

② 经电容滤波后，输出波形变得平滑，输出电压的平均值升高。

注意

电解电容器只能滤除低频波动，对于直流电源中的高频干扰噪声波，可以并联一个 0.1μF 或 0.01μF 的独石电容器或瓷片电容器来滤除。

滤波电容器的电容较大，一般用电解电容器，应注意电容器的正极接高电位，负极接低电位，其正、负极性不能接反，否则会加大电容器的漏电，引起温度上升而使电容器爆裂。电容器的耐压应大于它实际工作时所能承受的最大电压。

2）电感滤波电路

当一些电气设备需要脉动小、输出电流大的直流电源时，若采用电容滤波电路，则电解电容器的电容必然很大，造成整流二极管上的冲击电流也很大，这就使得二极管和电容器的选择很困难。在这种情况下，往往采用电感滤波电路。

（1）其电路组成如下。

图 3-1-24 所示为单相桥式整流电感滤波电路。其中，电感 L 与负载 R_L 串联。

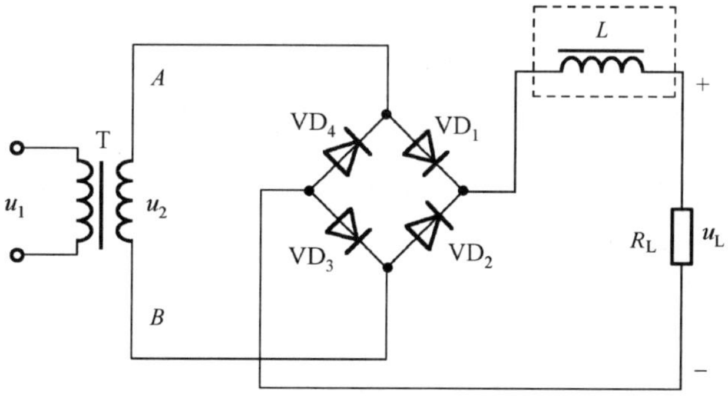

图 3-1-24　单相桥式整流电感滤波电路

（2）其工作过程如下。

对于电感滤波电路，由于电感器中的电流不能突变，因此电感 L 对于交流电呈现一个很大的感抗 $X_L = 2\pi fL$，能有效地阻止交流电通过。而对直流电的阻抗很小，使直流电容易通过。电感器线圈的直流电阻很小，若忽略线圈的电阻，交流成分大多降落在电感 L 上，而直流成分则顺利地通过电感 L 流到负载 R_L 上，于是在负载 R_L 上获得的输出电压 U_L 中，交流成分很小，从而达到滤波的目的。随着电感 L 的增加，即感抗 $X_L = 2\pi fL$ 增加，阻止交流电的作用越强，滤波作用也越强，输出电压 U_L 中的交流成分就越小。电感滤波电路对整流二极管没有电流冲击。

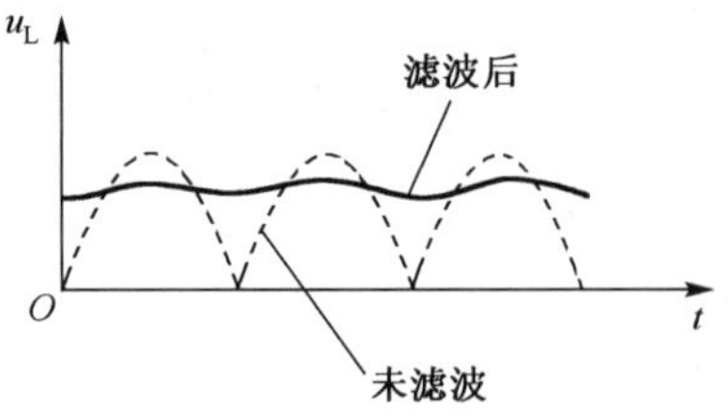

图 3-1-25　单相桥式整流电感滤波电路的波形图

（3）工作波形：在电感滤波电路中，电感 L 与负载 R_L 串联，因通过电感器的电流不能突变，所以输出电流的波形平滑，输出电压的波形也平滑。图 3-1-25 所示为单相桥式整流电感滤波电路的波形图。

（4）电感大小对滤波效果的影响：一般来说，电感越大，负载的电阻越小，滤波效果就越好，输出直流电的电压就越大。图 3-1-26 所示为采用不同电感的电感器滤波效果仿真图。

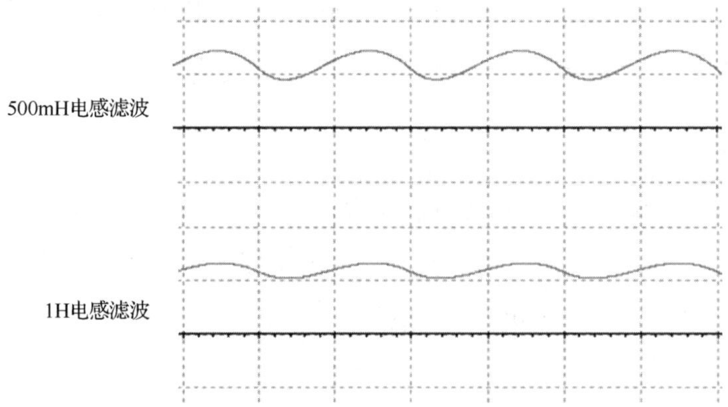

图 3-1-26　采用不同电感的电感器滤波效果仿真图

（5）电路特点：为了增大电感，电感器多用带铁芯的线圈，但其体积大，较笨重，成本高，输出电压低，所以电感滤波电路适用于一些负载需要脉动小、输出电流较大的场合。有的整流电路中的负载是电动机线圈、继电器线圈等电感性负载，如同串入了一个电感线圈，负载本身就起到了平滑脉动电流的作用，此时可不再另加滤波器。

3）复式滤波电路

为了进一步减小输出电压的脉动成分，提高滤波效果，可以采用复式滤波电路。

（1）Γ形 LC 滤波电路：在电容 C 滤波之前串联一个电感 L，组成Γ形 LC 滤波电路，如图 3-1-27（a）所示。整流后的脉动直流中的大部分交流分量降在电感 L 上，再经过电容 C 的进一步滤波，负载 R_L 得到了更加平滑的直流值。

（2）π形 LC 滤波电路：在 LC 滤波电路前再并联一个电容器，组成π形 LC 滤波电路，如图 3-1-27（b）所示，滤波效果得到了进一步改善。若是小电流负载，则可将电感用一个小电阻 R 代替，组成π形 RC 滤波电路，如图 3-1-27（c）所示。

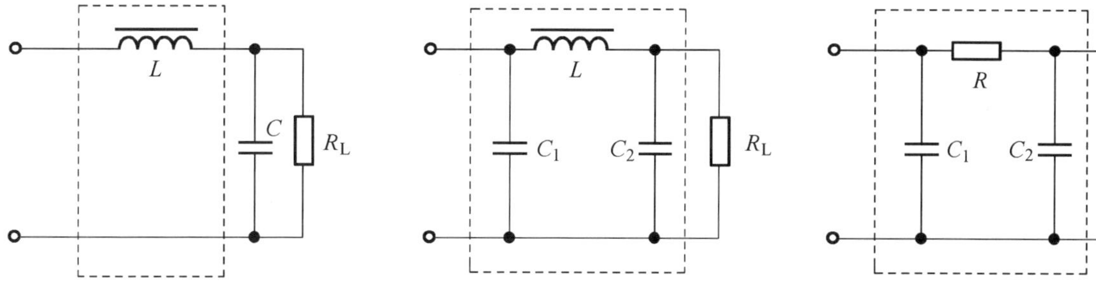

（a）Γ形LC滤波电路　（b）π形LC滤波电路　（c）π形RC滤波电路

图 3-1-27　常用的几种复式滤波电路

4）常用滤波电路性能比较

以上讨论了常用的几种滤波电路，它们的特性不一。以全波整流为例，常用滤波电路性能比较归纳在表 3-1-13 中，供用户选用参考。

表 3-1-13　常用滤波电路性能比较

滤波形式	输出电压 U_L	适用范围	优点	整流管冲击电流	负载能力	滤波效果	使用场合
电容滤波电路	$1.2U_2$	电流较小	① 输出电压高 ② 在小电流时滤波效果好	大	较强	较差	适用于负载电流较小的场合
电感滤波电路	$0.9U_2$	电流大	① 负载能力好 ② 对变动的负载滤波效果好 ③ 整流管不会受到浪涌电流的损害	小	强	较差	适用于负载变动大、负载电流大的场合。在晶闸管整流电源中使用得较多
Γ形 LC 滤波电路	$0.9U_2$	电流大	① 输出电流大 ② 负载能力好 ③ 滤波效果好	小	强	较好	适用于负载变动大、负载电流大的场合
π形 LC 滤波电路	$1.2U_2$	电流较小	① 输出电压高 ② 滤波效果好	大	较强	好	适用于负载电流较小、要求稳定的场合
π形 RC 滤波电路	$1.2U_2$	电流小	① 滤波效果好 ② 结构简单、经济 ③ 能兼起降压、限流作用	大	差	较好	适用于负载电流小的场合

知识三　并联稳压电路

交流电经整流、滤波后已经变成比较平滑的直流电，但还不够稳定，当电源电压波动或负载发生变化时，输出直流电压也随之变化。例如，电网电压升高时，输出的直流电压必然增大，负载增大时，负载电流增大，负载上的电压相应减小。为了获得稳定性好的直流电源，在整流、滤波之后还要接入稳压电路。

目前，中小功率设备中广泛采用的稳压电路有并联稳压电路、串联稳压电路、集成稳压电路和开关稳压电路等。

1．稳压二极管

1）稳压二极管的符号及外形

稳压二极管（又称齐纳二极管）简称稳压管，是一种特殊的面接触型半导体硅二极管。稳压二极管的图形及文字符号如图 3-1-28（a）所示，常见外形如图 3-1-28（b）所示。

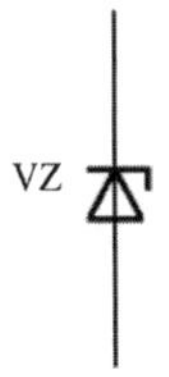

（a）图形及文字符号

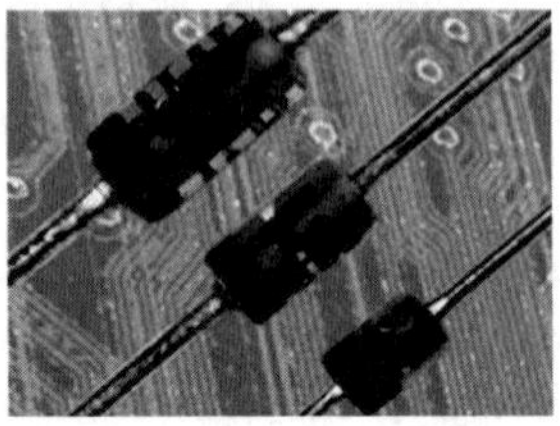

（b）常见外形

图 3-1-28　稳压二极管的符号及常见外形

2）稳压二极管的稳压原理

稳压二极管是一种采用特殊工艺制造的，由硅材料制成的面接触型晶体二极管，此二极管是一种在反向击穿前都具有很高电阻的半导体器件。稳压二极管的特点就是击穿后，其两端的电压基本保持不变，其伏安特性如图 3-1-29 所示。

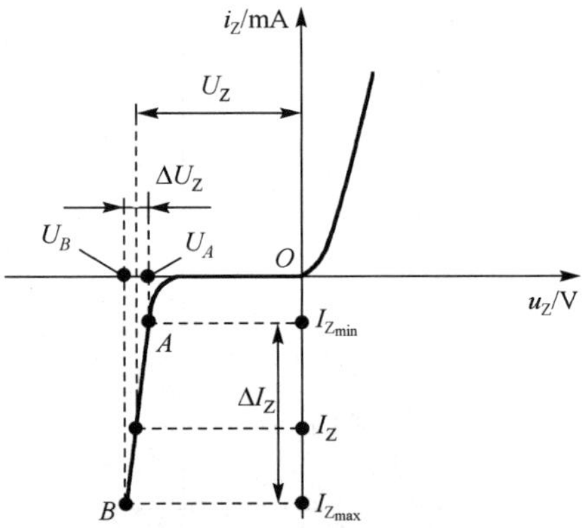

图 3-1-29　稳压二极管的伏安特性

稳压原理：稳压二极管在反向击穿时，对应的反向伏安特性曲线非常陡，动态电阻很小，如图 3-1-29 所示。它的 PN 结可以承受较大的反向电流和耗散功率，反向电流在很大范围内变化时，其两端电压却几乎保持不变，因而具有稳压特性。这样，当把稳压二极管接入电路以后，当由于电源电压发生波动，或者其他原因造成电路中各点电压变动时，负载两端的电压将基本保持不变。

3）主要参数

稳压二极管的主要参数反映了稳压二极管的性能及其使用极限，是用户使用和选择二极管的依据。稳压二极管的主要参数如表 3-1-14 所示。

表 3-1-14　稳压二极管的主要参数

参数名称	符　号	说　明
稳定电压	U_Z	指稳压二极管的反向击穿电压，即稳压二极管在正常工作时，管子两端的电压值。这个数值随工作电流和温度的不同略有改变。由于制造工艺的差别，同一型号稳压二极管的稳压值也有一定的离散性，如 2CW14 硅稳压二极管的稳定电压为 6～7.5V
最大稳定电流	I_{Zmax}	指稳压二极管正常工作时允许通过的最大反向电流。使用时，实际电流不得超过此值，否则稳压二极管会损坏。在实际电路中，通常使用限流电阻器对稳压二极管进行保护
最小稳定电流	I_{Zmin}	指稳压二极管工作于稳定电压时所必需的最小反向电流。使用时，通过稳压二极管的电流不能小于此值，否则稳压二极管将截止
稳定电流	I_Z	指稳压二极管工作电压等于稳定电压时的反向电流。一般情况下，稳定电流在最大稳定电流和最小稳定电流之间
最大耗散功率	P_{ZM}	指稳压二极管正常工作时所能承受的最大耗散功率。稳压二极管正常工作时，反向电流通过稳压二极管的 PN 结时，要产生一定的功率损耗，PN 结的温度也将升高。允许的 PN 结工作温度决定了管子的耗散功率，通常小功率管为几百毫瓦至几瓦。稳压二极管的最大功率损耗取决于 PN 结的面积和散热等条件。在数值上，它等于稳定电压 U_Z 和最大稳定电流 I_{Zmax} 的乘积，即 $P_{ZM}=U_ZI_{Zmax}$ 在实际应用中，由于稳定电压是一定的，为了使稳压二极管的实际耗散功率小于 P_{ZM}，必须限定通过稳压二极管的电流，使之不超过最大稳定电流 I_{Zmax}，否则因温度过高，会影响稳压效果，甚至损坏稳压二极管。一般情况下，大功率稳压二极管工作时要加装散热装置

此外，还有动态电阻和温度系数等参数。动态电阻反映了稳压二极管的稳压性能，动态电阻越小，稳压性能越好。温度系数是指温度变化对稳定电压的影响作用，反映了稳压二极管的温度稳定性。温度系数越小，温度稳定性越好，即稳定电压受温度变化的影响越小。

一般情况下，在要求温度稳定性较高的场合，可以用具有温度补偿作用的稳压二极管，如 2DW234，如图 3-1-30 所示。使用时一个稳压二极管处于反向击穿状态，另一个稳压二极管处于正向导通状态，两个稳压二极管相互补偿。

（a）外形

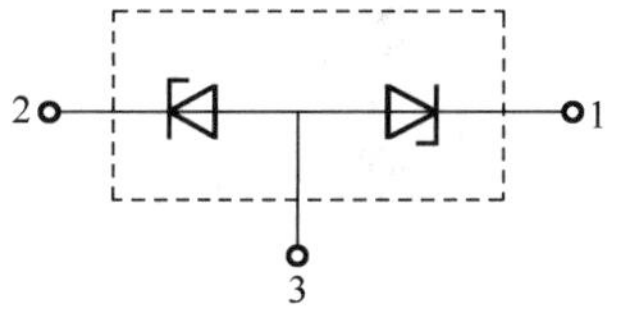

（b）内部结构

图 3-1-30　具有温度补偿作用的稳压二极管

不同型号稳压二极管的参数值不同，请查阅相关资料。

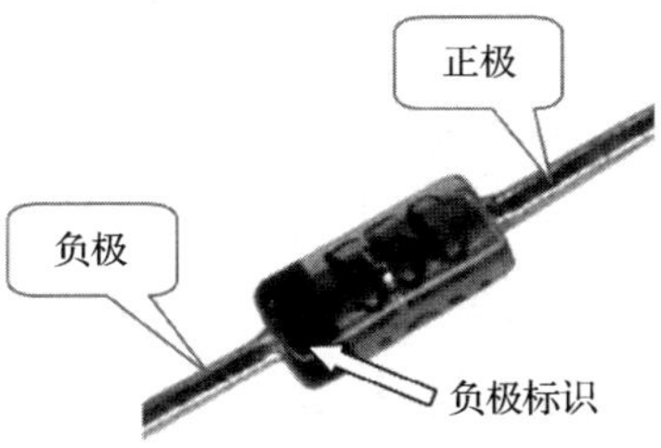

图 3-1-31　稳压二极管管壳标识识极性

4）稳压二极管的检测

（1）稳压二极管极性的判断。

稳压二极管和普通二极管一样，其引脚也分正极、负极，使用时不能接错。

① 目测判断正、负极性：使用时最简单的是看管壳上的标识，塑封二极管上带色环（有黑圈）的一端为负极。稳压二极管管壳标识识极性如图 3-1-31 所示。

② 测量判断正、负极性及性能好坏：如果管壳上的标识已不存在，可利用万用表进行测试，通过测量二极管的正、反向电阻来判断正、负极性。

a．用模拟万用表测量。

将万用表置于 R × 100Ω 挡或 R × 1kΩ 挡，两支表笔分别接稳压二极管的两个电极，先测出一个结果，对调两支表笔，再测出一个结果。在两次测量的结果中，测出电阻较小的值为稳压二极管的正向电阻，如图 3-1-32（a）所示。测出电阻较大的值为稳压二极管的反向电阻，如图 3-1-32（b）所示。电阻较小的那一次测量，黑表笔接的是稳压二极管的正极，红表笔接的是稳压二极管的负极。

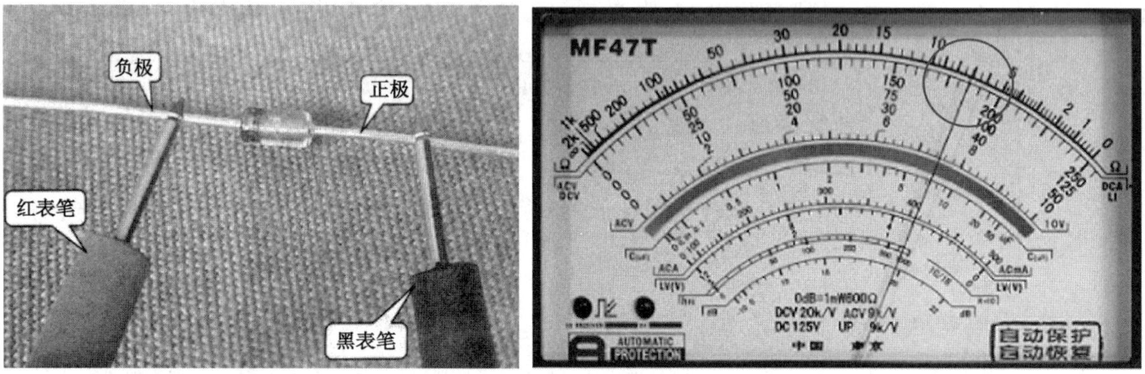

（a）正向电阻

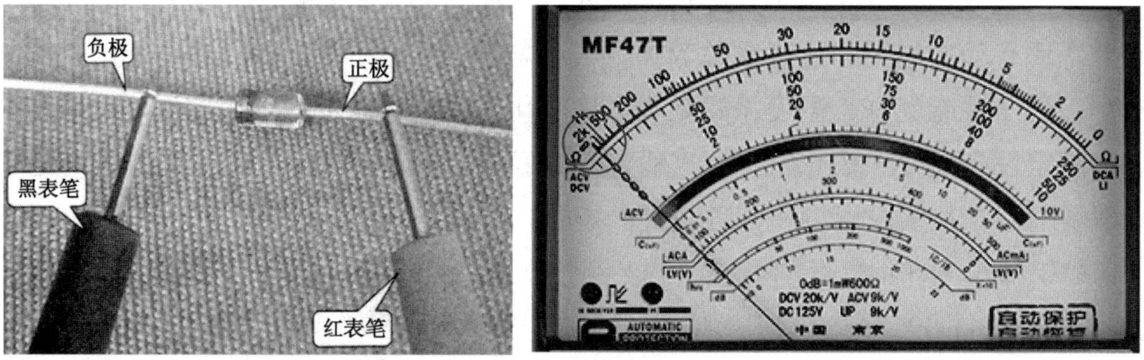

（b）反向电阻

图 3-1-32　模拟万用表测量判别稳压二极管极性

在正常情况下，若测得的电阻均为无穷大或零，则说明该稳压二极管已经损坏。

b．用数字万用表测量。

其方法如下：将万用表置于“—▷|—”挡，两支表笔先分别接稳压二极管的两个引脚测一次，然后调换表笔测一次，即共测两次。其中有示数的那一次，红表笔接的是稳压二极管的正极，黑表笔接的是稳压二极管的负极。用数字万用表测量稳压二极管极性如图 3-1-33 所示。

在正常情况下，若两次测量都没有示数，则说明该稳压二极管已经损坏。

（2）稳压值的测试。按图 3-1-34 所示的稳压二极管稳压值测试电路图接线，将电位器的电阻调整在 500Ω 左右。查阅稳压二极管的参数 I_Z，先从 0V 开始粗调直流电源，调到电流表显示值为 I_Z 左右，然后细调电位器，使电流表显示值等于 I_Z，此时，稳压二极管两端测得的电压即稳压二极管的稳定电压U_Z。

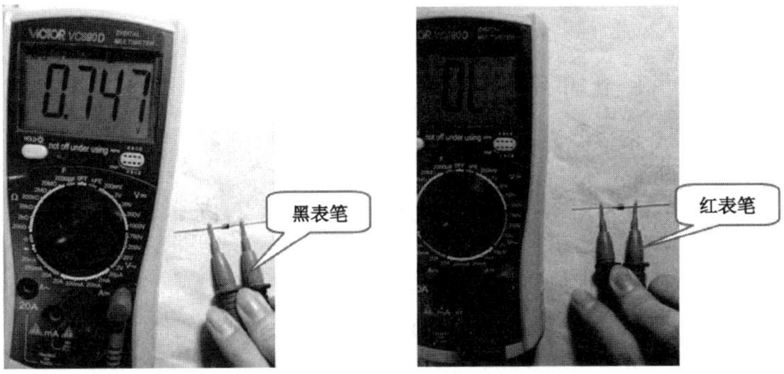

（a）有示数　　（b）没示数

图 3-1-33　数字万用表测量稳压二极管极性

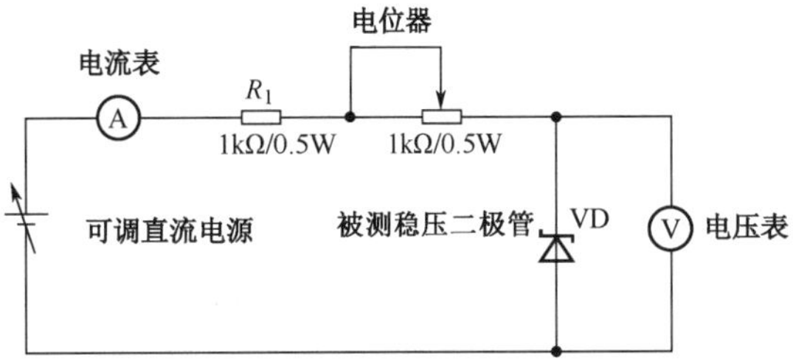

图 3-1-34　稳压二极管稳压值测试电路图

5）稳压二极管与普通二极管的区别

稳压二极管与普通二极管的用法不同。普通二极管一般在正向电压下工作，稳压二极管则在反向击穿区工作。那么，为什么普通二极管不允许在反向击穿区工作呢？这是因为普通二极管进入反向击穿区后，如果反向电压再增大，反向电流会急剧上升，温度升高，超出管子的最大耗散功率，导致管子 PN 结发热而烧毁二极管。而稳压二极管只要控制反向电流不超过一定的数值，管子就不会因过热而损坏。

6）稳压二极管的选用

稳压二极管的选用，应满足应用电路中主要参数的要求。

① 稳压二极管的稳定电压应与应用电路的基准电压相同。

② 稳压二极管的最大稳定电流应高于应用电路的最大负载电流的 50%左右。

③ 稳压二极管损坏后，应采用同型号稳压二极管或电参数相同的稳压二极管来更换。

④ 可以用具有相同稳定电压的耗散功率高的稳压二极管替换耗散功率低的稳压二极管，但不能用耗散功率低的稳压二极管替换耗散功率高的稳压二极管。例如，0.5W、6.2V 的稳压二极管可以用 1W、6.2V 的稳压二极管代换。

7）稳压二极管的用途

稳压二极管是根据击穿电压来分档的，因为这种特性，稳压二极管主要被作为稳压器、电压基准元件、过电压保护或电平转换器使用，广泛应用于稳压电源与限幅电路之中。

注意

应用稳压二极管时应注意以下几点。

① 用于稳压时，在电路中需反接（稳压二极管的负极接电路中的高电位，正极接低电位）才能稳定电压。若接反，则相当于电源短路，电流过大会使稳压二极管过热而烧毁。

② 稳压二极管用于稳压时，除在电路中要反接，还要注意应提供与其参数相适应的工作电流，稳压二极管才能正常工作，一般要加限流电阻器。

③ 稳压二极管所加反向电压在高于它的稳压值时才能稳定电压。

④ 使用时，当一个稳压二极管的稳压值不够时，可以用多个稳压二极管串联使用。通过串联即可获得更高的稳定电压。由于稳压二极管参数的离散性比较大，因此不得并联使用。

⑤ 为了获得较低的稳定电压，可以选择适当的稳压二极管以反极性方向串联，再加以适当的工作电流来获得，即将稳压二极管正向使用（稳压二极管加正向电压时，其性质与普通二极管相同）。

⑥ 对稳压二极管的引脚进行焊接时，焊接点必须在离管壳 5mm 以上处，最好使用 30W 以下的电烙铁进行焊接。当使用 40～75W 的电烙铁焊接时，焊接时间应不超过 10s。尽量使用内装焊料的焊锡丝焊接，不要使用大块焊锡加松香的方法。

2．并联稳压电路

1）电路组成

图 3-1-35 所示为并联稳压电路。稳压二极管 VZ 反向并联在负载 R_L 两端。

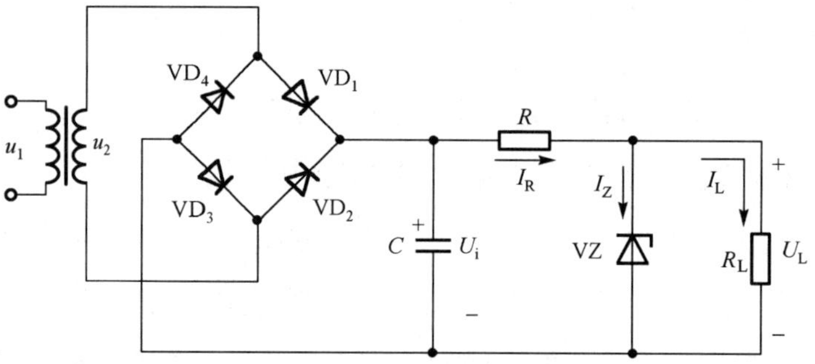

图 3-1-35　并联稳压电路

2）稳压原理

（1）当负载电阻不变，电网电压升高时，稳压过程如下。

$$U_i\uparrow \rightarrow U_L\uparrow \rightarrow U_Z\uparrow \rightarrow I_Z\uparrow \rightarrow I_R\uparrow \rightarrow U_R\uparrow \rightarrow U_L\downarrow$$

反之亦然。

（2）当电网电压不变，负载电阻减小时，稳压过程如下。

$$R_L\downarrow \rightarrow U_L\downarrow \rightarrow U_Z\downarrow \rightarrow I_Z\downarrow \rightarrow I_R\downarrow \rightarrow U_R\downarrow \rightarrow U_L\uparrow$$

反之亦然。

综上所述，并联稳压电路利用稳压二极管电流的变化引起限流电阻 R 两端电压的变化，从而达到稳压的目的。电阻 R 不仅起限流作用，还起调压作用。并联稳压电路结构简单，设计制作容易，但输出电压受到稳压二极管自身参数的限制，因此适用于输出电压固定且负载电流变化范围不大的场合。

任务实施

1．并联稳压线路原理图识读

原理图是电子线路装接和检修的重要资料之一，正确识读原理图，不管是对电子线路装接还是对检修而言都至关重要。要正确识读原理图，关键是掌握原理图三要素：元器件符号、元器件代号、元器件型号或参数。并联稳压线路原理图三要素如图 3-1-36 所示。

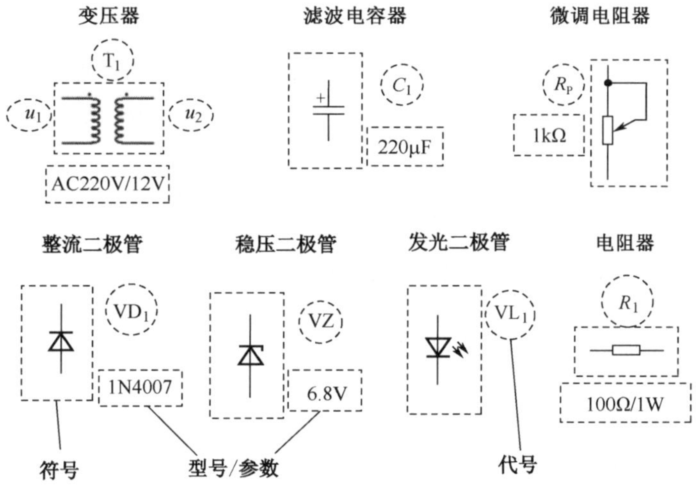

图 3-1-36　并联稳压线路原理图三要素

原理图识读或绘制具体的要求如下。

（1）图上体现交点。

① “∟”连接和“⊥”连接的连接点可以不加黑点。

② “＋”连接的连接点必须加黑点，不加则表示为非连接点。

（2）图上体现元器件极性。

① 符号无极性特点但实际有极性的元器件要标明极性。

② 符号有极性特点的元器件可不标明极性。

（3）图上体现元器件符号、代号、参数、连接。

① 必须正确画出元器件符号。

② 必须正确标出元器件的代号和参数（型号或值）。

③ 画出正确的电气连接。

并联稳压线路原理图如图 3-1-37 所示。

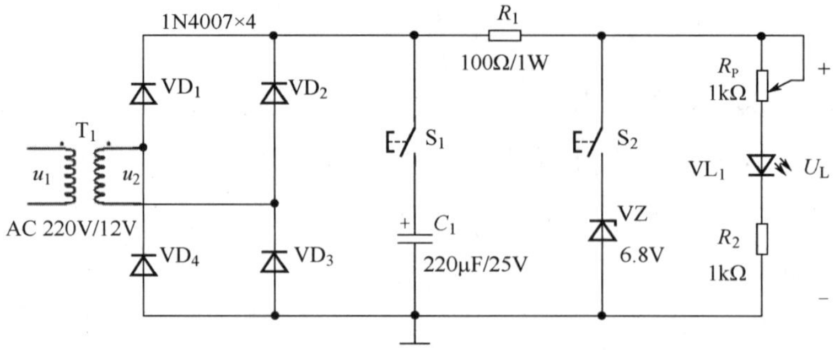

图 3-1-37　并联稳压线路原理图

2. 并联稳压线路插装布线图识读

插装布线图是电子线路插装的依据，它是线路原理和插装要求相结合的产物。要正确装接线路需要正确识读插装布线图。同原理图一样，其关键是掌握三要素：元器件形状、元器件代号、元器件参数。并联稳压线路插装布线图三要素如图 3-1-38 所示。

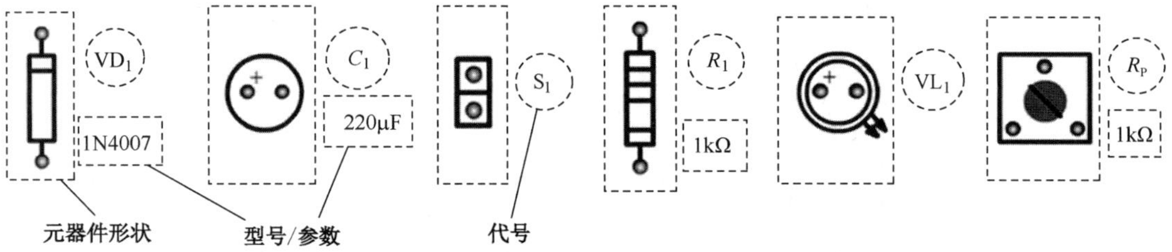

图 3-1-38　并联稳压线路插装布线图三要素

插装布线图识读或绘制的具体要求如下。

（1）图上体现焊点。

连接处必须体现焊点（加焊点标志）。

（2）图上体现元器件形状。

① 图上体现元器件的真实形状，电阻器要标明色环。

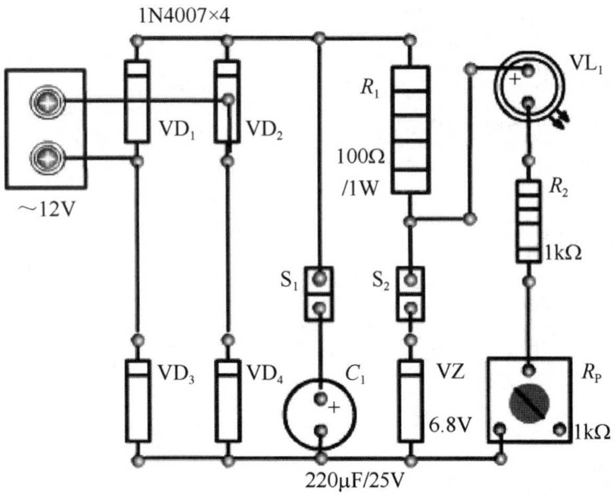

图 3-1-39　并联稳压线路插装布线图

② 图上元器件占的孔数与总占格数要符合要求。

（3）图上体现元器件极性。

有极性的元器件要正确标明极性。

（4）图上体现元器件代号、参数、连接。

① 必须正确标出元器件的代号和参数（型号或值）。

② 画出正确的电气连接（必须与线路原理图的电气连接一致）。

并联稳压线路插装布线图如图 3-1-39 所示。

3．并联稳压线路元器件检测

焊接前检测元器件是电路制作的重要一步，必须认真完成这一步，降低返工的可能性。按照表 3-1-15 所示进行元器件检测。

表 3-1-15　元器件检测表

<table>
<tr><th rowspan="2">元器件</th><th rowspan="2">型号/规格</th><th rowspan="2">检测项目</th><th colspan="2">检 测 过 程</th><th colspan="2">检 测 结 果</th></tr>
<tr><th>检测工具</th><th>检 测 步 骤</th><th>好坏/值</th><th>极性/标识</th></tr>
<tr><td rowspan="2">电阻器</td><td rowspan="2">100Ω，1W</td><td>电阻</td><td rowspan="2">万用表</td><td rowspan="2">① 用色环法读出电阻、精度（如电阻为 100Ω，精度为±5%）
② 万用表选取电阻挡（机械、欧姆调零）
③ 选取合适的量程（使指针落在满刻度的 1/3～2/3 处，换挡时注意欧姆调零）
④ 读数（读数时，眼睛、指针、刻度要在同一条直线上）
⑤ 判断好坏：$\frac{测量值-标称值}{标称值}\times 100\%$ 小于等于精度时，电阻器可用，可判断为好</td><td>实测值</td><td rowspan="2"></td></tr>
<tr><td>好坏</td><td>好/坏</td></tr>
<tr><td rowspan="3">电解电容器</td><td rowspan="3">220 μF，25V</td><td>电容</td><td>电容表/目测</td><td rowspan="3">① 万用表选取电阻挡（机械、欧姆调零）
② 选取合适的量程：原则上，大电容选取倍率小的挡位，小电容选取倍率大的挡位，不可以选取 R × 10kΩ 挡（如 220μF 的电容，可选取 R × 100Ω 挡）
③ 判断好坏：将黑表笔接电容器正极，红表笔接电容器负极，万用表指针迅速偏转（充电，较大幅度），最后慢慢返回电阻无穷大处；将电容器放电，将黑表笔接电容器负极，红表笔接电容器正极，万用表指针迅速偏转（充电，较大幅度），最后慢慢返回接近电阻无穷大处（电容器一般存在一定的反向漏电流，所以反接时，指针回不到无穷大处，会有一定距离），那么可以认为这个电容器可用，是好的。返回越到位，电容器性能越好。其他情况认为不可用
④ 判断极性：根据电容器反接时存在较大漏电流这一特点，可以判断指针回不到无穷大处那次，红表笔接的是电容器正极
⑤ 电容器的电容可以用电容表测量，也可以直接目测，读出参数（小电容的电容器由于充放电不明显，一般不直接用万用表测极性和好坏）</td><td>220μF 25V</td><td rowspan="3">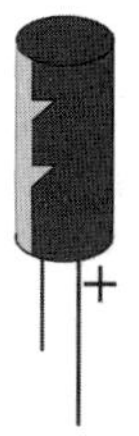</td></tr>
<tr><td>好坏</td><td>万用表</td><td>好/坏</td></tr>
<tr><td>极性</td><td>万用表/目测</td><td>目测：引脚较长的一侧为正极，引脚较短或白边那一侧的引脚为负极</td></tr>
<tr><td rowspan="2">发光二极管</td><td rowspan="2">ϕ5 红普亮</td><td>极性</td><td>万用表/目测</td><td rowspan="2">① 判断极性。目测：引脚较长的一侧为正极，引脚较短的一侧为负极。透明封装的普通发光二极管，内部电极较宽且大的为负极，而较窄且小的为正极。用万用表测量点亮二极管，黑表笔接的是发光二极管的正极
② 判断好坏：万用表选取 R × 1Ω 挡（机械、欧姆调零）。黑、红表笔搭在发光二极管的正、负极，发光二极管发光。万用表选取 R × 1kΩ 挡，红、黑表笔对调，发光二极管不亮，万用表的读数为∞，表明发光二极管是好的</td><td>目测：引脚较长的一侧为正极，引脚较短或白边那一侧为负极</td><td rowspan="2">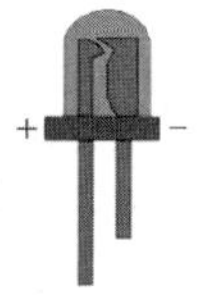</td></tr>
<tr><td>好坏</td><td>万用表/目测</td><td>好/坏</td></tr>
</table>

续表

<table>
<tr><th rowspan="2">元器件</th><th rowspan="2">型号/规格</th><th rowspan="2">检测项目</th><th colspan="2">检 测 过 程</th><th colspan="2">检 测 结 果</th></tr>
<tr><th>检测工具</th><th>检 测 步 骤</th><th>好坏/值</th><th>极性/标识</th></tr>
<tr><td rowspan="3">二极管/稳压二极管</td><td rowspan="3">1N4007
2CW55</td><td>极性</td><td>万用表/目测</td><td rowspan="3">① 万用表选取 R × 100Ω 或 R × 1kΩ 挡（机械、欧姆调零）
② 判断极性：将两支表笔分别接二极管的两个电极，先测出一个结果，对调两支表笔，再测出一个结果。在两次测量的结果中，测出电阻较小（指针偏转大）的值为二极管的正向电阻，此时黑表笔接的是二极管的正极
③ 判断好坏：<table><tr><th>正 向 电 阻</th><th>反 向 电 阻</th><th>管 子 好 坏</th></tr><tr><td>较小</td><td>较大</td><td>管子好（正、反向电阻相差越大，单向导电性越好）</td></tr><tr><td>趋于 0</td><td>趋于 0</td><td>管子短路损坏</td></tr><tr><td>趋于∞</td><td>趋于∞</td><td>管子开路损坏</td></tr><tr><td colspan="2">正、反向电阻比较接近</td><td>管子质量不佳</td></tr></table>④ 硅管及锗管判断：用二极管串联合适的电阻器并接电源，用万用表测量二极管的管压降。若测得的管压降为 0.6～0.7V，则为硅二极管；若测得的管压降为 0.2～0.3V，则为锗二极管</td><td>目测：管壳表面，有灰白标识的一端为负极</td><td rowspan="2"></td></tr>
<tr><td>好坏</td><td>万用表/目测</td><td>好/坏</td></tr>
<tr><td>硅管/锗管</td><td>万用表</td><td>硅/锗</td><td></td></tr>
<tr><td rowspan="2">微调电阻器</td><td rowspan="2">1kΩ</td><td>电阻</td><td>万用表/目测</td><td rowspan="2">① 检查转轴的机械性能
② 读出电阻（如 102 电阻为 1kΩ）
③ 万用表选取电阻挡（机械、欧姆调零），选取合适的量程（使指针落在满刻度的 1/3～2/3 处，换挡时注意欧姆调零）
④ 先测量电位器两个定片之间的电阻是否与标称值相符
⑤ 再测动片与任一定片间的电阻。慢慢将转轴从一个极端转向另一个极端，若万用表的指针从 0Ω（或标称值）至标称值（或 0Ω）连续变化，且电位器内部无“沙沙”声，则质量完好
⑥ 读数（读数时，眼睛、指针、刻度要在同一条直线上）
⑦ 判断好坏：若转动中指针有跳动，则说明该微调电阻器存在接触不良的故障；若电阻没有变化，则说明该微调电阻器发生了电气性能损坏</td><td>0～1000Ω 可调</td><td rowspan="2"></td></tr>
<tr><td>好坏</td><td>万用表/目测</td><td>好/坏</td></tr>
</table>

图 3-1-40　线路安装布局

4．按照装接工艺对并联稳压线路进行安装

元器件成形、插装、焊接的工艺和要求，请参照电子线路装接工艺训练部分的相关工艺。线路安装布局如图 3-1-40 所示。

5．按照检测步骤对并联稳压线路进行调试检测

按表 3-1-16 所示对并联稳压线路进行调试检测。

表 3-1-16　并联稳压线路调试检测

序　号	作业项目		作业内容
1	通电前检测	极性及错漏焊	对照线路原理图及插装布线图核对元器件的位置、极性，以及错焊、漏焊
		电气连接	对照原理图，用万用表检测线路连接是否正确、可靠，不能有虚焊、搭焊
		变压器	检查变压器引线是否完好无损，规格为 AC220V/12V 及 AC220V/15V
2	通电时注意事项	电容器	不出现膨胀现象，通电时保证人脸不正对电容器，以防电容器爆炸伤人
		变压器	按不同测量项目选用合适的变压器规格，出现异常必须立即断电检查
		外接连线	先将电路外接连线接好，检查无误后，再接电源（或打开电源开关），拆线时一定要先关电源，确保安全操作
		跳帽拔插	测量需拔插跳帽时，要先断开电源，装好后再上电
3	通电检测	电路功能	将微调电阻器调为 1kΩ，在输入端接入 220V/12V 变压器，验证电路功能是否正常（观察电路电源指示灯亮，测量电路输出电压约为 6.8V）。若功能正常，则继续调试与检测电路；若功能不正常，则进行检修
		电压测量	用万用表测量变压器二次侧电压 U_2
			用万用表测量电路的输出端电压 U_L
		波形测量	用示波器测量变压器二次侧电压波形 u_2
			用示波器测量只带整流电路的输出电压波形 U_L（断开 S_1 和 S_2）
			用示波器测量带整流和滤波电路的输出电压波形 U_L（闭合 S_1、断开 S_2）
			用示波器测量整流、滤波和稳压电路的输出电压波形 U_L（闭合 S_1 和 S_2）
			用示波器测量带整流和稳压（无滤波）电路的输出电压波形 U_L（断开 S_1、闭合 S_2）
		稳压效果验证	分别采用 AC220V/12V 及 AC220V/15V 的变压器，将微调电阻器分别调为 0Ω 及 1kΩ，用万用表测量电路输出电压均约为 6.8V（闭合 S_1 和 S_2）
4	线路检修	故障排除	进行关键点测量，采用对比正常关键点电压和波形的方法进行线路检修
			检修排故后对线路重新进行通电检测
			总结故障检修排除的方法和步骤，编制故障检修流程图
5	安全文明施工	安全操作	在任务实施过程中必须严格按照相关安全规程执行

任务二　7805 直流电源线路的安装与调试

任务描述

能够按照装接工艺对 7805 直流电源线路进行安装、调试检测与检修。

任务目标

终极目标： 能够按照工艺要求对 7805 直流电源线路进行安装与调试。

促成目标：

（1）能够对 7805 直流电源线路原理图进行识读。

（2）能够对 7805 直流电源线路插装布线图进行识读。

（3）能够根据元器件检测要求进行 7805 直流电源线路元器件的检测。

（4）能够按照装接工艺对 7805 直流电源线路进行安装。

（5）能够按照检测步骤对 7805 直流电源线路进行调试检测。

（6）能够按照检修要求对 7805 直流电源线路进行检修。

知识平台

知识一　三端集成稳压器

随着半导体集成电路工艺的迅速发展，稳压电路也制成了集成器件。三端固定式集成稳压器是利用半导体集成工艺，把基准电压电路、取样电路、比较放大电路、调整管及保护电路等全部制作在一小片硅片上的器件。三端集成稳压器具有体积小，质量轻，性能稳定，使用、调整方便等优点，因而广泛应用于各种电子设备的电源部分。三端集成稳压器按照性能和用途不同，可分为固定输出三端集成稳压器，如 78××系列（输出正电压）、79××系列（输出负电压），可调输出三端集成稳压器，如 CW117/CW217/CW317（输出正电压）、CW137/CW237/CW337（输出负电压）。前者的输出电压是不变的，后者可在外电路上对输出电压进行连续可调。

知识二　固定输出三端集成稳压器

固定输出三端集成稳压器主要有 78××系列（输出正电压）和 79××系列（输出负电压），输出电压不能调节，为固定值。

1．78××系列及 79××系列三端集成稳压器的外形及封装

常用的固定输出三端集成稳压器有塑料壳和金属壳两种，国产三端集成稳压器的封装形式有多种。对于三个引脚的排列和功能，不同型号或不同厂家的产品可能并不相同，使用时一定要注意查看说明书。三端集成稳压器的外形及封装形式如表 3-2-1 所示。

表 3-2-1　三端集成稳压器的外形及封装形式

型　号	封　装	说　明	外　形
CW78××系列与 CW79××系列	T0-39 金属壳	加散热器时，最大功率可达 1.4W	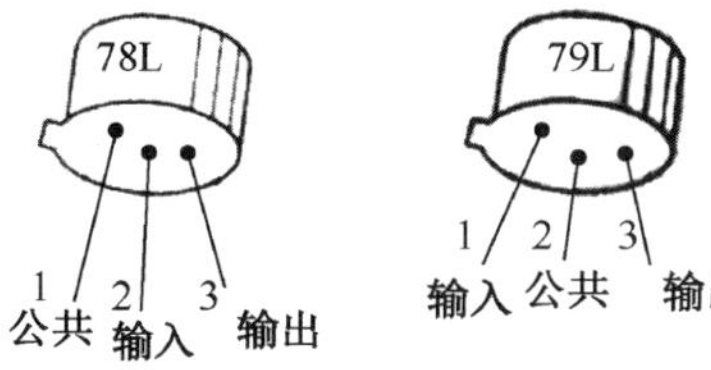
	T0-92 塑料	最大功耗 700mW，使用时不需加散热器	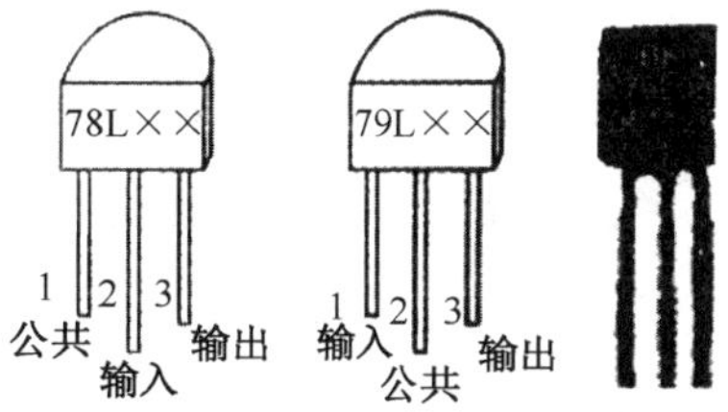
	T0-202 塑料	不加散热片时最大功耗为 1W，加 200mm × 200mm × 4mm 散热片时，最大功耗可达 7.5W	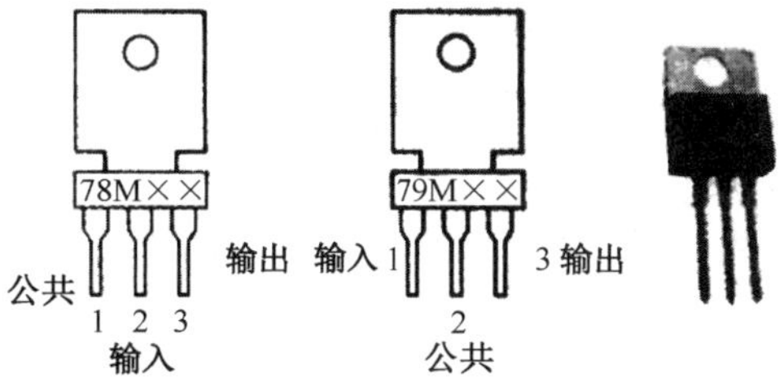
	T0-220 塑料		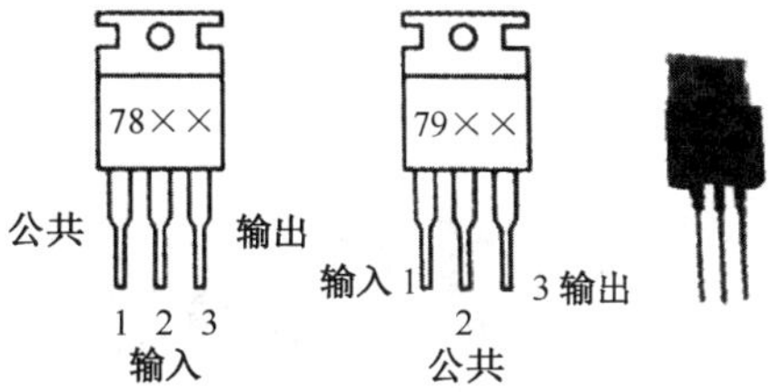
	T0-3 金属壳	不加散热片时最大功耗为 2.5W，加 200mm × 200mm × 4mm 散热片时，最大功耗可达 15W	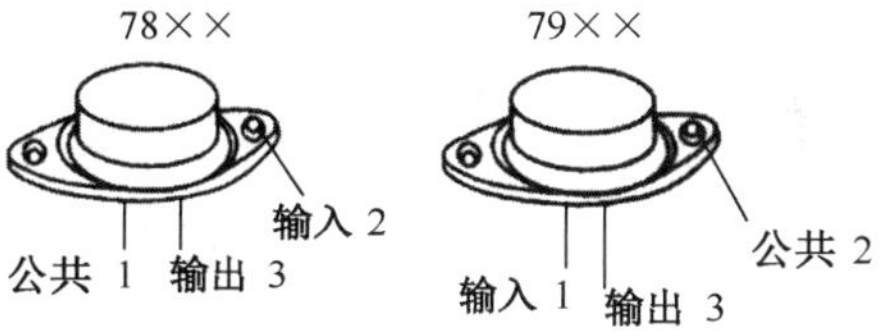

2．78××系列及 79××系列三端集成稳压器的型号

78××系列及 79××系列国产固定输出三端集成稳压器的型号如图 3-2-1 所示。

（1）型号中 78（79）前一般有字母，代表生产厂家或某种标准，如 CW 系列表示国产稳压器，LM 系列表示由美国半导体公司生产。

（2）型号中 78（79）后面的两位数字表示输出电压值。例如，CW7809 型的输出电压为+9V，CW7912 型的输出电压为−12V。

（3）型号中 78（79）后面的字母表示输出电流值，L 为 0.1A，M 为 0.5A，无字母为 1.5A。

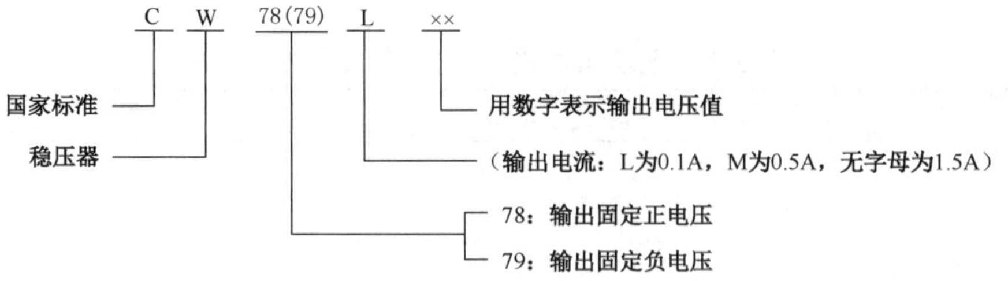

图 3-2-1　78××系列及 79××系列国产固定输出三端集成稳压器的型号

3．78××系列及 79××系列三端集成稳压器的分类

固定输出三端集成稳压器有很多输出电压等级，可根据实际需要选择使用。

（1）CW78××系列正电压输出集成稳压器，按输出电压的不同分为 5V、6V、8V、9V、12V、15V、18V、24V 等。

（2）CW79××系列负电压输出集成稳压器，按输出电压的不同分为−5V、−6V、−8V、−9V、−12V、−15V、−18V、−24V 等。

4．78××系列及 79××系列三端集成稳压器的引脚排列和图形符号

不同公司的封装和不同系列的三端集成稳压器三个引脚的排列与功能有所不同，使用时必须注意。

1）CW78××系列正电压输出集成稳压器

本书在进行分析时，对于 78××系列统一为 1 号引脚为输入端（IN），2 号引脚为公共端（ADJ），3 号引脚为输出端（OUT）。常见 CW78××系列的引脚排列和图形符号如图 3-2-2 所示。

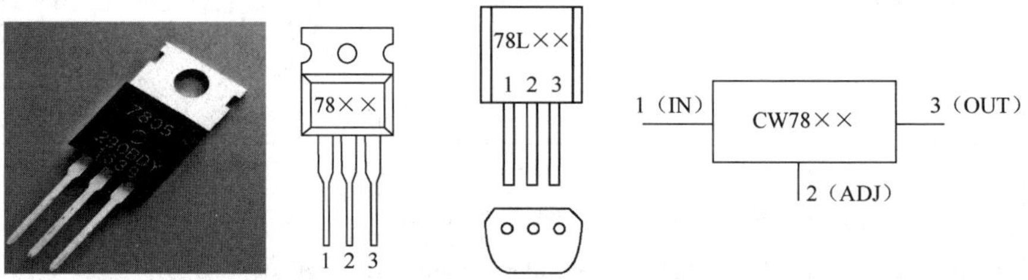

图 3-2-2　常见 CW78××系列的引脚排列和图形符号

2）CW79××系列负电压输出集成稳压器

CW79××系列引脚排列与 CW78××系列不同。本书在进行分析时，对于 79××系列统一为 1 号引脚为公共端（ADJ），2 号引脚为输入端（IN），3 号引脚为输出端（OUT）。常见 CW79××系列的引脚排列和图形符号如图 3-2-3 所示。

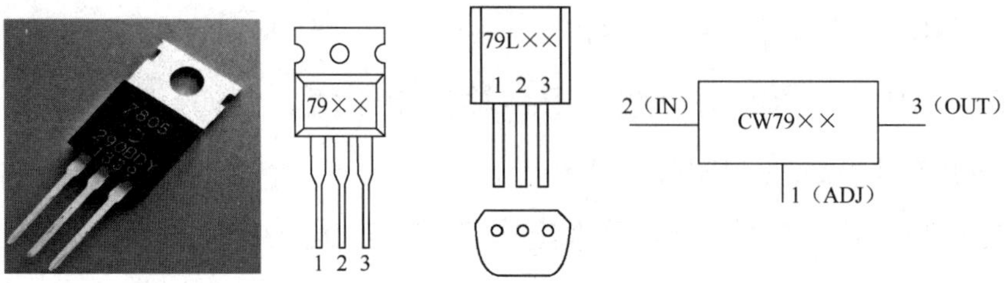

图 3-2-3　常见 CW79××系列的引脚排列和图形符号

5. 三端集成稳压器的参数

三端集成稳压器的主要参数如表 3-2-2 所示。此外还有一些其他参数，这里不再一一列举。

表 3-2-2　三端集成稳压器的主要参数

参数名称	符　号	说　明
最大输入电压	U_{iM}	稳压器正常工作时允许输入的最大电压
输出电压范围	U_L	稳压器参数符合指标要求时的输出电压范围。对于三端集成稳压器，其电压偏差范围一般为±5%
最大输出电流	I_{LM}	保证稳压器安全工作时允许输出的最大电流
最小输入输出压差	$(U_i-U_L)_{min}$	能保证稳压器正常工作所要求的输入电压与输出电压的最小差值。输入、输出压差要大于 3V，压差太小会使稳压器性能变差，甚至起不到稳压作用；压差太大又会增大稳压器自身消耗的功率，并使最大输出电流减小

6. 三端集成稳压器的检测

78××系列三端集成稳压器的检测方法，可分为电阻检测法和电压测试法两种。

1）电阻检测法判断好坏

表 3-2-3 所示为 78××系列三端集成稳压器实测电阻，可供测试时对照参考。

（1）用万用表电阻挡测出各引脚间的电阻，并与表 3-2-3 中的正常值进行比较，若两个电阻相差较大，则说明该 78××系列三端集成稳压器性能有问题。

（2）若测得某三端集成稳压器两引脚之间的正、反向电阻均很小或接近 0Ω，则可判断该三端集成稳压器内部已击穿损坏。

（3）若测得某三端集成稳压器两引脚之间的正、反向电阻均为无穷大，则说明该三端集成稳压器已开路损坏。

（4）若测得某三端集成稳压器的电阻不稳定，随温度的变化而改变，则说明该三端集成稳压器的热稳定性能不良。

表 3-2-3　78××系列三端集成稳压器实测电阻

红表笔所接引脚	黑表笔所接引脚	正常电阻/kΩ	红表笔所接引脚	黑表笔所接引脚	正常电阻/kΩ
GND	V_i	15～50	V_o	GND	3～7
GND	V_o	5～15	V_o	V_i	30～50
V_i	GND	3～6	V_i	V_i	4.5～5.5

需要说明的是，78××系列三端集成稳压器各引脚之间的电阻随生产厂家、稳压值及批号等的不同均有一定差异，所以在测试时要灵活掌握、具体分析。

2）电压测试法判断好坏

以 CW78××系列为例，判断三端集成稳压器的好坏，三端集成稳压器的电压测试法如图 3-2-4 所示。

（1）在三端集成电路输入端加上直流电源电压 U_G，所加电压至少比该集成电路的输出电压高 2V，且所加电压的最大值不得超过 35V（适用于 CW7805—CW7818 之间的芯片）或 40V（适用于 CW7824 芯片）。

（2）将万用表调到直流电压挡，测量 CW78××电路中 3 号引脚与 2 号引脚间的电压，若测得电压值输出稳定，且在集成稳压器标称稳压值的±5%内，则说明器件是好的，否则就是坏的。

（3）若在电路中判别 CW78××的好坏，则可在保证输入端电压正常的情况下，先断开 CW78××的全部负载，再按上述方法进行测量。

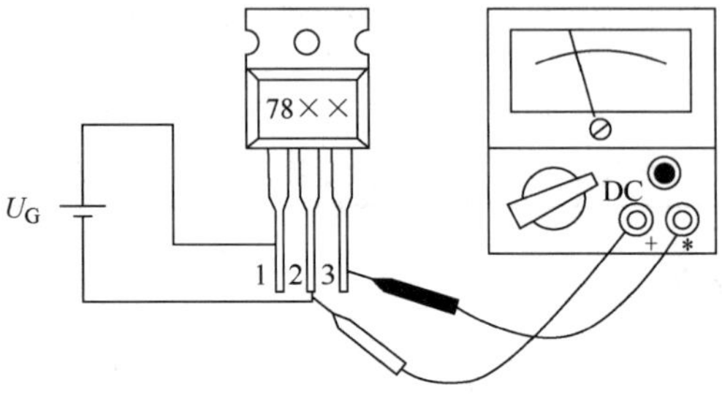

图 3-2-4　三端集成稳压器的电压测试法

知识三　固定输出三端集成稳压器应用电路

三端集成稳压器已经标准化、系列化了，内部电路设计完善，辅助电路齐全，只需要连接很少的外围元器件，就能构成一个完整的电路，且具有提高输出电压、扩大输出电流及输出电压可调等多种功能。

1. 基本应用电路

图 3-2-5 所示为固定输出三端集成稳压器的基本应用电路。电路中，电容 C_1 用于减小输入电压的脉动和防止过电压，电容 C_2 用于削弱电路的高频干扰，并具有消振作用。

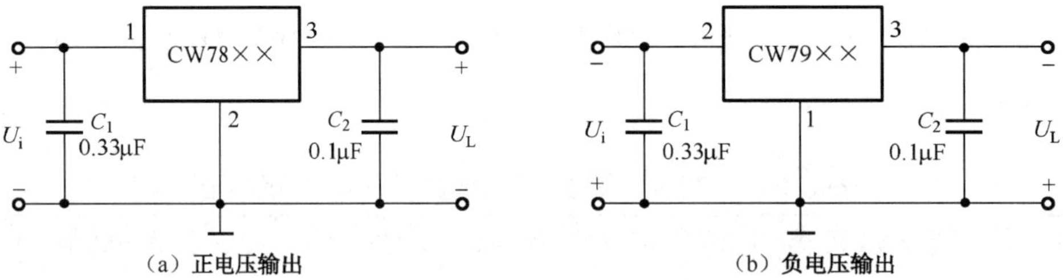

图 3-2-5　固定输出三端集成稳压器的基本应用电路

2. 提高输出电压的稳压电路

当实际需要的直流电压超过集成稳压器规定的值时，可外接一些元器件来适当提高输出电压。图 3-2-6 所示为提高输出电压的稳压电路。其中，R_1 和 R_2 为外接电阻，输出电压为

$$U_L = \left(1+\frac{R_2}{R_1}\right)U_{XX}$$

式中，U_{XX} 为集成稳压器的额定电压。

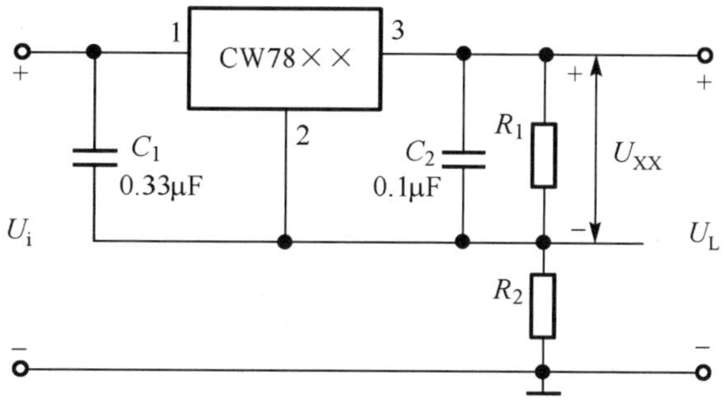

图 3-2-6　提高输出电压的稳压电路

3．扩大输出电流的稳压电路

CW78××系列固定输出三端集成稳压器的输出电流最大只有 1.5A。当某些场合需要更大的电流时，可采用图 3-2-7 所示的扩大输出电流的稳压电路来扩大输出电流。电路输出的电流为

$$I_L = I_o + I_C$$

式中，I_o为 CW78××系列稳压器的输出电流；I_C为外接大功率管的集电极电流。

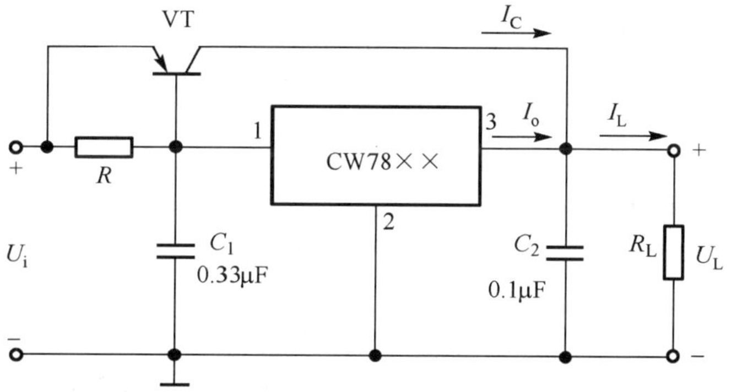

图 3-2-7　扩大输出电流的稳压电路

4．同时输出正、负电压的稳压电路

在电子电路中，常常需要同时输出正、负电压的双向直流电源，由集成稳压器组成的这种电源形式较多，图 3-2-8 所示为 CW78××正电压和 CW79××负电压稳压器组成的同时输出正、负电压的稳压电路。两组电源采用同一个整流电源和同一个公共接地端，可以同时输出正、负两种电压。

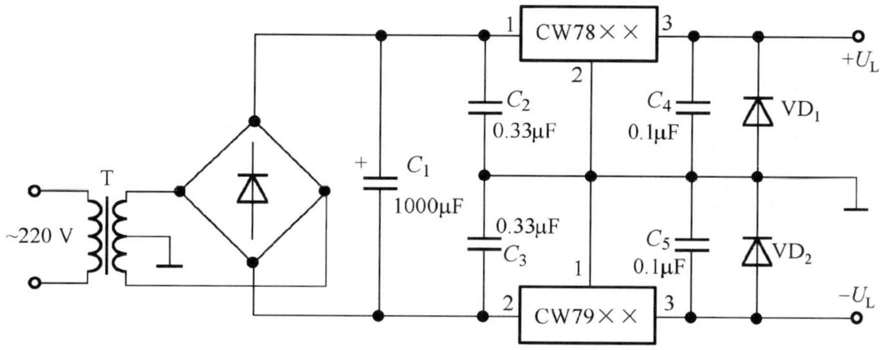

图 3-2-8　CW78××正电压和 CW79××负电压稳压器组成的同时输出正、负电压的稳压电路

注意

（1）稳压器的引脚不能接错，公共端不能悬空（浮地）。

（2）如稳压器输出使用电解电容器，当输出电压高于 6V 时，输出、输入之间应并联保护二极管，以防止因输入端短路，输出电容器通过稳压器放电而损坏稳压器。

（3）一般稳压器的最大输入电压为 35V。7824（或 7924）的最大输入电压为 40（或-40）V，整流电路输出电压的峰值不得超过此值。

任务实施

1. 7805 直流电源线路原理图识读

原理图是电子线路装接和检修的重要资料之一，正确识读原理图，不管是对电子线路装接还是对检修而言都至关重要。要正确识读原理图，关键是掌握原理图三要素：元器件符号、元器件代号、元器件型号或参数。7805 直流电源线路原理图三要素如图 3-2-9 所示。

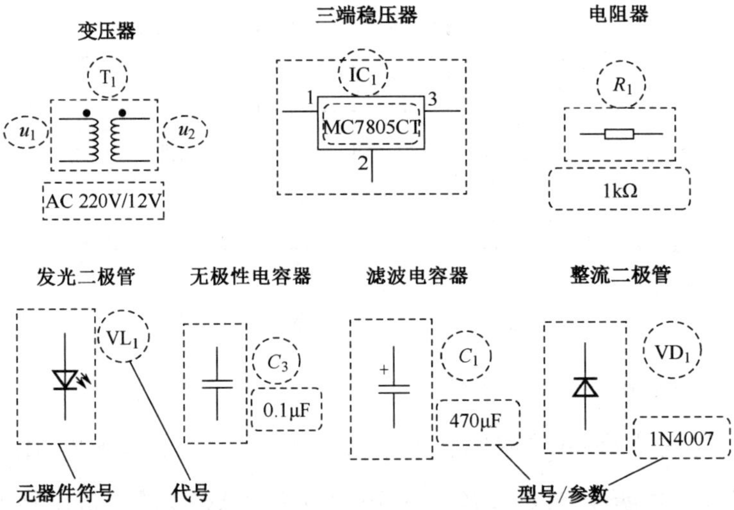

图 3-2-9　7805 直流电源线路原理图三要素

原理图识读或绘制的具体要求如下。

（1）图上体现交点。

① “∟”连接和“⊥”连接的连接点可以不加黑点。

② “＋”连接的连接点必须加黑点，不加则表示为非连接点。

（2）图上体现元器件极性。

① 符号无极性特点但实际有极性的元器件要标明极性。

② 符号有极性特点的元器件可不标明极性。

（3）图上体现元器件符号、代号、参数、连接。

① 必须正确画出元器件符号。

② 必须正确标出元器件的代号和参数（型号或值）。

③ 画出正确的电气连接。

7805 直流电源线路原理图如图 3-2-10 所示。

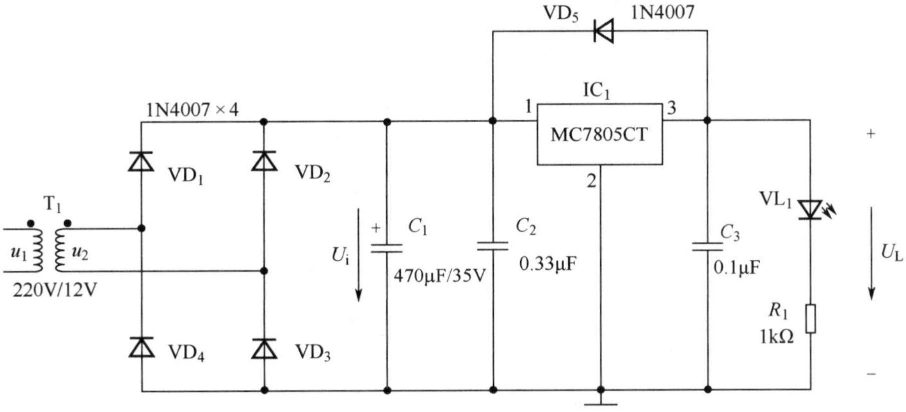

图 3-2-10　7805 直流电源线路原理图

2．7805 直流电源线路插装布线图识读

插装布线图是电子线路插装的依据，它是线路原理和插装要求相结合的产物。要正确装接线路就需要正确识读插装布线图。同原理图一样，关键是掌握三要素：元器件形状、元器件代号、元器件参数。7805 直流电源线路插装布线图三要素如图 3-2-11 所示。

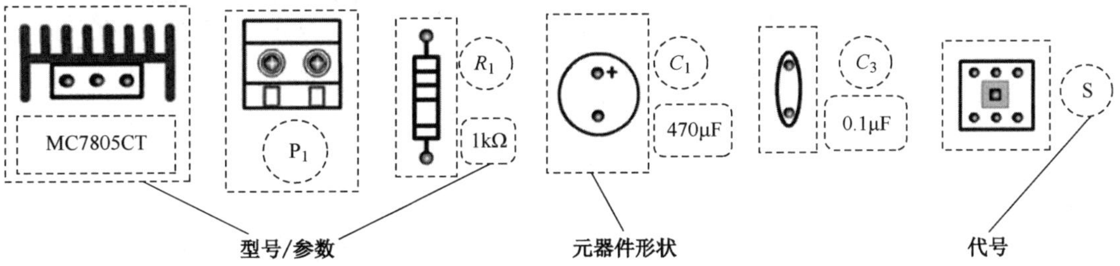

图 3-2-11　7805 直流电源线路插装布线图三要素

插装布线图识读或绘制的具体要求如下。

（1）图上体现焊点。

连接处必须体现焊点（加焊点标志）。

（2）图上体现元器件形状。

① 图上体现元器件的真实形状，电阻器要标明色环。

② 图上元器件所占的孔数与总占格数要符合要求。

（3）图上体现元器件极性。

有极性的元器件要正确标明极性。

（4）图上体现元器件代号、参数、连接。

① 必须正确标出元器件的代号和参数（型号或值）。

② 画出正确的电气连接（必须与线路原理图的电气连接一致）。

7805 直流电源线路插装布线图如图 3-2-12 所示。

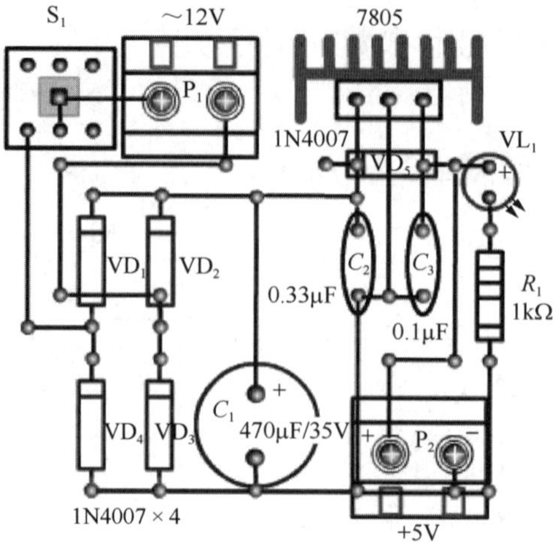

图 3-2-12　7805 直流电源线路插装布线图

3．7805 直流电源线路元器件检测

焊接前检测元器件是电路制作的重要一步，必须认真完成这一步，降低返工的可能性。按照表 3-2-4 所示进行元器件检测。

表 3-2-4　元器件检测表

元器件	型号/规格	检测项目	检测过程		检测结果	
			检测工具	检测步骤	好坏/值	极性/标识
电阻器	1kΩ，1/4W	电阻	万用表	① 用色环法读出电阻、精度（如电阻为 1kΩ，精度为 ±5%） ② 万用表选取电阻挡（机械、欧姆调零） ③ 选取合适的量程（使指针落在满刻度的 1/3～2/3 处，换挡时注意欧姆调零） ④ 读数（读数时，眼睛、指针、刻度要在同一条直线上） ⑤ 判断好坏：$\frac{测量值-标称值}{标称值}\times100\%$ 小于等于精度时，电阻器可用，可判断为好	实测值	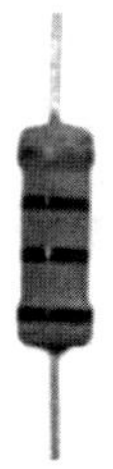
		好坏			好/坏	
电解电容器	470μF，35V	电容	电容表/目测	① 万用表选取电阻挡（机械、欧姆调零） ② 选取合适的量程：原则上，大电容选取倍率小的挡位，小电容选取倍率大的挡位，不可以选取 R × 10kΩ 挡。例如，470μF 的电容器，可选取 R × 10Ω 挡 ③ 判断好坏：将黑表笔接电容器正极，红表笔接电容器负极，万用表指针迅速偏转（充电，较大幅度），最后慢慢返回电阻无穷大处；将电容器放电，将黑表笔接电容器负极，红表笔接电容器正极，万用表指针迅速偏转（充电，较大幅度），最后慢慢返回接近电阻无穷大处（电容器一般存在一定的反向漏电流，所以反接时，指针回不到无穷大处，会有一定距离），那么可以认为这个电容器可用，是好的。返回越到位，电容器性能越好。其他情况认为不可用 ④ 判断极性：根据电容器反接时存在较大漏电流这一特点，可以判断指针回不到无穷大处那次，红表笔接的是电容器正极	470μF 35V	
		好坏	万用表		好/坏	

续表

<table>
<tr><th rowspan="2">元器件</th><th rowspan="2">型号/规格</th><th rowspan="2">检测项目</th><th colspan="2">检 测 过 程</th><th colspan="2">检 测 结 果</th></tr>
<tr><th>检测工具</th><th>检 测 步 骤</th><th>好坏/值</th><th>极性/标识</th></tr>
<tr><td>电解电容器</td><td>470μF，35V</td><td>极性</td><td>万用表/目测</td><td>⑤ 电容器的电容可以用电容表测量，也可以直接目测，读出参数（小电容的电容器由于充放电不明显，一般不直接用万用表测极性和好坏）</td><td>目测：引脚较长的一侧为正极，引脚较短或白边那一侧为负极</td><td></td></tr>
<tr><td rowspan="2">发光二极管</td><td rowspan="2">ϕ5 红普亮</td><td>极性</td><td>万用表/目测</td><td rowspan="2">① 判断极性。目测：引脚较长的一侧为正极，引脚较短或白边那一侧为负极。透明封装的普通发光二极管，内部电极较宽且大的为负极，而较窄且小的为正极。用万用表测量点亮二极管，黑表笔接的是发光二极管的正极
② 判断好坏：万用表选取 R × 1kΩ 挡（机械、欧姆调零）。黑、红表笔搭在发光二极管的正、负极，发光二极管发光，万用表的读数约为 20kΩ。量程不变，红、黑表笔对调，发光二极管不亮，万用表的读数为∞，表明发光二极管是好的</td><td>目测：引脚较长的一侧为正极，引脚较短或白边那一侧为负极</td><td rowspan="2">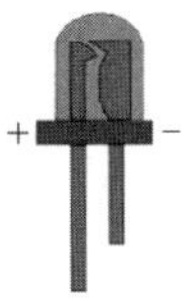</td></tr>
<tr><td>好坏</td><td>万用表/目测</td><td>好/坏</td></tr>
<tr><td rowspan="3">二极管/稳压二极管</td><td rowspan="3">1N4007</td><td>极性</td><td>万用表/目测</td><td rowspan="3">① 万用表选取 R × 100Ω 或 R × 1kΩ 挡（机械、欧姆调零）
② 判断极性：先将两支表笔分别接二极管的两个电极，测出一个结果后，对调两支表笔，再测出一个结果。在两次测量的结果中，测出电阻较小（指针偏转大）的值为二极管的正向电阻，此时黑表笔接的是二极管的正极
③ 判断好坏：<table><tr><th>正向电阻</th><th>反向电阻</th><th>管子好坏</th></tr><tr><td>较小</td><td>较大</td><td>管子好（正、反向电阻相差越大，单向导电性越好）</td></tr><tr><td>趋于 0</td><td>趋于 0</td><td>管子短路损坏</td></tr><tr><td>趋于∞</td><td>趋于∞</td><td>管子开路损坏</td></tr><tr><td colspan="2">正、反向电阻比较接近</td><td>管子质量不佳</td></tr></table>④ 硅管及锗管判断：用二极管串联合适的电阻器并接电源，用万用表测量二极管的管压降。若测得的管压降为 0.6～0.7V，则为硅二极管；若测得的管压降为 0.2～0.3V，则为锗二极管</td><td>目测：管壳表面，有灰白标识的一端为负极</td><td rowspan="3"></td></tr>
<tr><td>好坏</td><td>万用表/目测</td><td>好/坏</td></tr>
<tr><td>硅管/锗管</td><td>万用表</td><td>硅/锗</td></tr>
<tr><td>三端稳压器</td><td>MC7805CT</td><td>引脚</td><td>目测</td><td>① 引脚朝下，型号面（有文字的一面）面向自己，左边为 1 号引脚，中间为 2 号引脚，右边为 3 号引脚，78××系列的 1 号引脚为输入端，2 号引脚为公共端，3 号引脚为输出端
② 电阻检测法判断好坏：先用万用表电阻挡测出各引脚间的电阻，然后与下表中的正常值相比较。若两个电阻相差较大，则说明该稳压器性能有问题</td><td>引脚</td><td></td></tr>
</table>

续表

<table>
<tr><th rowspan="2">元器件</th><th rowspan="2">型号/规格</th><th rowspan="2">检测项目</th><th colspan="2">检 测 过 程</th><th colspan="2">检 测 结 果</th></tr>
<tr><th>检测工具</th><th>检 测 步 骤</th><th>好坏/值</th><th>极性/标识</th></tr>
<tr><td>三端稳压器</td><td>MC7805CT</td><td>好坏</td><td>万用表</td><td>
<table>
<tr><th>红表笔所接引脚</th><th>黑表笔所接引脚</th><th>正常电阻/kΩ</th></tr>
<tr><td>GND</td><td>V_i</td><td>15～50</td></tr>
<tr><td>GN</td><td>V_o</td><td>5～15</td></tr>
<tr><td>V_i</td><td>GND</td><td>3～6</td></tr>
<tr><th>红表笔所接引脚</th><th>黑表笔所接引脚</th><th>正常电阻/kΩ</th></tr>
<tr><td>V_o</td><td>GND</td><td>3～7</td></tr>
<tr><td>V_o</td><td>V_i</td><td>30～50</td></tr>
<tr><td>V_i</td><td>V_o</td><td>4.5～5.5</td></tr>
</table>
③ 在三端集成电路输入端加上直流电源电压 U_G，所加电压至少比该集成电路的输出电压高 2V，且所加电压的最大值不得超过 35V（适用于 CW7805—CW7818 之间的芯片）或 40V（适用于 CW7824 芯片）。将万用表调到直流电压挡，测量 CW78××电路中 3 号引脚与 2 号引脚间的电压，若测出电压值与该器件的稳压值相同，则证明器件是好的，否则就是坏的</td><td>好坏</td><td>
</td></tr>
</table>

4．按照装接工艺对 7805 直流电源线路进行安装

元器件成形、插装、焊接的工艺和要求，请参照电子线路装接工艺训练部分的相关工艺。线路安装布局及散热片的安装如图 3-2-13 所示。

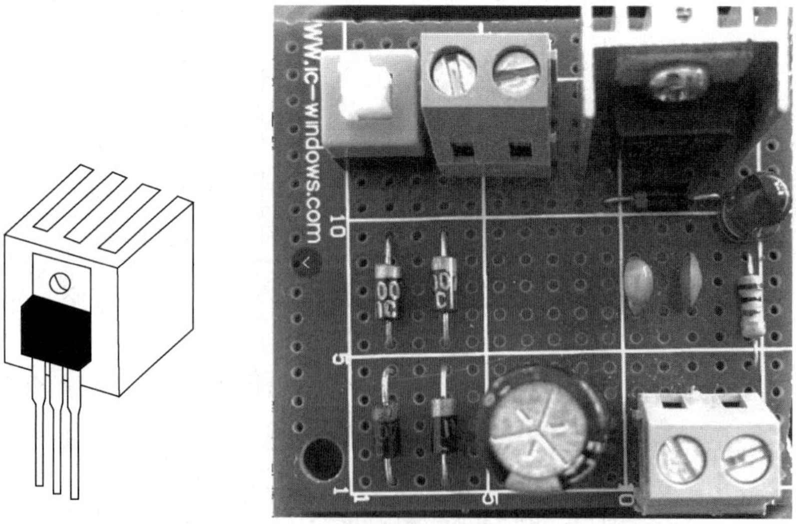

图 3-2-13　线路安装布局及散热片的安装

5．按照检测步骤对 7805 直流电源线路进行调试检测

按表 3-2-5 所示对 7805 直流电源线路进行调试检测。

表 3-2-5　7805 直流电源线路调试检测

<table>
<tr><th>序　号</th><th colspan="2">作 业 项 目</th><th>作 业 内 容</th></tr>
<tr><td rowspan="4">1</td><td rowspan="4">通电前检测</td><td>极性及错、漏焊</td><td>对照线路原理图及插装布线图核对元器件的位置、极性及错焊、漏焊</td></tr>
<tr><td>电气连接</td><td>对照原理图用万用表检测线路连接是否正确、可靠，不能有虚焊、搭焊</td></tr>
<tr><td>三端集成稳压器</td><td>核对 7805 输入端、输出端及公共端，散热片与 7805 芯片要贴紧安装</td></tr>
<tr><td>变压器</td><td>检查变压器引线及接线端子是否完好无损，规格为 AC220V/12V</td></tr>
<tr><td rowspan="4">2</td><td rowspan="4">通电时注意事项</td><td>电容器</td><td>不出现膨胀现象，通电时保证人脸不正对电容器，以防电容器爆炸伤人</td></tr>
<tr><td>三端集成稳压器</td><td>三端集成稳压器芯片温度为常温</td></tr>
<tr><td>变压器</td><td>出现异常时必须立即断电检查</td></tr>
<tr><td>外接连线</td><td>先将电路外接连线接好，检查无误后，再接电源（或打开电源开关），拆线时一定要先关电源再拆线，确保安全操作</td></tr>
<tr><td rowspan="8">3</td><td rowspan="8">通电检测</td><td>电路功能</td><td>在输入端接入 220V/12V 变压器，验证电路功能是否正常（观察电路电源指示灯亮，测量电路输出电压约为 5V），若功能正常，则按下面的作业内容进行电路检测；若功能不正常，则进行检修</td></tr>
<tr><td rowspan="3">电压测量</td><td>用万用表测量变压器二次侧电压</td></tr>
<tr><td>用万用表测量 7805 输入端电压</td></tr>
<tr><td>用万用表测量 7805 输出端电压</td></tr>
<tr><td rowspan="3">波形测量</td><td>用示波器测量变压器二次侧电压波形</td></tr>
<tr><td>用示波器测量 7805 输入端电压波形</td></tr>
<tr><td>用示波器测量 7805 输出端电压波形</td></tr>
<tr><td>输出电流测量</td><td>将负载加在输出端，依次闭合开关，用万用表测量负载为 2 个、4 个、6 个、8 个、10 个及 12 个时相对应的输出电流及输出电压

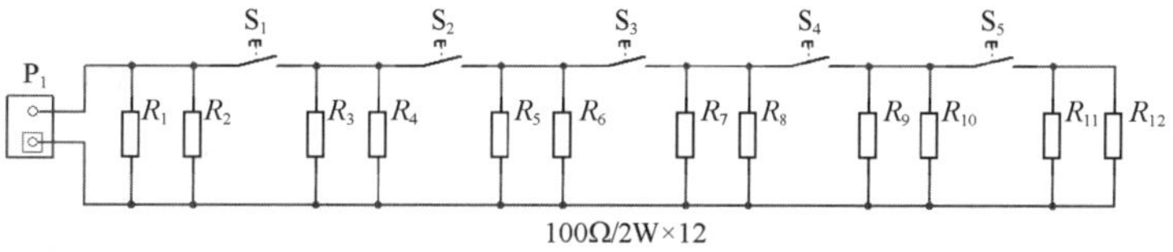
</td></tr>
<tr><td rowspan="3">4</td><td rowspan="3">线路检修</td><td rowspan="3">故障排除</td><td>进行关键点测量，采用对比正常关键点电压和波形的方法进行线路检修</td></tr>
<tr><td>检修排故后对线路重新进行通电检测</td></tr>
<tr><td>总结故障检修排除的方法和步骤，编制故障检修流程图</td></tr>
<tr><td>5</td><td>安全文明施工</td><td>安全操作</td><td>在任务实施过程中必须严格按照相关安全规程执行</td></tr>
</table>

任务三　AT89S52 控制 LED 心形流水灯线路的安装与调试

任务描述

能够按照装接工艺对 AT89S52 控制 LED 心形流水灯线路进行安装、调试检测与检修。

任务目标

终极目标：能够按照工艺要求对 AT89S52 控制 LED 心形流水灯线路进行安装与调试。

促成目标：

（1）能够对 AT89S52 控制 LED 心形流水灯线路原理图进行识读。

（2）能够对 AT89S52 控制 LED 心形流水灯线路插装布线图进行识读。

（3）能够根据元器件检测要求进行 AT89S52 控制 LED 心形流水灯线路元器件的检测。

（4）能够按照装接工艺对 AT89S52 控制 LED 心形流水灯线路进行安装。

（5）能够按照检测步骤对 AT89S52 控制 LED 心形流水灯线路进行调试检测。

（6）能够按照检修要求对 AT89S52 控制 LED 心形流水灯线路进行检修。

知识平台

知识一　AT89S52 单片机芯片

随着大规模集成电路芯片广泛应用于各个领域，大规模集成电路芯片的安装成为电子装接工艺的重要组成部分。目前，单片机已经渗透到我们生活的各个领域，广泛应用于仪器仪表、家用电器、医用设备、航空航天、专用设备的智能化管理及过程控制等领域。

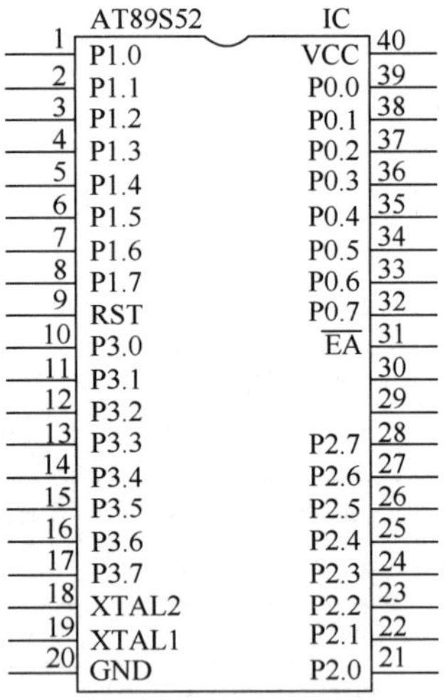

图 3-3-1　AT89S52 单片机最小系统原理图（双列直插式封装芯片图）

1．AT89S52 单片机芯片图

AT89S52 单片机是 Atmel 公司生产的一种低功耗、高性能 CMOS 8 位微控制器，其最小系统原理图（双列直插式封装芯片图）如图 3-3-1 所示。

2．AT89S52 单片机部分引脚功能（引脚第二功能略）简介

单片机的 40 个引脚大致可分为 4 类：电源、时钟、控制和 I/O 引脚。下面简单介绍单片机的部分引脚功能，更多信息请查阅 Atmel 公司的技术文档。

（1）VCC（40 号引脚）：电源端，接+5V 电源。

（2）GND（20 号引脚）：接地端。

（3）RST（9 号引脚）：复位信号输入端。

（4）$\overline{EA}$（31 号引脚）：访问片外程序存储器控制信号。为了执行片内程序指令，$\overline{EA}$应该接 VCC。

（5）XTAL1（19 号引脚）、XTAL2（18 号引脚）：晶体振荡电路反相输入端和输出端。

（6）共有 4 个 8 位并行 I/O 端口，共 32 个引脚，分别如下。

① P0 口：P0.0～P0.7（32～39 号引脚）。

② P1 口：P1.0～P1.7（1～8 号引脚）。

③ P2 口：P2.0～P2.7（21～28 号引脚）。

④ P3 口：P3.0～P3.7（10～17 号引脚）。

3. 单片机最小系统

单片机最小系统又称为最小应用系统，是指用最少的元器件组成的单片机可以工作的系统。对 51 系列单片机来说，最小系统一般应该包括单片机、电源、振荡电路及复位电路。

1）电源

单片机使用的是 5V 电源，其中正极接 40 号引脚，负极（地）接 20 号引脚。AT89S52 单片机外接电源示意图如图 3-3-2 所示。

图 3-3-2　AT89S52 单片机外接电源示意图

2）振荡电路

单片机是一种时序电路，必须供给脉冲信号才能正常工作，在单片机内部已集成了振荡器，使用晶体振荡器接 18、19 号引脚。单片机外接振荡电路如图 3-3-3 所示。

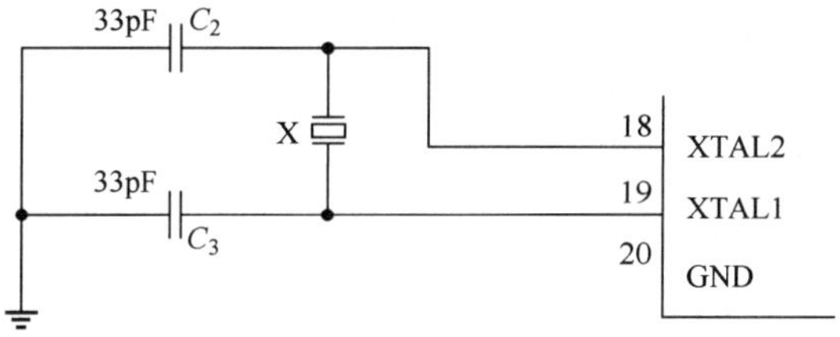

图 3-3-3　单片机外接振荡电路

3）复位电路

单片机复位电路有两种方式，分别为自动与手动复位，复位信号为高电平有效。单片机复位电路如图 3-3-4 所示。

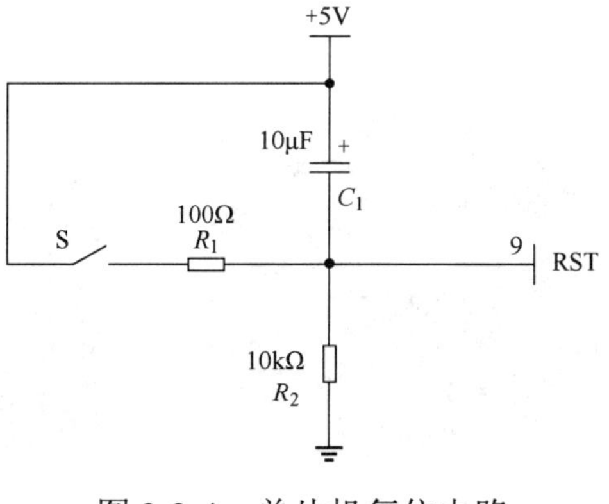

图 3-3-4　单片机复位电路

4）$\overline{EA}$（31 号引脚）

此引脚用于执行单片机内部程序指令，$\overline{EA}$ 直接接+5V 电源。

5）AT89S52 单片机最小系统图

AT89S52 单片机最小系统图如图 3-3-5 所示。

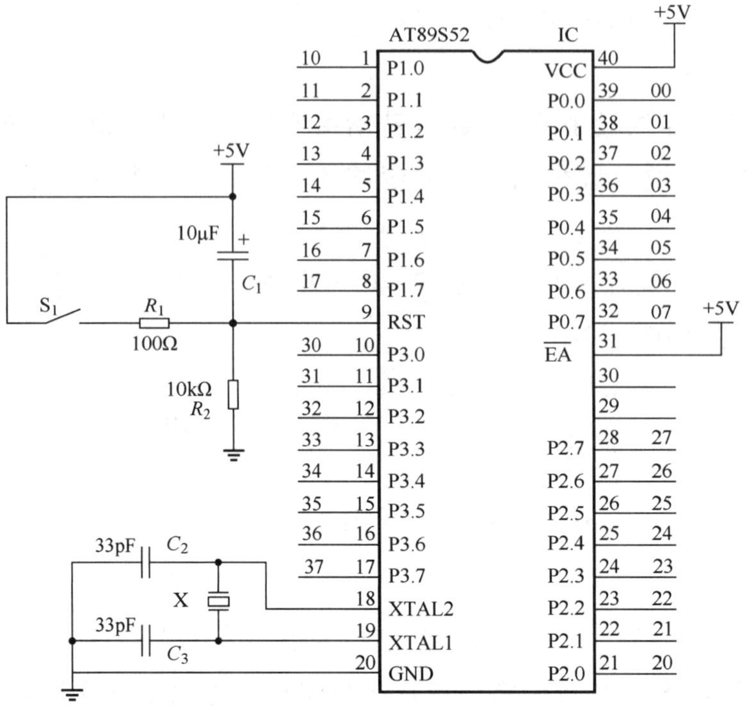

图 3-3-5　AT89S52 单片机最小系统图

知识二　发光二极管

半导体发光器件包括发光二极管、数码管、符号管、米字管及点阵式显示屏（简称矩阵管）等。事实上，数码管、符号管、米字管及矩阵管中的每个发光单元都是一个发光二极管。

1．外形与原理

发光二极管是一种将电能转化为光能的半导体器件，其外形如图 3-3-6 所示。发光二极管由一个 PN 结构成，是利用 PN 结正偏时，注入到 N 区和 P 区的载流子被复合时会发出可见光和不可见光的原理制成的。

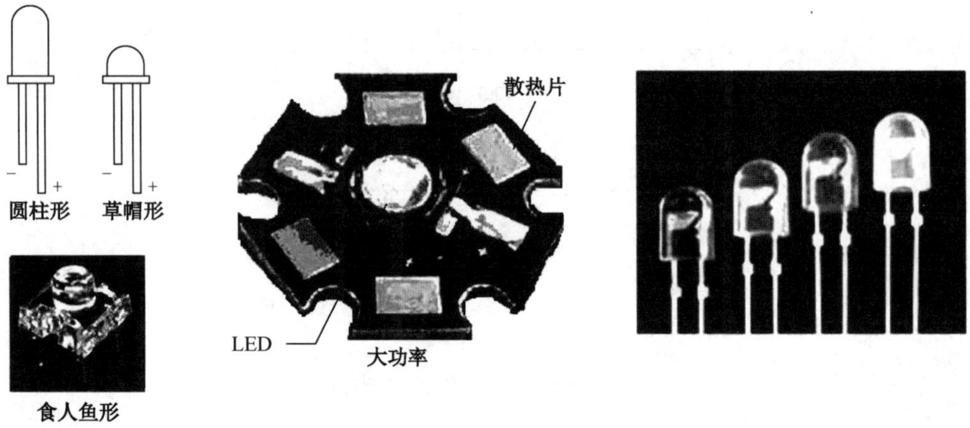

图 3-3-6　发光二极管的外形

当正向电压为 1.5～3V 时，有正向电流通过，发光二极管就会发光，发光的亮度和正向工作电流成正比。根据使用材料不同，发光二极管可发出红、黄、绿、蓝、紫等颜色的可见光。发出可见光为红、橙、黄、绿、蓝的发光二极管的工作电压依次升高。

2．结构及电路符号

发光二极管的结构及图形符号如图 3-3-7 所示。

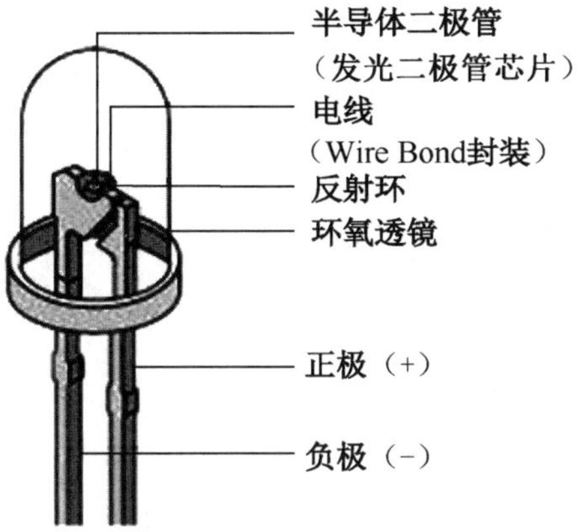

图 3-3-7　发光二极管的结构及图形符号

3．分类及应用

1）分类

发光二极管可分为普通单色发光二极管、高亮度发光二极管、超高亮度发光二极管、变色发光二极管、闪烁发光二极管、电压控制型发光二极管、红外发光二极管和负阻发光二极管等。

2）应用

发光二极管具有工作电压很低、工作电流很小、抗冲击和抗震性能好、可靠性高、使用寿命长、发光强弱可调等特点。因此，发光二极管得到了广泛应用，在许多电路及仪器中作为指示灯，或者组成文字或数字进行显示，还可作为发光二极管光源。

4．识别与检测

1）外观判断极性

（1）对于新管子，引脚长的为正极，引脚短的为负极。

（2）有切口的管子，切口端的引脚为负极，另一引脚为正极。

（3）透明封装的普通发光二极管，内部电极较宽且大的为负极，而较窄且小的为正极。

2）测量检测判断好坏及极性

（1）判断好坏。

① 方法 1：万用表选取 R × 1Ω 挡，黑、红表笔搭在发光二极管的正、负极，发光二极

管会发光；万用表选取 R × 1kΩ 挡，红、黑表笔对调，发光二极管不亮，万用表的读数为∞，表明发光二极管是好的。

② 方法 2：采用外接电源检测，使用 3V 稳压源或两节串联的干电池，电池的负极接至发光二极管的负极，用电池的正极瞬间碰触发光二极管的正极，若能发光，则发光二极管是好的；若不能发光，则该发光二极管已损坏。

（2）判断极性。

用万用表测量点亮二极管，黑表笔接的是发光二极管的正极，红表笔接的是发光二极管的负极。

知识三　AT89S52 控制 LED 心形流水灯线路

1．LED 心形流水灯线路布局图

LED 心形流水灯线路布局图如图 3-3-8 所示。

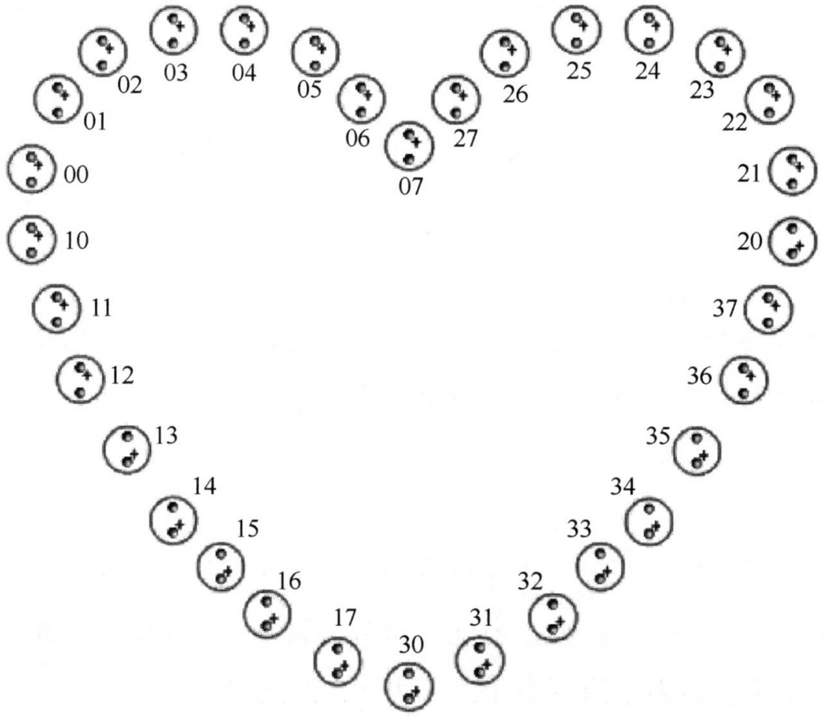

图 3-3-8　LED 心形流水灯线路布局图

2．LED 心形流水灯线路设计要求

（1）LED 为共阳极接法（所有 LED 的阳极接在一起），就近接到 IC 的 40 号引脚。

（2）LED 的阴极（负极）按原理图一一对应接入 IC 的 I/O 端口。

（3）按原理图合理设计电气连接走线。

（4）单片机所需的 5V 电源由接线端子引入电路板，经电源开关控制上电，电源开关有两组常开点，分别断开 40 号引脚和 20 号引脚，40 号引脚接 5V 电源“+”，20 号引脚接 5V 电源“−”。

任务实施

1．AT89S52 控制 LED 心形流水灯线路原理图识读

原理图是电子线路装接和检修的重要资料之一，正确识读原理图，不管是对电子线路装接还是对检修而言都至关重要。要正确识读原理图，关键是掌握原理图三要素：元器件符号、元器件代号、元器件型号或参数。AT89S52 控制 LED 心形流水灯线路原理图三要素如图 3-3-9 所示。

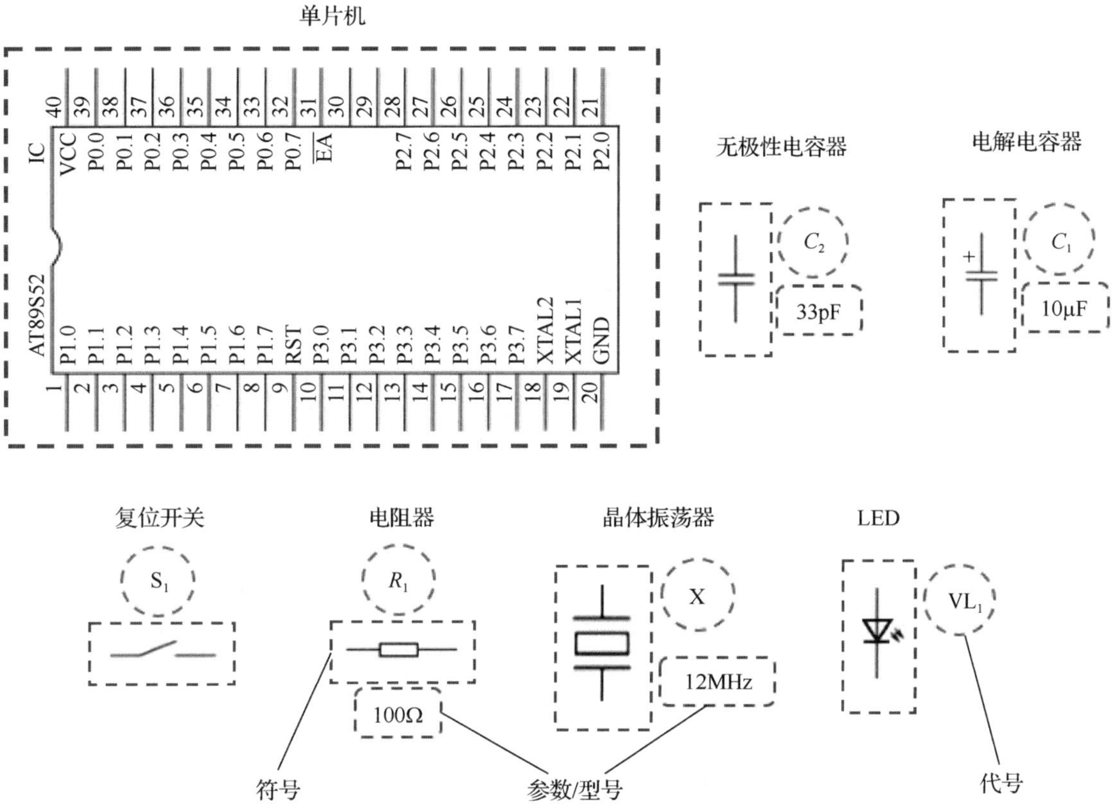

图 3-3-9　AT89S52 控制 LED 心形流水灯线路原理图三要素

原理图识读或绘制的具体要求如下。

（1）图上体现交点。

① “∟”连接和“⊥”连接的连接点可以不加黑点。

② “＋”连接的连接点必须加黑点，不加则表示为非连接点。

（2）图上体现元器件极性。

① 符号无极性特点但实际有极性的元器件要标明极性。

② 符号有极性特点的元器件可不标明极性。

（3）图上体现元器件符号、代号、参数、连接。

① 必须正确画出元器件符号。

② 必须正确标出元器件的代号和参数（型号或值）。

③ 画出正确的电气连接。

AT89S52 控制 LED 心形流水灯线路原理图如图 3-3-10 所示。

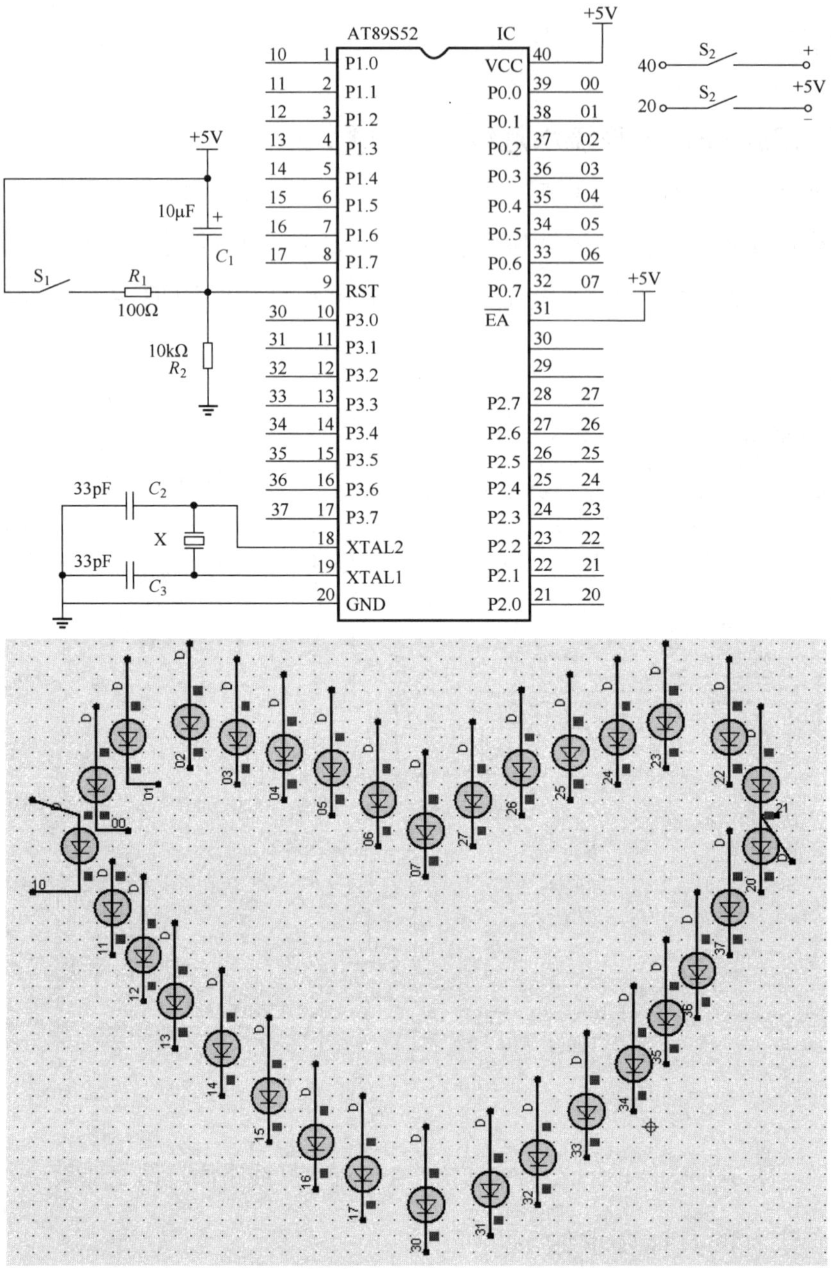

图 3-3-10 AT89S52 控制 LED 心形流水灯线路原理图

2．AT89S52 控制 LED 心形流水灯线路插装布线图识读

插装布线图是电子线路插装的依据，它是线路原理和插装要求相结合的产物。要正确装接线路就需要正确识读插装布线图。同原理图一样，关键是掌握三要素：元器件形状、元器件代号、元器件参数。AT89S52 控制 LED 心形流水灯线路插装布线图三要素如图 3-3-11 所示。

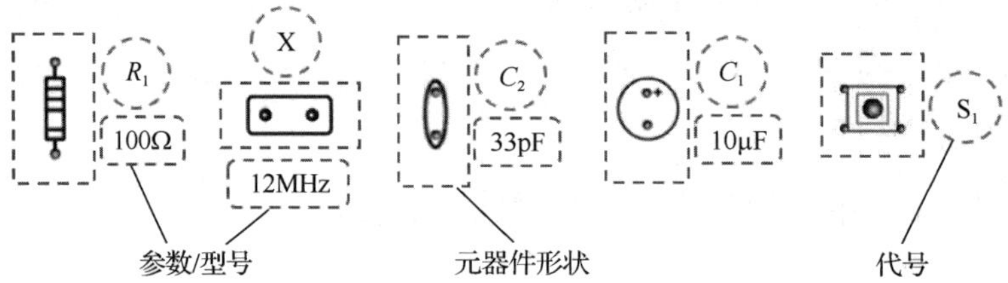

图 3-3-11 AT89S52 控制 LED 心形流水灯线路插装布线图三要素

插装布线图识读或绘制的具体要求如下。

（1）图上体现焊点。

连接处必须体现焊点（加焊点标志）。

（2）图上体现元器件形状。

① 图上体现元器件的真实形状，电阻器要标明色环。

② 图上元器件所占的孔数与总占格数要符合要求。

（3）图上体现元器件极性。

有极性的元器件要正确标明极性。

（4）图上体现元器件代号、参数、连接。

① 必须正确标出元器件的代号和参数（型号或值）。

② 画出正确的电气连接（必须与线路原理图的电气连接一致）。

AT89S52 控制 LED 心形流水灯线路插装布线图如图 3-3-12 所示。

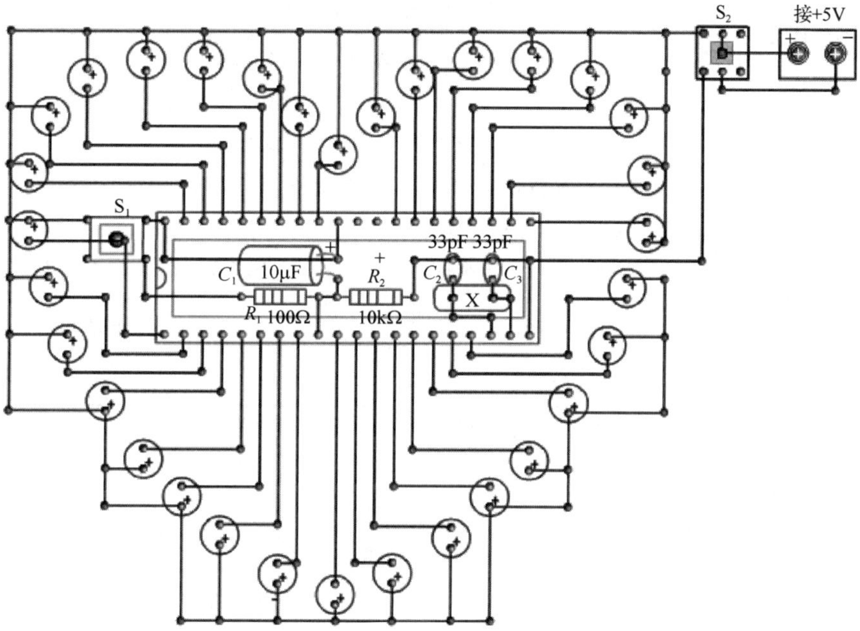

图 3-3-12　AT89S52 控制 LED 心形流水灯线路插装布线图

3．AT89S52 控制 LED 心形流水灯线路插装布线要求

（1）LED 为共阳极接法，即所有 LED 的阳极（正极）接在一起，就近接到 IC 的 40 号引脚。

（2）LED 的阴极（负极）按原理图一一对应接入 IC 的 I/O 端口。

（3）单片机最小系统的布局，除复位开关以外的其他元器件全部布置在 IC 中（其中，电解电容器采用卧装），复位开关布在 IC 外。

（4）按原理图合理设计电气连接走线。

（5）单片机所需的+5V 电源由接线端子引入电路板，经电源开关的两组常开点，分别接到 40 号引脚和 20 号引脚，应确保 40 号引脚经开关的一组常开点接到 5V 电源的“+”极，20 号引脚经开关的另一组常开点接到 5V 电源的“−”极。

（6）所有连接线必须水平或垂直放置，不允许有斜线或交叉线。

（7）电路正面不允许有跳线，反面不允许有飞线。布线要求如图 3-3-13 所示。

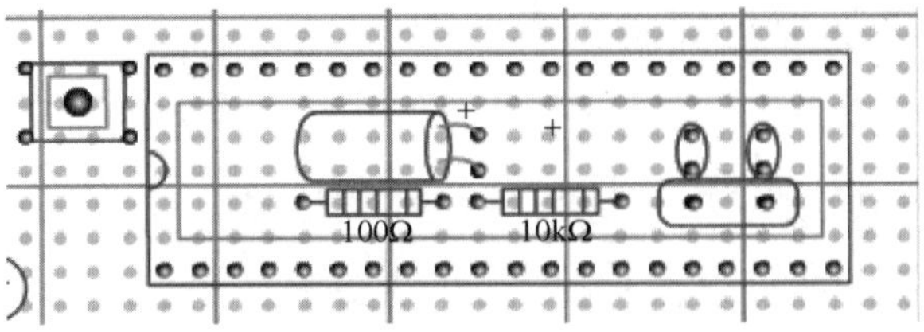

图 3-3-13 布线要求

4．AT89S52 控制 LED 心形流水灯线路元器件检测

焊接前检测元器件是电路制作的重要一步，必须认真完成这一步，降低返工的可能性。按照表 3-3-1 所示进行元器件检测。

表 3-3-1 元器件检测表

元器件	型号/规格	检测项目	检测过程		检测结果	
			检测工具	检测步骤	好坏/值	极性/标识
电阻器	100Ω、10kΩ，1/4W	电阻	万用表	① 用色环法读出电阻、精度（如电阻为10kΩ，精度为±5%）	实测值	
		好坏		② 万用表选取电阻挡（机械、欧姆调零） ③ 选取合适的量程（使指针落在满刻度的 1/3～2/3 处，换挡时注意欧姆调零） ④ 读数（读数时，眼睛、指针、刻度要在同一条直线上） ⑤ 判断好坏：$\frac{测量值-标称值}{标称值}\times 100\%$ 小于等于精度时，电阻器可用，可判断为好	好/坏	
电解电容器	10μF，25V	电容	电容表/目测	① 万用表选取电阻挡（机械、欧姆调零） ② 选取合适的量程：原则上，大电容选取倍率小的挡位，小电容选取倍率大的挡位，不可以选取 R × 10kΩ 挡（如 10μF 的电容器，可选取 R × 1kΩ 挡） ③ 判断好坏：将黑表笔接电容器正极，红表笔接负极，万用表指针迅速偏转（充电，较大幅度），最后慢慢返回电阻无穷大处；将电容器放电，将黑表笔接电容器负极，红表笔接正极，万用表指针迅速偏转（充电，较大幅度），最后慢慢返回接近电阻无穷大处（电容器一般都存在一定反向漏电流，所以反接时，指针回不到无穷大处，会有一定距离），那么可以认为这个电容器可用，是好的。返回越到位，电容器性能越好。其他情况认为不可用 ④ 判断极性：根据电容器反接时存在较大漏电流这一特点，可以判断指针回不到无穷大处那次，红表笔接电容器正极 ⑤ 电容器的电容可以用电容表测量，也可以直接目测，读出参数（小电容的电容器由于充放电不明显，一般不直接用万用表测极性和好坏）	10μF 25V	
		好坏	万用表		好/坏	
		极性	万用表/目测		目测：引脚较长的一侧为正极，引脚较短或白边那一侧为负极	

续表

元器件	型号/规格	检测项目	检测过程		检测结果	
			检测工具	检测步骤	好坏/值	极性/标识
LED	ϕ5 小草帽高亮白发红、黄、绿、蓝	极性	万用表/目测	① 外观判断极性：对于新管子，引脚长的为正极，引脚短的为负极；有切口的管子，切口端的引脚为负极，另一引脚为正极；透明封装的普通 LED，内部电极较宽且大的为负极，而较窄且小的为正极 ② 测量检测判断极性及好坏 方法 1：万用表选取 R × 1Ω 挡，黑、红表笔搭在 LED 的正、负极，LED 会发光。万用表选取 R × 1kΩ 挡，红、黑表笔对调，LED 不亮，万用表的读数为∞，表明 LED 是好的 方法 2：采用外接电源检测，用 3V 稳压源或两节串联的干电池，电池的负极接至 LED 的负极，用电池的正极瞬间碰触 LED 的正极，若能发光，则该 LED 是好的；若不能发光，则该 LED 已损坏	目测：引脚较长的一侧为正极，引脚较短或白边那一侧为负极	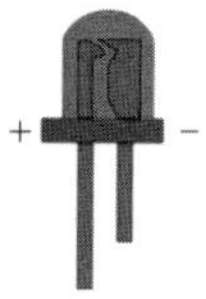
		好坏	万用表/目测		好/坏	

5．按照装接工艺对 AT89S52 控制 LED 心形流水灯线路进行安装

元器件成形、插装、焊接的工艺和要求，请参照电子线路装接工艺训练部分的相关工艺。LED 心形流水灯线路安装布局图如图 3-3-14 所示。

图 3-3-14　LED 心形流水灯线路安装布局图

6．按照检测步骤对 AT89S52 控制 LED 心形流水灯线路进行调试检测

按表 3-3-2 所示进行 AT89S52 控制 LED 心形流水灯线路的调试检测。

表 3-3-2　AT89S52 控制 LED 心形流水灯线路的调试检测

序号	作业项目		作业内容
1	通电前检测（不接电源和芯片）	位置、极性	对照线路原理图及插装布线图核对元器件的位置、极性
		电气连接	对照原理图用万用表检测线路连接是否正确、可靠，不能有错焊、漏焊、虚焊、搭焊
		IC 座 40、20 号引脚	按下电源开关，检测 IC 座的 40 号引脚应接电源“+”，20 号引脚应接电源“-”

续表

序号	作业项目		作业内容
1	通电前检测（不接电源和芯片）	IC 座 31 号引脚	检查 40 号引脚对 31 号引脚应导通
		IC 座 9 号引脚	万用表选用适当的电阻挡位，将表笔分别接 20 号引脚和 9 号引脚，所测量的电阻约为 10kΩ；将表笔分别接 40 号引脚和 9 号引脚，按下复位开关 S_1，所测量的电阻约为 100Ω
		IC 座 18、19 号引脚	检查 IC 座的 18、19 号引脚与晶振及瓷片电容器的连接
		依次点亮 LED	将万用表的黑表笔接 IC 座的 40 号引脚，红表笔依次接 IC 座的 32～39 号引脚（P0.0～P0.7）、1～8 号引脚（P1.0～P1.7）、10～17 号引脚（P3.0～P3.7）、21～28 号引脚（P2.0～P2.7），所对应的 LED 能依次点亮
2	通电时注意事项	外加直流电源	电源端子 U_{CC} 对 GND 端电压为+5V
		集成芯片插装	U 形缺口左边为 1 号引脚或三角符号端为 1 号引脚
		外接连线	先将电路外接连线接好，检查无误后，再接电源（或打开电源开关），拆线时一定要先关电源再拆线，确保安全操作
		AT89S52 芯片	芯片温度为常温
3	通电运行	电路功能	电源端子接入+5V 直流电源，验证电路功能是否正常（观察心形流水灯能按程序正常运行，按下复位键时，心形流水灯的程序能从头开始运行）。若电路功能不正常，则进行检修
4	线路检修	故障排除	进行关键点测量，采用对比正常关键点电压和波形的方法进行线路检修
			检修排故后对线路重新进行通电检测
			总结故障检修排除的方法和步骤，编制故障检修流程图
5	安全文明施工	安全操作	在任务实施过程中必须严格按照相关安全规程执行

任务四 LM317 可调直流电源线路的安装与调试

任务描述

能够按照装接工艺对 LM317 可调直流电源线路进行安装、调试检测与检修。

任务目标

终极目标：能够按照工艺对 LM317 可调直流电源线路进行安装与调试。

促成目标：

（1）能够对 LM317 可调直流电源线路原理图进行识读。

（2）能够对 LM317 可调直流电源线路插装布线图进行识读。

（3）能够根据元器件检测要求进行 LM317 可调直流电源线路元器件的检测。

（4）能够按照装接工艺对 LM317 可调直流电源线路进行安装。

（5）能够按检测步骤对 LM317 可调直流电源线路进行调试检测。

（6）能够按照检修要求对 LM317 可调直流电源线路进行检修。

知识平台

知识一　可调输出三端集成稳压器

可调输出三端集成稳压器不但输出电压可调，而且其稳压性能优于固定输出三端集成稳压器，被称为第二代三端集成稳压器。可调输出三端集成稳压器主要有 117/217/317 系列（输出正电压）、137/237/337 系列（输出负电压），输出电压分别为±（1.25～37）V，连续可调。其外形与 CW78××系列和 CW79××系列相似，但引脚排列及功能均不同。

1．可调输出三端集成稳压器的引脚排列及符号

可调输出三端集成稳压器引脚排列和图形符号如图 3-4-1 所示。

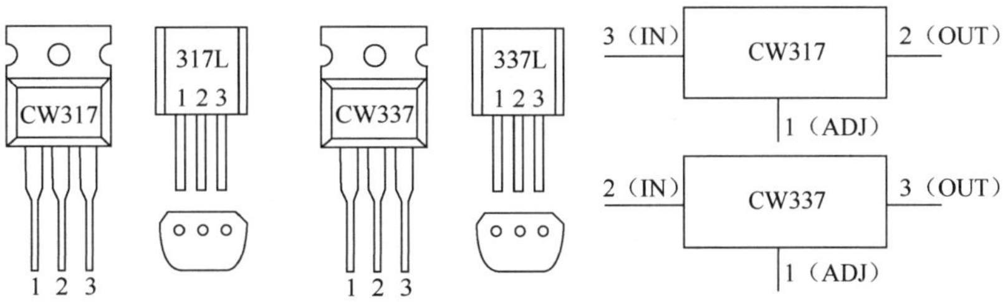

图 3-4-1　可调输出三端集成稳压器引脚排列和图形符号

2．可调输出三端集成稳压器的型号

可调输出三端集成稳压器的可调输出电压也有正、负之分。国产系列可调输出三端集成稳压器的型号如图 3-4-2 所示。

（1）型号中前面的字母代表生产厂家或某种标准。例如，CW 系列表示国产稳压器，LM×17、LM×37 系列表示由美国半导体公司生产。

（2）型号中字母后面的两位数字若为 17，则表示正电压输出；若为 37，则表示负电压输出。

（3）型号中 17/37 后面的字母表示输出电流值，L 为 0.1A，M 为 0.5A，无字母为 1.5A。

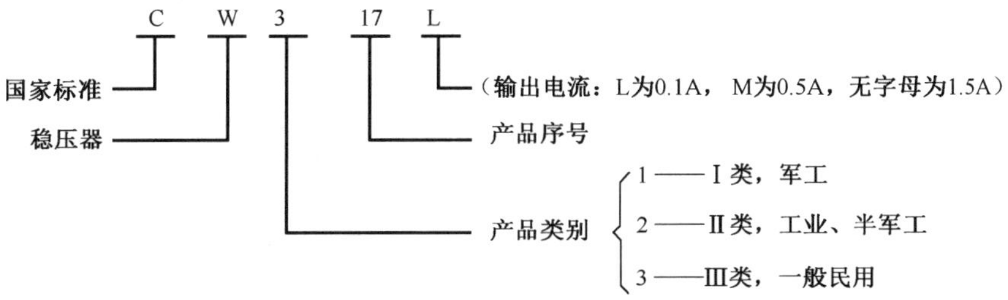

图 3-4-2　国产系列可调输出三端集成稳压器的型号

3．LM317 三端集成稳压器

LM117/LM317 是美国半导体公司生产的三端可调正稳压器集成电路，我国和世界各大集成电路生产商均有同类产品可供选用，是使用极为广泛的一类串联集成稳压器。这里主要介绍 LM317 三端集成稳压器。

1）LM317 的特性

（1）LM317 内置有过载保护、安全区保护等多种保护电路。

（2）其输出电压为 1.25～37V，连续可调，负载电流最大为 1.5A。

（3）它的使用非常简单，仅需两个外接电阻来设置输出电压。

（4）其输入至少要比输出高 2V，否则不能调压。输入电压不能超过 40V，输出电流不超过 1A。

（5）使用时尽量将直流稳压前后压差控制在 5V 之内，压差太大时，发热量会增大。

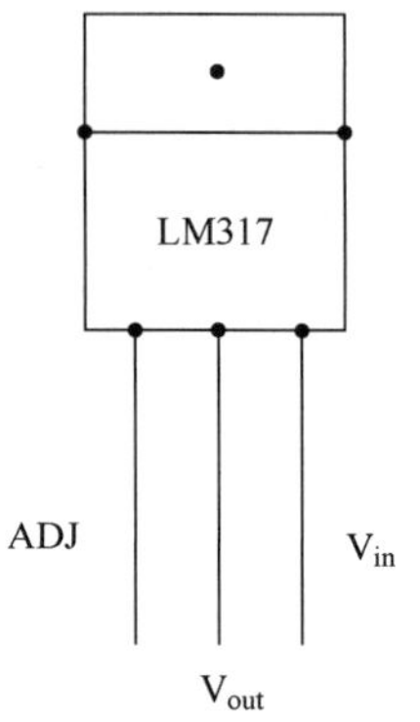

图 3-4-3　LM317 的引脚定义

2）LM317 的引脚定义

LM317 的引脚定义如图 3-4-3 所示，引脚朝下，型号面（有文字的一面）面向自己，从左往右依次如下：1 号引脚是调整端（ADJ），2 号引脚是输出端（V_{out}），3 号引脚是输入端（V_{in}）。

4．LM317 三端集成稳压器的检测

搭接 LM317 三端集成稳压器应用电路时，在输入端加直流电压。监测 LM317 三端集成稳压器输出端对地电压的同时，调节电位器 R_P，看稳压器的输出电压是否在其标称电压范围内变化。若输出电压正常，则可确定该集成稳压器完好。

知识二　可调输出三端集成稳压器的应用

1．可调输出三端集成稳压器内部框图

可调输出三端稳压器内部框图如图 3-4-4 所示。工作时输出 U_o 和 ADJ 之间常为恒定电压 U_{REF}。

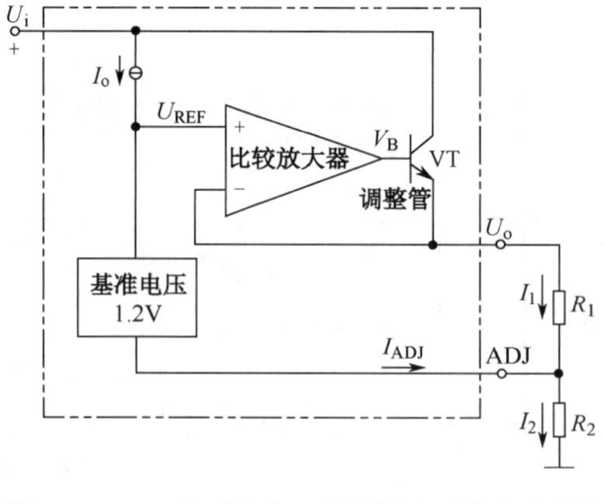

图 3-4-4　可调输出三端稳压器内部框图

2．基本应用电路

1）原理图

图 3-4-5 所示为可调输出三端集成稳压器的基本应用电路。电路中，电容 C_1 用于减小输入电压的脉动和防止过电压。电容 C_2 用于削弱电路的高频干扰，并具有消振作用。

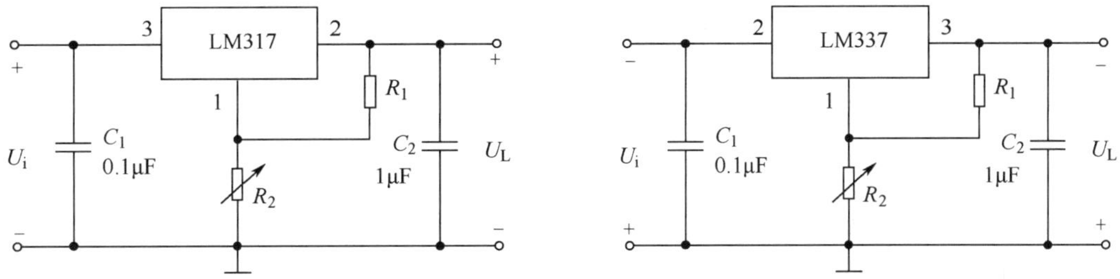

（a）正电压输出　　（b）负电压输出

图 3-4-5　可调输出三端集成稳压器的基本应用电路

2）输出电压

其输出电压连续可调，输出电压值为

$$U_L \approx 1.25\left(1+\frac{R_2}{R_1}\right)$$

式中，1.25V 是 LM317 芯片内部基准电压，改变 R_2 的值就可以改变输出电压值。输出电压为 1.25～37V，最大输出电流 I_L 为 1.5A。

3. 实际应用电路

图 3-4-6 所示为 LM317 可调输出实际应用电路。

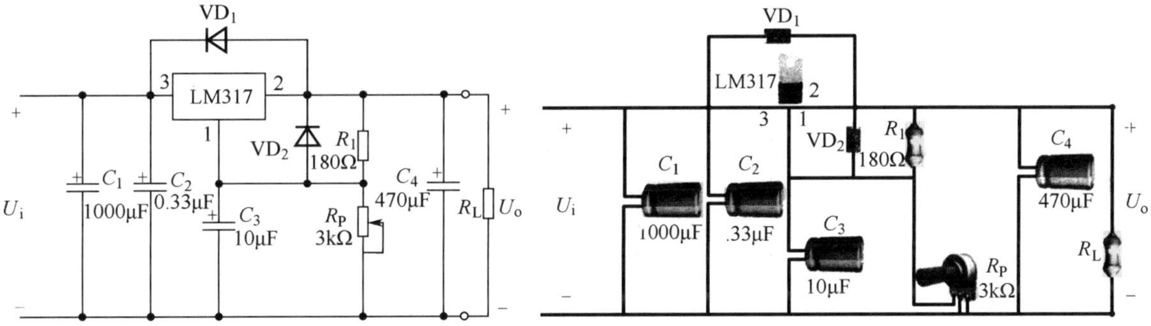

（a）原理图　　（b）实物接线图

图 3-4-6　LM317 可调输出实际应用电路

1）电路组成及各元器件作用

（1）电容器 C_2 用于抑制高频干扰。

（2）电容器 C_3 用于提高稳压电源纹波抑制比，减小输出电压中的纹波电压。

（3）电容器 C_4 用于防止电路自激振荡；VD_1 和 VD_2 为保护二极管。稳压器运行时，如果输入端突然短路，而 U_o 因电容器 C_4 的作用保持原来电压，就会使 LM317 输入与输出间承受较大反压而损坏。

（4）二极管 VD_1 起输入短路保护作用。在正常运行时二极管 VD_1 反偏，可视为开路，如果输入端突然短路，二极管 VD_1 随即正偏，使输入与输出间的反向电压仅为 0.7V，使 LM317 得到保护。

（5）二极管 VD_2 起输出短路保护作用。稳压器运行时，如果输出端突然短路，会使调整端与输出端之间承受反压。接入二极管 VD_2 后，此反压使二极管 VD_2 正偏，调整端与输出端之间电压仅为 0.7V，从而使 LM317 得到保护。

2）工作原理

在图 3-4-6 所示的实际应用电路中，采用了 LM317 三端集成稳压器，其功能主要是稳定电压信号，以便提高系统的稳定性和可靠性。

（1）由 V_{in} 端提供工作电压后，通过 LM317 三端集成稳压器，其+V_{out} 端可以保持为比 ADJ 端的电压高 1.25V。

（2）只需要用极小的电流来调整 ADJ 端（1 号引脚）的电压，便可在+V_{out} 端（2 号引脚）得到比较大的电流输出，并且电压比 ADJ 端高出恒定的 1.25V。

（3）可以通过调整 ADJ 端的电阻来改变输出电压。LM317 会保证接入 ADJ 端和+V_{out} 端的那一部分电阻上的电压为 1.25V。所以，当 ADJ 端的电阻增大时，输出电压将会升高。

3）同时输出可调正、负电压的稳压电路

图 3-4-7 所示为采用 LM317 和 LM337 构成的正、负电压输出可调的稳压电路，其电路结构对称，调节电位器的值，可使输出电压在±（1.2～20）V 内可调，正、负电源也可单独使用。

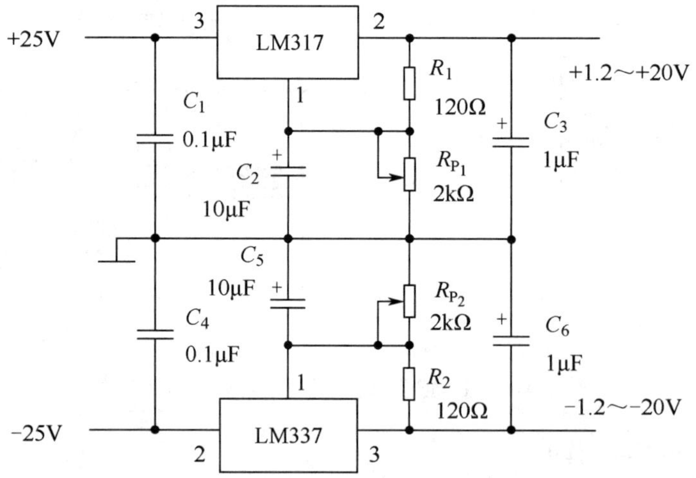

图 3-4-7　采用 LM317 和 LM337 构成的正、负电压输出可调的稳压电路

注意

（1）三端集成稳压器的“可调”实质上是通过外电路所接的电阻器实现的。不同的电阻组合可以实现不同的电压输出，但一旦电阻确定，其输出电压也就确定了。若要调节，则通过设置可变电阻来实现。

（2）使用中，R_1 要紧靠在稳压器输出端和调整端接线，以免当输出电流大时，附加压降影响输出精度；R_2 的接地点应与负载电流返回接地点相同；R_1 和 R_2 应选择同种材料制作的电阻器，精度尽量高一些。

上面介绍的只是一些三端集成稳压器常见的应用电路，实际中的应用电路不胜枚举，只要掌握了它们的基本工作原理，就可以演变出很多的实用电路。

知识拓展　开关稳压电路

以上讨论的稳压电路都属于线性稳压电路。这种稳压电路虽然优点很多，但调整管功耗大，加上变压器笨重、耗能，使电源效率大为降低了。为了解决调整管的散热问题，还要安装散热器，这必然要增大电源设备的体积和质量。开关稳压电源在开关状态下工作，电路功耗小、温升低、体积小、质量轻、效率高、稳压性能好、稳压范围大。目前很多电子产品中都采用了开关稳压电源。例如，电视机、计算机、仪器仪表等设备中都广泛地采用了开关稳压电源。

开关稳压电路的形式很多，根据电源能量供给电路的接法不同，可分为并联型和串联型两种。

1．并联型开关稳压电路

1）基本结构

图 3-4-8 所示为并联型开关稳压电路框图，主要由开关调整管、储能电路、取样比较电路、基准电压电路、脉冲调宽电路和脉冲发生器电路等组成。储能电路由储能电感器、储能电容器和续流二极管组成。因为储能电感器与负载并联，所以称其为并联型开关稳压电路。

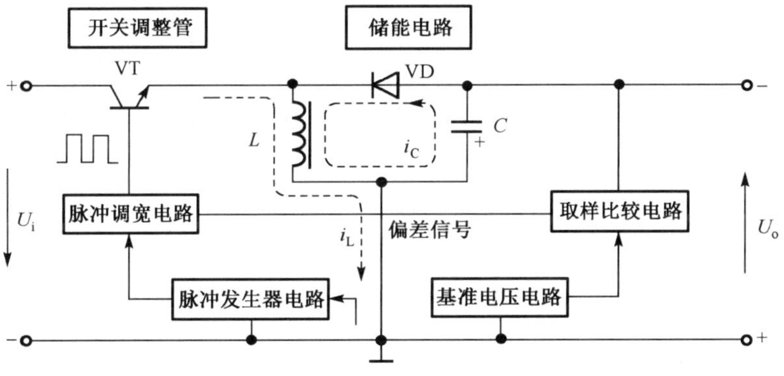

图 3-4-8　并联型开关稳压电路框图

2）工作原理

从图 3-4-9 所示的并联型开关稳压电路可知，电路通过调整管 VT 周期性的开关作用，将输入端的能量注入储能电路，由储能电路滤波后送到负载。调整管开启（饱和导通）的时间越长，注入储能电路的能量越多，输出电压就越高。但调整管的开关时间受基极脉冲电压控制，这个脉冲电压由脉冲发生器电路产生，受脉冲调宽电路控制。脉冲宽度越宽，调整管开启的时间越长。而脉冲宽度又受取样电压与基准电压比较后的偏差电压控制。例如，当输出电压升高时，取样电压升高，比较后偏差电压升高，使脉冲调宽电路的脉冲宽度变窄，调整管开启的时间缩短，输入储能电路的能量减少，使输出电压降低。当输出电压降低时，其变化过程与此相反。

下面结合图 3-4-10 所示的脉冲互感变压器的并联型开关稳压电路，来讨论储能电路的工作情况。调整管在饱和导通期间，输入电压 U_i 通过调整管 VT 加到储能电感器 L 的两端，在电感器 L 中产生不断增大的电流 i_L。由于电感器 L 的自感作用，将产生上正下负的自感电动势，使续流二极管 VD 反向截止，这样电感器 L 就将输入电压的能量转换成磁能储存在线圈中。调整管 VT 饱和导通的时间越长，电感器 L 中的电流 i_L 越大，储存的能量越多。当调整管 VT 从饱和导通跳变到截止的瞬间，切断了电源的输入电路，电感器 L 的自感电动势导致续流二极管 VD 正向导通。这时电感器 L 中的电流 i_L 将通过续流二极管 VD 向储能电容器 C 充电，并同时向负载供电。当调整管 VT 再次饱和导通时，虽然续流二极管 VD 反向截止，但可由储能电容器 C 释放能量而向负载供电。

通过上面的分析可以归纳出并联型开关稳压电路的工作原理：调整管饱和导通期间，储能电感器储能，由储能电容器向负载供电；调整管截止期间，储能电感器释放能量对储能电容器充电，同时向负载供电。同时这两个元器件还具备滤波作用，使输出波形更加平滑。

在有的并联型开关稳压电路中，储能电感器以互感变压器的形式出现，如图 3-4-9 所示。它的优点是可以通过变压器的不同抽头，加上各自的整流、滤波电路，得到不同数值的多路直流电压输出。这种稳压电路在彩色电视机等设备中得到了广泛的应用。

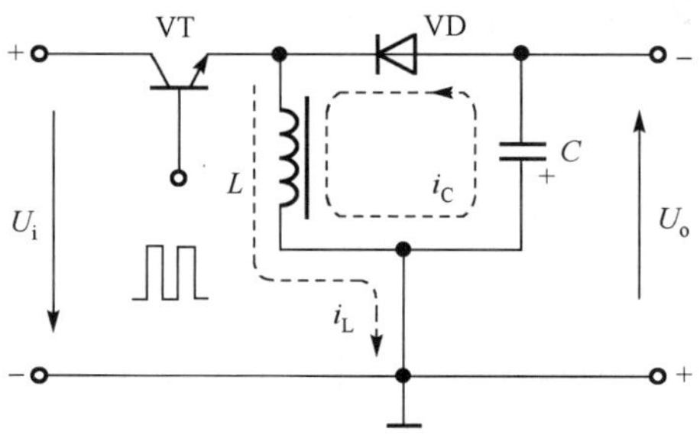

图 3-4-9　并联型开关稳压电路

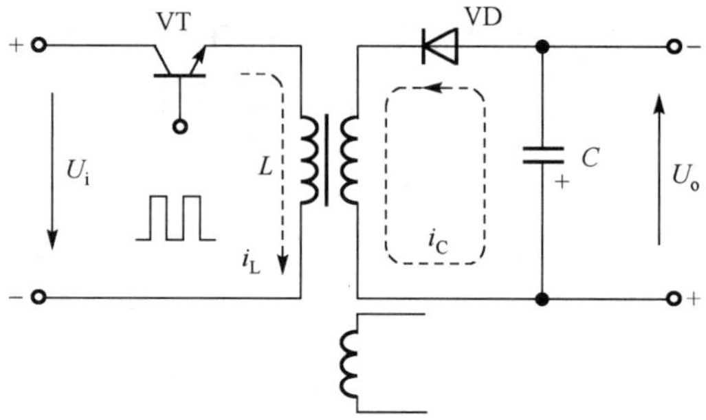

图 3-4-10　脉冲互感变压器的并联型开关稳压电路

2. 串联型开关稳压电路

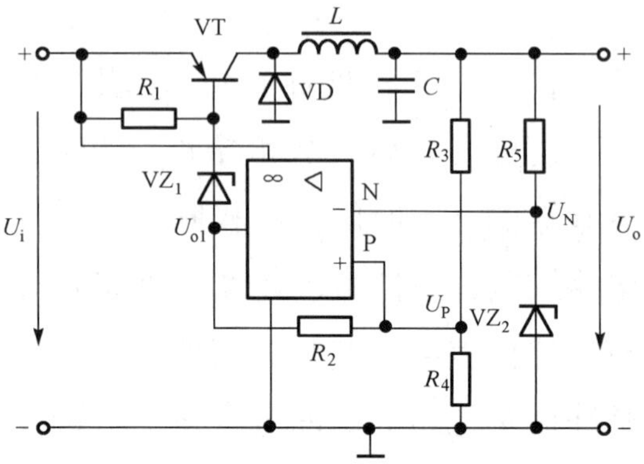

图 3-4-11　串联型开关稳压电路

1）电路结构

串联型开关稳压电路通过集成运算放大器控制调整管 VT 工作，由储能电感器 L 和负载串联而成，如图 3-4-11 所示。

2）工作原理

当输出电压 U_o 下降时，取样电压 U_P 下降，当 $U_P < U_N$ 时，集成运算放大器输出电压为低电位。此时，稳压二极管 VZ_1 反向击穿，由于基极电位降低，调整管 VT 饱和导通，向储能电感器 L 注入电能，输出电压 U_o 回升。

当输出电压 U_o 升高时，取样电压 U_P 升高，当 $U_P > U_N$ 时，集成运算放大器输出电压为高电位。此时，稳压二极管 VZ_1 正向导通，稳压二极管管压降降低，使调整管 VT 由于基极电位上升而截止，储能电路向负载输出的电流将缓慢减小，输出电压 U_o 也缓慢下降。此后依次循环。

从上面的分析可以看出，当集成运算放大器输出低电位时，调整管饱和导通，向储能电感器提供能量，由储能电容器向负载供电；当集成运算放大器输出高电位时，调整管截止，储能电感器向储能电容器充电，同时向负载供电，这样便在负载上获得了平稳的直流电压。

常见多端集成稳压器有 μA723 等。用 μA723 也可构成其他电路，如扩流电路、各种类型稳压电源、开关稳压电源等，这里不再详述。

除了已经介绍的 78××/79××、LM317/LM337、μA723 等一般串联集成稳压器外，还有低压降式串联集成稳压器，如 LT108X 系列、LM2903 等，它们都有各自的电路特点。

任务实施

1. LM317 可调直流电源线路原理图识读

原理图是电子线路装接和检修的重要资料之一，正确识读原理图，不管是对电子线路装接还是对检修而言都至关重要。要正确识读原理图，关键是掌握原理图三要素：元器件符号、元器件代号、元器件型号或参数。LM317 可调直流电源线路原理图三要素如图 3-4-12 所示。

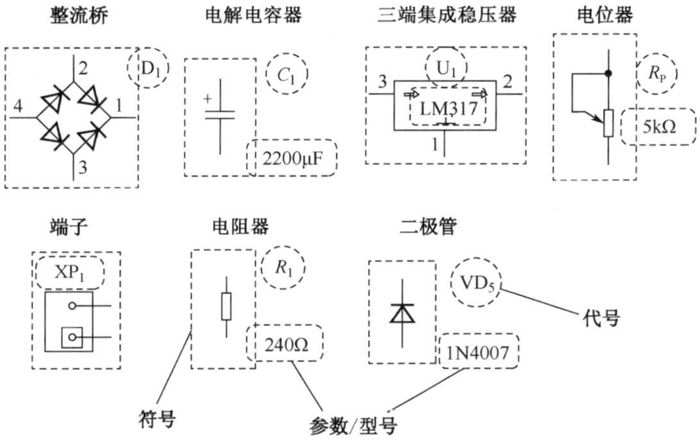

图 3-4-12　LM317 可调直流电源线路原理图三要素

原理图识读或绘制的具体要求如下。

（1）图上体现交点。

① “∟”连接和“⊥”连接的连接点可以不加黑点。

② “＋”连接的连接点必须加黑点，不加则表示为非连接点。

（2）图上体现元器件极性。

① 符号无极性特点但实际有极性的元器件要标明极性。

② 符号有极性特点的元器件可不标明极性。

（3）图上体现元器件符号、代号、参数、连接。

① 必须正确画出元器件符号。

② 必须正确标出元器件的代号和参数（型号或值）。

③ 画出正确的电气连接。

LM317 可调直流电源线路原理图如图 3-4-13 所示。

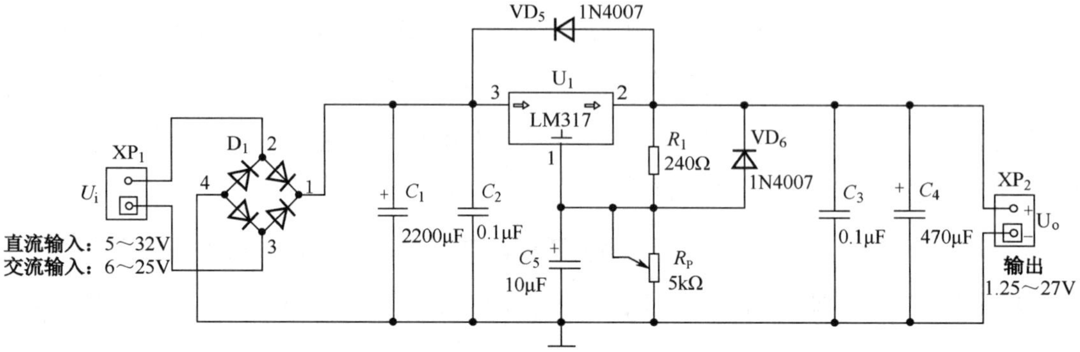

图 3-4-13　LM317 可调直流电源线路原理图

2．LM317 可调直流电源线路插装布线图识读

插装布线图是电子线路插装的依据，它是线路原理和插装要求相结合的产物。要正确装接线路就需要正确识读插装布线图。同原理图一样，关键是掌握三要素：元器件形状、元器件代号、元器件参数。LM317 可调直流电源线路插装布线图三要素如图 3-4-14 所示。

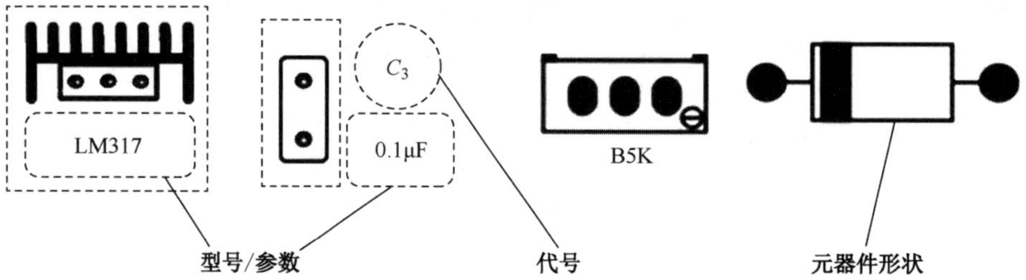

图 3-4-14　LM317 可调直流电源线路插装布线图三要素

插装布线图识读或绘制的具体要求如下。

（1）图上体现焊点。

连接处必须体现焊点（加焊点标志）。

（2）图上体现元器件形状。

① 图上体现元器件的真实形状，电阻器要标明色环。

② 图上元器件所占的孔数与总占格数要符合要求。

（3）图上体现元器件极性。

有极性的元器件要正确标明极性。

（4）图上体现元器件代号、参数、连接。

① 必须正确标出元器件的代号和参数（型号或值）。

② 画出正确的电气连接（必须与线路原理图的电气连接一致）。

LM317 可调直流电源线路插装布线图如图 3-4-15 所示。

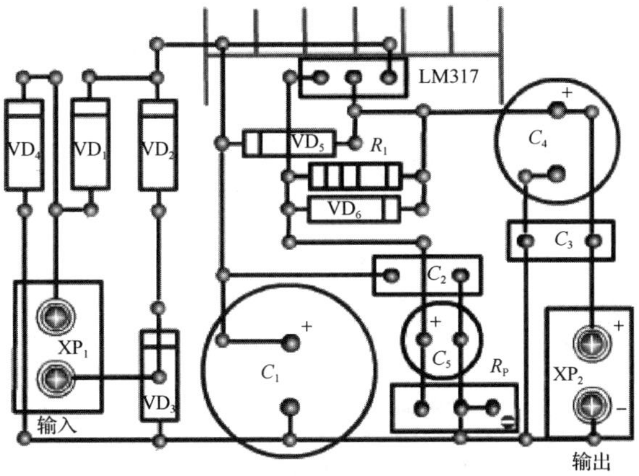

图 3-4-15　LM317 可调直流电源线路插装布线图

3．LM317 可调直流电源线路元器件检测

焊接前检测元器件是电路制作的重要一步，必须认真完成这一步，降低返工的可能性。按照表 3-4-1 所示进行元器件检测。

表 3-4-1　元器件检测表

元器件	型号/规格	检测项目	检测过程		检测结果	
			检测工具	检测步骤	好坏/值	极性/标识
电解电容器	2200μF、50V，470μF	电容	电容表/目测	① 万用表选取电阻挡（机械、欧姆调零） ② 选取合适的量程：原则上，大电容选取倍率小的挡位，小电容选取倍率大的挡位，不可以选取 R × 10kΩ 挡 ③ 判断好坏：将黑表笔接电容器正极，红表笔接电容器负极，万用表指针迅速偏转（充电，较大幅度），最后慢慢返回电阻无穷大处；将电容器放电，将黑表笔接电容器负极，红表笔接电容器正极，万用表指针迅速偏转（充电，较大幅度），最后慢慢返回接近电阻无穷大处（电容器一般存在一定的反向漏电流，所以反接时，指针回不到无穷大处，会有一定距离），那么可以认为这个电容器可用，是好的。返回越到位，电容器性能越好。其他情况认为不可用 ④ 判断极性：根据电容器反接时存在较大漏电流这一特点，可以判断指针回不到无穷大处那次，红表笔接的是电容器正极 ⑤ 电容器的电容可以用电容表测量，也可以直接目测，读出参数（小电容的电容器由于充放电不明显，一般不直接用万用表测极性和好坏）	2200μF 50V	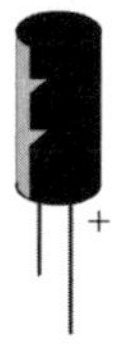
		好坏	万用表		好/坏	
	10μF	极性	万用表/目测		目测：引脚较长的一侧为正极，引脚较短或白边那一侧为负极	
二极管	1N5408 1N4007	极性	万用表/目测	① 万用表选取 R × 100Ω 或 R × 1kΩ 挡（机械、欧姆调零） ② 判断极性：将两支表笔分别接二极管的两个电极，先测出一个结果，对调两支表笔，再测出一个结果。在两次测量的结果中，测出电阻较小（指针偏转大）的值为二极管的正向电阻，此时黑表笔接的是二极管的正极	目测：管壳表面，有灰白标识的一端为负极	

续表

<table>
<tr><th rowspan="2">元器件</th><th rowspan="2">型号/规格</th><th rowspan="2">检测项目</th><th colspan="2">检 测 过 程</th><th colspan="2">检 测 结 果</th></tr>
<tr><th>检测工具</th><th>检 测 步 骤</th><th>好坏/值</th><th>极性/标识</th></tr>
<tr><td rowspan="3">二极管</td><td rowspan="3">1N5408
1N4007</td><td>极性</td><td>万用表/目测</td><td rowspan="2">③ 判断好坏：<table><tr><th>正向电阻</th><th>反向电阻</th><th>管子好坏</th></tr><tr><td>较小</td><td>较大</td><td>管子好（正、反向电阻相差越大，单向导电性越好）</td></tr><tr><td>趋于0</td><td>趋于0</td><td>管子短路损坏</td></tr><tr><td>趋于∞</td><td>趋于∞</td><td>管子开路损坏</td></tr><tr><td colspan="2">正、反向电阻比较接近</td><td>管子质量不佳</td></tr></table></td><td rowspan="2">好/坏</td><td rowspan="3"></td></tr>
<tr><td>好坏</td><td>万用表/目测</td></tr>
<tr><td>硅管/锗管</td><td>万用表</td><td>④ 硅管锗管判断：用二极管串联合适的电阻器接电源，用万用表测量二极管的管压降。若测得的管压降为 0.6～0.7V，则为硅二极管；若测得的管压降为 0.2～0.3V，则为锗二极管</td><td>硅/锗</td></tr>
<tr><td rowspan="2">三端集成稳压器</td><td rowspan="2">LM317</td><td>引脚</td><td>目测</td><td>① 引脚朝下，型号面（有文字的一面）面向自己，从左往右依次如下：1 号引脚是调整端（ADJ），2 号引脚是输出端（V_{out}），3 号引脚是输入端（V_{in}）</td><td>引脚</td><td rowspan="2"></td></tr>
<tr><td>好坏</td><td>万用表</td><td>② 搭接 LM317 三端集成稳压器应用电路，在输入端加直流电压。监测 LM317 三端集成稳压器输出端对地电压的同时，调节电位器 R_P，看稳压器的输出电压是否在其标称电压范围内变化，若输出电压正常，则可确定该集成稳压器完好</td><td>好坏</td></tr>
<tr><td>微调电阻器</td><td>3296</td><td>电阻</td><td>万用表/目测</td><td>① 检查转轴的机械性能
② 读出电阻
③ 万用表选取电阻挡（机械、欧姆调零），选取合适的量程（使指针落在满刻度的 1/3～2/3 处，换挡时注意欧姆调零）
④ 测量电位器两个定片之间的电阻是否与标称值相符
⑤ 测动片与任一定片间电阻。慢慢将转轴从一个极端转向另一个极端，若万用表的指针从 0Ω（或标称值）至标称值（或 0Ω）连续变化，且电位器内部无“沙沙”声，则质量完好
⑥ 读数（读数时，眼睛、指针、刻度要在同一条直线上）
⑦ 判断好坏：若转动中指针有跳动，则说明该微调电阻器存在接触不良的故障；若电阻没有变化，则说明该微调电阻器已损坏</td><td>0～5kΩ
可调</td><td></td></tr>
</table>

4．按照装接工艺对 LM317 可调直流电源线路进行安装

元器件成形、插装、焊接的工艺和要求，请参照电子线路装接工艺训练部分的相关工艺。线路安装布局及散热片的安装如图 3-4-16 所示。

图 3-4-16　线路安装布局及散热片的安装

5．按照检测步骤对 LM317 可调直流电源线路进行调试检测

按表 3-4-2 所示对 LM317 可调直流电源线路进行调试检测。

表 3-4-2　LM317 可调直流电源线路调试检测

序　号	作业项目		作业内容
1	通电前检测	极性及错、漏焊	对照线路原理图及插装布线图核对元器件的位置、极性及错焊、漏焊
		电气连接	对照原理图用万用表检测线路连接是否正确、可靠，不能有虚焊、搭焊
		三端稳压器	核对 LM317 输入端、输出端及调整端，散热片与 LM317 芯片要贴紧安装
		变压器	检查变压器引线及接线端子是否完好无损、参数规格是否适用
2	通电时注意事项	电容器	不出现膨胀现象，通电时保证人脸不正对电容器，以防电容器爆炸伤人
		三端集成稳压器	LM317 三端集成稳压器芯片温度为常温
		变压器	选用合适的变压器规格，出现异常时立即断电检查
		外接连线	先将电路外接连线接好，检查无误后，再接电源（或打开电源开关）。拆线时一定要先关电源再拆线，确保安全操作
3		电路功能	在输入端接入变压器，验证电路功能是否正常（观察电路电源指示灯亮，调节电位器 R_P 并测量电路的输出电压是可调的），若功能正常，则按下面的作业内容进行电路检测；若功能不正常，则进行检修
	通电检测	电压测量	用万用表测量变压器二次侧电压 U_2
			用万用表测量 LM317 输入端电压 U_i，并记录
			用万用表测量 LM317 输出端可调电压 U_L 的最小值和最大值，并记录
		波形测量（将输出电压调为 3V）	用示波器测量变压器二次侧电压波形 u_2
			用示波器测量 LM317 输入端电压波形 U_i
			用示波器测量 LM317 输出端电压波形 U_L

续表

<table>
<tr><th>序　号</th><th colspan="2">作 业 项 目</th><th>作 业 内 容</th></tr>
<tr><td rowspan="3">4</td><td rowspan="3">线路检修</td><td rowspan="3">故障排除</td><td>进行关键点测量，采用对比正常关键点电压和波形的方法进行线路检修</td></tr>
<tr><td>检修排故后对线路重新进行通电检测</td></tr>
<tr><td>总结故障检修排除的方法和步骤，编制故障检修流程图</td></tr>
<tr><td>5</td><td>安全文明施工</td><td>安全操作</td><td>在任务实施过程中必须严格按照相关安全规程执行</td></tr>
</table>

项目四

扩音器线路的安装与调试

项目描述

本项目主要介绍扩音器线路的制作过程，主要包括示波器测量，信号发生器的使用，分压式射极偏置线路的安装与测试，对讲机线路的安装与测试，扩音器线路的安装、测试与检修。

项目目标

（1）能够按照要求对分压式射极偏置线路进行测量。

（2）能够按照要求对分压式射极偏置线路进行信号调试。

（3）能够按照要求对对讲机线路进行调试检测。

（4）能够按照要求对扩音器线路进行调试检修。

任务一 对分压式射极偏置线路进行测量

任务描述

能够按照要求对分压式射极偏置线路进行测量。

任务目标

终极目标：能够按照要求对分压式射极偏置线路进行测量。

促成目标：

（1）能够对分压式射极偏置线路原理图进行识读。

（2）能够对分压式射极偏置线路插装布线图进行识读。

（3）能够根据元器件检测要求进行分压式射极偏置线路元器件的检测。

（4）能够按照装接工艺对分压式射极偏置线路进行安装。

（5）能够按照检测步骤对分压式射极偏置线路进行调试检测。

知识平台

知识一　三极管的基本知识

1. 三极管的结构、符号和分类

1）三极管的结构和符号

三极管全称半导体三极管，又称晶体三极管，是一种半导体器件。三极管的结构：在一块极薄的硅或锗基片上经过特殊的加工工艺制作出两个 PN 结，对应的三个半导体区分别称为发射区、基区和集电区，从三个区引出的三个电极分别为发射极、基极和集电极，分别用符号 E、B、C 或 e、b、c 表示。发射区与基区之间的 PN 结称为发射结，集电区与基区之间的 PN 结称为集电结。

按照两个 PN 结的组合方式不同，三极管分为 NPN 型和 PNP 型两大类，其结构和符号如图 4-1-1 所示，文字符号均用 VT 表示。在图形符号中，箭头方向表示发射结正偏时发射极电流的方向，箭头朝外的是 NPN 型三极管，箭头朝内的是 PNP 型三极管。

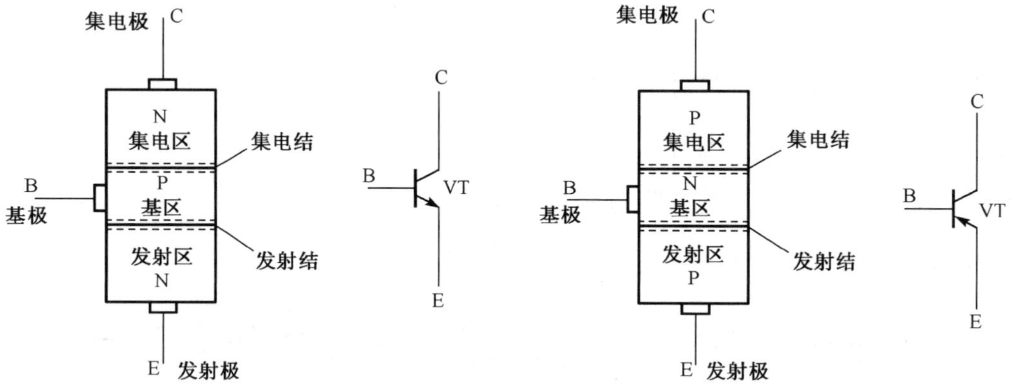

（a）NPN型三极管　　（b）PNP型三极管

图 4-1-1　三极管的结构和符号

虽然发射区和集电区半导体类型一样，但发射区的掺杂浓度比集电区高，在几何尺寸上，集电区面积比发射区大，它们并不对称，因此，发射极和集电极不能互换。

三极管的功率大小不同，它们的体积和封装形式也不一样。常见的三极管外形如表 4-1-1 所示。

表 4-1-1　常见的三极管外形

实物图		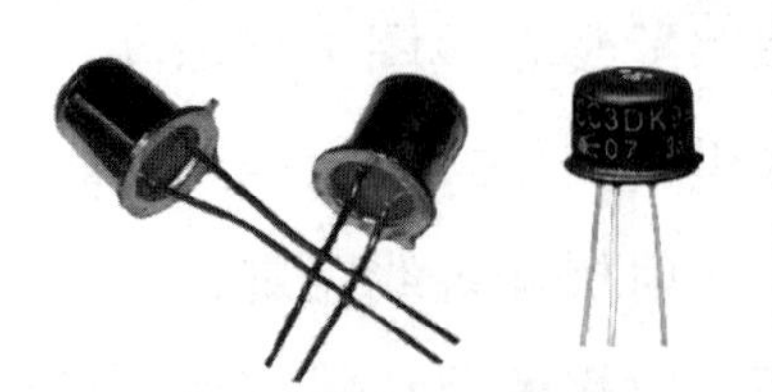		
类　型	小型塑料封装的三极管	小型金属封装的三极管	中功率三极管	大功率三极管

2）三极管的分类

三极管的种类很多，按不同的分类方法可分为多种。三极管的分类如表 4-1-2 所示。

表 4-1-2　三极管的分类

分类方法	种　类	应　用
按极性分类	NPN 型三极管	目前常用的三极管，电流从集电极流向发射极
	PNP 型三极管	目前常用的三极管
按材料分类	硅管	热稳定性好，是常用的三极管
	锗管	不常使用
按工作频率分类	低频三极管	工作频率比较低，用于直流放大、音频放大电路
	高频三极管	工作频率比较高，用于高频放大电路
按功率分类	小功率三极管	输出功率小，用于功率放大器前级
	大功率三极管	输出功率较大，用于功率放大器末级（输出级）
按用途分类	放大管	应用在模拟电子电路中
	开关管	应用在数字电子电路中

目前，我国生产的 NPN 型三极管多采用硅材料，PNP 型三极管多采用锗材料。

2．三极管的工作电压及电流放大作用

1）三极管的工作电压

三极管要实现放大作用，必须满足一定的外部条件，即发射结加正向电压，集电结加反向电压。由于 NPN 型和 PNP 型三极管极性不同，所以外加电压的极性也不同。三极管的工作电压如图 4-1-2 所示。

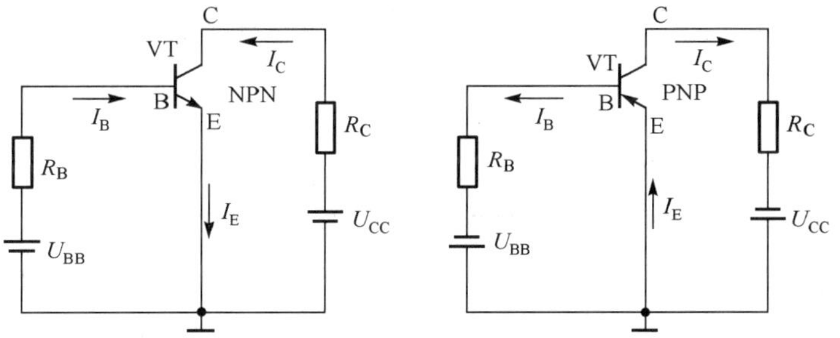

（a）NPN型三极管　　（b）PNP型三极管

图 4-1-2　三极管的工作电压

对于 NPN 型三极管，C、B、E 三个电极的电位必须符合 $U_C > U_B > U_E$；对于 PNP 型三极管，电源的极性与 NPN 型三极管相反，C、B、E 三个电极的电位应符合 $U_C < U_B < U_E$。

2）三极管的电流放大作用

以 NPN 型三极管为例，其实验电路接线图如图 4-1-3 所示。电路接通后，三极管各电极都有电流通过，即流入基极的电流 I_B、流入集电极的电流 I_C 和流出发射极的电流 I_E。

通过调节电位器的电阻 R_B，可调节基极的偏压，从而调节基极电流 I_B 的大小。每取一个 I_B 值，从毫安表中即可读出集电极电流 I_C 和发射极电流 I_E 的相应值。三极管各极电流实验数据如表 4-1-3 所示。

通过对实验数据的分析，可以发现三极管三个电极的电流之间的关系，如表 4-1-4 所示。

综合以上情况，可以得出结论：三极管电流放大的条件是发射结加正向电压，集电结加反向电压；三极管电流放大的实质是用较小的基极电流控制较大的集电极电流。

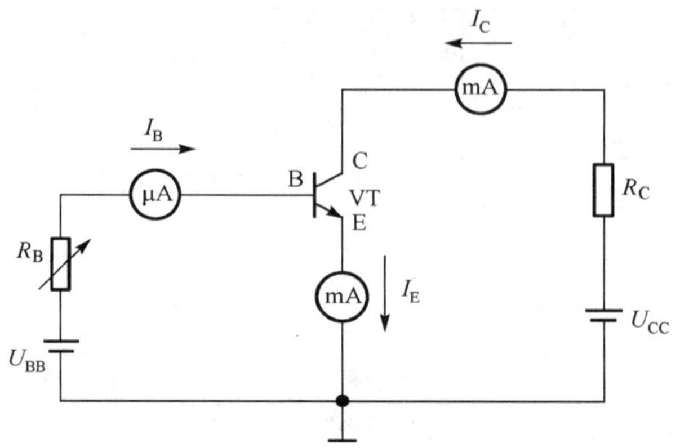

图 4-1-3　NPN 型三极管实验电路接线图

表 4-1-3　三极管各极电流实验数据

项　目	1	2	3	4	5	6
I_B/mA	0	0.01	0.02	0.03	0.04	0.05
I_C/mA	0.01	0.56	1.14	1.74	2.33	2.91
I_E/mA	0.01	0.57	1.16	1.77	2.37	2.96

表 4-1-4　三极管三个电极的电流之间的关系

电 流 关 系		说　明
集电极与基极电流关系	$I_C = \beta I_B$	集电极电流为基极电流的β倍。β一般为几十或几百，这表示只要用很小的基极电流就可以控制较大的集电极电流
三个电极电流之间的关系	$I_E = I_B + I_C = (1+\beta)I_B$	三个电流中，I_E最大，I_C其次，I_B最小。I_E和I_C相差不大，它们远比I_B大得多

3．三极管的特性曲线

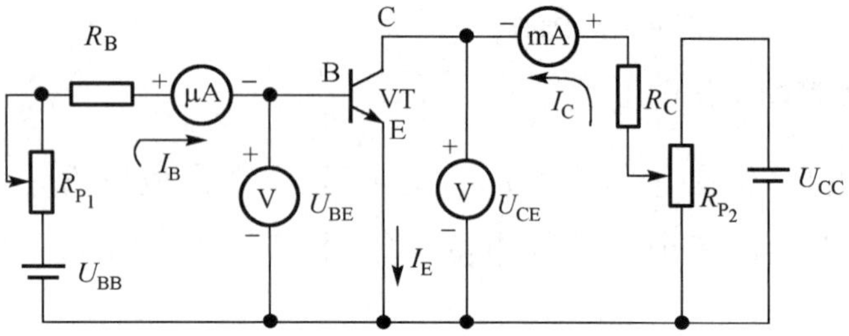

图 4-1-4　三极管特性实验电路

三极管各极上的电压和电流之间的关系可通过伏安特性曲线直观地描述出来。三极管的特性曲线主要有输入特性曲线和输出特性曲线两种，它可以用晶体管特性图示仪直接观察，也可以通过实验电路来测试。三极管特性实验电路如图 4-1-4 所示。

1）输入特性曲线

输入特性曲线是指在 U_{CE} 一定的条件下，加在三极管基极与发射极之间的电压 U_{BE} 与基极电流 I_B 之间的关系曲线。三极管的输入特性曲线如图 4-1-5 所示。

从输入特性曲线可以看出，三极管的输入特性曲线与二极管的正向特性曲线相似。只有当发射结的正向电压 U_{BE} 大于死区电压（硅管为 0.5V，锗管为 0.2V）时，才产生基极电流。此时三极管处于正常放大状态，发射结两端电压 U_{BE}（硅管为 0.7V，锗管为 0.3V）几乎不变。

2）输出特性曲线

输出特性曲线是指在 I_B 一定的条件下，加在三极管集电极与发射极之间的电压 U_{CE} 与集电极电流 I_C 之间的关系曲线。三极管的输出特性曲线如图 4-1-6 所示。

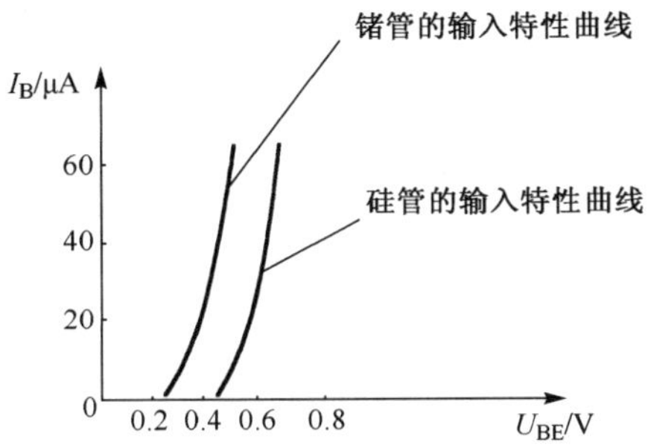

图 4-1-5　三极管的输入特性曲线

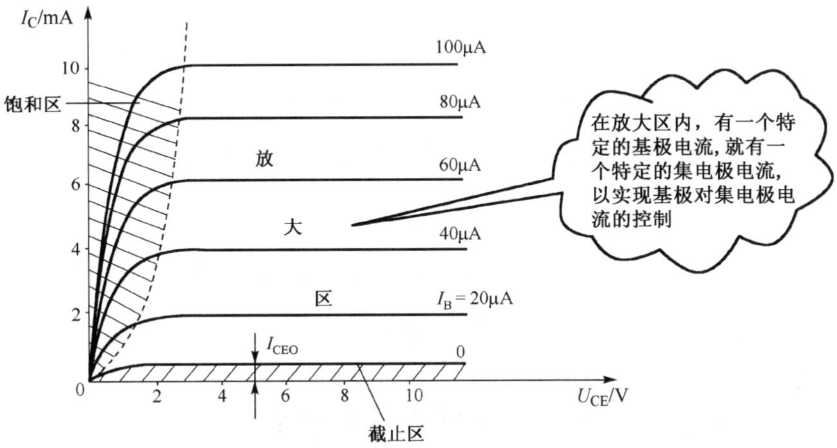

图 4-1-6　三极管的输出特性曲线

从输出特性曲线可以看出，每条曲线都可分为线性上升、弯曲、平坦三部分。不同的 I_B 值对应不同的曲线，从而形成一组曲线簇。各条曲线的上升部分都很陡，几乎重合；平坦部分则按 I_B 值的大小进行排列，I_B 的取值间隔均匀，相应的输出特性曲线在平坦部分也均匀分布，且与横轴平行。

三极管的输出特性曲线分为三个区域，分别对应着三极管的三种不同工作状态。三极管输出特性曲线的三个区域如表 4-1-5 所示。

表 4-1-5　三极管输出特性曲线的三个区域

特　性	截　止　区	放　大　区	饱　和　区
范围	$I_B=0$ 曲线以下区域，几乎与横轴重合	为平坦部分线性区域，几乎与横轴平行	曲线上升和弯曲部分
条件	发射结反偏（或零偏），集电结反偏	发射结正偏，集电结反偏	发射结正偏，集电结正偏（或零偏）
特征	$I_B=0, I_C=I_{CEO}\approx 0$	① 当 I_B 一定时，I_C 的大小与 U_{CE} 基本无关（但 U_{CE} 的大小却随 I_C 的大小而变化），具有恒流特性 ② I_B 不同，曲线也不同，I_C 受 I_B 控制，具有电流放大作用，$I_C=h_{FE}I_B$，$\Delta I_C=\beta\Delta I_B$	各电极电流都很大，I_C 不再受 I_B 控制，三极管失去放大作用

续表

特　性	截　止　区	放　大　区	饱　和　区
工作状态	截止状态 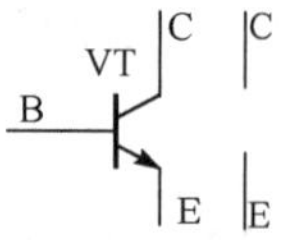 C 极与 E 极之间等效电阻很大，相当于开路	放大状态 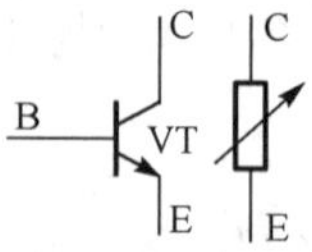 C 极与 E 极之间等效电阻线性可变，相当于一个可变电阻器。电阻的大小受 B 极电流大小的控制，B 极电流大，C 极与 E 极间的等效电阻小，反之则大	饱和状态 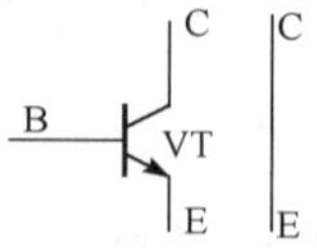 C 极与 E 极之间等效电阻很小，相当于短路

三极管饱和时的 U_{CE} 值称为饱和管压降，记为 U_{CES}。小功率硅管的 U_{CES} 约为 0.3V，锗管的 U_{CES} 约为 0.1V。

综上所述，对于 NPN 型三极管，工作于放大区时，$U_C > U_B > U_E$；工作于截止区时，$U_B \leqslant U_C$，$U_B \leqslant U_E$；工作于饱和区时，$U_C \leqslant U_B$，$U_E \leqslant U_B$。PNP 型三极管与之相反。

知识二　三极管的检测和选用

1. 三极管的外形及引脚排列

常见的三极管主要有金属壳和塑料两种封装形式。常见三极管的外形及引脚排列如图 4-1-7 所示。图 4-1-7（a）、（b）所示为小功率金属壳封装三极管，目前市场上已不多见，底视图中 E、B、C 极构成等腰三角形排列，B 极位于等腰三角形顶点，E 极邻近于底面凸齿。图 4-1-7（c）所示为小功率塑料封装三极管，是目前市场上最常用的封装形式，底视图（平面向下）一般按 C、B、E 极的顺序排列。图 4-1-7（d）所示为大功率塑料封装带散热板的三极管，正视图从左至右一般按 B、C、E 极的顺序排列。图 4-1-7（e）所示为大功率金属壳封装三极管，外壳为 C 极。常见三极管实物外形及封装如表 4-1-6 所示。

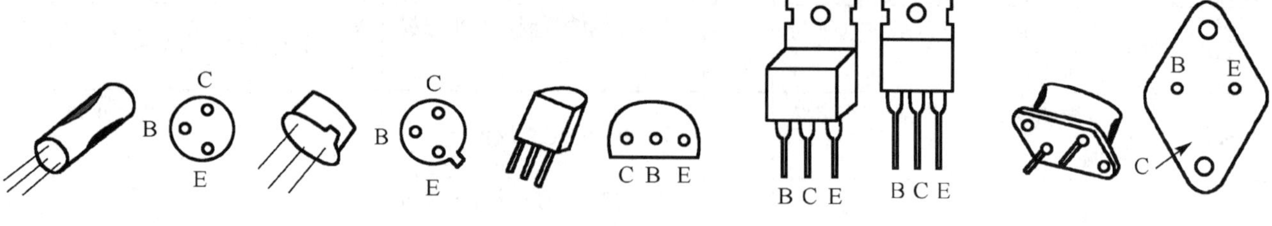

（a）　（b）　（c）　（d）　（e）

图 4-1-7　常见三极管的外形及引脚排列

需要指出的是，上述引脚排列为多数同类型三极管的一般规律，市场上也有一些未按此规律排列的外形相同的三极管，因此，使用时应以实际检测为准。

表 4-1-6　常见三极管实物外形及封装

外形示意图	封装名称	说　明
	S-1A S-1B	它们都有半圆形的底面。识别时将引脚朝下，切口朝向自己，从左向右依次为 E、B、C 极
	C 型 D 型	只有三个引脚（C 型有一个定位销，D 型无定位销），三个引脚呈等腰三角形分布，E、C 极为底边
	S-6A S-6B S-7 S-8	它们都有散热片。识别时，将印有型号的一面朝向自己，且将引脚朝下，从左向右依次为 B、C、E 极
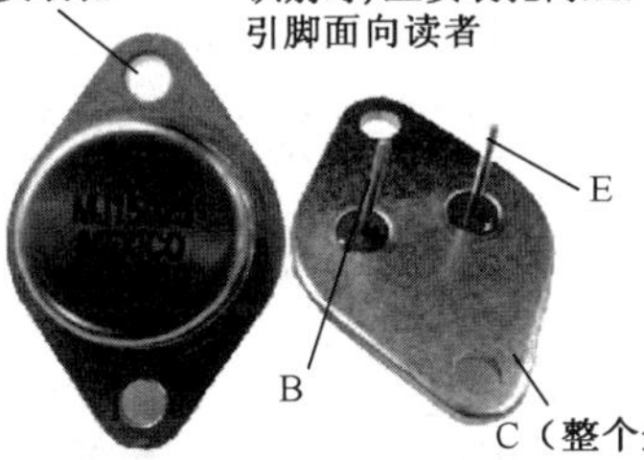	F 型	只有两个引脚。识别时引脚朝上，且引脚靠近上安装孔，左面的那个是 B 极，右边的那个是 E 极，外壳为 C 极

2. 三极管的检测

三极管的检测一般可使用万用表和晶体管特性图示仪。这里主要介绍使用万用表进行简易检测的方法。三极管内部 PN 结排列的等效电路如图 4-1-8 所示，根据这一特点，可用以下方法检测。

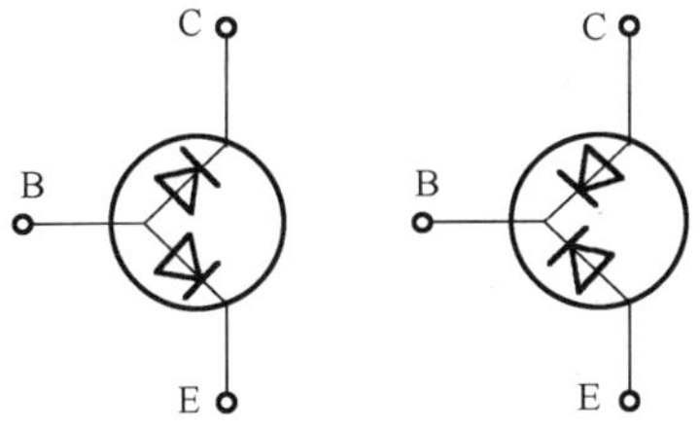

（a）NPN型三极管　（b）PNP型三极管

图 4-1-8　三极管内部 PN 结排列的等效电路

1）判断基极和管型

用万用表 R × 100Ω 或 R × lkΩ 挡检测三个电极间的电阻。

（1）若测得某一电极对另外两个电极的正向电阻均小，反向电阻均大，则该电极为基极，且管型为 NPN。

（2）若测得某一电极对另外两个电极的正向电阻均大，反向电阻均小，则该电极为基极，且管型为 PNP 型。

2）判断集电极和发射极

判断三极管集电极、发射极的原理示意图如图 4-1-9 所示，主要利用了三极管集电结、发射结结构不同而导致电阻截然不同这一特点。按图 4-1-9 所示连接时，β值很大；反之，若集电极、发射极对调，则β值很小。检测时，万用表仍取 R × 100Ω 或 R × lkΩ 挡，黑表笔接假设的集电极，红表笔接假设的发射极，然后用一个大电阻 R（100kΩ 左右）接基极和假设的集电极，若偏转较大，则说明原假设正确；若偏转很小，则说明原假设不正确。其中，R 也可用手指（人体电阻）替代，但由于手指接触松紧不同，因此易产生误判。

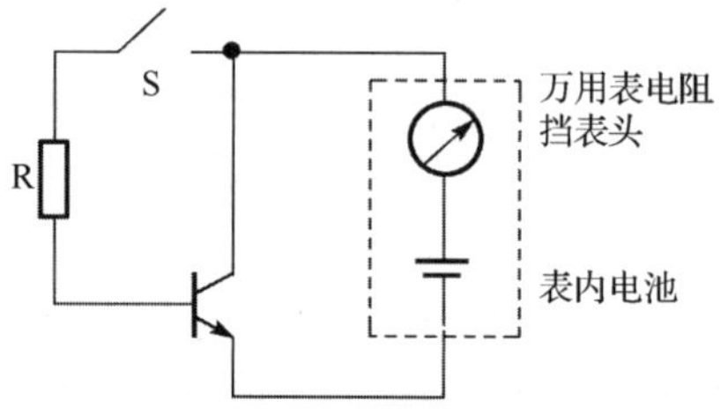

图 4-1-9　判断三极管集电极、发射极的原理示意图

3）穿透电流 I_{CEO} 及热稳定性的检测

万用表取 R × lkΩ 挡，黑表笔接集电极，红表笔接发射极，基极悬空，若电阻大（硅管应为∞），则说明 I_{CEO} 小；若电阻小，则说明 I_{CEO} 大。检测时，注意不要用手指同时接触集电极、发射极，更不能接触基极。

在检测 I_{CEO} 的同时，可用手指捏住三极管的封装管壳，使三极管温度升高，集电极、发射极间的反向电阻会减小，若减小幅度不大或很慢，则说明三极管热稳定性较好；反之则差。

4）估测β值

按前面介绍的方法，在同等条件下，可比较不同三极管电阻的大小，指针偏转大，β值大；反之β值小。目前，万用表上一般设有测量三极管的插孔，将万用表置于 hFE 挡，就能很方便地测出三极管的β值，并判断管型、引脚。注意，用万用表测 hFE 时，检测条件按小功率设置，该检测方法适用于小功率三极管，且测出的是直流β值。

5）硅管和锗管的判断

判断是硅管还是锗管：对发射极、基极进行正测，若指针偏转 1/2～3/5，则是硅管；若指针偏转 4/5 以上，则是锗管。另外，锗管反向电流比较大，进行反测时，测锗管指针偏转比测硅管的偏转大。但是这种方法只能做初步判断，如果三极管有损坏，会对结果有比较大的影响。

需要指出的是，用万用表检测三极管是一种简易检测方法，一般情况下，只能初步判断三极管的好坏。常用的方法如下：若按 1）方法成立，且按 3）方法测得的 I_{CEO} 小（硅管应 $I_{CEO}\rightarrow 0$），则三极管是好的，否则三极管是坏的。

3．三极管的选用

选用三极管应根据电路需要综合考虑下列因素：工作频率、集电极电流、耗散功率、反向击穿电压、电流放大系数、热稳定性和饱和压降等。选用三极管的原则如下。

1）尽量选用硅管

目前，锗管因其热稳定性差而很少应用，只有在需要低电压导通的场合才会选用。

2）不要超越极限参数

不要超越三极管的极限参数——I_{CM}、P_{CM}、$U_{(BR)CEO}$，且应留有余量。功耗较大时，还应考虑加装散热板。

3）可用β值较大的三极管

长期以来，许多教材上都有“值大引起工作不稳定”的说法，这在20年前或更早以前，基本上是正确的，因为当时主要使用锗管，锗管的热稳定性较差，β值大的锗管热稳定性更差。但随着电子技术的发展，现代电子技术普遍采用硅管，而硅管的$I_{CEO}\to 0$，热稳定性很好，可在150℃的环境下工作。一般小功率三极管的β值均大于100，有的三极管的β值为400～600，在集成电路内部甚至会植入超β值管（其中$\beta > 1000$）。

4）电路信号频率高时应选用高频管

高、低频管f_T的分界线约为3MHz。一般情况下，若应用于低频状态，则可不考虑三极管的f_T。只有在高频电路中，才选用高频管。选管时，应使f_T为工作频率的3～10倍。从原则上讲，高频管可以代替低频管，但高频管的功率一般比较小，动态范围窄，选用时应注意功率条件。

知识三　放大电路

1．放大电路的作用及结构

放大电路是电子设备中最常用的一种基本单元电路。它可利用半导体三极管的电流控制作用，把信号源传来的微弱电信号（变化的电压或电流信号）不失真地放大到所需要的数值，即在输入信号的作用下，把直流电源提供的电能转换为较大能量的电信号。图4-1-10所示为放大电路的基本结构，输入端接预放大的信号源，输出端接负载。

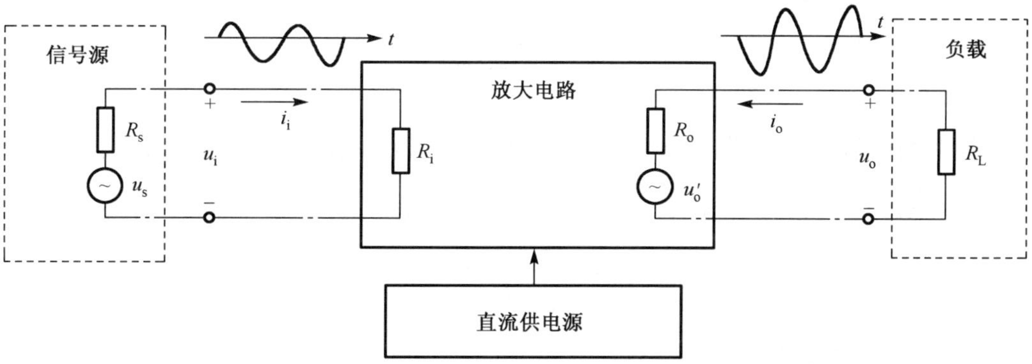

图4-1-10　放大电路的基本结构

图 4-1-10 中的负载所表示的并不一定是一个实际的电阻器，它可能是某种用电设备，如仪表、扬声器、显示器、继电器或下一级放大电路等。信号源也可能是一级放大电路，其中 u_s 为信号源电压，R_s 为信号源内阻。

2．放大电路的分类

（1）按电路结构分为分立元器件放大电路和集成放大电路。

（2）按信号耦合方式分为阻容耦合放大电路、变压器耦合放大电路、直接耦合放大电路和光电耦合放大电路等。

（3）按信号频率分为低频放大电路（20Hz～200kHz）、高频放大电路（200kHz 以上）和直流放大电路（20Hz 以下）。

（4）按信号强弱分为小信号放大电路和功率放大电路。

对不同的放大电路要求虽各不相同，但有一些共同要求，如要具有一定放大能力、失真要小、工作要稳定等。

3．放大电路框图

图 4-1-11 所示为放大电路二端口网络框图。该框图分为三部分，即信号源、放大电路和负载。R_L 表示负载电阻，R_s 为信号源内阻，u_s 为信号源等效电压。

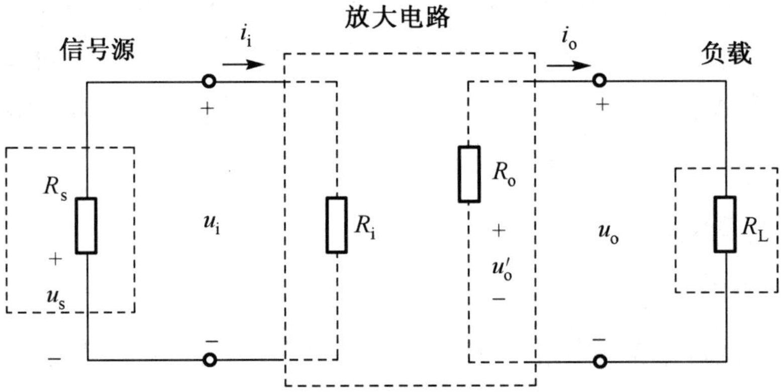

图 4-1-11　放大电路二端口网络框图

放大电路的输入端可等效为一个输入电阻 R_i，u_i 为放大电路的输入电压，i_i 为输入电流，则输入电压的计算公式为

$$u_i = \frac{u_s R_i}{R_s + R_i} = i_i R_i \tag{4-1-1}$$

放大电路的输出端可等效为一个电压源，u'_o 为等效电压源电压，R_o 为其内阻，同时也作为放大电路的输出电阻，i_o 为输出电流，R_L 为负载电阻，则等效电压源电压的计算公式为

$$u_o = \frac{u'_o R_L}{R_o + R_L} = i_o R_L \tag{4-1-2}$$

4．放大电路的性能指标

放大电路的性能指标主要有放大倍数、输入电阻、输出电阻。

1）放大倍数

放大倍数是衡量放大电路放大能力的指标，它定义为输出信号与输入信号的比值。放大倍数可以分为三种，即电压放大倍数、电流放大倍数和功率放大倍数。

（1）电压放大倍数。电压放大倍数为

$$A_u = \frac{u_o}{u_i} = \frac{U_o}{U_i} \tag{4-1-3}$$

式中，U_o是u_o的有效值（V）；U_i是u_i的有效值（V）。

电压放大倍数有时以输出电压与信号源电压之比表示，称为源电压放大倍数，即

$$A_{us} = \frac{u_o}{u_s} = \frac{u_o}{u_i} \bullet \frac{u_i}{u_s} = \frac{A_u R_i}{R_s + R_i} \tag{4-1-4}$$

（2）电流放大倍数。电流放大倍数为

$$A_i = \frac{i_o}{i_i} = \frac{I_o}{I_i} \tag{4-1-5}$$

式中，I_o是i_o的有效值（A）；I_i是i_i的有效值（A）。

（3）功率放大倍数。功率放大倍数为

$$A_P = \frac{P_o}{P_i} \tag{4-1-6}$$

放大倍数在工程上常用分贝（dB）来表示，称为增益，分别定义如下。

电压增益

$$A_u\,(\text{dB}) = 20\lg|A_u|$$

电流增益

$$A_i\,(\text{dB}) = 20\lg|A_i|$$

功率增益

$$A_P\,(\text{dB}) = 10\lg|A_P|$$

引入分贝表示放大倍数的原因有如下几个。

① 表达简单。例如，若$A_u = 1000$，则$A_u\,(\text{dB}) = 60\text{dB}$。

② 运算方便，可化乘除为加减。多级放大电路的总放大倍数为每一级放大倍数之积，采用分贝后，只需将其分贝数相加，即可得到总增益。例如，某三级放大电路，各级电压放大倍数分别为30(29.54dB)、40(32.04dB)和50(33.98dB)，总电压放大倍数为60 000(95.56dB)。

③ 人耳对声音的感受不是与声音功率的大小成正比的，而是与声音功率的对数成正比的，用分贝表示功率增益可与人耳听觉感受一致。

2）输入电阻

输入电阻为

$$R_i = \frac{u_i}{i_i} = \frac{U_i}{I_i} \tag{4-1-7}$$

注意

输入电阻 R_i 是整个放大电路的输入电阻，而不是晶体管的输入电阻。

研究放大电路输入电阻的主要原因如下。

（1）一般情况下，放大电路的信号源（电压源）比较微弱，带负载能力差。若放大电路 R_i 大，则取用信号源电流小，对信号源的影响就小。且根据式（4-1-1），R_i 大，净输入电压 u_i 就大，即信号源电压更多地传输到放大电路的输入端，因此，一般电子设备的输入电阻很大。

（2）在放大电路中，为了达到最大功率传输，常需考虑阻抗匹配问题，即前级放大器的输出电阻应与后级放大器的输入电阻相匹配，因此要研究放大电路的输入电阻和输出电阻。

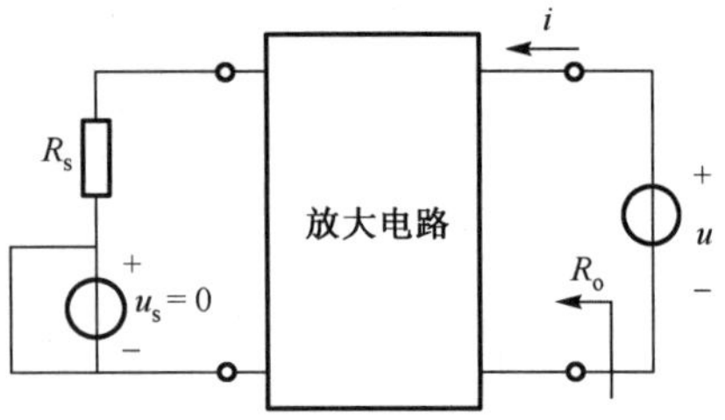

图 4-1-12　放大电路输出电阻

3）输出电阻

输出电阻 R_o 的定义是从放大电路输出端看进去的等效电阻。放大电路输出电阻如图 4-1-12 所示，则

$$R_o = \frac{u}{i}\bigg|_{u_s=0,\ R_L=\infty} \qquad (4\text{-}1\text{-}8)$$

根据式（4-1-2），也可求出 R_o 为

$$R_o = \left(\frac{u'_o}{u_o}-1\right)R_L = \left(\frac{U'_o}{U_o}-1\right)R_L \qquad (4\text{-}1\text{-}9)$$

研究放大电路输出电阻的主要原因如下。

（1）输出电阻 R_o 的大小表明了放大电路带负载能力的强弱。R_o 越小，带负载能力越强。

（2）研究放大电路输出电阻是为了实现阻抗匹配以达到最大功率传输的需要。

4）其他性能指标

除上述性能指标之外，其他性能指标还有通频带带宽 B_W、最大输出功率 P_{om} 和效率 η 等。

知识四　共射极基本放大电路

用三极管组成放大电路时，根据公共端（电路中各点电位的参考点）的不同，有三种连接方法，即共射极电路、共集电极电路和共基极电路。

1. 共射极基本放大电路的组成

图 4-1-13 所示为应用最广的共射极基本放大电路。图 4-1-13（a）所示为采用双电源供电的共射极基本放大电路。为了简化电路，在实际应用中，常将 U_{CC} 和 U_{BB} 合为一个 U_{CC}，采用单电源供电，如图 4-1-13（b）所示。习惯上常画成图 4-1-13（c）所示的电路形式。外加信号从基极和发射极间输入，信号从集电极和发射极间输出。输入电压 u_i、输出电压 u_o 的公共端在电路中用“⊥”表示，作为电位的参考点。直流电源 $+U_{CC}$ 表示该点相对于“⊥”的电位为 $+U_{CC}$。

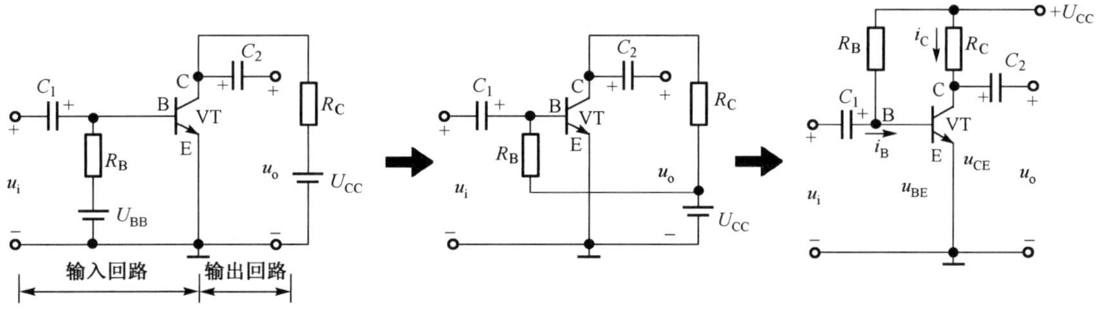

（a）双电源供电　（b）单电源供电　（c）习惯画法

图 4-1-13　应用最广的共射极基本放大电路

完整共射极基本放大电路及其交、直流通路如图 4-1-14 所示。

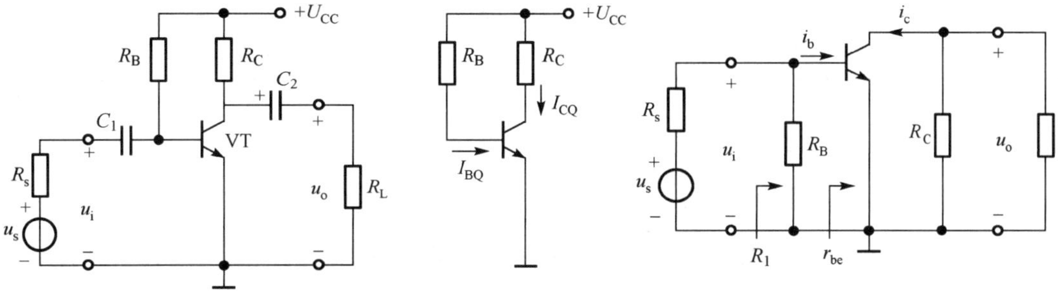

（a）共射极基本放大电路　（b）直流通路　（c）交流通路

图 4-1-14　完整共射极基本放大电路及其交、直流通路

2. 共射极基本放大电路中各元器件的作用

现针对如图 4-1-14（a）所示的共射极基本放大电路进行以下介绍。

（1）u_s：电压信号源，提供输入信号。

（2）R_s：电压信号源内阻。

（3）R_L：交流负载电阻。

（4）VT：三极管，具有电流放大作用，可以将微小的基极电流转换为较大的集电极电流，它是放大电路的核心。

（5）R_B：基极电阻，提供静态基极电流，使三极管有合适的静态工作点，R_B 一般为几十千欧至几百千欧。

（6）R_C：集电极电阻，提供集电极电流通路，是三极管直流负载电阻，将三极管放大的集电极电流信号转换为电压信号，R_C 一般为几千欧至几十千欧。

（7）C_1：输入端耦合电容器，隔直通交，耦合输入信号中的交流成分，隔断输入信号中的直流成分，一般是几十微法的电解电容。

（8）C_2：输出端耦合电容器，隔直通交，耦合输出信号中的交流成分，隔断输出信号中的直流成分，一般是几十微法的电解电容。

（9）U_{CC}：直流电源，提供三极管静态偏置，即发射结正偏、集电结反偏，同时是电流放大的能源。

3．放大电路中电压、电流符号及正方向的规定

在没有信号输入时，放大电路中三极管各电极电压、电流均为直流。当有信号输入时，电路中两个电源（直流电源和信号源）共同作用，电路中的电压和电流是两个电源单独作用时产生的电压、电流的叠加量（直流分量与交流分量的叠加）。为了清楚地表示不同的物理量，这里将列举出放大电路中电压、电流符号的规定，如表 4-1-7 所示。

表 4-1-7　放大电路中电压、电流符号的规定

物　理　量	表 示 符 号
直流量	用大写字母带大写下标表示，如 I_B、I_C、I_E、U_{BE}、U_{CE}
交流量	用小写字母带小写下标表示，如 i_b、i_c、i_e、u_{be}、u_{ce}、u_i、u_o
交、直流叠加量	用小写字母带大写下标表示，如 i_B、i_C、i_E、u_{BE}、u_{CE}
交、直流分量的有效值	用大写字母带小写下标表示，如 I_b、I_c、I_e、U_{be}、U_{ce}

电压的正方向用“+”表示，电流的正方向用箭头表示。

4．共射极基本放大电路的工作原理

前面讨论了共射极基本放大电路的组成及元器件的作用，下面讨论共射极基本放大电路的工作原理，即给放大电路输入一个交流信号电压，讨论经放大电路放大输出信号的情况。

（1）输入信号电压 $u_i=0$ 时，输出信号电压 $u_o=0$。此时，在直流电源电压 U_{CC} 作用下通过 R_B 产生了 I_{BQ}，经三极管的电流放大，转换为 I_{CQ}，I_{CQ} 通过 R_C 在集电极和发射极间产生了 U_{CEQ}。I_{BQ}、I_{CQ}、U_{CEQ} 均为直流量，即静态工作点。

（2）输入信号电压 $u_i\neq0$ 时，称为动态。u_i 通过电容器 C_1 送到三极管的基极和发射极之间，与直流电压 U_{BEQ} 叠加，此时基极总电压为

$$u_{BE}=U_{BEQ}+u_i \tag{4-1-10}$$

这里所加的 u_i 为低频小信号，工作点在特性曲线线性区移动，电压和电流近似为线性关系。在 u_i 的作用下产生基极电流 i_b，此时基极总电流为

$$i_B=I_{BQ}+i_b \tag{4-1-11}$$

i_B 经三极管的电流放大，此时集电极总电流为

$$i_C=I_{CQ}+i_c \tag{4-1-12}$$

i_C 在集电极电阻 R_C 上产生电压降 i_CR_C（为了便于分析，假设放大电路为空载），使集电极电压为

$$u_{CE}=U_{CC}-i_CR_C \tag{4-1-13}$$

经变换得

$$u_{CE}=U_{CEQ}-i_cR_C \tag{4-1-14}$$

也就是

$$u_{CE}=U_{CEQ}+u_{ce} \tag{4-1-15}$$

由于电容器 C_2 的隔直作用，在放大电路的输出端只有交流分量 u_{ce} 输出，输出的交流电压为

$$u_o = u_{ce} = -i_c R_C \quad (4\text{-}1\text{-}16)$$

式中，负号表示输出的交流电压 u_o 与 i_c 相位相反。

只要电路参数能使三极管工作在放大区，且 R_C 足够大，则 u_o 的变化幅度将比 u_i 的变化幅度大很多，由此说明该放大电路对 u_i 进行了放大。若输入电压波形如图 4-1-15（a）所示，则用示波器观测到的输出电压波形，如图 4-1-15（b）所示。

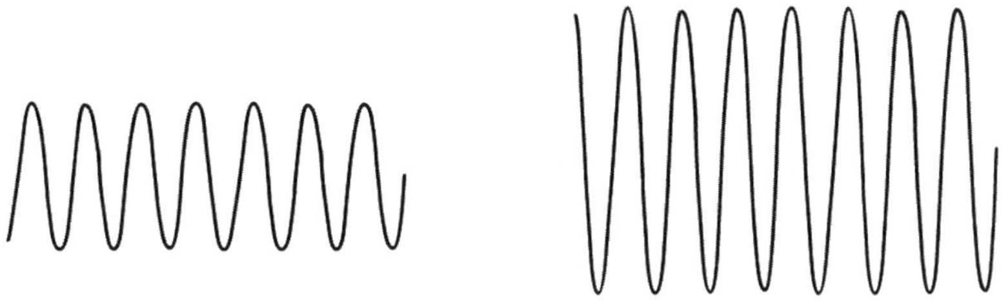

（a）输入电压波形　　（b）输出电压波形

图 4-1-15　三极管工作在放大区时的输入、输出电压波形

在放大电路中，u_o、u_{BE}、i_B、i_C 和 u_{CE} 都是随 u_i 的变化而变化的，它们的变化作用顺序为

$$u_i \rightarrow u_{BE} \rightarrow i_B \rightarrow i_C \rightarrow u_{CE} \rightarrow u_o$$

放大电路动态工作时，其各电极电压和电流的工作波形如图 4-1-16 所示。

从工作波形可以看出，输出电压 u_o 的幅度比输入电压 u_i 的幅度大，说明放大电路实现了电压放大。u_i、i_b、i_c 三者频率相同，相位相同，而 u_o 与 u_i 相位相反，这称为共射极放大电路的“反相”作用。

动态时，u_{BE}、i_B、i_C、u_{CE} 都是直流分量和交流分量的叠加，波形也是两种分量的合成。

虽然动态时各部分电压和电流大小随时间变化，但方向却始终保持和静态时一致，所以静态工作点 I_{BQ}、I_{CQ}、U_{CEQ} 是交流放大的基础。

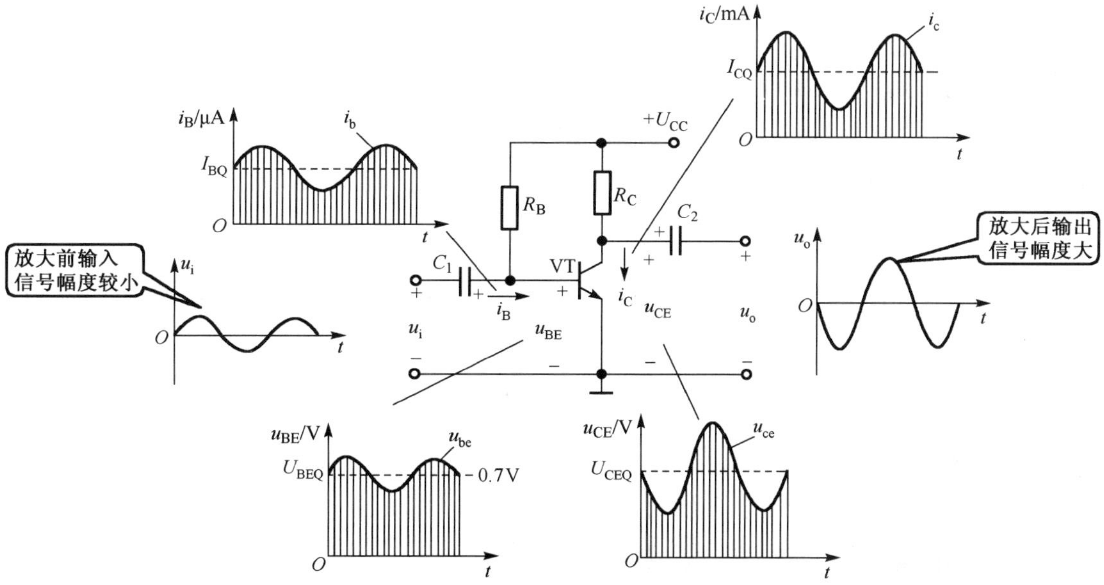

图 4-1-16　放大电路各电极电压和电流的工作波形

5．共射极基本放大电路的直流通路

放大电路的一个重要特点是交、直流并存，因此有必要弄清共射极基本放大电路的直流通路和交流通路。而分析低频小信号放大电路常用的电路分析方法是近似估算法。

共射极基本放大电路及其直流通路如图 4-1-17 所示。

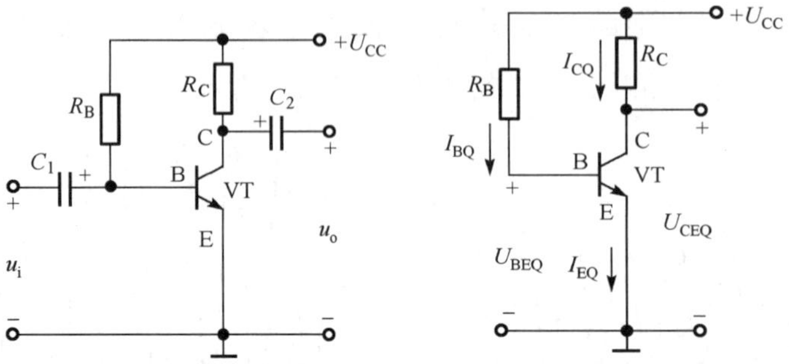

（a）共射极基本放大电路　　（b）直流通路

图 4-1-17　共射极基本放大电路及其直流通路

画直流通路的方法是将电容器开路，因为电容器对直流来说，其容抗趋向于无穷大，相当于开路。

分析直流通路也称为直流分析、静态分析。从计算角度来看，静态分析主要计算三项数据，即静态基极电流 I_{BQ}、静态集电极电流 I_{CQ} 和静态集射电压 U_{CEQ}。根据直流通路输入回路有

$$I_{BQ}=\frac{U_{CC}-U_{BEQ}}{R_B} \tag{4-1-17}$$

根据输出回路有

$$U_{CEQ}=U_{CC}-I_{CQ}R_C \tag{4-1-18}$$

根据节点电流有

$$I_{BQ}+I_{CQ}=I_{EQ} \tag{4-1-19}$$

根据晶体管电流放大作用有

$$I_{CQ}=\beta I_{BQ} \tag{4-1-20}$$

由式（4-1-19）和式（4-1-20）得

$$I_{EQ}=\beta I_{BQ}+I_{BQ} \tag{4-1-21}$$

对硅管来说，U_{BEQ} 为0.6～0.7V，$U_{BEQ} \ll U_{CC}$，一般可忽略不计，式（4-1-17）可近似为

$$I_{BQ}\approx\frac{U_{CC}}{R_B} \tag{4-1-22}$$

任务实施

1．分压式射极偏置线路原理图识读

原理图是电子线路装接和检修的重要资料之一，正确识读原理图，不管是对电子线路装

接还是对检修而言都至关重要。要正确识读原理图，关键是掌握原理图三要素：元器件符号、元器件代号、元器件参数。分压式射极偏置线路原理图三要素如图 4-1-18 所示。

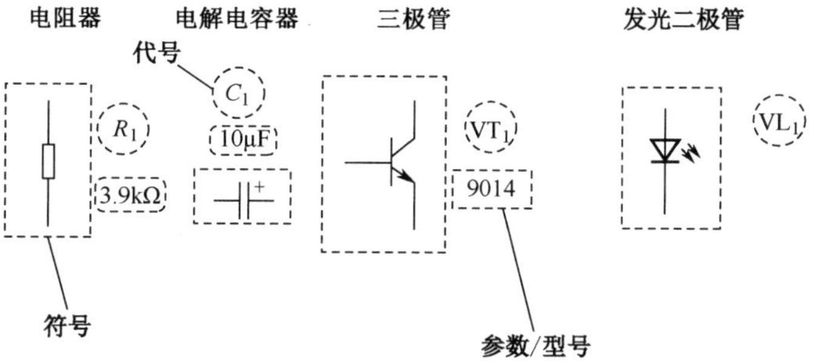

图 4-1-18　分压式射极偏置线路原理图三要素

原理图识读或绘制的具体要求如下。

（1）图上体现交点。

① “∟”连接和“⊥”连接的连接点可以不加黑点。

② “＋”连接的连接点必须加黑点，不加则表示为非连接点。

（2）图上体现元器件极性。

① 符号无极性特点但实际有极性的元器件要标明极性。

② 符号有极性特点的元器件可不标明极性。

（3）图上体现元器件符号、代号、参数、连接。

① 必须正确画出元器件符号。

② 必须正确标出元器件的代号和参数（型号或值）。

③ 画出正确的电气连接。

分压式射极偏置线路原理图如图 4-1-19 所示。

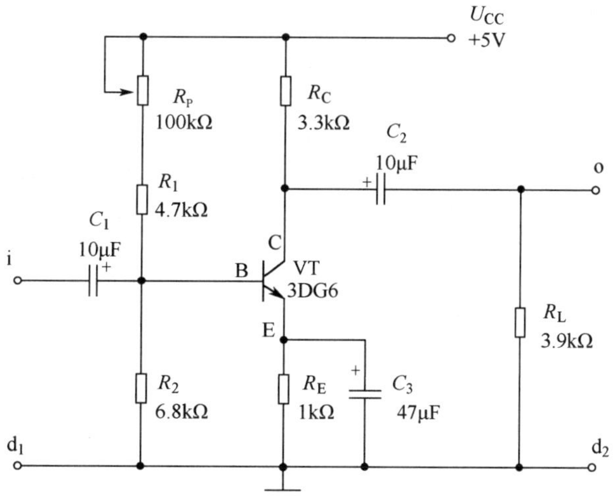

图 4-1-19　分压式射极偏置线路原理图

2. 分压式射极偏置线路插装布线图识读

插装布线图是电子线路插装的依据，它是线路原理和插装要求相结合的产物。要正确装接线路就需要正确识读插装布线图。同原理图一样，其关键是掌握三要素：元器件形状、元器件代号、元器件参数。分压式射极偏置线路插装布线图三要素如图 4-1-20 所示。

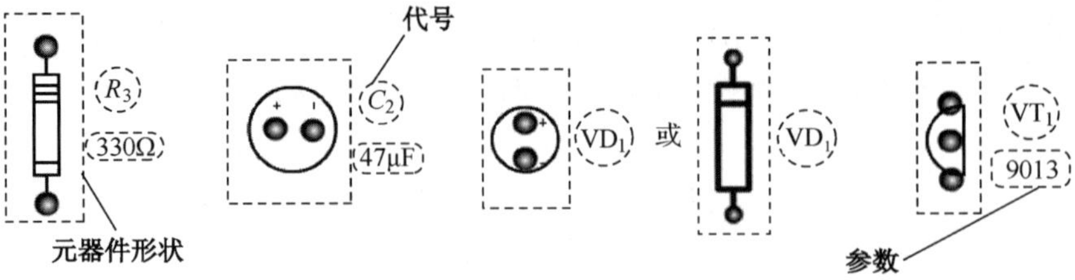

图 4-1-20　分压式射极偏置线路插装布线图三要素

插装布线图识读或绘制的具体要求如下。

（1）图上体现焊点。

连接处必须体现焊点（加焊点标志）。

（2）图上体现元器件形状。

① 图上体现元器件的真实形状，电阻器要标明色环。

② 图上元器件所占的孔数与总占格数要符合要求。

（3）图上体现元器件极性。

有极性的元器件要正确标明极性。

（4）图上体现元器件代号、参数、连接。

① 必须正确标出元器件的代号和参数（型号或值）。

② 画出正确的电气连接（必须与线路原理图的电气连接一致）。

分压式射极偏置线路插装布线图如图 4-1-21 所示。

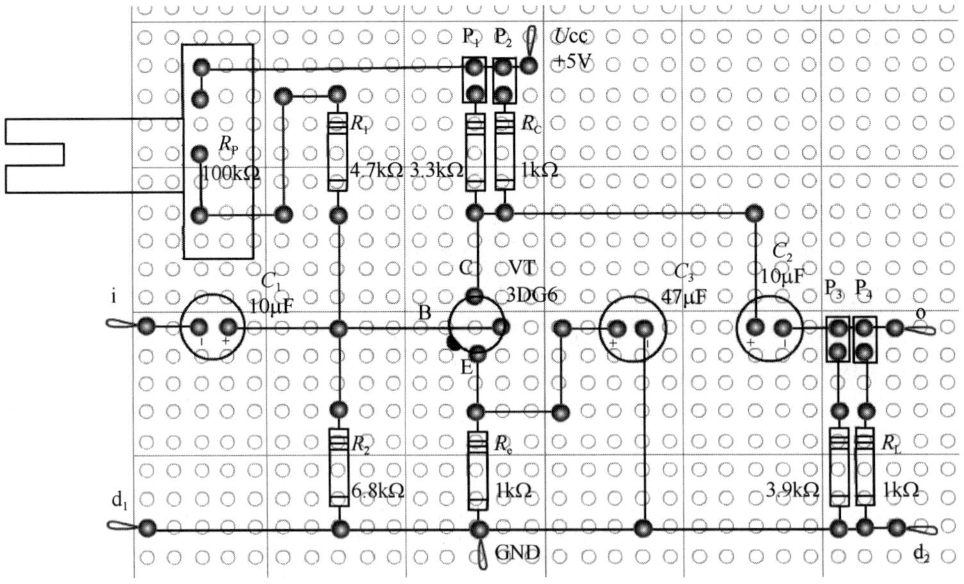

图 4-1-21　分压式射极偏置线路插装布线图

3．分压式射极偏置线路元器件检测

焊接前检测元器件是电路制作的重要一步，必须认真完成这一步，降低返工的可能性。按照表 4-1-8 所示进行元器件检测。

表 4-1-8　元器件检测表

<table>
<tr><th rowspan="2">元器件</th><th rowspan="2">型号/规格</th><th rowspan="2">检测项目</th><th colspan="2">检 测 过 程</th><th colspan="2">检 测 结 果</th></tr>
<tr><th>检测工具</th><th>检 测 步 骤</th><th>好坏/值</th><th>极性/标识</th></tr>
<tr><td rowspan="2">电阻器</td><td rowspan="2">1kΩ，1/4W</td><td>电阻</td><td rowspan="2">万用表</td><td rowspan="2">① 用色环法读出电阻、精度（如电阻为 1kΩ，精度为±10%）
② 万用表选取电阻挡（机械、欧姆调零）
③ 选取合适的量程（使指针落在满刻度的 2/3～1 处，换挡时注意欧姆调零）
④ 读数（读数时，眼睛、指针、刻度要在同一条直线上）
⑤ 判断好坏：$\frac{测量值-标称值}{标称值}\times100\%$ 小于等于精度时，电阻器可用，可判断为好。例如，(900－1000)/1000＝−10%</td><td>电阻为 900Ω</td><td rowspan="2"></td></tr>
<tr><td>好坏</td><td>好/坏</td></tr>
<tr><td rowspan="3">电解电容器</td><td rowspan="3">10μF，25V</td><td>电容</td><td>电容表/目测</td><td rowspan="3">① 万用表选取电阻挡（机械、欧姆调零）
② 选取合适的量程：原则上，大电容选取倍率小的挡位，小电容选取倍率大的挡位，不可以选取 R × 10kΩ 挡（如 47μF 的电容器，可选取 R × 100Ω 挡）
③ 判断好坏：将黑表笔接电容器正极，红表笔接电容器负极，万用表指针迅速偏转（充电，较大幅度），最后慢慢返回电阻无穷大处；将电容器放电，将黑表笔接电容器负极，红表笔接电容器正极，万用表指针迅速偏转（充电，较大幅度），最后慢慢返回接近电阻无穷大处（电容器一般存在一定的反向漏电流，所以反接时，指针回不到无穷大处，会有一定距离），那么可以认为这个电容器可用，是好的。返回越到位，电容器性能越好。其他情况认为不可用
④ 判断极性：根据电容器反接时存在较大漏电流这一特点，可以判断指针回不到无穷大处那次，红表笔接的是电容器正极
⑤ 电容器的电容可以用电容表测量，也可以直接目测，读出参数（小电容的电容器由于充放电不明显，一般不直接用万用表测极性和好坏）</td><td>47μF 25V</td><td rowspan="3"></td></tr>
<tr><td>好坏</td><td>万用表</td><td>好/坏</td></tr>
<tr><td>极性</td><td>万用表/目测</td><td>目测：引脚较长的一侧为正极，引脚较短或白边那一侧为负</td></tr>
<tr><td rowspan="3">三极管</td><td rowspan="3">9013</td><td>管型</td><td>万用表</td><td rowspan="3">① 万用表选取电阻挡（机械、欧姆调零）
② 选取合适的量程：原则上，选取 R × 100Ω 或 R × 1kΩ 挡，不可以选取 R × 10kΩ 挡（两支表笔插口要正确，这里用模拟万用表，正确插入表笔后，黑表笔连接万用表内部电源正极）
③ 判断管型：用两支表笔两两测量三极管三个引脚，如表所示。
<table><tr><th>序号</th><th>黑表笔</th><th>红表笔</th><th>挡位</th><th>电阻</th></tr><tr><td>第一次</td><td>1</td><td>2</td><td rowspan="6">R × 1kΩ</td><td>∞</td></tr><tr><td>第二次</td><td>2</td><td>1</td><td>5kΩ</td></tr><tr><td>第三次</td><td>1</td><td>3</td><td>∞</td></tr><tr><td>第四次</td><td>3</td><td>1</td><td>∞</td></tr><tr><td>第五次</td><td>2</td><td>3</td><td>5.6kΩ</td></tr><tr><td>第六次</td><td>3</td><td>2</td><td>∞</td></tr></table></td><td>NPN/PNP</td><td></td></tr>
<tr><td>引脚</td><td>万用表</td><td>E：1
B：2
C：3</td><td></td></tr>
<tr><td>好坏</td><td>万用表</td><td>好/坏</td><td></td></tr>
</table>

续表

<table>
<tr><th rowspan="2">元器件</th><th rowspan="2">型号/规格</th><th rowspan="2">检测项目</th><th colspan="2">检 测 过 程</th><th colspan="2">检 测 结 果</th></tr>
<tr><th>检测工具</th><th>检 测 步 骤</th><th>好坏/值</th><th>极性/标识</th></tr>
<tr><td>三极管</td><td>9013</td><td>好坏</td><td>万用表</td><td>六次测量下来，有两次偏转比较大（第二次和第五次测量的特点是黑表笔都连接在 2 号引脚上），其余几次基本不偏转，则可以判断：2 号引脚为 B 极，同时三极管为 NPN 型（若偏转较大的那两次是红表笔接同一引脚，则管型为 PNP 型，且该引脚为 B 极）
④ 判断引脚：保持三极管三个引脚不相碰，用手捏住 B 极（2 号引脚）和余下任意一个引脚，如表所示。
<table>
<tr><th>次数</th><th colspan="2">用手捏住的引脚</th><th>黑表笔</th><th>红表笔</th><th>挡位</th><th>电阻</th></tr>
<tr><td>第一次</td><td rowspan="4">2</td><td rowspan="2">1</td><td>1</td><td>3</td><td rowspan="4">R × 1kΩ</td><td>∞</td></tr>
<tr><td>第二次</td><td>3</td><td>1</td><td>6kΩ</td></tr>
<tr><td>第三次</td><td rowspan="2">3</td><td>1</td><td>3</td><td>∞</td></tr>
<tr><td>第四次</td><td>3</td><td>1</td><td>38kΩ</td></tr>
</table>
四次测量下来（注意：四次测量中万用表的两支表笔不可接触 2 号引脚），找出指针偏转最大（电阻最小）的那次，黑表笔接的引脚为 C 极，剩下的那个引脚为 E 极（若三极管为 PNP 型，则找出指针偏转最大的那次，黑表笔接的引脚为 E 极）
⑤ 按照以上判断管型和引脚的方法，若可以判断，则认为三极管是好的，否则认为质量不好</td><td>好/坏</td><td></td></tr>
<tr><td>微调电阻器</td><td>100kΩ</td><td>电阻</td><td>万用表/目测</td><td>① 检查转轴的机械性能
② 读出电阻
③ 万用表选取电阻挡（机械、欧姆调零），选取合适的量程（使指针落在满刻度的 1/3～2/3 处，换挡时注意欧姆调零）
④ 测量电位器两个定片之间的电阻是否与标称值相符
⑤ 测动片与任一定片间的电阻。慢慢将转轴从一个极端转向另一个极端，若万用表的指针从 0Ω（或标称值）至标称值（或 0Ω）连续变化，且电位器内部无“沙沙”声，则质量完好
⑥ 读数（读数时，眼睛、指针、刻度要在同一条直线上）
⑦ 判断好坏：若转动中指针有跳动，则说明该微调电阻器存在接触不良的故障；若电阻没有变化，则说明该微调电阻器已损坏</td><td>0～100kΩ 可调</td><td></td></tr>
</table>

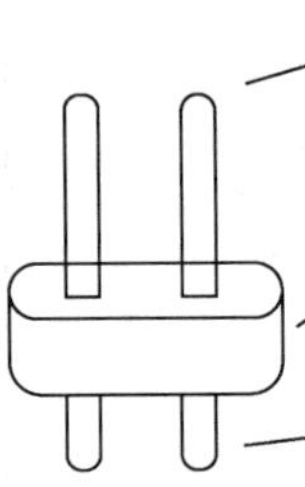

图 4-1-22　塑料端子焊接

4．按照装接工艺对分压式射极偏置线路进行安装

元器件成形、插装、焊接的工艺和要求，请参照电子线路装接工艺训练部分的相关工艺。应后面测量的需要，R_C 和 R_L 采用跳帽方式分别并入一个 1kΩ 的电阻器。在焊接跳针的时候应注意时间要短，防止烫坏塑料端子。塑料端子焊接如图 4-1-22 所示。

5. 按照检测步骤对分压式射极偏置线路进行调试检测

（1）电阻的测量要保证“两断”：断开电源、断开回路。

（2）直流电压的测量：与测量对象并联。

（3）直流电流的测量：需要断开回路，与测量电路串联在一起。在使用万用表测量电流时，如果出现挡位不够用（低挡位时满偏，高挡位时不偏转）的情况，应采取间接测量法，测量依据是欧姆定律。

（4）工作状态的判断应综合以下几方面。

① PN 结判断如表 4-1-9 所示。

表 4-1-9　PN 结判断

PN 结	偏　向	偏　向	偏　向
集电结	反偏	正偏	—
发射结	正偏	正偏	反偏/零偏
工作状态	放大	饱和	截止

② U_{CE} 判断如表 4-1-10 所示。

表 4-1-10　U_{CE} 判断

电源电压	U_{CE} 电压值	工作状态
5V	$U_{CE}<1V$	饱和
	$U_{CE}>4V$	截止

③ U_{BE} 判断如表 4-1-11 所示。

表 4-1-11　U_{BE} 判断

电源电压	U_{BE} 电压值	工作状态
5V	$U_{BE}<0.5V$	截止
	$U_{BE}>0.8V$	饱和

任务二　对分压式射极偏置线路进行信号调试

任务描述

能够按照要求对分压式射极偏置线路进行信号调试。

任务目标

终极目标：能够按照要求对分压式射极偏置线路进行信号调试。

促成目标：

（1）能够按要求搭建分压式射极偏置线路信号调试线路。

（2）能够按步骤调试出分压式射极偏置线路的最佳工作状态。

（3）能够按检测步骤对分压式射极偏置线路进行信号调试。

知识平台

知识一　共射极基本放大电路的交流分析

1．共射极基本放大电路的交流通路

这里用近似估算法和微变等效电路法对共射极基本放大电路的输入电阻、输出电阻和电压放大倍数进行分析。

由于输入电阻、输出电阻及电压放大倍数均反映的是交流分量的关系，为了方便计算，只需画出交流通路来进行分析。

交流通路是指交流信号流通的路径。共射极基本放大电路及其交流通路和交流等效电路如图 4-2-1 所示，在画交流通路时，因电容器通交流，而直流电源的内阻又很小，所以把电容器和直流电源都视为交流短路。图 4-2-1（b）为图 4-2-1（a）所示电路的交流通路。

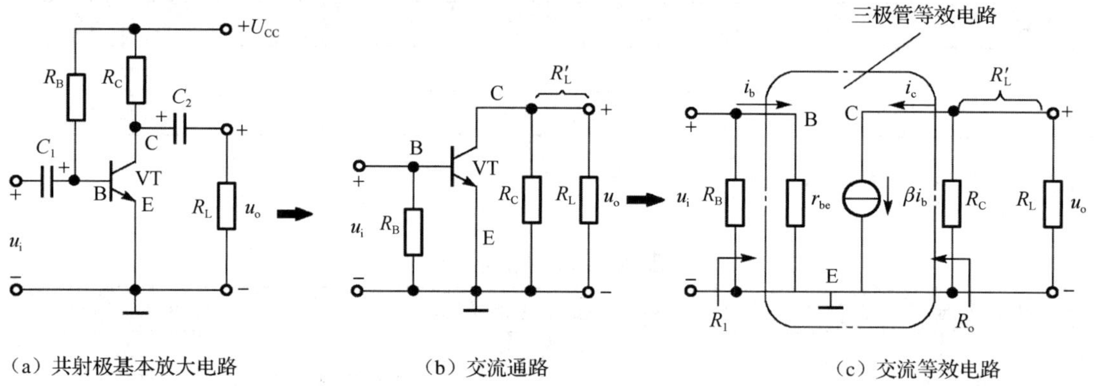

图 4-2-1　共射极基本放大电路及其交流通路和交流等效电路

为了研究问题简便，当有合适的静态工作点时，若输入为低频小信号，则三极管基极和发射极间用线性电阻 r_{be} 来等效，集电极和发射极间可等效为一个恒流源，恒流源的电流大小为βi_b，方向与集电极电流 i_c 的方向相同。若用三极管等效参数置换交流通路中的三极管，则可得到图 4-2-1（c）所示的交流等效电路。

在该等效电路中，有

$$r_{be} = 300 + (1+\beta)\frac{26}{I_{EQ}} \tag{4-2-1}$$

式中，I_{EQ} 为静态发射极电流（mA）。

一般情况下，r_{be} 为 1kΩ 左右。

1）输入电阻

放大电路的输入电阻是指从放大电路的输入端看进去的交流等效电阻。

由图 4-2-1（c）所示的等效电路可看出

$$R_i = R_B \mathbin{/\mkern-6mu/} r_{be} \tag{4-2-2}$$

式（4-2-2）中，“$/\mkern-6mu/$”表示 R_B 与 r_{be} 是并联关系。

因为 $R_B \gg r_{be}$，所以

$$R_i \approx r_{be} \tag{4-2-3}$$

对于信号源来说，放大电路是其负载，输入电阻 R_i 表示信号源的负载电阻，放大电路在整个电路中的等效电路如图 4-2-2 所示。一般情况下，希望放大电路的输入电阻尽可能大些，这样，向信号源（或前一级电路）汲取的电流小，有利于减轻信号源的负担，使送到放大电路输入端的信号电压尽可能大。从式（4-2-1）可以看出，共射极放大电路的输入电阻是比较小的。

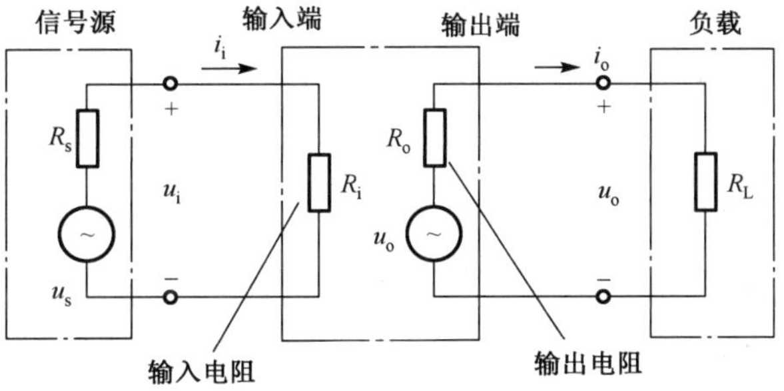

图 4-2-2　放大电路在整个电路中的等效电路

2）输出电阻

对于负载来说，放大电路又相当于一个具有内阻的信号源，这个内阻就是放大电路的输出电阻。从图 4-2-1（c）可看出，R_C 相当于等效电流源的内阻，所以

$$R_o \approx R_C \tag{4-2-4}$$

对于负载来说，放大电路是向负载提供信号的信号源，放大电路的输出电阻 R_o 是信号源的内阻，如图 4-2-2 所示。当负载发生变化时，输出电压发生相应的变化。因此，为了提高放大电路带负载的能力，应设法减小放大电路的输出电阻。但从上述结果可知：共射极基本放大电路的输出电阻是比较大的。

3）电压放大倍数

放大电路的电压放大倍数是指输出电压 u_o 与输入电压 u_i 的比值，即

$$A_u = \frac{u_o}{u_i} \tag{4-2-5}$$

由图 4-2-1（c）可得，输入信号电压为

$$u_i = i_b r_{be} \tag{4-2-6}$$

输出信号电压为

$$u_o = -i_c R'_L = -\beta i_b R'_L \tag{4-2-7}$$

式中，$R'_L = R_C // R_L$ 为放大电路的等效负载电阻（Ω）。因此有

$$A_u = -\frac{\beta R'_L}{r_{be}} \quad (4\text{-}2\text{-}8)$$

当放大电路不带负载（空载）时，式（4-2-7）中 $R'_L = R_C$，即放大电路空载时的电压放大倍数为

$$A_u = -\frac{\beta R_C}{r_{be}} \quad (4\text{-}2\text{-}9)$$

2．共射极基本放大电路的图解分析法

利用三极管的输入、输出特性曲线和电路参数，通过作图来分析放大电路性能的方法，称为图解分析法，简称图解法。

1）图解分析放大电路的静态工作点

（1）求 I_{BQ}：由直流通路，利用近似估算法可求得 $I_{BQ} \approx U_{CC}/R_B$。也可在三极管的输入特性曲线上，过点$(U_{BEQ},0)$作垂直于横轴的直线，该直线与输入特性曲线的交点为静态工作点 Q，该点的纵坐标为 I_{BQ}。

（2）直流负载线：共射极基本放大电路的直流通路如图 4-2-3（a）所示。假设它由虚线 AB 暂时隔成两部分，虚线左边是三极管，集电极、发射极间的电压 U_{CE} 和集电极电流 I_C 按三极管输出特性曲线所描述的规律变化；虚线右边是集电极电阻 R_C 和电源 U_{CC} 组成的串联电路，由回路电压定律可知

$$U'_{CE} = U_{CC} - I'_C R_C \quad (4\text{-}2\text{-}10)$$

对于一个给定的放大电路来说，该方程为线性方程，由于虚线 AB 左、右两部分是不可分割的，即 $I_C = I'_C$，$U'_{CE} = U_{CE}$，所以可在 U_{CE}-I_C 坐标系中画出这条直线，这条直线称为直流负载线，斜率为$-1/R_C$。

画直流负载线的方法与数学上画直线的方法相同，图解静态工作点如图 4-2-3（b）所示，直线 MN 为直流负载线。

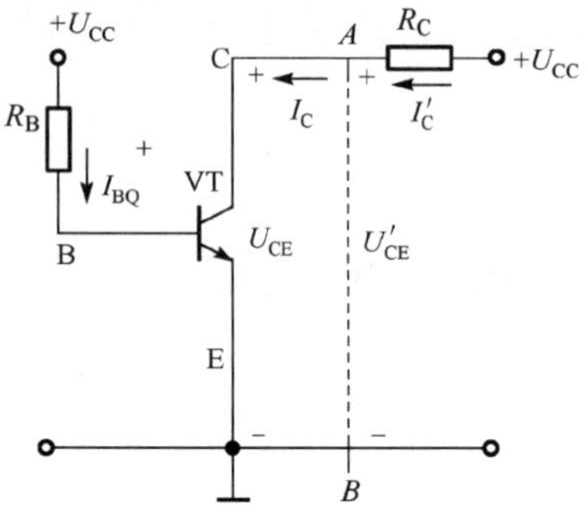

（a）共射极基本放大电路的直流通路

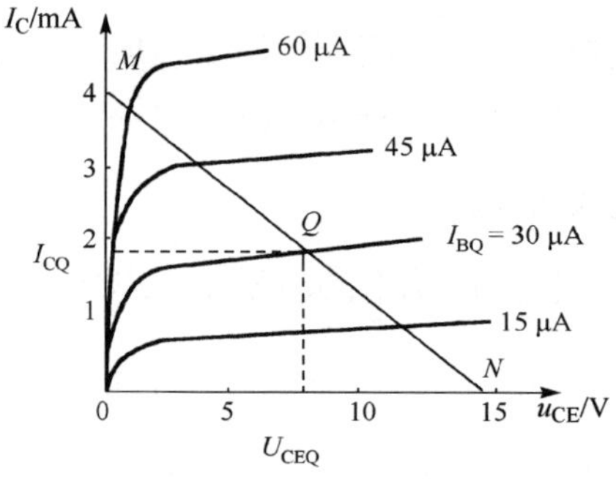

（b）图解静态工作点

图 4-2-3　作直流负载线确定静态工作点

（3）确定静态工作点：直流负载线与 I_{BQ} 所在输出特性曲线的交点为静态工作点。

2）静态工作点的调整

由以上分析可知，静态工作点的位置与 U_{CC}、R_B、R_C 的大小有关，这三个参数中任一个改变，静态工作点都将会发生相应的变化。静态工作点与电路参数的关系如表 4-2-1 所示。

表 4-2-1　静态工作点与电路参数的关系

电路参数变化情况	静态工作点的变化情况
R_C、U_{CC} 不变，改变 R_B	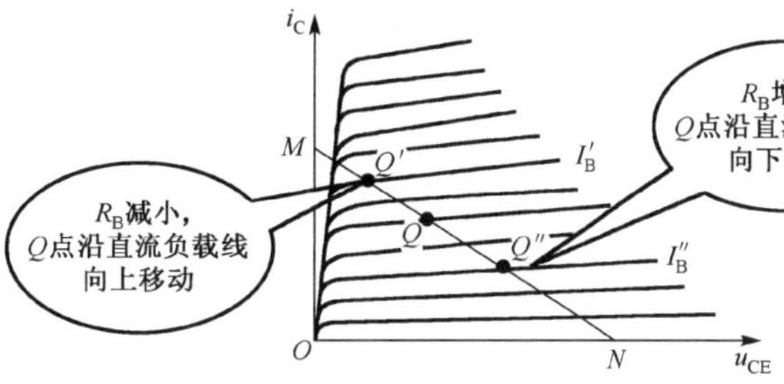
R_B、U_{CC} 不变，改变 R_C	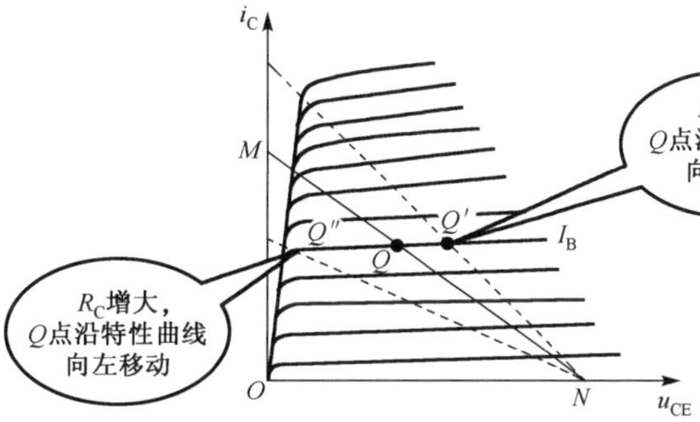
R_B、R_C 不变，改变 U_{CC}	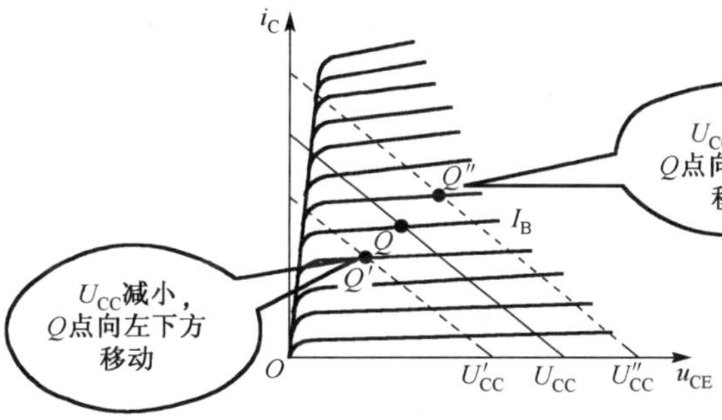

在实际应用中，一般在 R_C 和 U_{CC} 一定的情况下，调整静态工作点是通过改变 R_B 来实现的。

3）图解分析放大电路的动态工作情况

由图 4-2-1 可知

$$u_{CE} = U_{CC} - i_C R'_L \qquad (4\text{-}2\text{-}11)$$

这是一个线性方程，直线的斜率为 $-1/R'_L$，该直线为交流负载线的辅助线，与交流负载线平行。

静态工作点是指无信号输入时的工作点，也可以理解为输入信号为零时的动态工作点，所以放大电路的交流负载线经过静态工作点。

交流负载线的作法如下。

（1）作交流负载线的辅助线。辅助线与横轴的交点 N 的坐标为(U_{CC},0)，与纵轴的交点 L 的坐标为$(0, U_{CC} / R'_L)$。

（2）过 Q 点作辅助线的平行线，该平行线为交流负载线。图解分析放大电路的交流负载线如图 4-2-4 所示。

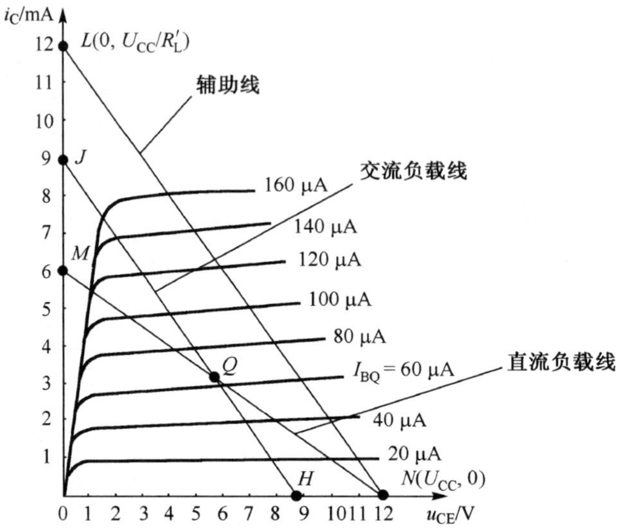

图 4-2-4　图解分析放大电路的交流负载线

利用图解法进行动态工作情况分析的具体做法如下。

① 作直流负载线，确定静态工作点。

② 过静态工作点作交流负载线。

③ 已知输入电压 $u_i = U_{im}\sin\omega t$，在输入特性曲线上，u_{BE} 将以 U_{BEQ} 为基础，随 u_i 的变化而变化。放大电路输入图解分析如图 4-2-5 所示。可见，对应的基极电流 i_B 也将以 I_{BQ} 为基础而变化，在最大基极电流 $I_{b_{max}}$ 和最小基极电流 $I_{b_{min}}$ 之间变化。

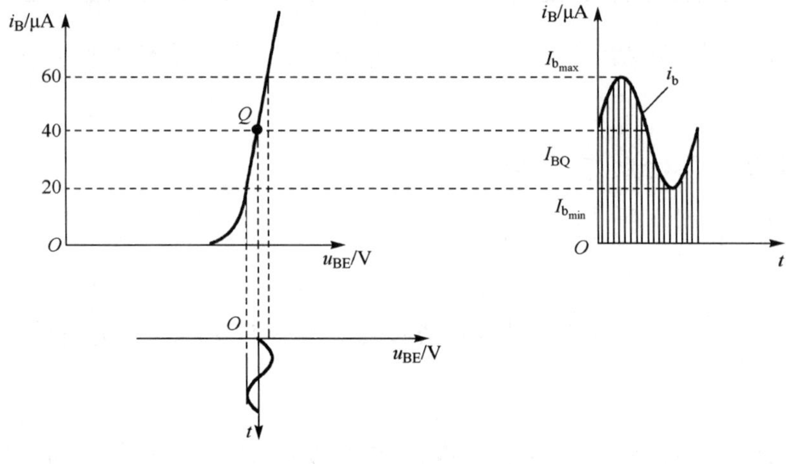

图 4-2-5　放大电路输入图解分析

④ 在输出特性曲线上找出 I_{BQ}、$I_{b_{max}}$ 和 $I_{b_{min}}$ 对应的特性曲线与交流负载线的交点 Q、Q'、

Q''，可得到相对应的集电极电流的动态范围和集电极与发射极间电压的动态范围。放大电路输出图解分析如图 4-2-6 所示。

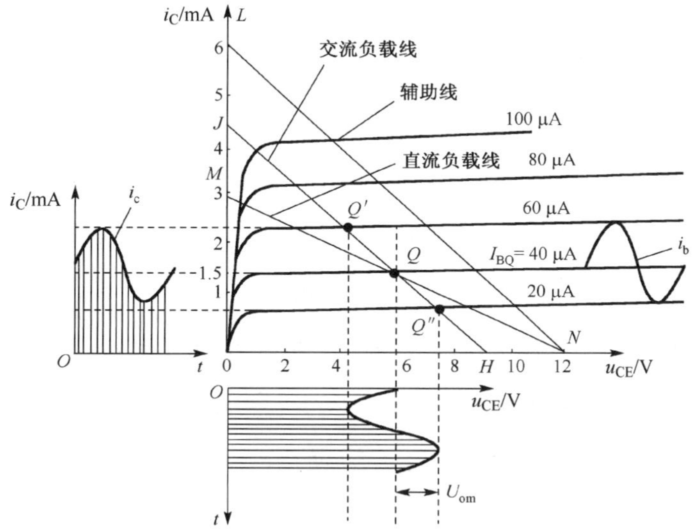

图 4-2-6 放大电路输出图解分析

⑤ 求电压放大倍数。已知输入交流电压 U_{im}，由图 4-2-6 求出输出电压 U_{om}。根据电压放大倍数的定义可求出电压放大倍数为

$$A_u = \frac{U_{om}}{U_{im}} \tag{4-2-12}$$

由图解分析可知，u_o 与 u_i 相位相反。

知识二 非线性失真与静态工作点的相关知识

1. 非线性失真

由于三极管为非线性元器件，严格来讲，经三极管放大的信号肯定存在非线性失真。问题是这种非线性失真是否在技术指标允许的范围内。在小信号条件下，静态工作点附近的一小段特性曲线可以近似地认为是线性的，因此，引入了微变等效电路，按照线性电路的分析方法，求解电路。这里要讨论的问题是非线性失真的两种极端情况，即截止失真和饱和失真。

1）截止失真

放大电路中的三极管有部分时间工作在截止区而引起的失真，称为截止失真。截止失真和饱和失真如图 4-2-7 所示。

引起截止失真的主要原因是静态工作点在截止区或靠近截止区，即 I_{BQ} 过小。另外，若输入信号过大，则在信号负半周内，有可能使静态工作点进入截止区，产生截止失真。改善截止失真的方法是增大 I_{BQ}。根据式（4-1-17）可知增大 I_{BQ} 有以下三种途径。

（1）增大 U_{CC}，而 U_{CC} 一般不能随意增大。

（2）减小 U_{BEQ}，U_{BEQ} 为 0.6～0.7V（硅管），是三极管固有参数。

（3）减小 R_B。

为了避免截止失真，应使 $U_{BEQ} > U_{im}$，即 $I_{BQ} > I_{bm}$，$I_{CQ} > I_{cm}$。

2）饱和失真

放大电路中的三极管有部分时间工作在饱和区而引起的失真，称为饱和失真，如图 4-2-7 所示。

引起饱和失真的主要原因是静态工作点在饱和区或靠近饱和区，即 U_{CEQ} 过小。另外，若输入信号过大，则在信号正半周内，有可能使静态工作点进入饱和区，产生饱和失真。

改善的方法是增大 U_{CEQ}。根据式（4-1-18）可知，增大 U_{CEQ} 有三种途径，即增大 U_{CC}、减小 I_{CQ} 和减小 R_C。而 $I_{CQ} = \beta I_{BQ}$，要减小 I_{CQ}，可减小β或减小 I_{BQ}，而减小 I_{BQ}，又可增大 R_B。因此，欲改善饱和失真，增大 U_{CC}、减小 R_C、减小β、增大 R_B 都能获得一定效果，其中增大 R_B 是最好的方法。为了避免饱和失真，应使 $U_{CEQ} > U_{cem} + U_{CES}$。

2．输出动态范围

输出动态范围也是放大电路的一项性能指标，指的是在给定电路参数条件下，不产生明显失真时，输出电压所能摆动的最大范围。输出动态范围如图 4-2-8 所示。

$$U_{opp} = 2\text{Min}[(U_{CEQ} - U_{CES}),\ I_{CQ}R'_L] \tag{4-2-13}$$

式中，Min[⋯]函数表示取两者中的较小值；U_{opp} 表示输出电压峰峰值（V）。

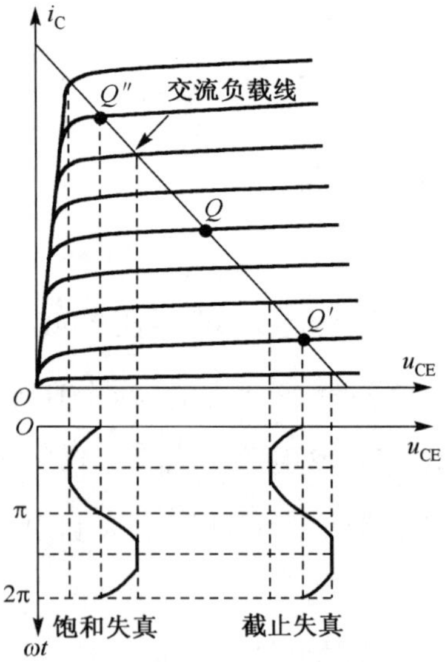

图 4-2-7　截止失真和饱和失真

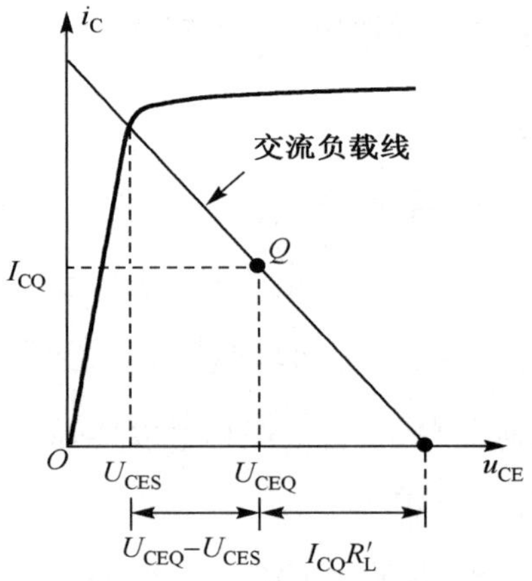

图 4-2-8　输出动态范围

3．静态工作点的变化、设置与调节

1）电路参数对静态工作点的影响

电路参数改变时，静态工作点也随之改变。为了便于分析，采用改变一种参数、其余参数不变的方法分别讨论 U_{CC}、R_C、R_B 和β对静态工作点的影响。

（1）U_{CC} 对静态工作点的影响：U_{CC} 的变化会改变直流负载线在横轴上的截距和 I_{BQ} 的大

小，如图 4-2-9（a）所示。U_{CC} 增大，直流负载线右移，同时 I_{BQ} 增大，Q 点移至 Q_1 点；U_{CC} 减小，直流负载线左移，同时 I_{BQ} 减小，Q 点移至 Q_2 点。

（2）R_C 对静态工作点的影响：R_C 的变化会改变直流负载线的斜率，如图 4-2-9（b）所示。直流负载线斜率为$-1/R_C$，R_C 增大时，Q 点左移至 Q_2 点；R_C 减小时，Q 点右移至 Q_1 点。

（3）R_B 对静态工作点的影响：R_B 的变化主要影响 I_{BQ}，如图 4-2-9（c）所示。R_B 增大时，I_{BQ} 减小，Q 点移至 Q_2 点；R_B 减小时，I_{BQ} 增大，Q 点移至 Q_1 点。

（4）β 对静态工作点的影响：β 的变化主要反映在输出特性曲线疏密的变化上，如图 4-2-9（d）所示。β 增大，曲线变疏，β 减小，曲线变密。若β 增大，则 Q 点移至 Q_1 点。

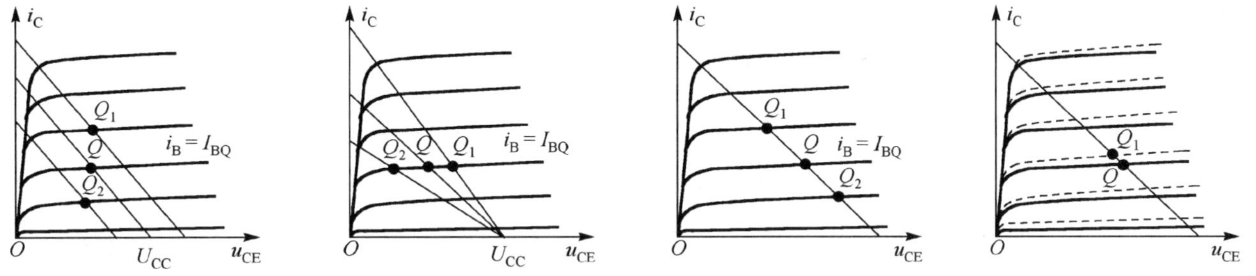

（a）U_{CC}对静态工作点的影响　（b）R_C对静态工作点的影响　（c）R_B对静态工作点的影响　（d）β对静态工作点的影响

图 4-2-9　电路参数对静态工作点的影响

2）静态工作点的设置

为了避免产生截止失真和饱和失真，取得放大电路最大输出动态范围，静态工作点应设置在交流负载线的中点。但是，设置静态工作点主要不是从上述两个因素出发的，还应考虑电路增益、输入电阻、功耗、效率、噪声等。例如，静态工作点低，噪声小，静态发射极电流小，三极管输入电阻大，放大电路增益小，静态集电极电流小，三极管功耗小，放大电路效率高。一般来说，当输入信号较小时，静态工作点可设置得低一些；当输入信号较大时，可以适当抬高静态工作点。

3）静态工作点的调节

影响放大电路静态工作点的电路参数很多，但并不是每一个电路参数都适宜用来调节放大电路的静态工作点。一般来说，在调节静态工作点的同时，不希望改变电路的其他性能指标，如电压增益、输入电阻、电源电压等。

改变 R_C，将改变放大电路的电压增益和输出电阻；改变β，需要更换三极管；只有改变 R_B 最为方便有效，且对电路的其他性能指标基本无影响。静态工作点的调节如图 4-2-10 所示，R_B 一般可分成两部分，R'_B 是防止 R_P 调至 0 时三极管电流过大损坏而设置的。

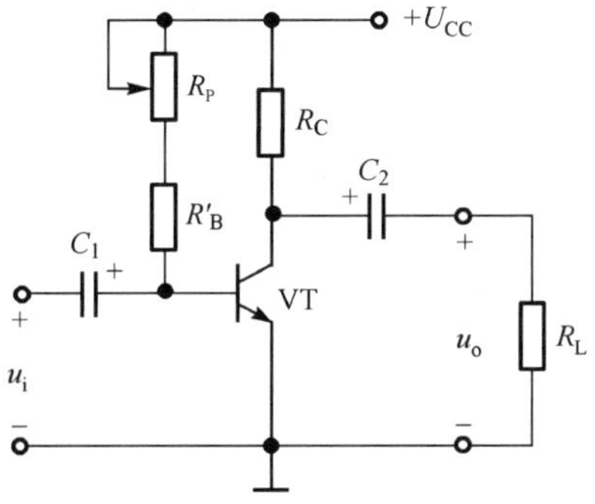

图 4-2-10　静态工作点的调节

4．静态工作点的稳定

1）温度的影响

（1）温度对三极管参数的影响：半导体器件，包括三极管，对温度极其敏感。对温度的敏感主要反映在参数 I_{CBO} 和 U_{BE} 上。

① 温度每升高 10℃，I_{CBO} 就增大为原来的两倍。

② 温度每升高 10℃，β 相对增大 0.5%～1%。

③ 温度每升高 1℃，U_{BE} 减小 2～2.5mV。

小功率硅管的 I_{CBO} 很小，随温度的变化可忽略不计，U_{BE} 为主要影响因素；对于锗管，I_{CBO} 为主要影响因素。

（2）温度对放大电路静态工作点的影响如下。

上述受温度影响的三极管参数最终均反映在对三极管放大电路静态工作点的影响上。对于三极管集电极电流 $I_C = \beta I_B + (1+\beta)I_{CBO}$，温度升高时，$\beta$ 增大，I_{CBO} 增大，均使 I_C 增大。若三极管基极、发射极之间所加电压 U_{BE} 相同，则温度较高时产生的基极电流比温度较低时产生的基极电流大。I_B 的增大，最终将引起 I_C 的增大。因此，温度升高，使三极管的三项参数产生了变化，最终结果均是使 I_C 增大。

I_C 增大后，将引起集电结功耗增大，使三极管温度进一步升高，甚至引起恶性循环，最终导致三极管热击穿而损坏。

因此，静态工作点的稳定（I_{CQ} 的稳定）成为放大电路稳定工作的重要问题。

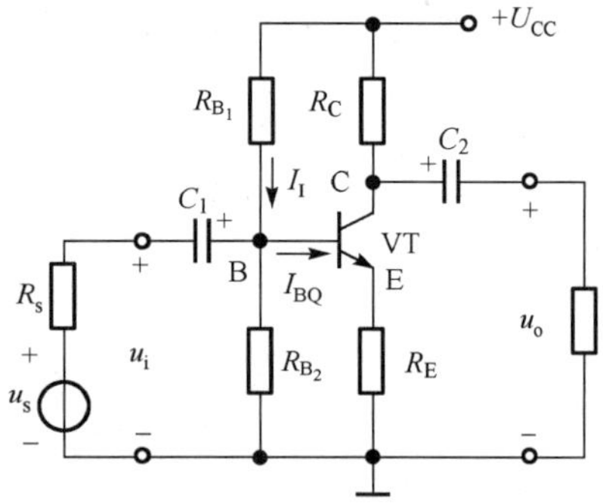

图 4-2-11　分压式偏置电路

2）分压式偏置电路

分压式偏置电路能稳定三极管放大电路的静态工作点。

（1）电路形式：分压式偏置电路如图 4-2-11 所示，其与共射极基本放大电路相比有如下区别。

① 基极电压由 R_{B_1}、R_{B_2} 分压。

② 发射极串入射极电阻 R_E。

（2）稳定静态工作点的原理：在满足 $I_1 \gg I_{BQ}$ 的条件下，三极管基极电压 U_{BQ} 可认为由 R_{B_1}、R_{B_2} 分压而得，即

$$U_{BQ} = \frac{U_{CC}R_{B_2}}{R_{B_1}+R_{B_2}} \tag{4-2-14}$$

则

$$I_{BQ} = \frac{U_{BQ}-U_{BEQ}}{(1+\beta)R_E} \tag{4-2-15}$$

$$I_{CQ} = \beta I_{BQ} = \frac{\beta(U_{BQ}-U_{BEQ})}{(1+\beta)R_E} \approx \frac{U_{BQ}-U_{BEQ}}{R_E} \tag{4-2-16}$$

若满足$U_{BQ} \gg U_{BEQ}$，则

$$I_{CQ} \approx \frac{U_{BQ}}{R_E} \qquad (4\text{-}2\text{-}17)$$

式（4-2-14）和式（4-2-17）表明，在满足$I_1 \gg I_{BQ}$和$U_{BQ} \gg U_{BEQ}$的条件下，集电极电流I_{CQ}与受温度影响而变化的参数β、U_{BEQ}无关，且U_{BQ}基本固定后，若由于某种原因（如温度上升等）引起I_{CQ}增大，则U_{EQ}上升（$U_{EQ} = I_{CQ}R_E$），加在三极管基极与发射极间的电压U_{BEQ}减小（$U_{BEQ} = U_{BQ} - U_{EQ}$），致使$I_{CQ}$减小，具有电流负反馈作用。上述稳定$I_{CQ}$的过程可表示为

$$\text{温度}T\uparrow \rightarrow I_{CQ}\uparrow \rightarrow U_{EQ}\uparrow \xrightarrow{(U_{BQ}\text{不变})} U_{BEQ}\downarrow \rightarrow I_{BQ}\downarrow \rightarrow I_{CQ}\downarrow$$

（3）分压式偏置电路稳定静态工作点的条件如下。

上述分析建立在$I_1 \gg I_{BQ}$和$U_{BQ} \gg U_{BEQ}$的基础上，一般可选取

$$I_1 \geqslant (5\sim10)I_{BQ},\quad U_{BQ} \geqslant (5\sim10)U_{BEQ} \qquad (4\text{-}2\text{-}18)$$

具体可理解如下。

① R_{B_1}、R_{B_2}不能太大（若太大了，I_1变小，不能满足条件）。

② R_E要足够大（R_E具有电流负反馈作用，是稳定I_{CQ}的关键元器件，R_E越大，电流负反馈作用越强，I_{CQ}稳定性越好）。

（4）分压式偏置电路性能分析。

① 静态分析如下。

$$I_{BQ} = \frac{U_{BQ} - U_{BEQ}}{(1+\beta)R_E} \qquad (4\text{-}2\text{-}19)$$

$$I_{CQ} = \beta I_{BQ} \qquad (4\text{-}2\text{-}20)$$

$$U_{CEQ} = U_{CC} - I_{CQ}(R_C + R_E) \qquad (4\text{-}2\text{-}21)$$

② 下面进行动态分析。

根据图 4-2-11，画出分压式偏置电路的微变等效电路，如图 4-2-12 所示。

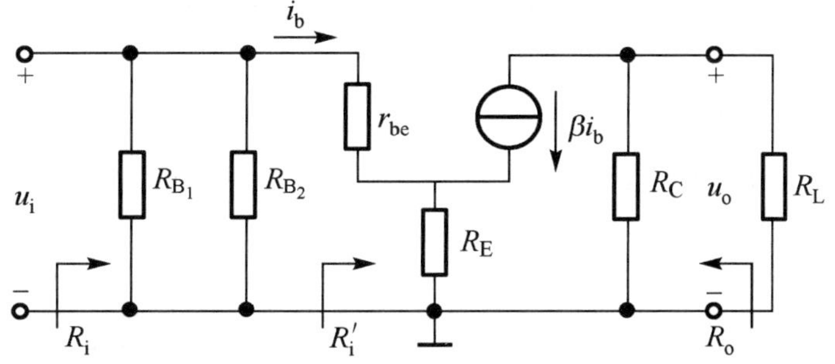

图 4-2-12　分压式偏置电路的微变等效电路

电压放大倍数为

$$A_u = \frac{u_o}{u_i} = \frac{-\beta i_b R_L'}{i_b r_{be} + (1+\beta) i_b R_E} = \frac{-\beta R_L'}{r_{be} + (1+\beta)R_E} \qquad (4\text{-}2\text{-}22)$$

输入电阻为

$$R_i = R_{B_1}//R_{B_2}//R_i' = R_{B_1}//R_{B_2}//[r_{be} + (1+\beta)R_E] \quad (4\text{-}2\text{-}23)$$

式中，R_i' 为从三极管基极与接地端看进去的等效电阻，其值为

$$R_i' = \frac{u_i}{i_b} = \frac{i_b r_{be} + (1+\beta)i_b R_E}{i_b} = r_{be} + (1+\beta)R_E \quad (4\text{-}2\text{-}24)$$

输出电阻为

$$R_o = R_C \quad (4\text{-}2\text{-}25)$$

由式（4-2-22）分析，图 4-2-11 所示电路虽能稳定静态工作点，但电压放大倍数 A_u 大大降低了，原因是 R_E 对交、直流电流均具有负反馈作用，对直流电流的负反馈作用是稳定电路的静态工作点，对交流电流的负反馈作用是降低电压放大倍数。为了使分压式偏置电路既能稳定静态工作点，又不降低电压放大倍数，通常在 R_E 两端并联一个较大的电容 C_E（20～100μF），称为发射极旁路电容，其分压式偏置电路如图 4-2-13（a）所示。也可将 R_E 分为两部分，即采用 R_{E_1} 和 R_{E_2}（$R_E = R_{E_1} + R_{E_2}$，R_{E_2} 较大，R_{E_1} 较小，一般为几至几十欧姆），R_{E_1} 不并联电容，R_{E_2} 并联电容 C_E。分压式偏置电路的另一种形式及其微变等效电路如图 4-2-14 所示。

图 4-2-13（a）所示电路及图 4-2-14（a）所示电路的静态分析的计算与图 4-2-11 所示电路类似，动态分析时，画出的微变等效电路分别如图 4-2-13（b）和图 4-2-14（b）所示。

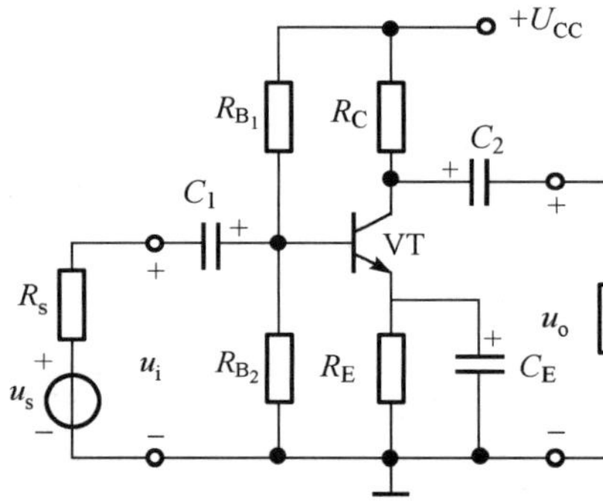

（a）电路

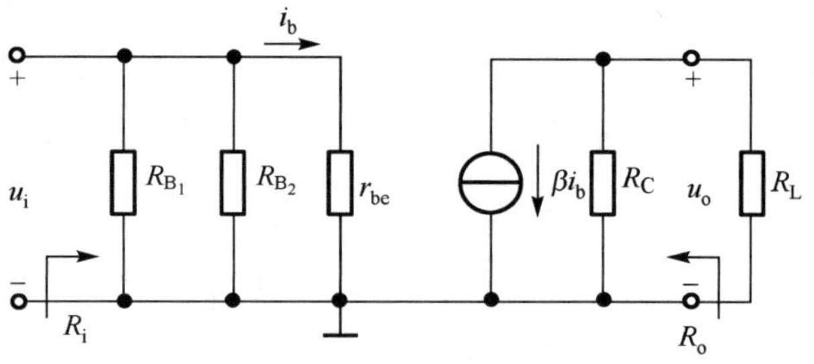

（b）微变等效电路

图 4-2-13　并联发射极旁路电容的分压式偏置电路及其微变等效电路

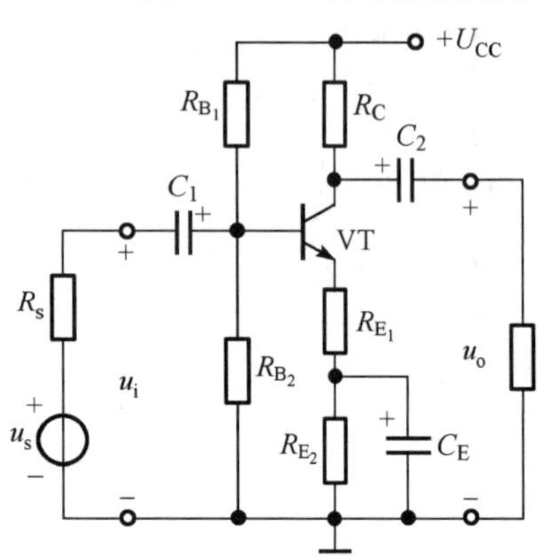

（a）电路

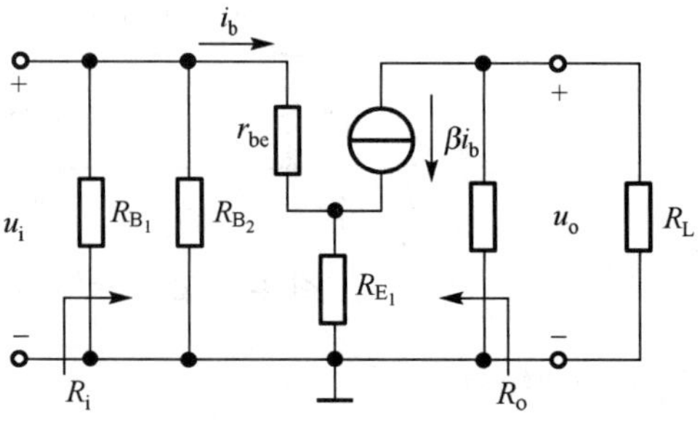

（b）微变等效电路

图 4-2-14　分压式偏置电路的另一种形式及其微变等效电路

任务实施

1．按要求搭建分压式射极偏置线路信号调试线路

分压式射极偏置线路信号测量接线示意图如图 4-2-15 所示。按图 4-2-15 连接信号发生器、直流电源、示波器。

2．按步骤调试出分压式射极偏置线路的最佳工作状态

按下面步骤调试分压式射极偏置线路的最佳工作状态。

（1）按图 4-2-15 接线，P_2、P_3 闭合。

（2）信号发生器输出信号：最大值为 10mV，频率为 1kHz。

（3）调节好示波器 CH_1，显示信号发生器波形，峰峰值为 20mV，频率为 1kHz。

（4）调节 R_P 的大小，使 CH_2 显示经分压式射极偏置线路放大的波形出现最大不失真（当波形出现失真时再把 R_P 稍微向回调，使波形不失真，称此时的波形为该输入波形的最大不失真波形）。

（5）调节信号发生器，慢慢增大输入波形（如第二次波形最大值调整为 12mV），重复步骤（4）。

（6）先重复步骤（5），再重复步骤（4），直至输入和输出波形都比较大时，调节 R_P 的大小，使示波器刚好无法出现不失真输出波形。

（7）调节信号发生器，使输出的波形稍微调小，输出波形出现最大不失真波形。此时，分压式射极偏置线路的工作状态称为最佳工作状态。

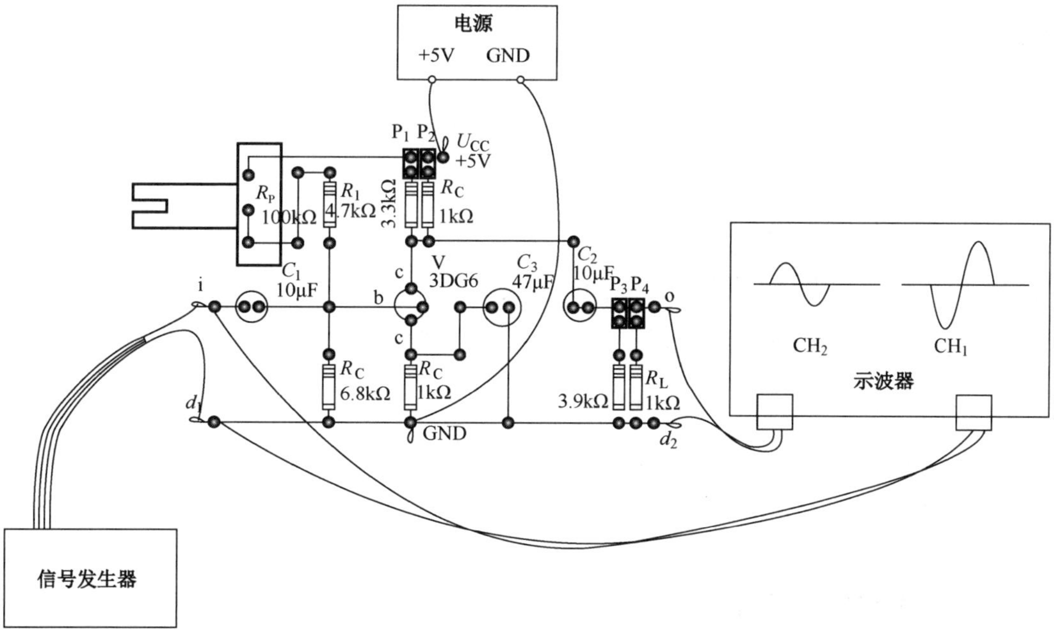

图 4-2-15　分压式射极偏置线路信号测量接线示意图

3．按检测步骤对分压式射极偏置线路进行信号调试

通过对分压式射极偏置线路进行信号调试，结合各图和公式，分析交流电压放大倍数的

影响因素。对分压式射极偏置线路进行信号调试如表 4-2-2 所示。

表 4-2-2　对分压式射极偏置线路进行信号调试

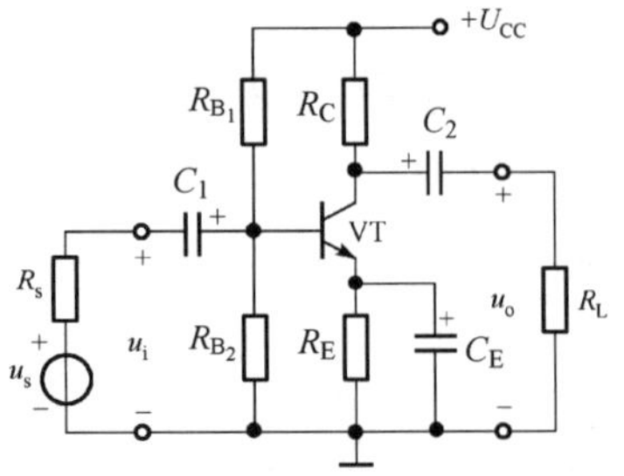	交流通路中： 直流电源相当于短路，把 U_{CC} 与 GND 短接； 电容器相当于短路，直接去掉电容器； 结合三极管的等效模型，得到交流通路微变等效电路
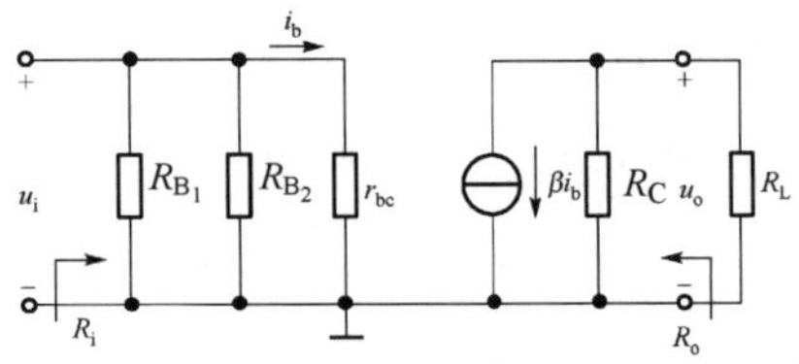	根据微变等效电路有： $u_i = i_b r_{be}$ $u_o = -\beta i_b R_L'$
$A_u = \dfrac{u_o}{u_i} = \dfrac{-\beta R_L'}{r_{be}} = \dfrac{-\beta(R_L // R_C)}{r_{be}}$	$R_L' = (R_L // R_C)$

任务三　对对讲机线路进行调试检测

任务描述

能够按照要求对对讲机线路进行调试检测。

任务目标

终极目标：能够按照要求对对讲机线路进行调试检测。

促成目标：

（1）能够对对讲机线路原理图进行识读。

（2）能够对对讲机线路插装布线图进行识读。

（3）能够根据元器件检测要求进行对讲机线路元器件的检测。

（4）能够按照装接工艺对对讲机线路进行安装。

（5）能够按照检测步骤对对讲机线路进行调试检测。

知识平台

知识一　多级放大电路

1．多级放大电路的基本概念

1）多级放大电路的组成

多级放大电路的组成框图如图 4-3-1 所示。

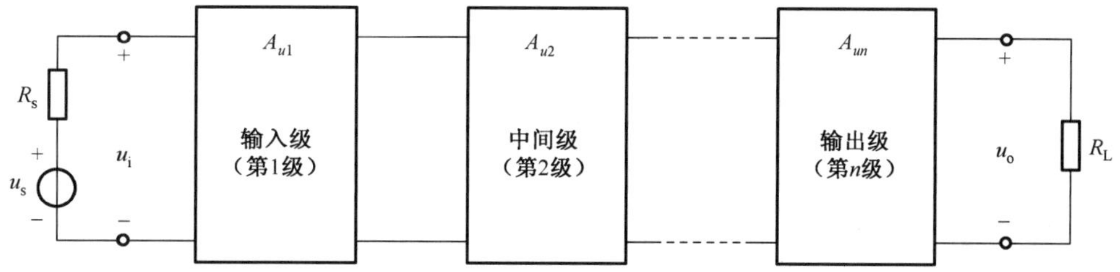

图 4-3-1　多级放大电路的组成框图

（1）输入级：多级放大电路的输入级通常要求输入电阻大，以减小对信号源的影响（减小索取信号源的电流），提高净输入电压$\left(u_i = \dfrac{u_s R_i}{R_s + R_i}，R_i越大，u_i越大\right)$，一般由共集电极电路或场效应管放大电路充当。

（2）中间级：多级放大电路的中间级通常要求有足够的电压放大倍数，多级放大电路的增益大部分由中间级承担，一般由共射极电路组成。

（3）输出级：多级放大电路的输出级主要有两个要求：一是输出电阻要小，即带负载能力要强；二是要有一定的输出功率。因此，输出级一般也由共集电极电路充当。

2）级间耦合

多级放大电路前、后级之间的连接称为级间耦合。级间耦合的基本要求如下：一是避免信号失真，二是减小信号耦合传输中的损耗。级间耦合的方式主要有阻容耦合、变压器耦合、直接耦合和光电耦合。

（1）阻容耦合。

阻容耦合示意图如图 4-3-2 所示。“阻”是指放大电路的输入电阻（阻抗），即放大电路的净输入信号。在图 4-3-2 中，Z_i是放大电路的输入阻抗，Z_C是耦合电容容抗，Z_i越大，Z_C越小，耦合效果越好。在三极管放大电路中耦合电容 C 取得较大，一般可取 1～10μF。

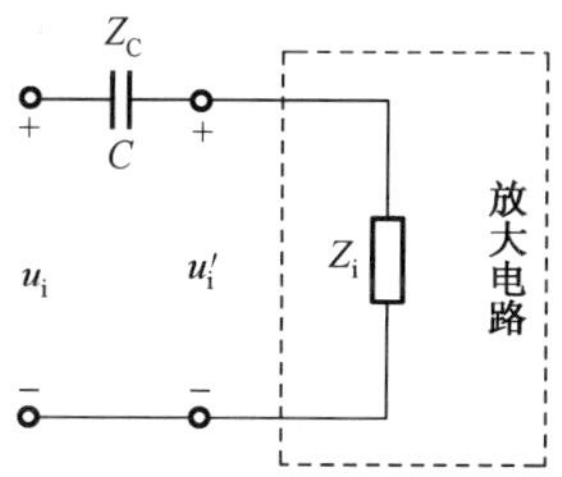

图 4-3-2　阻容耦合示意图

阻容耦合主要具有下列特点。

① 因耦合电容器“隔直通交”，因此前、后级放大电路的静态工作点相互独立，互不影响，可根据需要进行最优设计，计算时可分别单独进行。

② 若电容器对输入交流信号的容抗足够小，则信号耦合过程中的损耗可忽略不计。

③ 阻容耦合不能传输直流和变化缓慢的信号。

④ 由于在集成电路中无法制作大电容，因此在集成电路中无法采用阻容耦合方式。

（2）变压器耦合。

变压器耦合利用了变压器一、二次耦合电信号，其特点如下。

① 变压器耦合具有“隔直通交”的特性，前、后级放大电路静态工作点相互独立。

② 变压器具有阻抗变换作用，可调节前、后级阻抗使其匹配，达到最大功率传输。

③ 变压器体积大、质量重、价格高，有电磁干扰，高频和低频特性均差，且不能集成。

（3）直接耦合。

前、后级放大电路直接连接的耦合方式称为直接耦合。直接耦合的特点如下。

① 能放大直流信号（稳恒直流和变化缓慢的信号），也能放大交流信号。

② 前、后级静态工作点不能独立，相互影响。

③ 便于集成，集成电路内部均为直接耦合。

④ 存在零点漂移问题，即第一级静态工作点的漂移会逐级放大，严重时会淹没真实信号。

（4）光电耦合。

前、后级间利用光电耦合元器件耦合的方式称为光电耦合。光电耦合的特点如下。

① 前、后级静态工作点相互独立，互不影响。

② 便于集成。

③ 受温度影响较大。

3）多级放大电路的分析方法

（1）静态分析。

多级放大电路的级间耦合方式若为阻容耦合、变压器耦合、光电耦合，则其各级静态工作点相互独立，可分别计算。

直接耦合的多级放大电路前、后级之间相互影响，其计算方法较为复杂。

（2）动态分析。

① 电压放大倍数为

$$A_u=\frac{u_o}{u_i}=\frac{u_{o1}}{u_i}\bullet\frac{u_{o2}}{u_{o1}}\bullet\cdots\bullet\frac{u_o}{u_{o(n-1)}}=A_{u1}A_{u2}\cdots A_{un} \tag{4-3-1}$$

式（4-3-1）表明，多级放大电路总的电压放大倍数等于每一级电压放大倍数之积。

用分贝表示为

$$A_u(\text{dB})=A_{u1}(\text{dB})+A_{u2}(\text{dB})+\cdots+A_{un}(\text{dB}) \tag{4-3-2}$$

需要指出的是，计算前级放大电路的电压放大倍数时，后级放大电路的输入电阻应看作前级放大电路的负载电阻，或者计算后级放大电路的电压放大倍数时，前级放大电路的输出电阻应看作后级放大电路的信号源内阻。但两种方法只能取其一，不能重复使用，通常采用前一种方法。

② 多级放大电路总的输入电阻就是输入级的输入电阻，$R_i=R_{i1}$。

③ 多级放大电路总的输出电阻就是输出级的输出电阻，$R_o=R_{on}$。

2．放大电路中的负反馈

1）电路反馈的定义

将放大电路输出量（电压或电流）中的一部分或全部通过某一电路，引回输入端，与输入信号叠加，共同控制放大电路，称为反馈。

2）负反馈和正反馈

从输出端引回的信号可以用来增强或削弱输入信号，即反馈有正和负之分。

若引回的反馈信号削弱输入信号而使放大电路的放大倍数降低，则这种反馈称为负反馈；若引回的反馈信号增强输入信号而使放大电路的放大倍数提高，则这种反馈称为正反馈。

3）直流反馈和交流反馈

若反馈信号属于直流量（直流电压或直流电流），则称为直流反馈；若反馈信号属于交流量（交流电压或交流电流），则称为交流反馈。放大电路中的电压、电流通常同时含有直流成分和交流成分，复合后仍为交流量。这里主要研究分析同时含有直流成分和交流成分的交流负反馈。

4）电压反馈和电流反馈

若反馈信号属于电压量，则称为电压反馈；若反馈信号属于电流量，则称为电流反馈。

5）串联反馈和并联反馈

若反馈信号与输入信号的叠加方式为串联，则称为串联反馈；若叠加方式为并联，则称为并联反馈。

6）放大电路中负反馈的四种组合类型

根据上述分类，放大电路中的负反馈可有四种组合类型，即电压串联负反馈、电压并联负反馈、电流串联负反馈和电流并联负反馈。

3．多级放大电路负反馈类型的判别

多级放大电路中的负反馈一般含有多条负反馈支路，有的是本级负反馈，有的是稳定静态工作点，有的是从输出端到输入端的多级交流负反馈。这里所说的负反馈类型的判别，主要是指多级交流负反馈。其共有四种类型，即电压串联负反馈、电压并联负反馈、电流串联负反馈和电流并联负反馈。

1）负反馈类型的具体判别方法

（1）判别有无反馈。

根据是否有沟通输出回路与输入回路的中间环节，即是否有连接两个回路的反馈元器件或反馈网络进行判别。

（2）判别正、负反馈。

用“瞬时极性法”进行判别。设输入端在某一瞬时输入信号极性为正，按照各级放大电路输入、输出相位关系（中频区），确定输出端和反馈端的瞬时极性的正负。反馈信号极性与输入信号极性相同则为正反馈，相反则为负反馈。

需要指出的是，瞬时极性相同或相反的理解应根据反馈信号和输入信号是否作用于输入回路同一极性点来判别。反馈信号和输入信号作用于输入回路同一极性点时，瞬时极性相反是负反馈；反馈信号和输入信号作用于输入回路不同极性点时，瞬时极性相反为正反馈。对于由分立元器件组成的共射极电路（输入级），反馈信号馈入基极，极性相反为负反馈；反馈信号馈入发射极，极性相同为负反馈。

（3）判别电压、电流反馈。

判别电压反馈或电流反馈的原则是根据反馈信号取自于输出电压还是输出电流。

具体的判别方法如下：将输出端对地交流短路，若反馈信号消失，则为电压反馈；若反馈信号仍存在，则为电流反馈。更直接的判别方法是看反馈信号的引出端，从输出端（正极性端）引出属于电压反馈，从非直接输出端引出属于电流反馈。

（4）判别串联、并联反馈。

判别串联或并联反馈的原则是根据反馈信号馈入输入回路时与输入信号的叠加方式是串联还是并联。

具体的判别方法如下：对三极管（场效应管）来说，若反馈信号与输入信号同时加在基极（栅极）或发射极（源极），则为并联反馈；若一个加在基极（栅极），另一个加在发射极（源极），则为串联反馈。对集成运算放大器来说，若反馈信号与输入信号同时加在反相输入端或同相输入端，则为并联反馈；若一个加在反相输入端，另一个加在同相输入端，则为串联反馈。

对共射极电路（输入级）来说，反馈信号馈入基极是并联反馈，馈入发射极是串联反馈。

2）负反馈放大电路方框图

负反馈放大电路方框图如图 4-3-3 所示。点画线方框为负反馈放大电路，其中方框 A 为基本放大电路，方框 F 为反馈网络，符号⊕表示叠加环节，x_i 为输入信号，x_{id} 为基本放大电路的净输入信号，x_o 为负反馈放大电路输出信号，x_f 为反馈网络输出信号，“+”“−”表示瞬时极性。设输入信号频率为中频，A 为负反馈放大电路的开环放大倍数（基本放大电路的放大倍数，也称为开环增益），F 为反馈网络的反馈系数，A_f 为负反馈放大电路的闭环放大倍数（也称为闭环增益）。由图 4-3-3 可得出

$$A=\frac{x_o}{x_{id}} \tag{4-3-3}$$

$$F=\frac{x_f}{x_o} \tag{4-3-4}$$

$$x_{id}=x_i-x_f \tag{4-3-5}$$

$$A_f=\frac{x_o}{x_i}=\frac{A}{1+AF} \tag{4-3-6}$$

式中，（$1+AF$）被定义为负反馈放大电路的反馈深度。一般认为，只要$(1+AF)\gg 1$，就满足深度负反馈条件。在深度负反馈条件下，可表示为

$$A_f\approx\frac{1}{F} \tag{4-3-7}$$

3）负反馈对放大电路性能的影响

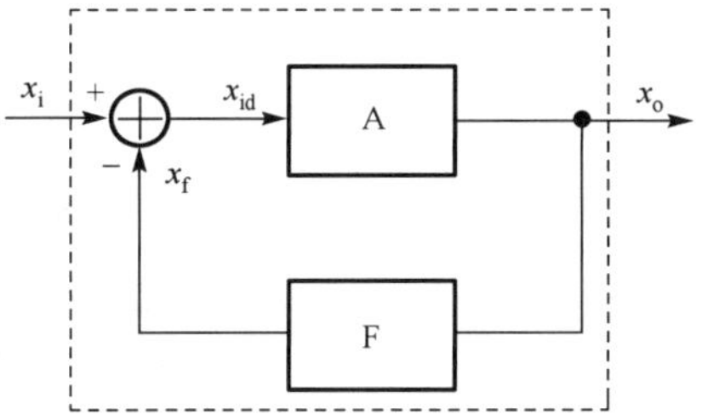

图 4-3-3　负反馈放大电路方框图

负反馈虽然使放大电路增益下降,但却从多方面改善了放大电路的性能。例如，提高了电路增益的稳定性，减小了非线性失真，扩展了通频带，改变了电路的输入、输出电阻等。

（1）提高电路增益的稳定性。

电子产品在批量生产时，由于元器件参数的分散性，如三极管β值的不同、电阻和电容的误差等，会使同一电路的增益产生变化，从而引起产品性能的较大差异，如收音机、电视机灵敏度的高低等。另外，负载、环境、温度、电源电压的变化及电路元器件老化等也会使电路增益产生较大变化。放大电路引入负反馈，可以提高电路增益的稳定性（注意：这里写明是提高稳定性，而不是提高增益，增益是下降的）。

（2）减小非线性失真。

由于放大电路通常由半导体非线性元器件组成，因此，严格来讲，总存在不同程度的非线性失真，当输入信号为单一频率正弦波时，输出信号已不是单一频率的正弦波了。引入负反馈后，可减小电路的非线性失真，其原理可用图 4-3-4 所示的负反馈减小非线性失真示意图说明。

设输入信号 x_i 为正弦波，输出信号为 x_o。无反馈时，产生非线性失真，设 x_o 波形为正半周幅度大，负半周幅度小，如图 4-3-4（a）所示。引入负反馈后，由于反馈信号类似于非线性失真的输出信号 x_o，与输入信号叠加后，使得净输入信号 x_{id} 产生相反的失真，正半周幅度小，负半周幅度大，正好在一定程度上补偿了基本放大电路的非线性失真，使输出信号 x_o 接近于正弦波，如图 4-3-4（b）所示。反馈深度越大，非线性失真改善越好。可以证明，加负反馈后电路的非线性失真减小为未加反馈时的 $1/(1+AF)$。需要指出的是，负反馈只能减小放大电路内部引起的非线性失真，且只能减小而不能消除。对于输入信号原有的失真，负反馈不能消减。

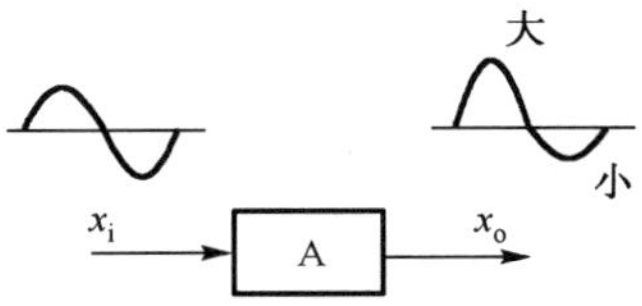

（a）无反馈时信号波形

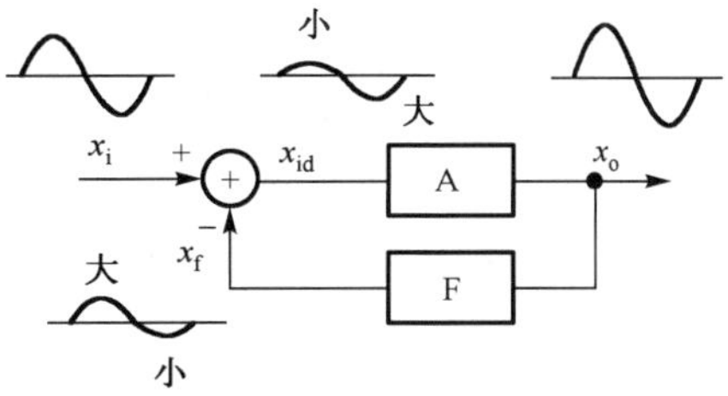

（b）引入负反馈时信号波形

图 4-3-4　负反馈减小非线性失真示意图

（3）扩展通频带。

负反馈电路的反馈信号基本上正比于输出信号，在高频段和低频段时，由于基本放大电

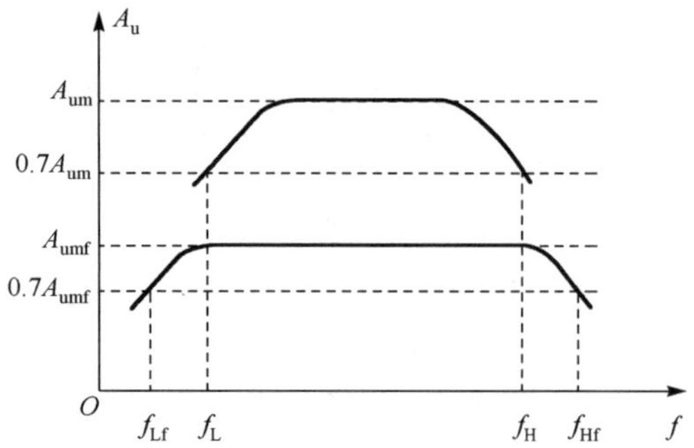

图 4-3-5　负反馈扩展通频带

路放大倍数下降，其反馈信号也相应减弱。因此，与中频段信号相比，高频段和低频段信号对净输入信号的削弱作用相应减小。也就是说，负反馈电路对中频段信号反馈较强，闭环增益下降较多；对高频段和低频段信号反馈较弱，闭环增益下降较少，从而扩展了电路的通频带。负反馈扩展通频带如图 4-3-5 所示。

由于放大电路通频带宽度主要取决于上限频率 f_H，所以 $B_{Wf}=f_H$。可以证明，加负反馈后电路通频带 B_{Wf} 与未加负反馈时电路通频带 B_W 之间的关系为

$$B_{Wf}=(1+AF)B_W \tag{4-3-8}$$

式（4-3-8）也可表示为

$$A_f B_{Wf}=AB_W \tag{4-3-9}$$

从式（4-3-9）中可以看出，放大电路的增益带宽积为一个常数。负反馈越深，放大倍数下降越多，通频带越宽。

（4）改变电路的输入、输出电阻。

① 对输入电阻的影响分析如下。

a．串联负反馈使输入电阻增大。串联负反馈对输入电阻的影响如图 4-3-6 所示。由图可得

$$R_{if}=\frac{u_i}{i_i}=\frac{u_{id}+u_f}{i_i}=\frac{u_{id}+AFu_{id}}{i_i}=(1+AF)\frac{u_{id}}{i_i}=(1+AF)R_i \tag{4-3-10}$$

式中，$R_i=\dfrac{u_{id}}{i_i}$，R_i 是基本放大电路的输入电阻（Ω）。这表明，串联负反馈电路的输入电阻增大到未加反馈时的（$1+AF$）倍。

b．并联负反馈使输入电阻减小。并联负反馈对输入电阻的影响如图 4-3-7 所示。由图可得

$$R_{if}=\frac{u_i}{i_i}=\frac{u_i}{i_{id}+i_f}=\frac{u_i}{i_{id}+AFi_{id}}=\frac{u_i}{(1+AF)i_{id}}=\frac{R_i}{1+AF} \tag{4-3-11}$$

式中，$R_i=\dfrac{u_i}{i_{id}}$，R_i 是基本放大电路的输入电阻（Ω）。这表明，并联负反馈电路的输入电阻减小到未加反馈时的 $1/(1+AF)$。

需要指出的是，不同特性的信号源对引入不同类型负反馈的效果是不一样的。由图 4-3-6 可得，$u_{id}=\dfrac{u_f R_i}{R_s+R_i}$，$R_s$ 越小，u_{id} 越大，反馈越强，效果越好。因此，对于接近于恒压源（信号源内阻小）特性的信号源，引入串联负反馈效果较好。由图 4-3-7 可得，$i_{id}=\dfrac{i_f R_s}{R_s+R_i}$，

R_s 越大，i_{id} 越大，反馈越强，效果越好。因此，对于接近于恒流源（信号源内阻大）特性的信号源，引入并联负反馈效果比较好。

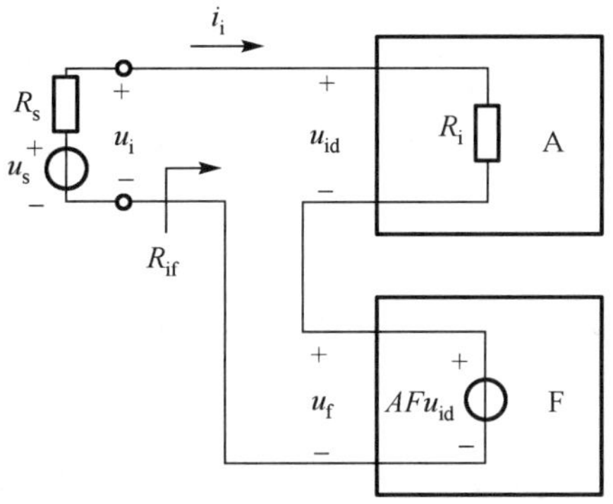

图 4-3-6　串联负反馈对输入电阻的影响

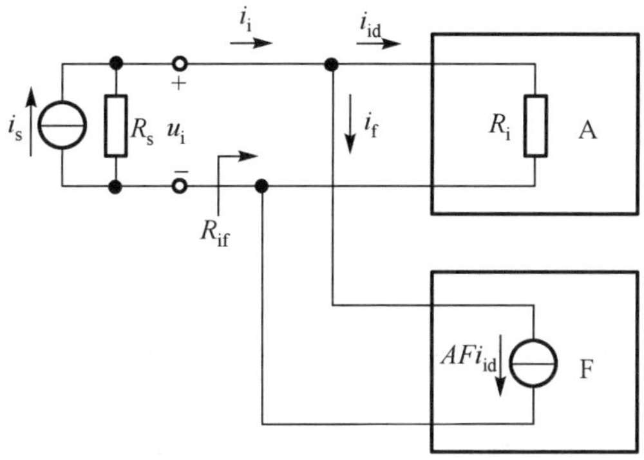

图 4-3-7　并联负反馈对输入电阻的影响

② 对输出电阻的影响分析如下。

a．电压负反馈使输出电阻减小。电压负反馈对输出电阻的影响如图 4-3-8 所示。由图可得

$$R_{of}=\frac{R_o}{1+A'F} \tag{4-3-12}$$

式中，R_o 是基本放大电路的输出电阻（Ω）；A' 是基本放大电路输出端开路时的源增益。这表明，电压负反馈使输出电阻减小。

b．电流负反馈使输出电阻增大。电流负反馈对输出电阻的影响如图 4-3-9 所示。由图可得

$$R_{of}=(1+A''F)R_o \tag{4-3-13}$$

式中，R_o 是基本放大电路的输出电阻（Ω）；A'' 是基本放大电路输出端短路时的源增益。这表明，电流负反馈使输出电阻增大。

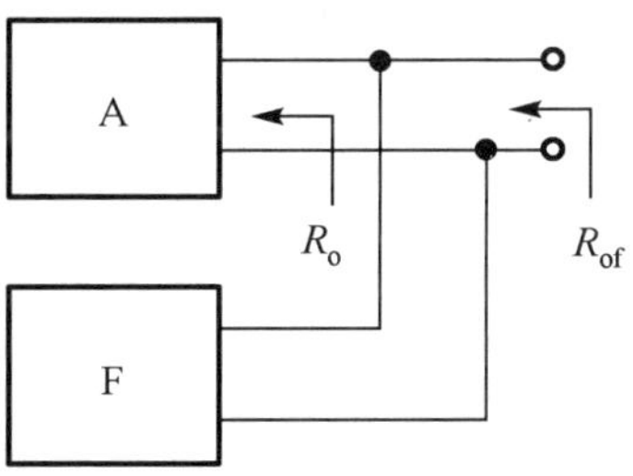

图 4-3-8　电压负反馈对输出电阻的影响

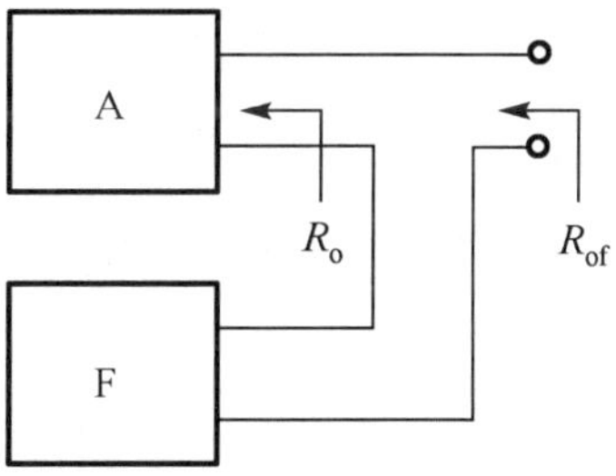

图 4-3-9　电流负反馈对输出电阻的影响

分析负反馈对输出电阻的影响是一个比较复杂的问题，涉及 A' 和 A''，这里不予展开。读者可定性地去理解：电压负反馈是在基本放大电路的输出端并联了一个反馈网络，所以使输出电阻减小了；电流负反馈是在基本放大电路的输出端串联了一个反馈网络，所以使输出电阻增大了。减小和增大的幅度大致为（$1+AF$）倍（其中的 A 分别为 A' 和 A''）。

4）引入负反馈的一般原则

负反馈能改善放大电路的性能，但不同类型的负反馈具有不同的特点。应根据对电路性能的要求引入负反馈，其一般原则如下。

（1）要稳定直流量（如静态工作点），应引入直流负反馈。

（2）要改善交流性能（如放大倍数、通频带、失真、输入电阻、输出电阻等），应引入交流负反馈。

（3）要稳定输出电压，应引入电压负反馈；要稳定输出电流，应引入电流负反馈。

（4）要增大输入电阻，应引入串联负反馈；要减小输入电阻，应引入并联负反馈。

（5）要增大输出电阻，应引入电流负反馈；要减小输出电阻，应引入电压负反馈。

（6）当需要反馈效果好，信号源具有电压源特性时，应引入串联负反馈；当需要信号源具有电流源特性时，应引入并联负反馈。

（7）要明显改善性能，应增大反馈深度（$1+AF$）。但反馈深度过大，有可能引起自激振荡。

知识二　集成功率放大电路

随着集成技术的不断发展，集成功率放大电路（简称集成功放）的产品越来越多。由于集成功放具有输出功率大、频率特性好、非线性失真小、外围元器件少、成本低、使用方便等特点，因而被广泛应用在收音机、录音机、电视机及直流伺服系统中。下面简单介绍目前应用较多的小功率音频集成功放 LM386。

集成功放 LM386 为 8 脚双列直插塑料封装结构，是专为低损耗电源所设计的集成功放。它的内部增益为 20，通过 1 号引脚和 8 号引脚间电容器的搭配，增益最高可达 200。LM386 可使用电池作为供应电源，输入电压为 4～12V，常温下功耗在 660mW 左右，它无动作时仅消耗 4mA 电流，且失真小。LM386 引脚图如图 4-3-10 所示。

LM386 是一种通用型宽带集成功放，属于 OTL 电路，在 1 号引脚和 8 号引脚之间接入电阻器和电容器可以改变其增益。

（1）增益为 20 时 LM386 的应用电路如图 4-3-11 所示。

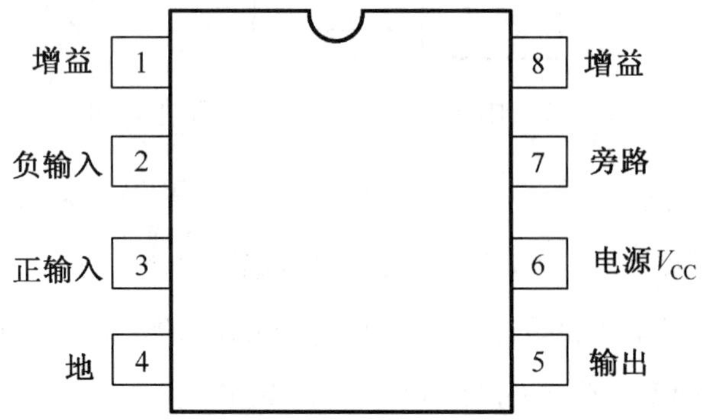

图 4-3-10　LM386 引脚图

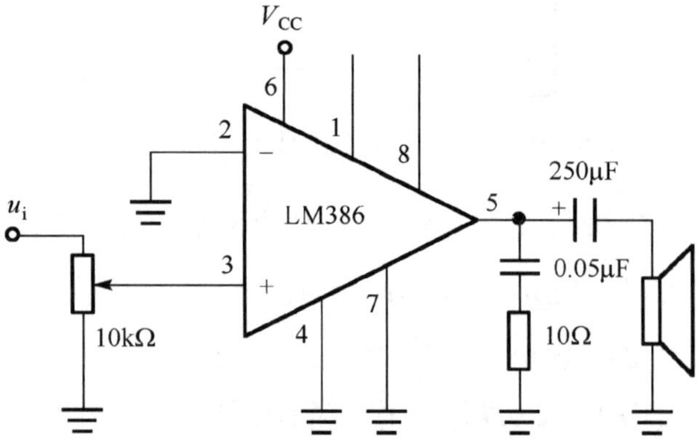

图 4-3-11　增益为 20 时 LM386 的应用电路

（2）增益为 50 时 LM386 的应用电路如图 4-3-12 所示。

（3）增益为 200 时 LM386 的应用电路如图 4-3-13 所示。

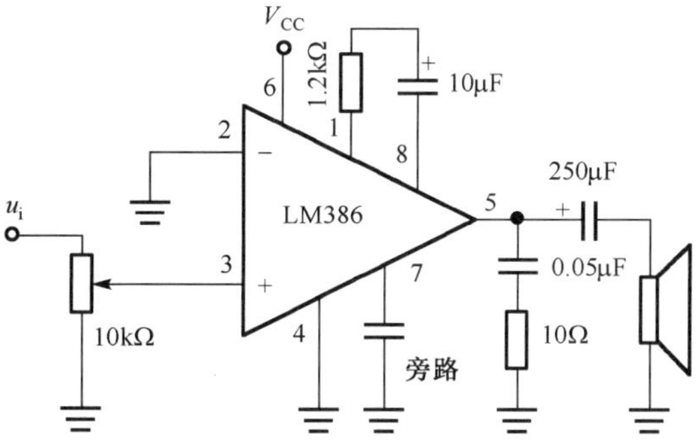

图 4-3-12　增益为 50 时 LM386 的应用电路

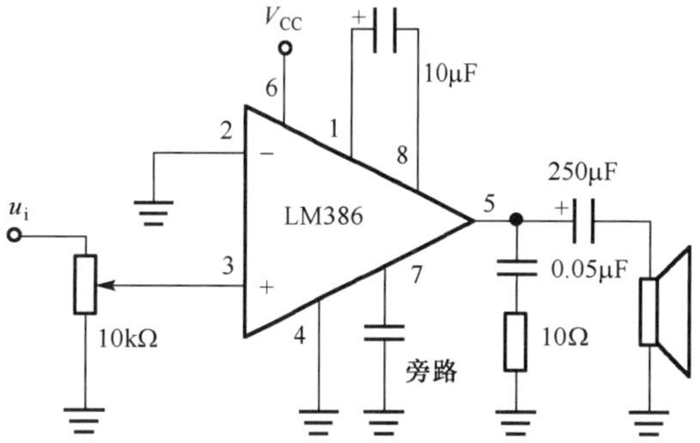

图 4-3-13　增益为 200 时 LM386 的应用电路

LM386 的典型应用电路常用于电话机或袖珍收音机中，作为音频放大电路使用。图 4-3-14 所示为 LM386 的应用接线图及各元器件的作用。

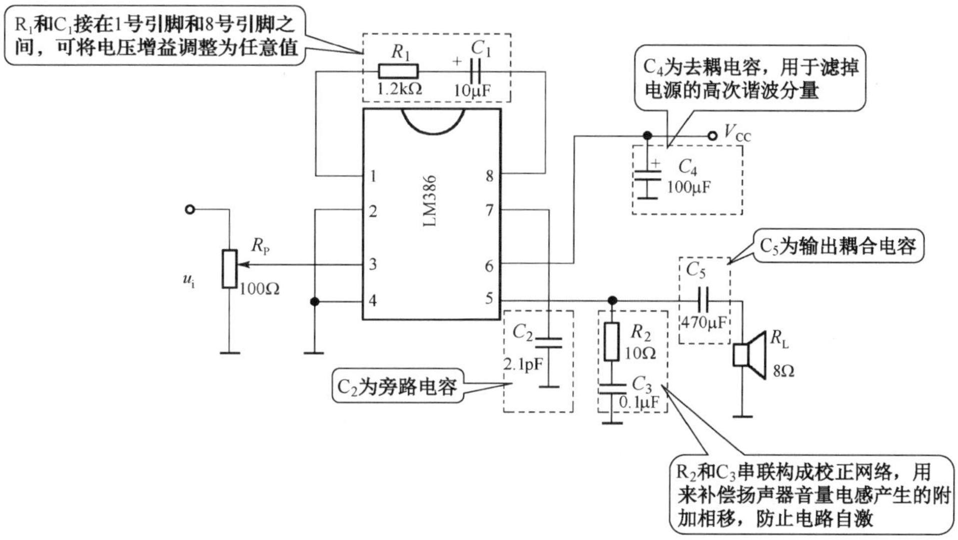

图 4-3-14　LM386 的应用接线图及各元器件的作用

任务实施

1．对讲机线路原理图识读

原理图是电子线路装接和检修的重要资料之一，正确识读原理图，不管是对电子线路装接还是对检修而言都至关重要。要正确识读原理图，关键是掌握原理图三要素：元器件符号、元器件代号、元器件参数。对讲机线路原理图三要素如图 4-3-15 所示。

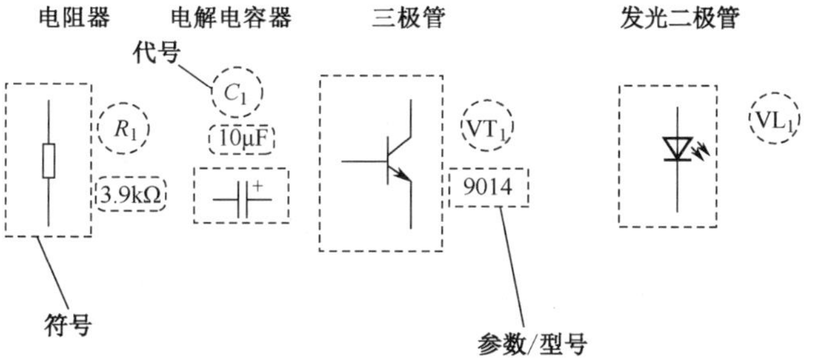

图 4-3-15　对讲机线路原理图三要素

原理图识读或绘制的具体要求如下。

（1）图上体现交点。

① “∟”连接和“⊥”连接的连接点可以不加黑点。

② “+”连接的连接点必须加黑点，不加则表示为非连接点。

（2）图上体现元器件极性。

① 符号无极性特点但实际有极性的元器件要标明极性。

② 符号有极性特点的元器件可不标明极性。

（3）图上体现元器件符号、代号、参数、连接。

① 必须正确画出元器件符号。

② 必须正确标出元器件的代号和参数（型号或值）。

③ 画出正确的电气连接。

对讲机线路原理图如图 4-3-16 所示。

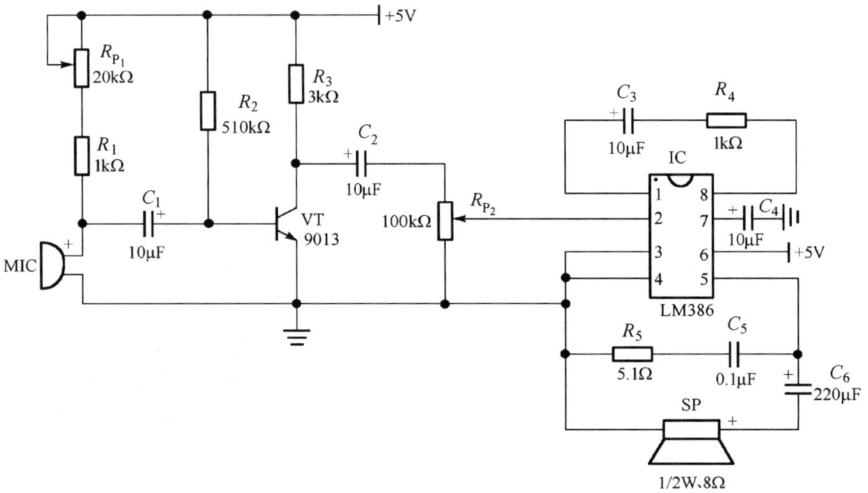

图 4-3-16　对讲机线路原理图

2．对讲机线路插装布线图识读

插装布线图是电子线路插装的依据，它是线路原理和插装要求相结合的产物。要正确装接线路就需要正确识读插装布线图。同原理图一样，其关键是掌握三要素：元器件形状、元器件代号、元器件参数。对讲机线路插装布线图三要素如图 4-3-17 所示。

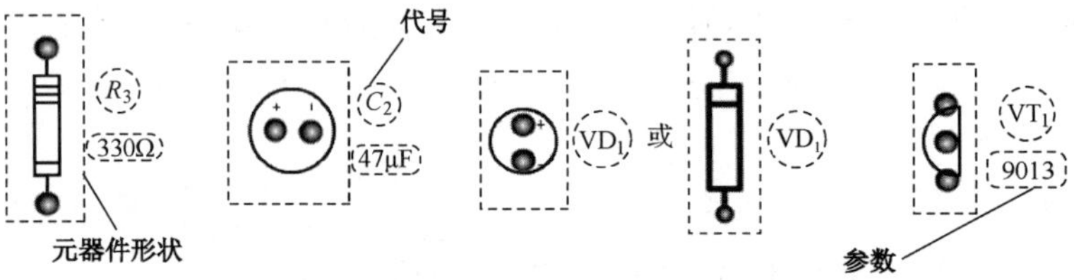

图 4-3-17　对讲机线路插装布线图三要素

插装布线图识读或绘制的具体要求如下。

（1）图上体现焊点。

连接处必须体现焊点（加焊点标志）。

（2）图上体现元器件形状。

① 图上体现元器件的真实形状，电阻器要标明色环。

② 图上元器件所占的孔数与总占格数要符合要求。

（3）图上体现元器件极性。

有极性的元器件要正确标明极性。

（4）图上体现元器件代号、参数、连接。

① 必须正确标出元器件的代号和参数（型号或值）。

② 画出正确的电气连接（必须与线路原理图的电气连接一致）。

对讲机线路插装布线图如图 4-3-18 所示。

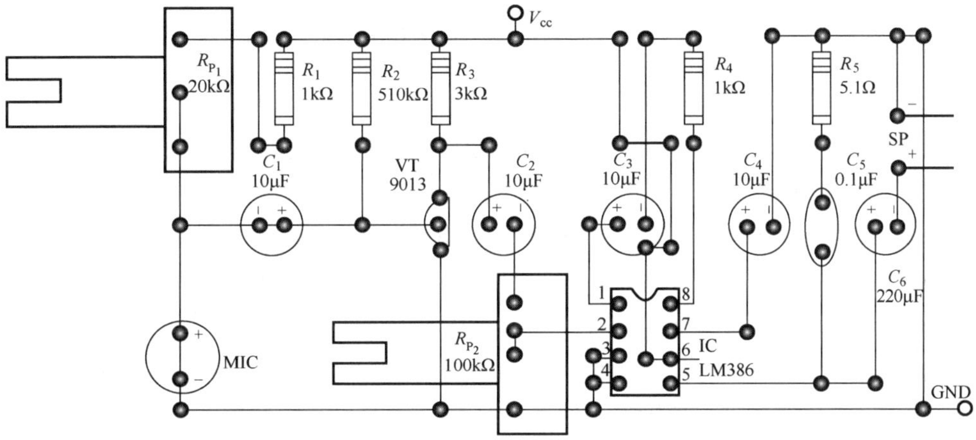

图 4-3-18　对讲机线路插装布线图

3. 对讲机线路元器件检测

按照表 4-3-1 所示进行元器件检测。

表 4-3-1　元器件检测表

元器件	型号/规格	检测项目	检测过程		检测结果	
			检测工具	检测步骤	好坏/值	极性/标识
电阻器	1kΩ，1/4W	电阻	万用表	① 用色环法读出电阻、精度（如电阻为 1kΩ，精度为 ±10%）	电阻为 900Ω	
		好坏		② 万用表选取电阻挡（机械、欧姆调零） ③ 选取合适的量程（使指针落在满刻度的 2/3～1 处，换挡时注意欧姆调零） ④ 读数（读数时，眼睛、指针、刻度要在同一条直线上） ⑤ 判断好坏：$\frac{测量值-标称值}{标称值}\times100\%$ 小于等于精度时，电阻器可用，可判断为好。例如，(900 − 1000)/1000 = −10%	好/坏	
电解电容器	47μF，25V	电容	电容表/目测	① 万用表选取电阻挡（机械、欧姆调零） ② 选取合适的量程：原则上，大电容选取倍率小的挡位，小电容选取倍率大的挡位，不可以选取 R × 10kΩ 挡（如 47μF 的电容器，可选取 R × 100Ω 挡）	47μF 25V	

续表

<table>
<tr><th rowspan="2">元器件</th><th rowspan="2">型号/规格</th><th rowspan="2">检测项目</th><th colspan="2">检 测 过 程</th><th colspan="2">检 测 结 果</th></tr>
<tr><th>检测工具</th><th>检 测 步 骤</th><th>好坏/值</th><th>极性/标识</th></tr>
<tr><td rowspan="2">电解电容器</td><td rowspan="2">47μF，25V</td><td>好坏</td><td>万用表</td><td rowspan="2">③ 判断好坏：将黑表笔接电容器正极，红表笔接电容器负极，万用表指针迅速偏转（充电，较大幅度），最后慢慢返回电阻无穷大处；将电容器放电，将黑表笔接电容器负极，红表笔接电容器正极，万用表指针迅速偏转（充电，较大幅度），最后慢慢返回接近电阻无穷大处（电容器一般存在一定的反向漏电流，所以反接时，指针回不到无穷大处，会有一定距离），那么可以认为这个电容器可用，是好的。返回越到位，电容器性能越好。其他情况认为不可用
④ 判断极性：根据电容器反接时存在较大漏电流这一特点，可以判断指针回不到无穷大处那次，红表笔接的是电容器正极
⑤ 电容器的电容可以用电容表测量，也可以直接目测，读出参数（小电容的电容器由于充放电不明显，一般不直接用万用表测极性和好坏）</td><td>好/坏</td><td></td></tr>
<tr><td>极性</td><td>万用表/目测</td><td>目测：引脚较长的一侧为正极，引脚较短或白边那一侧为负极</td><td></td></tr>
<tr><td rowspan="3">三极管</td><td rowspan="3">9013</td><td>管型</td><td>万用表</td><td rowspan="3">① 万用表选取电阻挡（机械、欧姆调零）
② 选取合适的量程：原则上，选取 R × 100Ω 或 R × 1kΩ 挡，不可以选取 R × 10kΩ 挡（两支表笔插口要正确，这里用模拟万用表，正确插入表笔后，黑表笔连接万用表内部电源正极）
③ 判断管型：用两支表笔两两测量三极管三个引脚，如表所示。
<table><tr><th>次数</th><th>黑表笔</th><th>红表笔</th><th>挡位</th><th>电阻</th></tr><tr><td>第一次</td><td>1</td><td>2</td><td rowspan="6">R × 1kΩ</td><td>∞</td></tr><tr><td>第二次</td><td>2</td><td>1</td><td>5kΩ</td></tr><tr><td>第三次</td><td>1</td><td>3</td><td>∞</td></tr><tr><td>第四次</td><td>3</td><td>1</td><td>∞</td></tr><tr><td>第五次</td><td>2</td><td>3</td><td>5.6kΩ</td></tr><tr><td>第六次</td><td>3</td><td>1</td><td>∞</td></tr></table>六次测量下来，有两次偏转比较大（第二次和第五次测量的特点是黑表笔都连接在 2 号引脚上），其余几次基本不偏转，则可以判断：2 号引脚为 B 极，同时三极管为 NPN 型（若偏转较大的那两次是红表笔接同一引脚，则管型为 PNP 型，且该引脚为 B 极）
④ 判断引脚：保持三极管三个引脚不相碰，用手捏住 B 极（2 号引脚）和余下任意一个引脚，如表所示。
<table><tr><th>次数</th><th colspan="2">用手捏住的引脚</th><th>黑表笔</th><th>红表笔</th><th>挡位</th><th>电阻</th></tr><tr><td>第一次</td><td rowspan="4">2</td><td rowspan="2">1</td><td>1</td><td>3</td><td rowspan="4">R × 1kΩ</td><td>∞</td></tr><tr><td>第二次</td><td>3</td><td>1</td><td>6kΩ</td></tr><tr><td>第三次</td><td rowspan="2">3</td><td>1</td><td>3</td><td>∞</td></tr><tr><td>第四次</td><td>3</td><td>1</td><td>38kΩ</td></tr></table></td><td>NPN/PNP</td><td rowspan="3">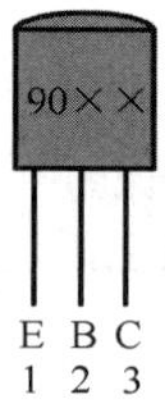</td></tr>
<tr><td>引脚</td><td>万用表</td><td>E：1
B：2
C：3</td></tr>
<tr><td>好坏</td><td>万用表</td><td>好/坏</td></tr>
</table>

续表

元器件	型号/规格	检测项目	检测过程		检测结果	
			检测工具	检测步骤	好坏/值	极性/标识
三极管	9013	好坏	万用表	四次测量下来（注意：四次测量中万用表的两支表笔不可接触 2 号引脚），找出指针偏转最大（电阻最小）的那次，黑表笔接的引脚为 C 极，剩下的引脚为 E 极（若三极管为 PNP 型，则找出指针偏转最大的那次，黑表笔接的引脚为 E 极） ⑤ 按照以上判断管型和引脚的方法，若可以判断，则认为三极管质量是好的，否则认为质量不好		
微调电位器	100k	电阻	万用表/目测	① 检查转轴的机械性能 ② 读出电阻 ③ 万用表选取电阻挡（机械、欧姆调零），选取合适的量程（使指针落在满刻度的 1/3～2/3 处，换挡时注意欧姆调零） ④ 测量电位器两个定片之间的电阻是否与标称值相符； ⑤ 测动片与任一定片间电阻。慢慢将转轴从一个极端转向另一个极端，若万用表的指针从 0Ω（或标称值）至标称值（或 0Ω）连续变化，且电位器内部无“沙沙”声，则质量完好 ⑥ 读数（读数时，眼睛、指针、刻度要在同一条直线上） ⑦ 判断好坏：若转动中指针有跳动，则说明该微调电阻器存在接触不良故障；若电阻没有变化，则说明该微调电阻器已损坏	0～100kΩ 可调	
驻极体话筒	MIC	极性	目测 万用表	① 万用表选取电阻挡（机械、欧姆调零） ② 选取合适的量程：一般选取 R × 100Ω 或 R × 1kΩ 挡，不可以选取 R × 10kΩ 挡 ③ 目测判断极性：有线从引脚引到外壳的一端为电源负极 ④ 万用表测量判断极性的方法如下 方法一：电阻挡测量两引脚与外壳，电阻小且接近短路那次，对应的引脚为电源负极 方法二：选取 R × 100Ω 或 R × 1kΩ 挡，测量两引脚，测量时给话筒吹声，记录指针偏转位置。保持挡位不变，调换万用表两支表笔，给话筒吹声，记录指针偏转位置。比较两次指针偏转的位置，偏转比较大的那次黑表笔接的是话筒电源正极	与外壳相连接的为电源负极	
		好坏	万用表	⑤ 万用表测量判断好坏：采用上面的方法二进行测量。若能够清晰判断出极性，则初步认为话筒是好的	好/坏	

续表

元器件	型号/规格	检测项目	检测过程		检测结果	
			检测工具	检测步骤	好坏/值	极性/标识
扬声器	SP	极性	目测	① 目测极性：看扬声器背面极性标志		
		好坏	万用表	② 万用表选取电阻挡（机械、欧姆调零） ③ 选取合适的量程：一般选取 R × 100Ω 或 R × 1kΩ 挡，不可以选取 R × 10kΩ 挡 ④ 用万用表两支表笔迅速接触扬声器两端时，听到扬声器发出“噗”的声音，可以初步认为扬声器是好的		

4．按照装接工艺对对讲机线路进行安装

元器件成形、插装、焊接的工艺和要求，请参照电子线路装接工艺训练部分的相关工艺。对对讲机线路进行安装时的注意事项如下。

（1）为了防止芯片在焊接中损坏，也为了后面调试方便，在安装 LM386 集成芯片时，先安装芯片底座。在插装和焊接底座时注意：没有用到的引脚底座也需要焊接，焊接要一步到位，防止温度过高而出现底座引脚松动损坏。

（2）驻极体话筒安装时需要用导线把信号线引出，引出导线不宜过长，以防止信号干扰，以 8cm 为宜。在焊接引出导线时，为防止导线和端子导热而损坏话筒，焊接时间不宜过长。

（3）扬声器信号线需要用导线引出，引出导线焊接时间要适宜，在焊接过程中防止挤压扬声器口，挤压扬声器口容易使其声音失真或失声。

5．按照检测步骤对对讲机线路进行调试检测

按表 4-3-2 所示对对讲机线路进行调试检测。

表 4-3-2　对讲机线路调试检测

序　号	作业项目		作业内容
1	通电前检测	元器件引脚连线	用万用表检测两个引脚之间的通断
		元器件极性	目测元器件的极性
		集成芯片电源	LM386 的 6 号引脚接电源正极，4 号引脚接 GND
		集成芯片插装	U 形缺口左边为 1 号引脚或三角符号为 1 号引脚
		线路电源极性	核对电源和线路电源极性
2	通电时注意事项	线路电压	V_{CC} 对 GND 端电压为+5V
		芯片	LM386 的 6 号引脚对 4 号引脚电压为+5V LM386 芯片温度为常温
		电容器	不出现膨胀现象 通电时保证人脸不正对电容器，以防电容器爆炸伤人
3	通电检测	线路调试	R_{P_1} 用于调节话筒灵敏度，R_{P_2} 用于调节音量
			R_{P_2} 用于调节到较小音量，电阻为总电阻的 1/3
			R_{P_1} 调节到扬声器不出现鸣叫声为止，注意不要把话筒放置得过高

续表

序　　号	作 业 项 目		作 业 内 容
3	通电检测	线路调试	用手机播放音乐，把音量调到距人耳30cm听不到音乐为止
			手机贴住出音口，微调 R_{P_1} 和 R_{P_2}，使扬声器里播放较好音质的音乐为宜
		线路测量	示波器测量 VT_2 的 B 极对 GND 波形：声音变化波形
			示波器测量 C 对 GND 波形：放大的声音变化波形
			示波器测量 LM386 的 2 号引脚对 GND 波形：音量受 R_{P_2} 调节的声音变化波形
			示波器测量扬声器两端波形：中心线上移的变化波形
		线路检修	进行关键点测量，对比正常关键点波形和更换芯片的方式进行线路检修

任务四　对扩音器线路进行调试检修

任务描述

能够按照要求对扩音器线路进行调试检修。

任务目标

终极目标：能够按照要求对扩音器线路进行调试检修。

促成目标：

（1）能够对扩音器线路原理图进行识读。

（2）能够对扩音器线路插装布线图进行识读。

（3）能够根据元器件检测要求进行扩音器线路元器件的检测。

（4）能够按照装接工艺对扩音器线路进行安装。

（5）能够按照检测步骤对扩音器线路进行调试检修。

知识平台

知识一　低频功率放大电路及互补对称功率放大电路

电子设备是要驱动负载工作的，如收音机中的扬声器要发出声音、电动机要旋转、继电器触点要动作、记录仪表要指示数据等。要给这些负载提供足够的功率才能发挥其功能。前面讨论的低频电压放大电路的主要任务是把微弱信号的电压放大，但其输出功率不一定大。

在多级放大电路的末级，通常采用既能输出较高电压又能输出较大电流（也就是要求能输出一定功率）的功率放大电路。从能量控制的角度来看，功率放大电路和电压放大电路没有本质的区别，但是从完成的任务来看，它们是不同的。电压放大电路主要是要求它向负载提供不失真的电压信号，讨论的主要是电压放大倍数、输入电阻、输出电阻等；而对于低频功率放大电路，主要要求它输出足够大的不失真（或失真很小）的功率信号，因此会对输出功率有一些特殊要求。

1．低频功率放大电路

功率放大电路中使用半导体三极管作为主要元器件。功率放大管简称“功放管”。

1）对功率放大电路的基本要求

（1）有足够大的输出功率。

（2）效率要高。

（3）非线性失真要小。

（4）功放管的散热性要好。

2）功率放大电路的分类

功率放大电路种类很多。按功放管静态工作点位置的不同，有甲类、乙类和甲乙类三种功率放大电路。三类功率放大电路的特性、输出波形及应用如表 4-4-1 所示。

表 4-4-1　三类功率放大电路的特性、输出波形及应用

类　型	特　性	输 出 波 形	应　用
甲类功率放大电路	当将静态工作点设在交流负载线中点时，功放管在整个信号周期内都有电流通过，输出波形是完整的正弦波	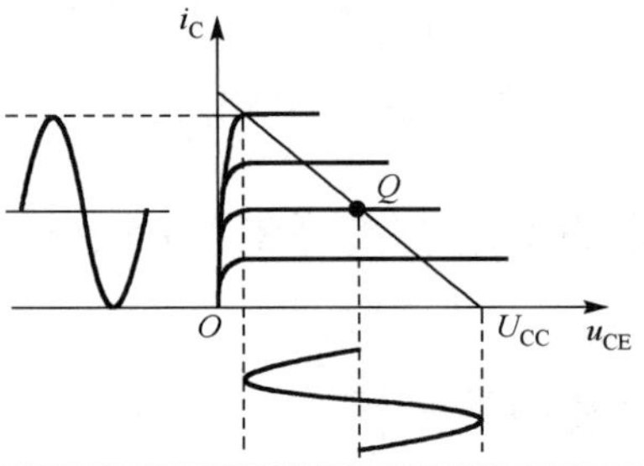	作为功率放大器的激励级或用在小功率放大器中
乙类功率放大电路	若将静态工作点设在横轴上（$I_{BQ}=0$，$I_{CQ}=0$），则功放管仅在信号的半个周期内有电流通过，其输出波形被削掉一半	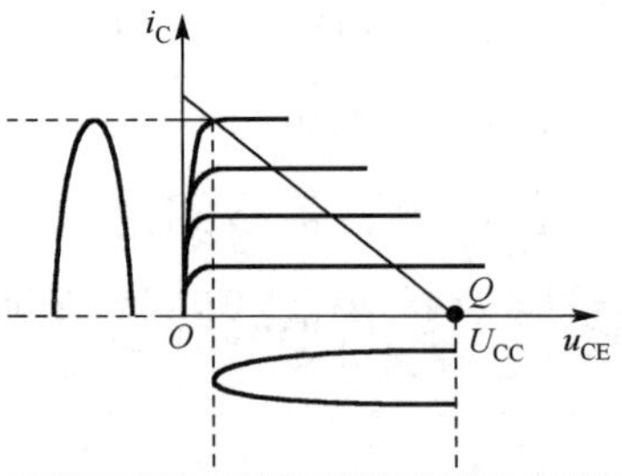	一般应用在一些功率要求高而音质要求不高的功率放大器中
甲乙类功率放大电路	若静态工作点设在甲类和乙类之间且靠近乙类处，则功放管在半个周期多一点内有电流通过，输出波形被削掉一部分	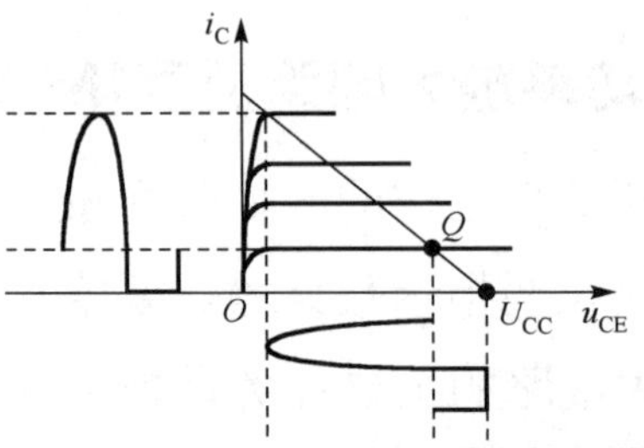	广泛应用在音频放大器中作为功放

按功率放大电路输出端特点的不同，功率放大电路可分为变压器耦合功率放大电路、无输出变压器功率放大电路（OTL 电路）和无输出电容功率放大电路（OCL 电路）。变压器耦合功率放大电路可通过变压器的阻抗变换特性，使负载获得最大输出功率。但由于变压器体

积大、质量重、频率特性较差，且不便于集成化，目前已很少使用。OTL 电路和 OCL 电路都不用输出变压器，且都有集成电路，所以应用较广。这两种电路实质上是由两个射极输出器组成的互补对称的电路结构。

2．互补对称功率放大电路

甲类功率放大电路输出波形较好，但管耗大、效率较低。乙类功率放大电路虽然管耗较小，有利于提高效率，但存在严重的失真，会使输入信号的半周被削掉。若采用两个导电性能相反的管子，使它们都在乙类放大状态下工作，一个在正半周工作，另一个在负半周工作，同时把两个输出波形加到负载上，则可在负载上得到完整的输出波形，这样就解决了效率与失真的矛盾。由于两个三极管工作特性对称，且功能互补，故称为互补对称功率放大电路。

1）单电源供电的互补对称功率放大电路

（1）其电路组成及工作原理如下。

图 4-4-1 所示为 OTL 电路。VT_1 和 VT_2 为一对导电性能相反的管子，两管接成射极输出形式，由于输出电阻很小，所以不需要变压器就能与低阻负载很好地匹配。大容量的电容器 C 既是输出耦合电容器，又充当电源的作用。静态时，由于电路结构对称，所以 $U_K = U_{CC}/2$，因两管均无偏置，均处于截止状态，故 $I_{BQ} = 0$，$I_{CQ} = 0$，工作在乙类状态。

当输入信号为正半周时，三极管 VT_1 导通，三极管 VT_2 截止，电压 U_{CC} 通过三极管 VT_1 向电容器 C 充电，形成电流 i_{C_1}。当输入信号为负半周时，三极管 VT_2 导通，三极管 VT_1 截止，此时电容器 C 上的电压（$U_C = U_{CC}/2$）通过三极管 VT_2 放电，集电极电流 i_{C_2} 流过负载，流过负载的方向与 i_{C_1} 方向相反。三极管 VT_1 和 VT_2 交替工作，在负载上可获得正、负半周完整的输出信号波形，实现了信号的功率放大。

（2）实用的 OTL 电路如下。

OTL 电路的功放管在乙类状态下工作，效率较高。而实际上这种电路的输出波形并不能很好地反映输入信号的变化，而是在正、负半周的交界处出现了与输入不同的失真波形，这种失真称为交越失真。经实验模拟后通过双踪示波器可观察到交越失真的波形，如图 4-4-2 所示。

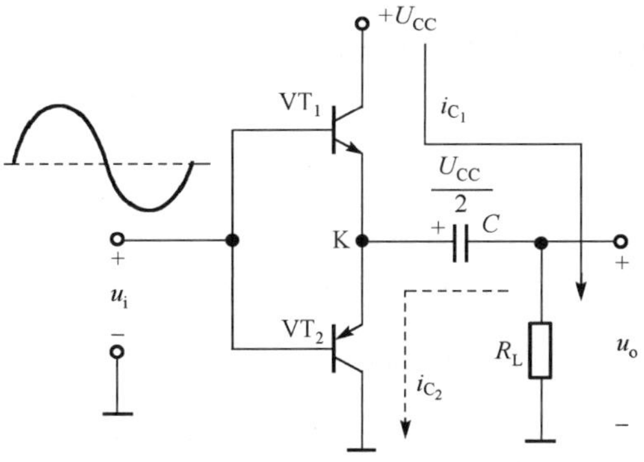

图 4-4-1　OTL 电路

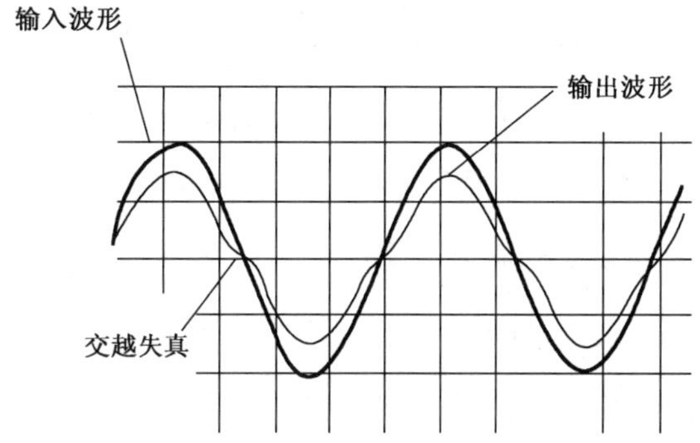

图 4-4-2　交越失真的波形

交越失真产生的原因是在乙类放大状态下工作时，两管发射结都没有设置偏置电压，当输入信号电压小于死区电压时，三极管 VT_1 和 VT_2 均处于截止状态，当信号在过零附近时，没有输出信号，因而产生了失真。消除交越失真的方法是给三极管 VT_1、VT_2 的发射结加上很小的正向偏置电压，使其在静态时管子处于微导通状态，这样输入信号一旦加入，三极管立即进入线性放大区，从而克服了交越失真。图 4-4-3 所示为实用的 OTL 电路。

二极管 VD_1、VD_2 是它们的偏置电路，供给三极管 VT_1、VT_2 一定的偏置电压，确保两管在静态时处于微导通（甲乙类）状态。由 VT_3 组成静态工作点稳定的偏置放大电路在甲类状态下工作。R_2 为电路引入了电压并联负反馈，使 U_K 趋于稳定，同时，也使得放大电路的动态性能指标得到了改善。

OTL 电路虽采用了单电源供电，但频率响应较差，不利于电路的集成化，所以一些高级音响设备中大多采用双电源供电的互补对称功率放大电路，即 OCL 电路。

2）双电源供电的互补对称功率放大电路

在如图 4-4-3 所示的 OTL 电路中，电容 C 为功放管供电，实际起负电源的作用。如果直接用一个负电压代替电容 C，就构成了 OCL 电路，如图 4-4-4 所示。OCL 电路与 OTL 电路的工作原理很相似，但电路采用直接耦合形式，由于没有大容量的电容器，低频特性较好，且便于集成化，所以广泛应用于高保真的音响设备中。

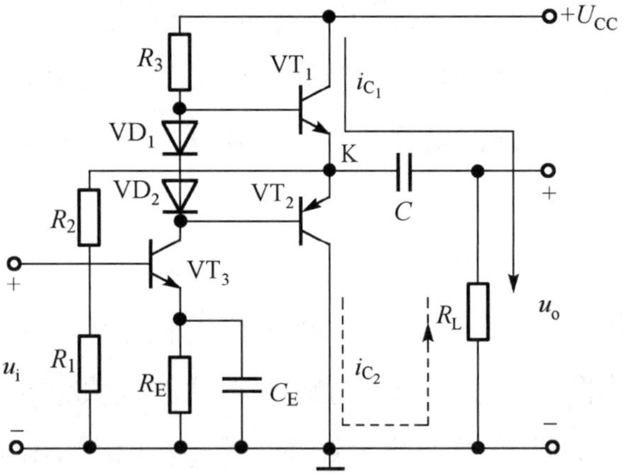

图 4-4-3　实用的 OTL 电路

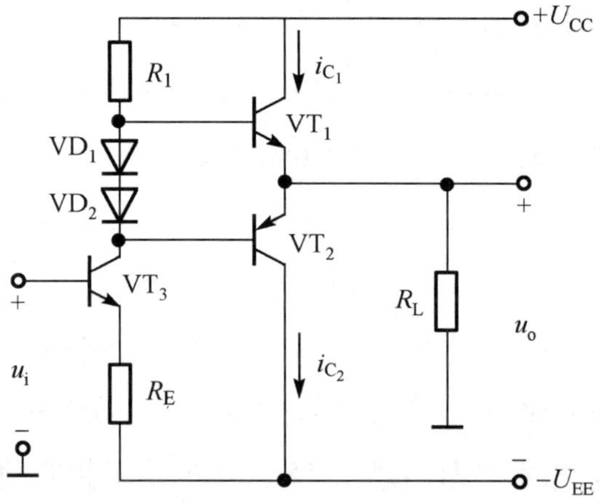

图 4-4-4　OCL 电路

知识二　低频功率放大电路及互补对称功率放大电路的构成

1. 用 TDA2030A 做成 OTL 形式的功放

OTL 形式的功放：采用单电源，有输出耦合电容器。OTL 形式的功放如图 4-4-5 所示。在图 4-4-5 所示电路中电阻 R_5（150kΩ）与 R_4（4.7kΩ）决定放大器闭环增益，电阻 R_4 越小增益越大，但增益太大也容易导致信号失真。两个二极管接在电源与输出端之间，以防止扬声器感性负载反冲而影响音质。电容 C_4（0.22μF）与电阻 R_6（1Ω）是对感性负载（扬声器）进行相位补偿来消除自激的，该电路采用了 36V 单电源，输出功率约为 20W。

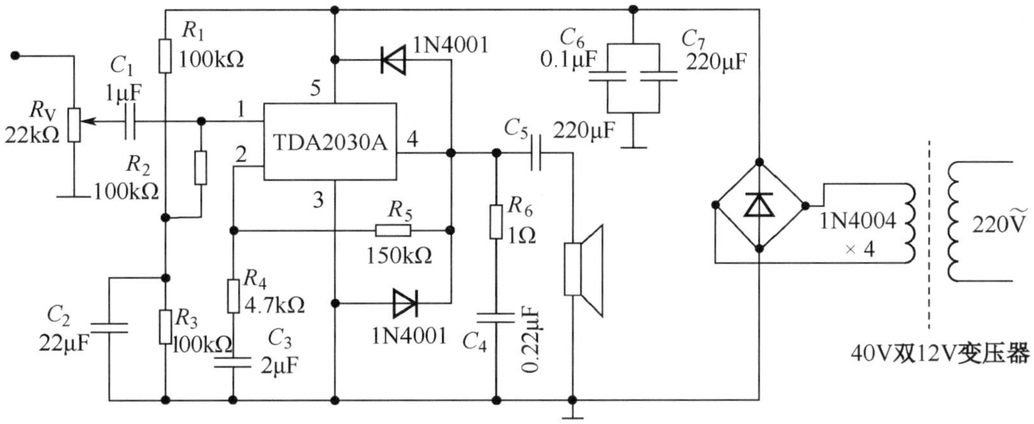

图 4-4-5　OTL 形式的功放

2．用 TDA2030A 做成 OCL 形式的功放

OCL 形式的功放：采用双电源，无输出耦合电容器。OCL 形式的功放如图 4-4-6 所示，由于无输出耦合电容器低频响应得到了改善，因此属于高保真电路。双电源采用一次线圈中间点接地、上下电压对称相等的变压器，经过整流滤波后构成±18V 的双电源，输出功率为 20W。

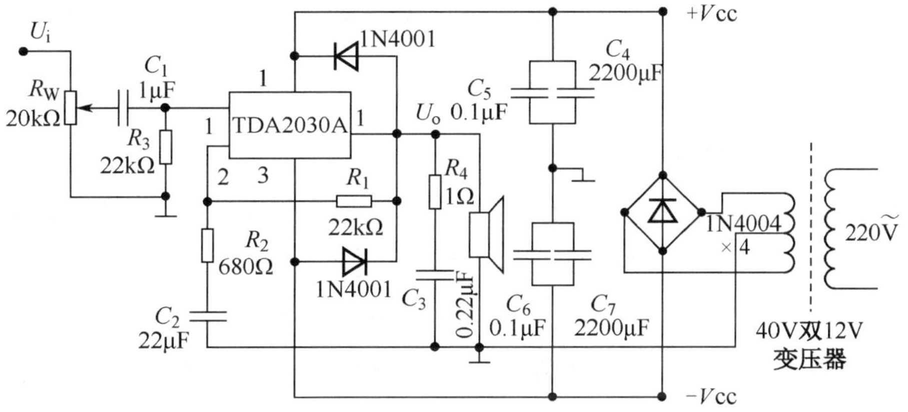

图 4-4-6　OCL 形式的功放

3．用 TDA2030A 做成 BTL 形式的功放

BTL 的主要特点是由两个相同的功放组成，输入信号互为反相。实际中常采用放大器的同相输入与反相输入，以保证输入信号互为反相，同时，应使两个输入信号的幅度相同，这样便可以满足 BTL 电路形式的基本要求。BTL 形式的功放如图 4-4-7 所示，其中电阻 R_6（22kΩ）与 R_8（680Ω）对信号分压后衰减的倍数与 U_1（左边 TDA2030A）的放大倍数正好相同。事实上，这是由两个运算放大器完成了一路信号的放大，实际测得的输出功率为一个集成功放的 1.5 倍，即原输出功率为 20W 的运算放大器，现输出功率约为 30W。但由于 BTL 电路的特点，选择集成电路时应尽可能用参数一致的两个运算放大电路调整输入信号幅度，可输入正弦波并通过示波器观察两个输入信号的幅度，此时调整 R_7 使两个输入信号的幅度相同，以保证在提高功率的同时尽可能减小非线性对称性失真。

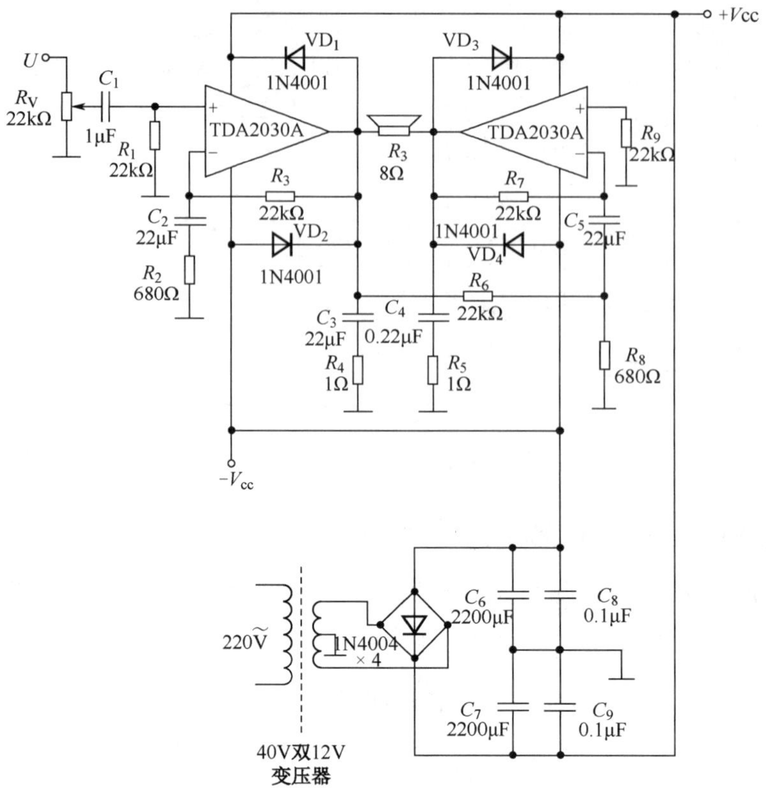

图 4-4-7　BTL 形式的功放

4．TDA2030A 的两种接法

TDA2030A 是许多电脑有源音箱所采用的 Hi-Fi 功放集成块，其接法简单，价格实惠，额定功率为 14W，电源电压为±（6～18）V，输出电流大，谐波失真和交越失真小（±14V/4Ω，THD = 0.5%），具有优良的短路和过热保护电路。其接法有单电源和双电源两种。TD2030A 单电源接法电路图如图 4-4-8 所示。TDA2030A 双电源接法电路如图 4-4-9 所示。

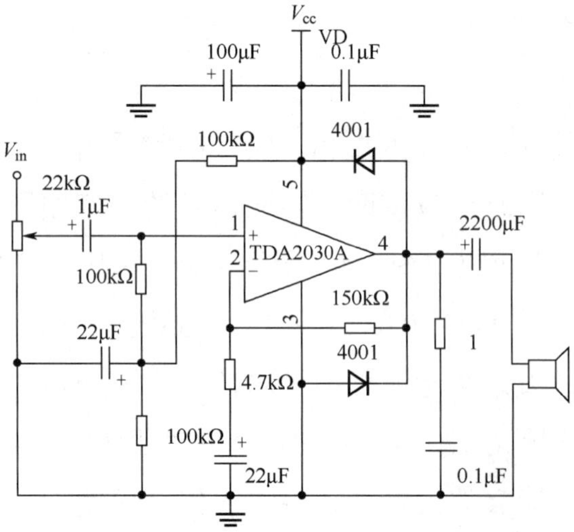

图 4-4-8　TDA2030A 单电源接法电路图

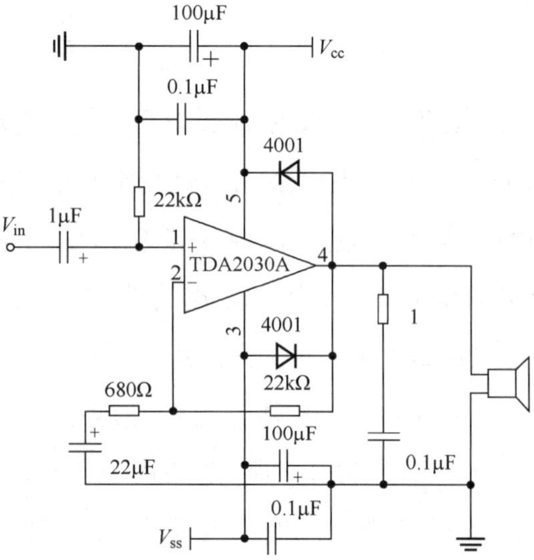

图 4-4-9　TDA2030A 双电源接法电路图

5．TDA2030A 引脚图与应用电路参数

TDA2030A 是最常用到的音频功率放大电路，其引脚图如图 4-4-10 所示。TDA2030A 的

引脚功能分别如下：1 号引脚是正相输入端、2 号引脚是反相输入端、3 号引脚是负电源输入端、4 号引脚是功率输出端、5 号引脚是正电源输入端。

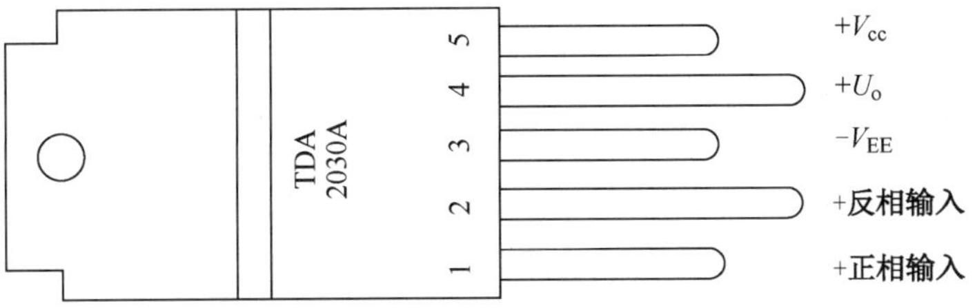

图 4-4-10　TDA2030A 引脚图

TDA2030A 的特点如下。

（1）开机冲击极小。

（2）外接元器件非常少。

（3）TDA2030A 的输出功率大，$P_o = 18W$（$R_L = 4\Omega$）。

（4）采用超小型封装，可提高组装密度。

（5）TDA2030A 能在最低±6V/最高±22V 的电压下工作，工作在±19V、8Ω 阻抗时能够输出 16W 的有效功率，THD ≤ 0.1%。

（6）内含各种保护电路，因此工作安全可靠。主要保护电路有短路保护、热保护、地线偶然开路保护、电源极性反冲及负载泄放电压反冲保护等。

注意

TDA2030A 具有负载泄放电压反冲保护电路，如果电源电压峰值为 40V，那么在 5 号引脚与电源之间必须插入 LC 滤波器，以保证 5 号引脚上的脉冲串维持在规定的幅度内。

任务实施

1．扩音器线路原理图识读

原理图是电子线路装接和检修的重要资料之一，正确识读原理图，不管是对电子线路装接还是对检修而言都至关重要。要正确识读原理图，关键是掌握原理图三要素：元器件符号、元器件代号、元器件参数。扩音器线路原理图三要素如图 4-4-11 所示。

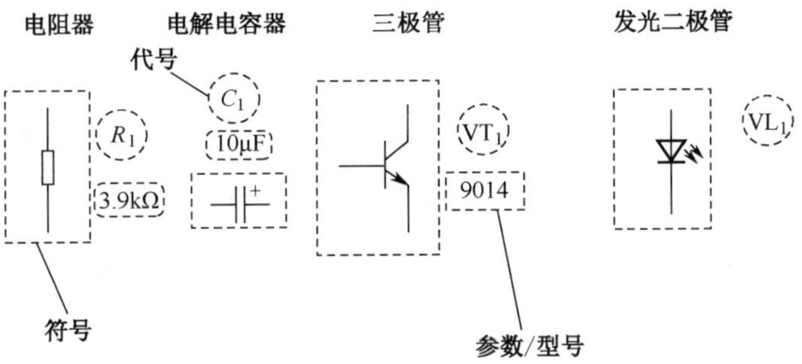

图 4-4-11　扩音器线路原理图三要素

原理图识读或绘制的具体要求如下。

（1）图上体现交点。

① “∟”连接和“⊥”连接的连接点可以不加黑点。

② “＋”连接的连接点必须加黑点，不加则表示为非连接点。

（2）图上体现元器件极性。

① 符号无极性特点但实际有极性的元器件要标明极性。

② 符号有极性特点的元器件可不标明极性。

（3）图上体现元器件符号、代号、参数、连接。

① 必须正确画出元器件符号。

② 必须正确标出元器件的代号和参数（型号或值）。

③ 画出正确的电气连接。

扩音器线路原理图如图 4-4-12 所示。

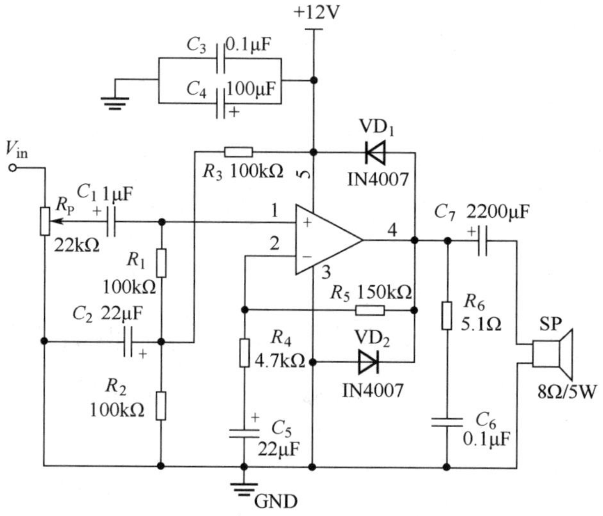

图 4-4-12　扩音器线路原理图

2．扩音器线路插装布线图识读

插装布线图是电子线路插装的依据，它是线路原理和插装要求相结合的产物。要正确装接线路就需要正确识读插装布线图。同原理图一样，其关键是掌握三要素：元器件形状、元器件代号、元器件参数。扩音器线路插装布线图三要素如图 4-4-13 所示。

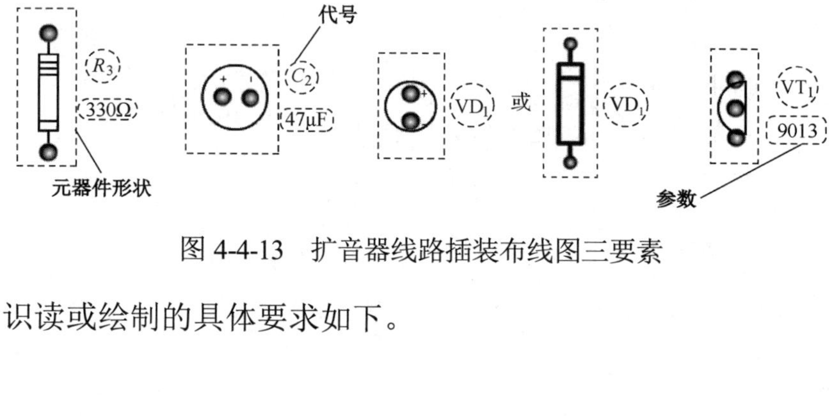

图 4-4-13　扩音器线路插装布线图三要素

插装布线图识读或绘制的具体要求如下。

（1）图上体现焊点。

连接处必须体现焊点（加焊点标志）。

（2）图上体现元器件形状。

① 图上体现元器件的真实形状，电阻器要标明色环。

② 图上元器件所占的孔数与总占格数要符合要求。

（3）图上体现元器件极性。

有极性的元器件要正确标明极性。

（4）图上体现元器件代号、参数、连接。

① 必须正确标出元器件的代号和参数（型号或值）。

② 画出正确的电气连接（必须与电路原理图的电气连接一致）。

扩音器线路插装布线图如图 4-4-14 所示。

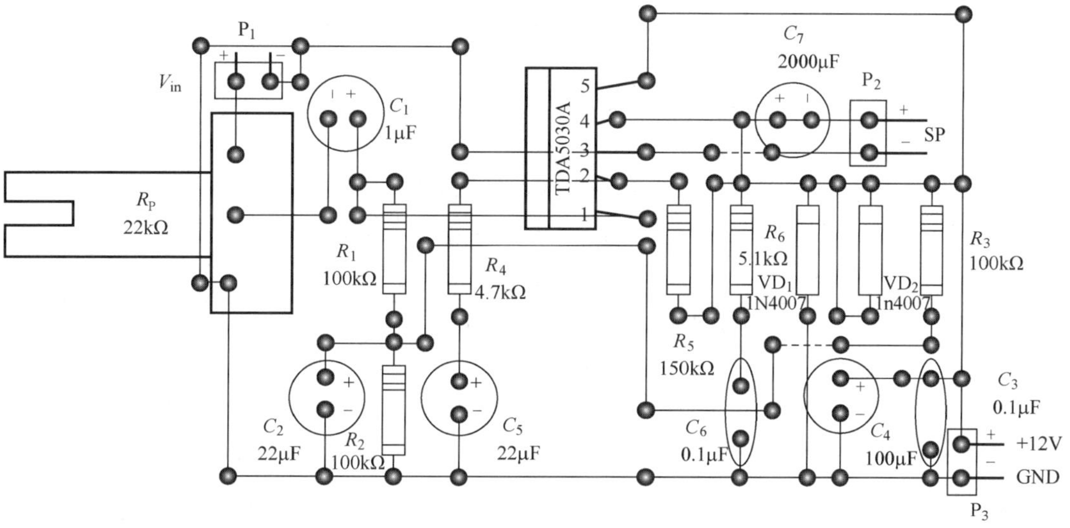

图 4-4-14　扩音器线路插装布线图

3．扩音器线路元器件检测

按照表 4-4-2 所示进行元器件检测。

表 4-4-2　元器件检测表

元器件	型号/规格	检测项目	检测过程		检测结果	
			检测工具	检测步骤	好坏/值	极性/标识
电阻器	1kΩ，1/4W	电阻	万用表	① 用色环法读出电阻、精度（如电阻为 1kΩ，精度为 ±10%）	电阻为 900Ω	
		好坏		② 万用表选取电阻挡（机械、欧姆调零） ③ 选取合适的量程（使指针落在满刻度的 2/3～1 处，换挡时注意欧姆调零） ④ 读数（读数时，眼睛、指针、刻度要在同一条直线上） ⑤ 判断好坏：$\frac{测量值-标称值}{标称值}\times 100\%$ 小于等于精度时，电阻器可用，可判断为好。例如，(900－1000)/1000＝−10%	好/坏	

续表

<table>
<tr><th rowspan="2">元器件</th><th rowspan="2">型号/规格</th><th rowspan="2">检测项目</th><th colspan="2">检 测 过 程</th><th colspan="2">检 测 结 果</th></tr>
<tr><th>检测工具</th><th>检 测 步 骤</th><th>好坏/值</th><th>极性/标识</th></tr>
<tr><td rowspan="3">电解电容器</td><td rowspan="3">47μF，25V</td><td>电容</td><td>电容表/目测</td><td rowspan="3">① 万用表选取电阻挡（机械、欧姆调零）
② 选取合适的量程：原则上，大电容选取倍率小的挡位，小电容选取倍率大的挡位，不可以选取 R × 10kΩ 挡（如 47μF 的电容器，可选取 R × 100Ω 挡）
③ 判断好坏：将黑表笔接电容器正极，红表笔接电容器负极，万用表指针迅速偏转（充电，较大幅度），最后慢慢返回电阻无穷大处；将电容器放电，将黑表笔接电容器负极，红表笔接电容器正极，万用表指针迅速偏转（充电，较大幅度），最后慢慢返回接近电阻无穷大处（电容器一般存在一定的反向漏电流，所以反接时，指针回不到无穷大处，会有一定距离），那么可以认为这个电容器可用，是好的。返回越到位，电容器性能越好。其他情况认为不可用
④ 判断极性：根据电容器反接时存在较大漏电流这一特点，可以判断指针回不到无穷大处那次，红表笔接的是电容器正极
⑤ 电容器的电容可以用电容表测量，也可以直接目测，读出参数（小电容的电容器由于充放电不明显，一般不直接用万用表测极性和好坏）</td><td>47μF
25V</td><td rowspan="3"></td></tr>
<tr><td>好坏</td><td>万用表</td><td>好/坏</td></tr>
<tr><td>极性</td><td>万用表/目测</td><td>目测：引脚较长的一侧为正极，引脚较短或白边那一侧为负极</td></tr>
<tr><td>微调电位器</td><td>100kΩ</td><td>电阻</td><td>万用表/目测</td><td>① 检查转轴的机械性能
② 读出电阻
③ 万用表选取电阻挡（机械、欧姆调零），选取合适的量程（使指针落在满刻度的 1/3～1 处，换挡时注意欧姆调零）
④ 测量电位器两个定片之间的电阻是否与标称值相符
⑤ 测动片与任一定片间电阻。慢慢将转轴从一个极端转向另一个极端，若万用表的指针从 0Ω（或标称值）至标称值（或 0Ω）连续变化，且电位器内部无“沙沙”声，则质量完好
⑥ 读数（读数时，眼睛、指针、刻度要在同一条直线上）
⑦ 判断好坏：若转动中指针有跳动，则说明该微调电阻器存在接触不良的故障；若电阻没有变化，则说明该微调电阻器发生了电气性能损坏</td><td>0～100kΩ
可调</td><td></td></tr>
</table>

4．按照装接工艺对扩音器线路进行安装

元器件成形、插装、焊接的工艺和要求，请参照电子线路装接工艺训练部分的相关工艺。扩音器线路进行安装时的注意事项如下。

（1）TDA2030A 与万用板孔距离不匹配，需要拨开引脚，在引脚整形时需要注意不要在根部折弯，要一步成形到位，不要反复整形。

（2）焊接 TDA2030A 时，散热片与芯片之间不需要绝缘，引脚长度应尽可能短，焊接温度不得超过 260℃，焊接时间不得超过 12s。

（3）扬声器信号线需要用导线引出，引出导线焊接时间要适宜，在焊接过程中防止挤压扬声器口，挤压扬声器口容易使其声音失真或失声。

5．按照检测步骤对扩音器线路进行调试检测

按表 4-4-3 所示对扩音器线路进行调试检测。

表 4-4-3　扩音器线路进行调试检测

序　号	作业项目		作业内容
1	通电前检测	元器件引脚连线	用万用表检测两个引脚之间的通断
		元器件极性	目测检测元器件的极性
		集成芯片电源	TAD2030A 的 5 号引脚接电源正极，3 号引脚接 GND
		集成芯片插装	铭牌面向读者，从左到右分别为 1～5 号引脚
		线路电源极性	核对电源和线路电源极性
2	通电时注意事项	线路电压	V_{CC} 对 GND 端电压为+12V
		芯片	TDA2030A 的 5 号引脚对 3 号引脚电压为+12V TDA2030A 芯片温度比常温偏高
			需要给 TDA2030A 加上散热片，确保散热片与芯片接触完好
		电容器	不出现膨胀现象 通电时人脸不能正对电容器，以防电容器爆炸伤人
3	通电检测	线路调试（连接手机）	电位器：调节音量时尽量把输入音量调小
			耳机线连接到 P_1 接线端处，应确保极性，不可接反极性
			接好扬声器，通电检测耳机线电压，确保极性正确
			把焊接好的耳机线插入手机，把音乐打开，调至较小音量
			调节电位器，出现音量和音质都合适的音乐为止
		线路调试（连接话筒）	按照对讲机线路调试步骤调试好对讲机线路
			把 LM386 输出线接到 TDA2030A 输入端，也可以从三极管输出端接入，但干扰会比较大
			电位器：调节音量时尽量把输入音量调小
			用手机播放音乐，把音量调到距人耳 30cm 时听不到音乐为止
			手机贴住出音口，微调 R_P 使扬声器里播放较好音质的音乐为宜
		线路测量	示波器测量 VT_2 的 B 极对 GND 波形：声音变化波形
			示波器测量 C_5 对 GND 波形：放大的声音变化波形
			示波器测量 LM386 的 2 号引脚对 GND 波形：音量受 R_P 调节的声音变化波形
			示波器测量扬声器两端波形：中心线上移的变化波形
			TDA2030A 的 1 号引脚对 GND 波形：音量受 R_P 调节的声音变化波形
			TDA2030A 的 4 号引脚对 GND 波形：中心线上移的变化幅值较大的波形
		线路检修	进行关键点测量，对比正常关键点波形和 TDA2030A 各引脚的电压值并进行线路检修

项目五

晶闸管调光线路的安装与调试

项目描述

晶闸管俗称可控硅（SCR），是一种具有开关作用的大功率半导体器件。晶闸管不仅在强电系统中得到应用，还在弱电系统、自动控制系统中得到越来越广泛的应用。这里主要介绍晶闸管的基本知识、晶闸管可控整流、晶闸管触发电路。通过对晶闸管调光线路的安装与调试，使读者掌握晶闸管在可控整流、调压等方面的应用。

项目目标

能够按照工艺要求完成晶闸管调光线路的安装与调试。

任务 对晶闸管调光线路进行安装与调试

任务描述

能够按照装接工艺对晶闸管调光线路进行安装、调试检测与检修。

任务目标

终极目标：能够按照工艺要求对晶闸管调光线路进行安装与调试。

促成目标：

（1）能够对晶闸管调光线路原理图进行识读。

（2）能够对晶闸管调光线路插装布线图进行识读。

（3）能够根据元器件检测要求进行晶闸管调光线路元器件的检测。

（4）能够按照装接工艺对晶闸管调光线路进行安装。

（5）能够按照检测步骤对晶闸管调光线路进行调试检测。

（6）能够按照检修要求对晶闸管调光线路进行检修。

知识平台

知识一　晶闸管的基本知识

晶闸管就是硅晶体闸流管，普通晶闸管也称为可控硅，普通晶闸管是一种具有开关作用的大功率半导体器件。单向晶闸管具有四层 PNPN 结构，引出阳极（A）、阴极（K）和门极（G）三个连接端。

1. 单向晶闸管的结构、符号和外形

1）单向晶闸管的结构及符号

单向晶闸管内部是具有三个 PN 结的四层半导体结构，引出三个电极，分别是阳极 A、阴极 K 和门极 G（或称控制极）三个连接端。单向晶闸管的结构及符号如图 5-1-1 所示。

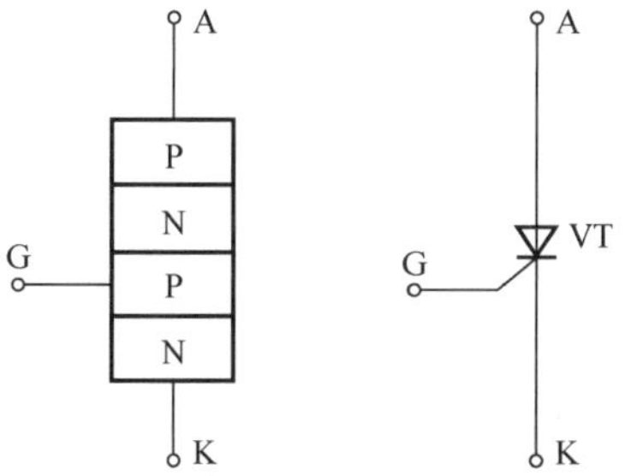

（a）结构　　（b）符号

图 5-1-1　单向晶闸管的结构及符号

2）单向晶闸管的外形

单向晶闸管的常见封装外形有螺栓式、塑封式、平板式，如图 5-1-2 所示。

（a）螺栓式　　（b）塑封式　　（c）平板式

图 5-1-2　单向晶闸管的常见封装外形

2. 晶闸管的工作特性

晶闸管导通和关断实验电路如图 5-1-3 所示。图中晶闸管阳极 A、阴极 K、负载（这里是小灯泡）和阳极电源 U_A 构成主回路。晶闸管门极 G、阴极 K、开关 S、限流电阻器 R_G 和门极电源 U_G 构成触发电路，也叫控制回路。晶闸管导通和关断实验如表 5-1-1 所示。

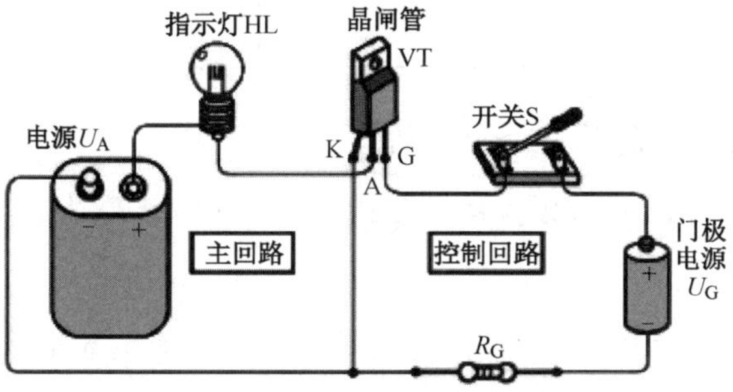

图 5-1-3　晶闸管导通和关断实验电路

表 5-1-1　晶闸管导通和关断实验

<table>
<tr><th rowspan="2">实 验 电 路</th><th colspan="2">实验时晶闸管的条件</th><th rowspan="2">实 验 现 象</th><th rowspan="2">结　　论</th></tr>
<tr><th>阳 极 电 压</th><th>门 极 电 压</th></tr>
<tr><td>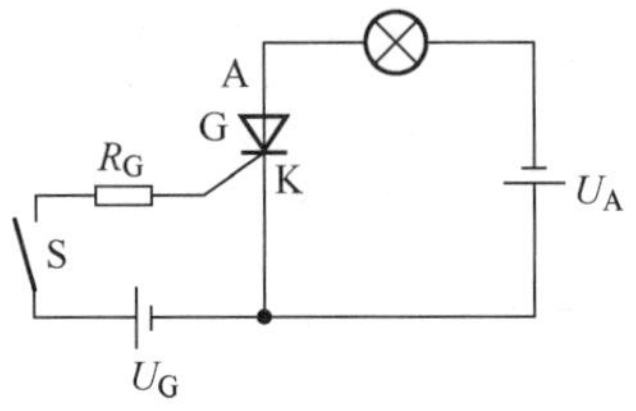

反向阻断</td><td rowspan="2">反向</td><td>正向</td><td>灯不亮</td><td rowspan="2">当晶闸管承受反向阳极电压时，无论门极是否有电压、承受正向电压还是反向电压，晶闸管均不导通，这种状态称为反向阻断</td></tr>
<tr><td>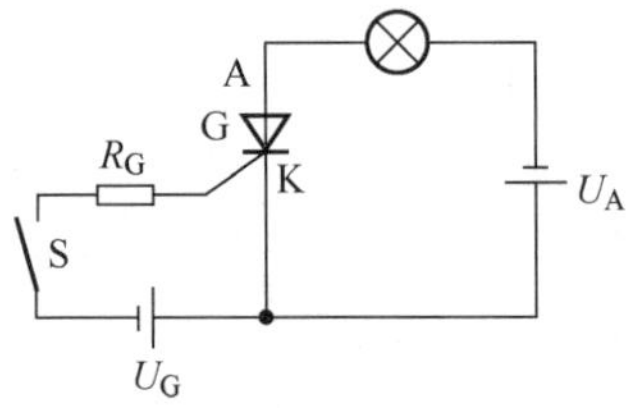

反向阻断</td><td>反向</td><td>灯不亮</td></tr>
<tr><td>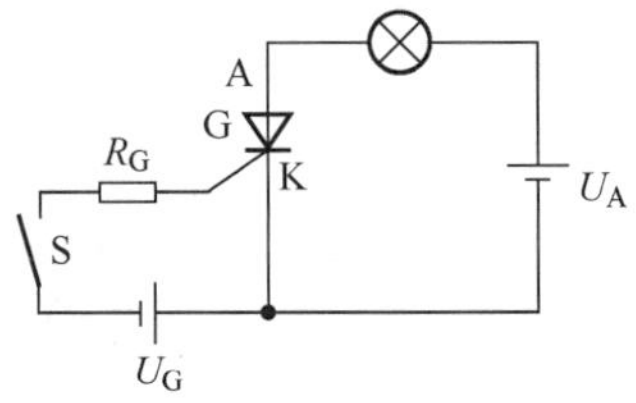

正向阻断</td><td rowspan="3">正向</td><td>反向</td><td>灯不亮</td><td>当晶闸管承受正向阳极电压时，门极加上反向电压或不加电压，晶闸管均不导通，这种状态称为正向阻断</td></tr>
<tr><td>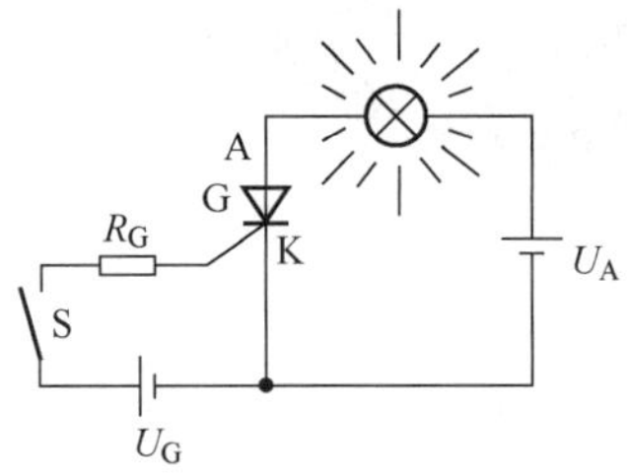

触发导通</td><td>正向</td><td>灯亮</td><td>当晶闸管承受正向阳极电压时，门极加上正向电压，晶闸管导通，这种状态称为正向导通。这就是晶闸管的闸流特性，即可控特性</td></tr>
<tr><td>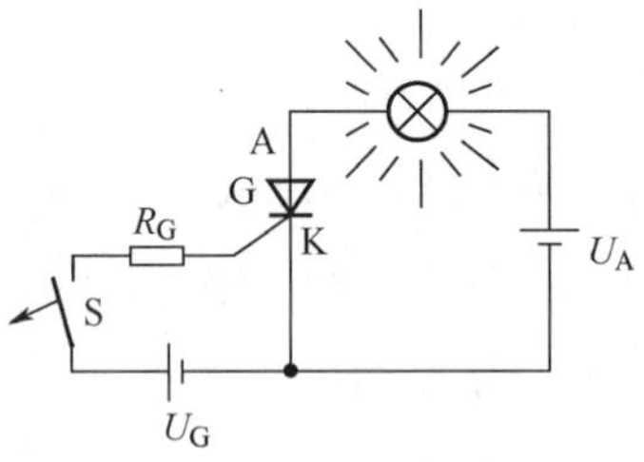

除去触发信号仍导通</td><td>断开触发电路</td><td>灯亮</td><td>晶闸管一旦导通后维持阳极电压不变，将门极电源电路断开，晶闸管仍然处于导通状态，门极对管子不再具有控制作用，门极只起触发作用</td></tr>
</table>

通过上述实验可知晶闸管具有以下工作特性。

（1）单向晶闸管具有“可控”的单向导电特性，因此又称为单向可控硅，可控是指晶闸管的导通是通过门极控制的。

（2）晶闸管一旦触发导通，就能维持导通状态，门极失去控制作用。要使导通的晶闸管关断，必须使阳极电流减小到维持电流 I_H 以下。

（3）晶闸管由于门极所需的电压、电流比较小（电流只有几十至几百毫安），而阳极与阴极可承受很大的电压，通过很大的电流（电流可大到几百安培以上），因此晶闸管可实现弱电对强电的控制。

（4）晶闸管导通与关断条件如表 5-1-2 所示。

表 5-1-2　晶闸管导通与关断条件

项　　目	说　　明
晶闸管导电的特点	① 晶闸管具有单向导电特性 ② 晶闸管的导通是通过门极控制的
晶闸管导通的条件	① 阳极与阴极间加正向电压 ② 门极与阴极间加正向电压，这个电压称为触发电压 （以上两个条件必须同时满足，晶闸管才能导通）
导通后的晶闸管关断的条件	① 减小阳极与阴极间的电压，使通过晶闸管的电流小于 I_H ② 阳极与阴极间的电压减小为零 ③ 阳极与阴极间加反向电压 （只要具备其中一个条件就可使导通的晶闸管关断）

3．晶闸管的主要参数和型号

1）晶闸管的主要参数

晶闸管的参数很多，在生产实践中，我们最关心的是晶闸管在阻断状态下能够承受多大的正、反向电压，它在导通时通过多大的电流，导通的管子要想关断有什么条件等。在实际使用时，主要考虑晶闸管的主要参数，如表 5-1-3 所示。

表 5-1-3　晶闸管的主要参数

参　　数	符　　号	说　　明	
断态重复峰值电压	U_{DRM}	结温为额定值时，门极断开，允许重复加在晶闸管阴极、阳极间的正向峰值电压。一般这一电压比正向转折电压小 100V	通常情况，U_{DRM} 和 U_{RRM} 两者相差不大，统称为峰值电压，俗称额定电压。若两者不等，则取其较小的电压
反向重复峰值电压	U_{RRM}	结温为额定值时，门极断开，允许重复加在晶闸管阴极、阳极间的反向峰值电压。一般这一电压比反向击穿电压小 100V	
通态平均电流	$I_{T(AV)}$	在规定的环境温度和散热条件下，结温为额定值，允许通过的工频正弦半波电流的平均值	
通态平均电压	$U_{T(AV)}$	结温稳定，通过正弦半波额定的平均电流，晶闸管导通时，阳极和阴极间的电压平均值，习惯上称为导通时的管压降，一般为 1V 左右。它的大小反映了晶闸管的管耗大小，此值越小越好	
维持电流	I_H	在规定的环境温度下，门极断路时，维持晶闸管继续导通所必需的最小电流，一般为几十到几百毫安。它是晶闸管由通到断的临界电流，要使晶闸管关断，必须使正向电流小于 I_H	

2）晶闸管的型号

国产晶闸管的型号命名主要由四个部分组成，如表 5-1-4 所示。

表 5-1-4　国产晶闸管的型号命名

第一部分		第二部分		第三部分		第四部分	
字母	含义	字母	含义	数字	含义	数字	含义
K	晶闸管（可控硅）	P	普通反向阻断型	1	1A	1	100V
				5	5A	2	200V
				10	10A	3	300V
				20	20A	4	400V
		K	快速反向阻断型	30	30A	5	500V
				50	50A	6	600V
				100	100A	7	700V
				200	200A	8	800V
		S	双向型	300	300A	9	900V
				400	400A	10	1000V
				500	500A	12	1200V
						14	1400V

国产晶闸管的型号命名示例如表 5-1-5 所示。

表 5-1-5　国产晶闸管的型号命名示例

型号	含义	型号	含义
KP1-2（1A、200V 普通反向阻断型晶闸管）	K——晶闸管	KS5-4（5A、400V 双向型晶闸管）	K——晶闸管
	P——普通反向阻断型		S——双向型
	1——通态电流为 1A		5——通态电流为 5A
	2——重复峰值电压为 200V		4——重复峰值电压为 400V

4．双向晶闸管

双向晶闸管顾名思义可以双向导通。由于双向晶闸管具有正、反向都能控制导通的特性，并且具有触发电路简单、工作稳定可靠等优点，因此在无触点交流开关电路中经常使用。

1）双向晶闸管的结构、符号和外形

（1）结构和符号。

双向晶闸管是在同一块硅晶片上由 NPNPN 五层半导体材料组成的三端半导体器件，有三个电极，分别是主电极 T_1、主电极 T_2 和门极 G。双向晶闸管的结构如图 5-1-4（a）所示，双向晶闸管的符号如图 5-1-4（b）所示。双向晶闸管具有双向导电的性能，其内部电路可以等效为由两个单向晶闸管反向并联组成的复合管，但只有一个门极，相当于两个门极接在一起的普通晶闸管反并联。双向晶闸管的等效电路如图 5-1-4（c）所示。

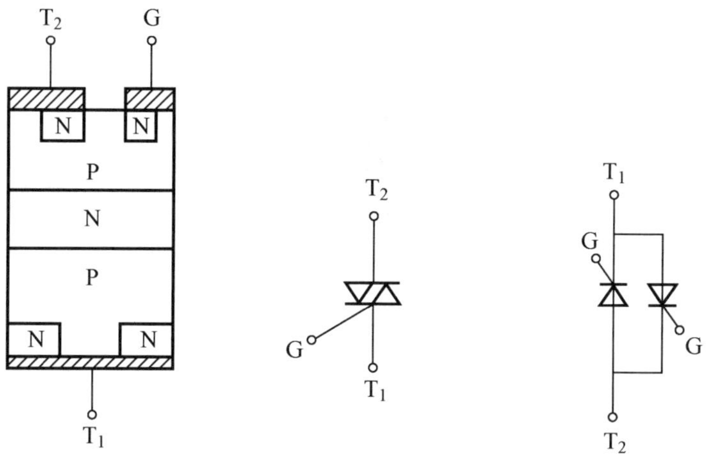

（a）结构　　（b）符号　　（c）等效电路

图 5-1-4　双向晶闸管的结构、符号及等效电路

（2）外形。

双向晶闸管的外形与普通晶闸管类似，有塑封式、螺栓式和平板式。常见双向晶闸管的外形可参考图 5-1-2。

2）双向晶闸管的工作特性

双向晶闸管的工作特性：主电极 T_1、T_2 无论是加正向电压还是加反向电压，门极 G 的触发信号无论是正向还是反向，它都能被触发导通，因此双向晶闸管可用交流电来触发。在通常情况下，双向晶闸管的触发方式有四种，如图 5-1-5 所示。

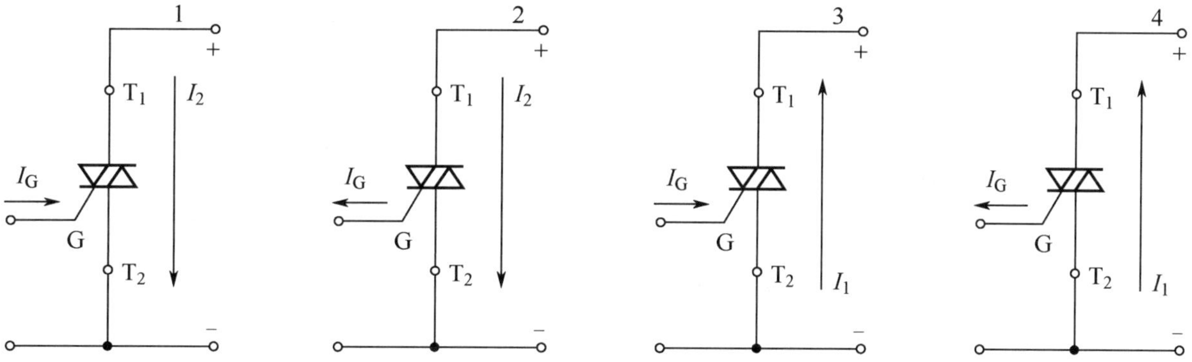

（a）　（b）　（c）　（d）

图 5-1-5　双向晶闸管的触发方式

知识二　晶闸管的简单检测与选用

1．单向晶闸管的检测

1）由封装外形来判断极性

普通晶闸管也可以根据其封装外形来判断各电极，常见的单向晶闸管的引脚排列如图 5-1-6 所示。

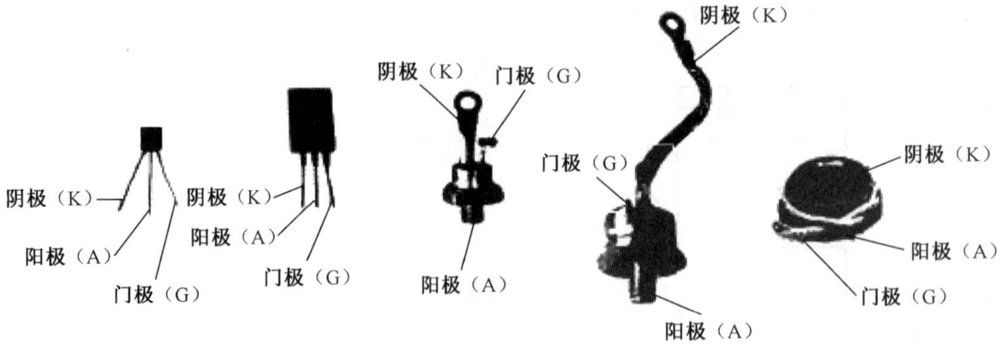

（a）塑封式　（b）螺栓式　（c）平板式

图 5-1-6　常见的单向晶闸管的引脚排列

（1）塑封式普通晶闸管的中间引脚为阳极 A，且多与自带散热片相连。

（2）螺栓式普通晶闸管的螺栓一端为阳极 A，较细的引脚端为门极 G，较粗的引脚端为阴极 K。

（3）平板式普通晶闸管的引脚端为门极 G，平面端为阳极 A，另一端为阴极 K。

2）测量判断电极

根据单向晶闸管的结构，通过万用表测量晶闸管各引脚之间的正、反向电阻，即能确定三个电极。测量判断单向晶闸管电极如图 5-1-7 所示。

（1）将万用表调至 R × 1kΩ 或 R × 100Ω 挡，将黑、红表笔分别接晶闸管某两个引脚测量其电阻，再交换黑、红表笔重测两引脚间的电阻，如图 5-1-7（b）～（d）所示，一共测量 6 次。

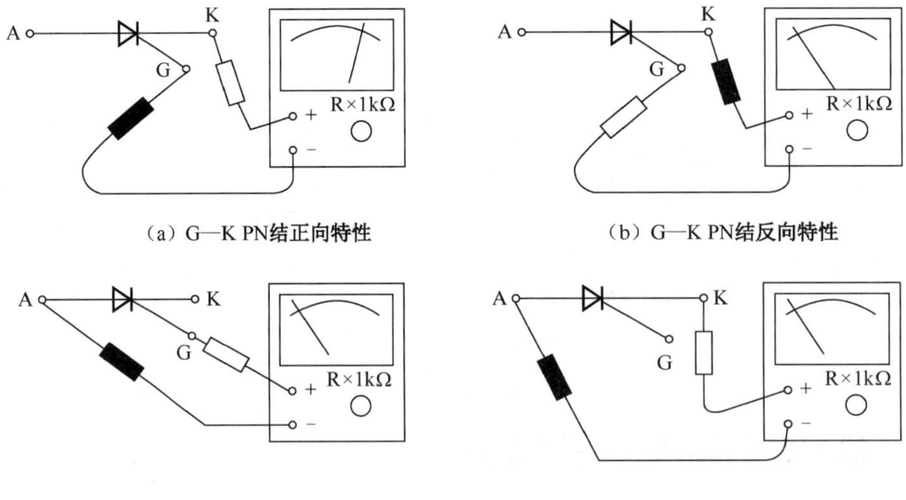

（a）G—K PN结正向特性　（b）G—K PN结反向特性

（c）G—A电阻　（b）A—K电阻

图 5-1-7　测量判断单向晶闸管电极

（2）当测得其中两个电极间电阻较小（为正向电阻），而交换表笔后测得电阻很大（为反向电阻），那么以电阻较小的为准，黑表笔所接的就是门极 G，而红表笔所接的就是阴极 K，剩下的电极便是阳极 A。

3）判断好坏

（1）用万用表 R × 1kΩ 挡测量普通晶闸管阳极 A 与阴极 K 之间的正、反向电阻，正常时均应为无穷大。

（2）若测得阳极 A、阴极 K 之间的正、反向电阻为零或电阻均较小，则说明晶闸管内部击穿短路或漏电。

4）触发能力检测

对于小功率（工作电流为 5A 以下）的普通晶闸管，可用万用表 R × 1Ω 挡测量。测量判断单向晶闸管触发能力如图 5-1-8 所示。

（1）将黑表笔接阳极 A，红表笔接阴极 K，此时指针不动，电阻为无穷大，如图 5-1-8（a）所示。

（2）用镊子或导线将晶闸管的阳极 A 与门极 G 短路，相当于给门极 G 加上正向触发电压，此时万用表指针向右偏转，若电阻为几欧姆至几十欧姆（具体值根据晶闸管的型号不同会有所差异），则表明晶闸管因正向触发而导通，如图 5-1-8（b）所示。

（3）保持阳极 A、阴极 K 上的表笔不动，断开阳极 A 与门极 G 的连接（撤走短路的镊子或导线），也就是将门极 G 的触发电压断掉，指针示值仍保持在几欧姆至几十欧姆的位置不动，如图 5-1-8（c）所示。

（4）保持阴极 K 上的表笔不动，将黑表笔撤离阳极 A，指针应回到无穷大，如图 5-1-8（a）所示，说明此晶闸管的触发性能良好。

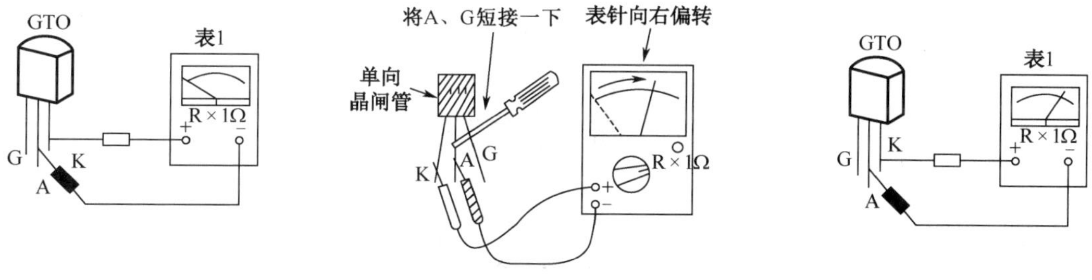

（a）　　　（b）　　　（c）

图 5-1-8　测量判断单向晶闸管触发能力

2. 晶闸管的选用

普通晶闸管一般用于交直流电压控制、可控整流、交流调压、逆变电源及开关电源保护等电路。双向晶闸管一般用于交流开关、交流调压、交流电动机线性调速、灯具线性调光及固态继电器、固态接触器等电路。

晶闸管的参数很多，在实际安装与维修时主要考虑的是晶闸管的额定电压和额定电流，即 U_{RRM} 和 $I_{T(AV)}$。

1）电压等级的选择

晶闸管承受的正、反向电压与电源电压、控制角及电路的形式有关。一般可按下面的经

验公式估算，即

$$U_{RRM} \geqslant (1.5\sim2)U_{RM} \quad (5\text{-}1\text{-}1)$$

式中，U_{RM}是晶闸管在工作中可能承受的反向峰值电压。

2）电流等级的选择

晶闸管的过载能力差，电流等级一般是按电路最大工作电流来选择的，即

$$I_{T(AV)} \geqslant (1.5\sim2)I_{t(AV)} \quad (5\text{-}1\text{-}2)$$

式中，$I_{t(AV)}$是电路最大工作电流。

晶闸管的品种繁多，不同的电子设备与不同的电子电路采用不同类型的晶闸管。选用与替换晶闸管时，主要应考虑其额定峰值电压、额定电流、正向压降、门极触发电流及触发电压、开关速度等参数。额定峰值电压和额定电流均应高于工作电路的最大工作电压和最大工作电流的 1.5～2 倍，替换时最好选用同类型、同特性、同外形的晶闸管。

知识三　晶闸管可控整流电路

利用单向晶闸管的触发导通特性，可以将其组成可控整流电路，这种整流电路与一般整流电路的不同之处在于其输出的负载电压是可控的。

1. 单相半波可控整流电路

1）原理图

图 5-1-9 所示为单相半波可控整流电路。其中，u_1为变压器初级电压，u_2为次级电压，R_L为负载。

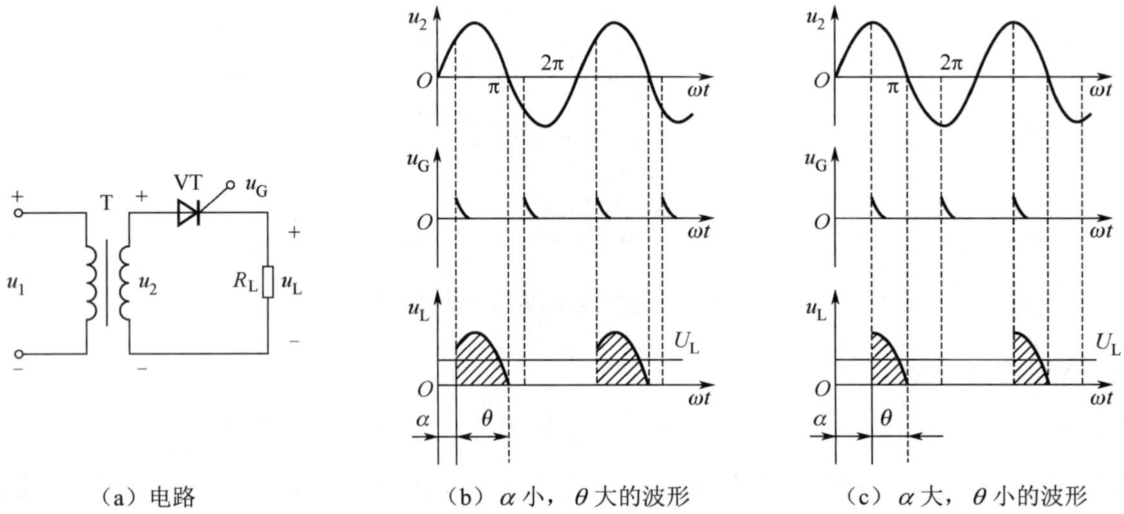

图 5-1-9　单相半波可控整流电路

2）工作原理

（1）当u_2为正半周，且$\omega t < \alpha$时，晶闸管 VT 承受正向阳极电压，若晶闸管门极此时没有加触发电压，则不导通，晶闸管处于正向阻断状态，负载R_L没有电流流过，负载电压$u_L = 0$。

（2）u_2 仍为正半周，而 $\omega t = \alpha$ 时，晶闸管 VT 承受正向阳极电压，触发脉冲加到门极，晶闸管导通。由于晶闸管导通后的管压降很小，约 1V，电源电压几乎全部加到负载上，此时 $u_1 = u_2$。

（3）在 $\alpha < \omega t < \pi$ 期间，尽管 u_G 在晶闸管导通后已经消失，但晶闸管仍会保持导通。因此，在这期间负载电压 u_L 基本上与变压器次级电压 u_2 保持相等。

（4）当 $\omega t = \pi$ 时，交流电压 u_2 过零值，即 $u_2 = 0$，晶闸管正向阳极电压消失，晶闸管自行关断，输出电压为零。

（5）当交流电压 u_2 进入负半周时，晶闸管承受反向电压，无论门极加不加触发电压，晶闸管均不会导通，呈反向阻断状态，输出电压为零。

（6）在 u_2 的第二个周期里，电路将重复第一周期的变化。如此不断重复，负载 R_L 上就得到单向脉动电压。

3）移相范围

（1）控制角 α。

从 0 开始到某一时刻，加入门极电压 u_G 使晶闸管开始导通的电角度 α 称为控制角，如图 5-1-9（b）所示。

（2）导通角 θ。

每半个周期晶闸管导通时间的电角度 θ，称为导通角，$\theta = \pi - \alpha$，如图 5-1-9（b）所示。

（3）移相范围。

控制角 α 的变化范围称为移相范围。从定义上来说 $\theta = \pi - \alpha$。单相半波可控整流电阻性负载电路的移相范围为 $0 < \alpha < \pi$。

从图 5-1-9（b）中可以看出，在角度 0～α 期间单向晶闸管正向阻断；在 α～π 期间，单向晶闸管导通。显然，改变触发电压 u_G 的时刻，即改变控制角 α 的大小，也改变了导通角 θ 的大小，从而达到改变负载电压 u_L 的平均值（U_L）大小的目的。如图 5-1-9（c）所示，控制角 α 较图 5-1-9（b）中增大，而导通角 θ 较图 5-1-9（b）中减小，由于 θ 减小，负载电压 u_L 的平均值亦将减小。反之，若控制角 α 减小，导通角 θ 就增大，则负载电压 u_L 的平均值将增大，从而达到可控整流的目的。

2. 单相桥式可控整流电路

1）电路原理图

图 5-1-10 所示为单相桥式可控整流电路。T 为变压器，VD_1～VD_4 为由四只整流二极管组成的桥式整流电路，单向晶闸管 VT 控制输出电压的值，R_L 为负载。

2）工作原理

（1）经桥式整流后的输出电压加在单向晶闸管的阳极 A 和阴极 K 之间，即在单向晶闸管的 A-K 间加了正向电压，某个时刻，当单向晶闸管的门极 G 上加载了触发电压 u_G 时，即在单向晶闸管的 G-K 间也加了正向电压，单向晶闸管即可被触发导通。若忽略它的正向压降，则负载电压 u_L 将与 u_2' 对应部分基本相等。

（2）当 u_2' 经过零值时，单向晶闸管自行关断，在 u_2 的第二个半周中，电路将重复第一个半周的情况，如此不断重复。

（3）其工作波形如图 5-1-10（b）所示。由图 5-1-10（b）可知，该电路也是通过调整触发信号 u_G 出现的时间来改变单向晶闸管的控制角 α 和导通角 θ 的大小，从而控制负载输出电压 u_L 的平均值。

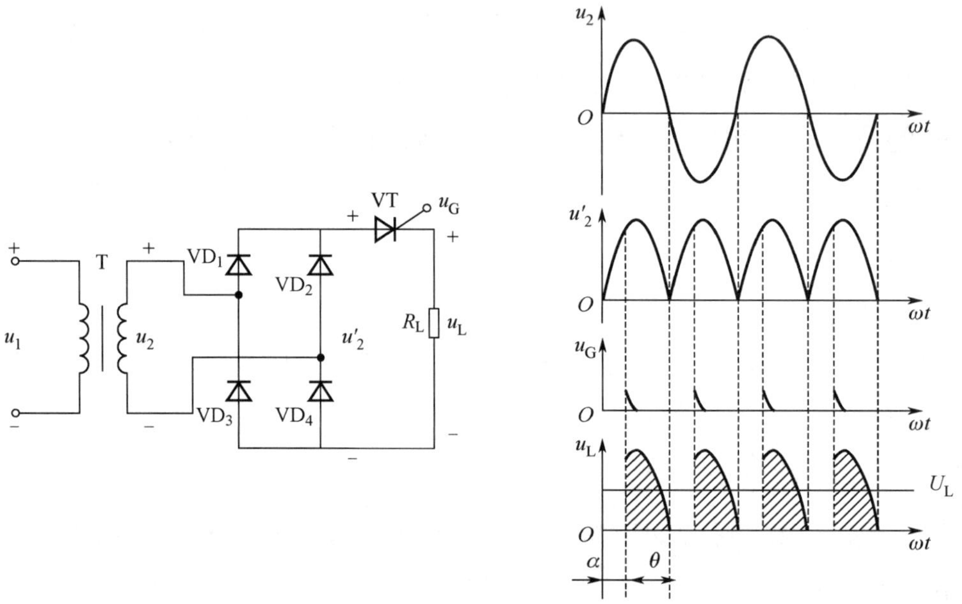

（a）电路图　　（b）波形图

图 5-1-10　单相桥式可控整流电路

知识四　晶闸管触发电路

晶闸管的导通需要由门极控制。为晶闸管门极提供触发电压的电路称为触发电路，门极控制信号一般为触发脉冲。用于正弦交流电路的触发脉冲应满足下列基本要求。

（1）触发脉冲应与主电路电源电压同步，且有足够的移相范围（主电路导通角的变化范围）。

（2）触发脉冲电压、电流应足够大，符合电路中晶闸管对触发信号的要求。

（3）触发脉冲上升沿要陡峭，以保证触发时间的准确性，最好在 10μs 以下。

（4）触发脉冲应有足够的宽度。由于晶闸管开通时间约为 6μs，因此触发脉冲宽度应大于 10μs。若是电感性负载，则脉冲还应加宽。

（5）在触发脉冲关断期间，触发电路的输出电压应低于 0.2V，以防误触发，必要时应能输出负电压。

触发电路种类很多，常见的有单结晶体管触发电路和微机控制触发电路。

1．单结晶体管

1）单结晶体管的结构、符号和外形

单结晶体管内部有一个 PN 结，所以称为单结晶体管；单结晶体管有三个电极，分别是发射极和两个基极，所以又叫作双基极二极管。

单结晶体管的结构如图 5-1-11（a）所示。在一块高电阻率的 N 型硅片两端，制作两个接触电极，分别叫作第一基极和第二基极，分别用符号 B_1（b_1）和 B_2（b_2）表示，硅片的另一侧在靠近第二基极 B_2 处制作一个 PN 结，并在 P 型硅片上引出发射极 E。单结晶体管的符号如图 5-1-11（b）所示，其外形如图 5-1-11（c）所示。

单结晶体管的等效电路如图 5-1-11（d）所示。发射极 E 所接 P 型硅片与 N 型硅片形成的 PN 结相当于一个二极管。R_{B_1} 表示基极 B_1 与二极管阴极之间的电阻，R_{B_2} 表示基极 B_2 与二极管阴极之间的电阻。在正常工作时，R_{B_1} 随发射极电流 I_E 的变化而变化，I_E 增大，R_{B_1} 减小。R_{B_2} 与 I_E 无关，且 $R_{B_1} > R_{B_2}$。两基极 B_1 与 B_2 之间的电阻 $R_{BB} = R_{B_1} + R_{B_2}$。

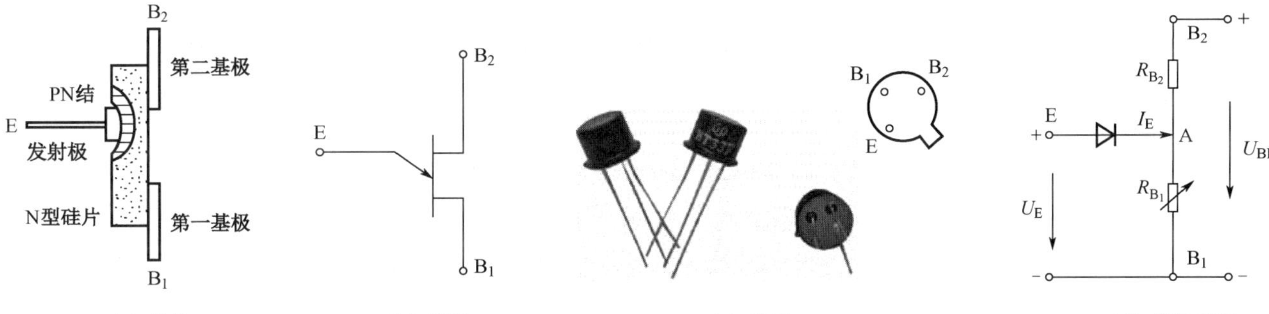

图 5-1-11　单结晶体管

若在两基极 B_2、B_1 间加上正电压 U_{BB}，则 A 点电压为

$$U_A = \frac{R_{B_1}}{R_{B_1} + R_{B_2}} U_{BB} = \frac{R_{B_1}}{R_{BB}} U_{BB} = \eta U_{BB} \tag{5-1-3}$$

式中，η 为分压比，其值一般为 0.3～0.9。

2）单结晶体管的伏安特性

单结晶体管的伏安特性是指它的发射极特性，即在基极 B_1、B_2 之间加恒定的正向电压 U_{BB}（U_{BB} 的极性为基极 B_2 接高电位，基极 B_1 接低电位）时，发射极电流 I_E 与发射极 E、基极 B_1 之间的电压 U_E 的关系。单结晶体管的伏安特性曲线可分为三个区，如图 5-1-12 所示。

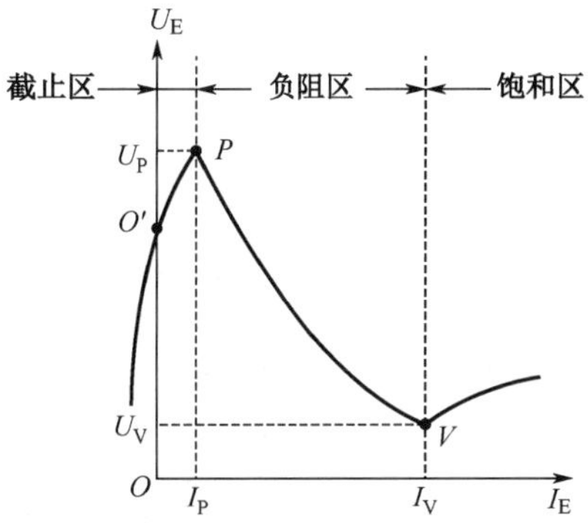

图 5-1-12　单结晶体管的伏安特性曲线

（1）截止区。

截止区对应曲线上 P 点以前的一段。当 $0 \leqslant U_E < U_A + U_V$ 时，PN 结反向截止，单结晶体管也截止，I_E 为一个很小的反向漏电流。随着 U_E 的增大，I_E 逐渐变为约几微安的正向漏电流。

（2）负阻区。

负阻区对应曲线上的 PV 段。当 $U_E = \eta U_{BB} + U_V$ 时，PN 结正向导通，I_E 突然剧增，这个突变点称为峰点 P，与 P 点对应的电压和电流分别称为峰点电压 U_P 和峰点电流 I_P。显然 $U_P = \eta U_{BB} + U_V$。R_{B1} 随着 I_E 的增大而剧减，引起 U_E 相应下降。这种电压随电流增大反而下降的特性，称为负阻特性。当 I_E 增大到某一数值时，U_E 下降到最低点 V，曲线上的 V 点称为谷点，与 V 点对应的电压和电流分别称为谷点电压 U_V 和谷点电流 I_V。

（3）饱和区。

饱和区对应曲线上 V 点以后的一段。谷点以后，I_E 增大时，U_E 略有上升，但变化不大，单结晶体管又恢复了正阻特性。

综上所述，单结晶体管具有如下特点。

① 当发射极电压 U_E 等于峰点电压时，单结晶体管导通；导通后，发射极电压 U_E 减小，当发射极电压 U_E 减小到谷点电压 U_V 时，管子又由导通转变为截止。一般单结晶体管的谷点电压为 2～5V。

② 单结晶体管的发射极与第一基极的电阻 R_{B_1} 会随发射极电流的增大而减小，R_{B_2} 则是一个与发射极电流无关的电阻。

③ 不同的单结晶体管有不同的 U_P、U_V，电源电压不同，二者也会改变。在触发电路中常选用 U_V 大一些或 I_V 大一些的单结晶体管。

3）单结晶体管的型号

单结晶体管的型号命名与二极管、三极管有所不同，如图 5-1-13 所示。

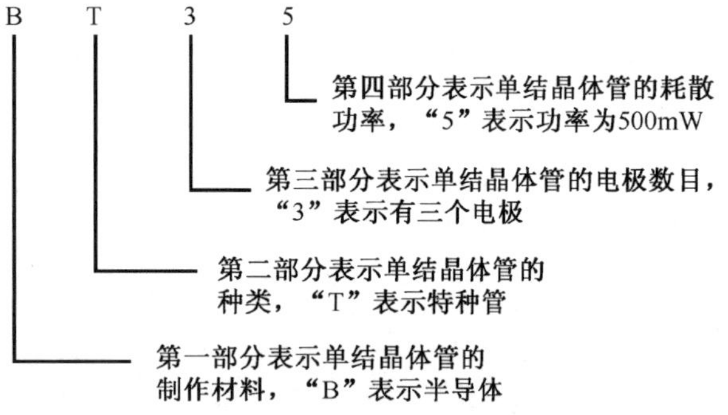

图 5-1-13　单结晶体管的型号命名

单结晶体管的型号命名由四个部分组成。

（1）第一部分表示单结晶体管的制作材料，用字母“B”表示半导体，即“半”字汉语拼音的第一个字母。

（2）第二部分表示单结晶体管的种类，用字母“T”表示特种管，即“特”字汉语拼音的第一个字母。

（3）第三部分表示单结晶体管的电极数目，用数字“3”表示有三个电极。

（4）第四部分表示单结晶体管的耗散功率，通常只标出第一位有效数字，耗散功率的单位为 mW。国产单结晶体管常见的型号有 BT31、BT32、BT33、BT35 等。

4）单结晶体管的检测

（1）单结晶体管发射极 E 的判断方法：将万用表置于 R × 1kΩ 或 R × 100Ω 挡，假设单结晶体管的任一引脚为发射极 E，黑表笔接假设的发射极 E，红表笔分别接另外两引脚测其电阻。当出现两次电阻均比较小时，黑表笔所接的就是单结晶体管的发射极 E。

（2）单结晶体管基极 B_1 和 B_2 的判断方法：将万用表置于 R × 1kΩ 或 R × 100Ω 挡，黑表笔接发射极 E，红表笔分别接另外两引脚测其电阻。两次测量中电阻大的一次，红表笔接的是基极 B_1。

应当说明的是，上述判断基极 B_1、B_2 的方法，不一定对所有的单结晶体管都适用，有个别管子的发射极 E、基极 B_1 间的正向电阻较小。即使基极 B_1、B_2 接反了，也不会使管子损坏，只影响输出脉冲的幅度。当发现输出脉冲的幅度偏小时，只要将原来假定的基极 B_1、B_2 对调过来就可以。

2．单结晶体管振荡电路

利用单结晶体管的负阻特性和 RC 电路的充放电特性，能够组成频率可调的振荡电路，用来产生晶闸管的触发脉冲。该电路又称为单结晶体管脉冲振荡电路，其电路如图 5-1-14（a）所示。

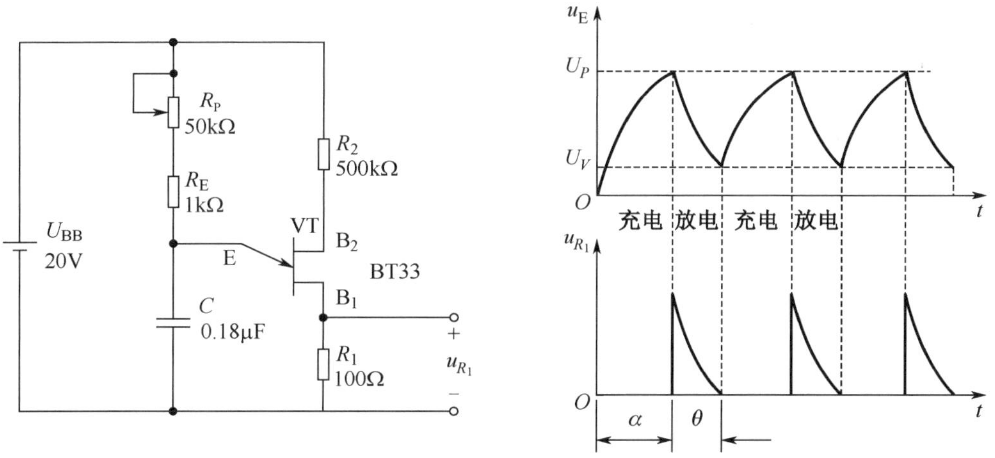

（a）电路　　　　（b）理论波形

图 5-1-14　单结晶体管脉冲振荡电路

（1）接通电源 U_{BB} 后，电源通过电阻器 R_2、R_1 加在单结晶体管的两个基极上。同时，电源通过电位器 R_P、电阻器 R_E 给电容器 C 充电，电容器 C 两端电压 u_C（u_E）按指数规律增大。当 $u_C < U_P$ 时，单结晶体管截止，电阻器 R_1 上没有电压输出。当 u_C 达到峰点电压 U_P 时，单结晶体管导通，R_{B_1} 迅速减小，电容器 C 通过发射极、第一基极、电阻器 R_1 迅速放电，在电阻器 R_1 上形成脉冲电压。

（2）由于电阻器 R_1 的电阻很小，故放电速度快，随着电容器 C 的放电，u_E 迅速下降。当 $u_E < U_V$（当 u_E 下降到单结晶体管的谷点电压）时，单结晶体管截止，放电结束，输出电压又降到零，完成一次振荡。接着电源对电容器再次充电，并重复上述过程，于是在电阻器 R_1 上产生一系列的尖脉冲电压。图 5-1-14（b）所示为单结晶体管脉冲振荡电路输出的理论波形。

通过上述电路工作过程的分析可知，振荡过程的形成，利用了单结晶体管的负阻特性和 RC 电路的充放电特性。改变电位器 R_P 的电阻（或电容器 C 的电容），便可改变电容器充电的快慢，使输出脉冲波形前移或后移，从而控制晶闸管的触发导通时刻。显然当 τ（$\tau = RC$）

大时，触发脉冲后移，控制角 α 增大（导通角 θ 减小）；当τ小时，触发脉冲前移，控制角 α 减小（导通角 θ 增大）。

3．单结晶体管触发电路

上述单结晶体管振荡电路输出的尖脉冲可以用来触发晶闸管，但不能用来直接触发电路，还必须解决触发脉冲与主电路的同步问题。单结晶体管触发电路实际上是由同步电路和振荡电路两个部分组成的。典型的单结晶体管触发电路如图 5-1-15 所示。图的上半部分为单结晶体管触发电路，图的下半部分为单相半控桥式整流电路。

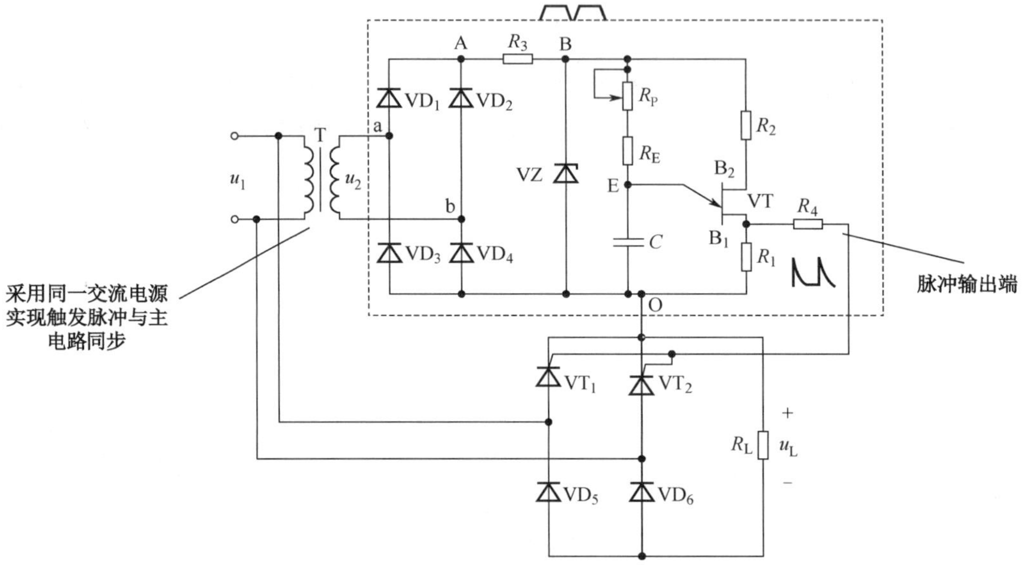

图 5-1-15　典型的单结晶体管触发电路

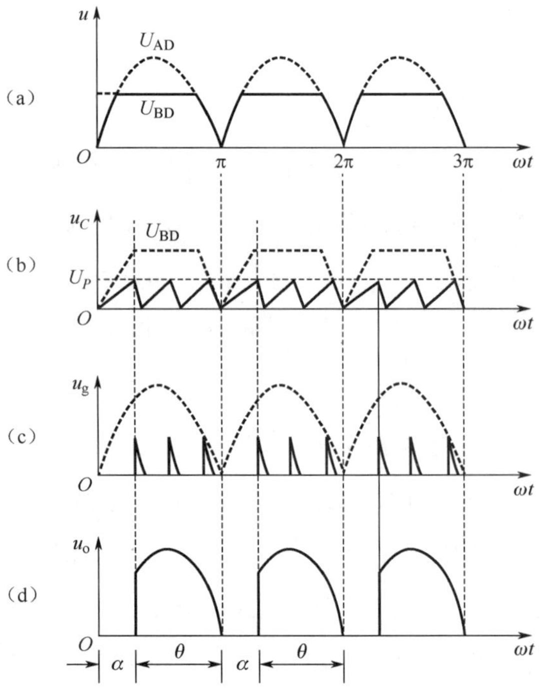

图 5-1-16　单结晶体管同步触发电路波形图

单结晶体管同步触发电路波形图如图 5-1-16 所示。工作过程：

（1）触发脉冲和主电路电压在频率和相位上要有相互协调的配合关系，称为同步。交流电先经桥式整流，得到整流输出电压波形，再经稳压二极管的稳压，在稳压二极管两端得到梯形波，如图 5-1-16（a）所示。由于梯形波电压和交流电压同时过零，所以保证了触发电路交流电源电压的同步。

（2）该同步电压作为电源又通过电位器 R_P、电阻器 R_E 向电容器 C 充电，电容器的端电压 u_C 按指数规律上升。单结晶体管的发射极电压等于电容器两端电压 u_C。当 u_C 小于峰点电压 U_P 时，单结晶体管处于截止状态，输出 $u_g=0$。当 u_C 上升到等于 U_P 时，单结晶体管由截止变为导通，

电阻 R_{B_1} 急剧减小，于是电容器 C 经 E→B_1→R_1 迅速放电，波形如图 5-1-16（b）所示。

（3）放电电流在电阻器 R_1 上转变为尖脉冲电压 u_g。当 u_C 下降到单结晶体管的谷点电压 U_V 以下时，单结晶体管截止。截止以后，电源再次经电位器 R_P、电阻器 R_E 向电容器 C 充电，重复上述过程。于是，在电阻器 R_1 上通过电阻器 R_4 得到一个又一个的脉冲电压 u_g 的波形，如图 5-1-16（c）所示。

（4）负载上得到的输出电压波形如图 5-1-16（d）所示。

（5）改变电位器 R_P 的电阻（或电容器 C 的电容），便可改变电容器充电的快慢，使输出脉冲波形前移或后移，从而控制晶闸管的触发导通时刻。显然当τ大时，触发脉冲后移，控制角 α 增大（导通角 θ 减小），负载上得到的输出电压小。当τ小时，触发脉冲前移，控制角 α 减小（导通角 θ 增大），负载上得到的输出电压大。

由于每半个周期内，第一个脉冲将使晶闸管触发，后面的脉冲均无作用，因此只要改变每半周内第一个脉冲产生的时间，即可改变控制角的大小。若电容器 C 充电较快，则 u_C 很快达到 U_P，第一个脉冲产生的时间就提前。在实际应用中，通过改变电位器 R_P 的电阻可改变控制角的大小，从而达到触发脉冲移相的目的。

任务实施

1．晶闸管调光线路原理图识读

原理图是电子线路装接和检修的重要资料之一，正确识读原理图，不管是对电子线路装接还是检修而言都至关重要。要正确识读原理图，关键掌握原理图三要素：元器件符号、元器件代号、元器件型号或参数。晶闸管调光线路原理图三要素如图 5-1-17 所示。

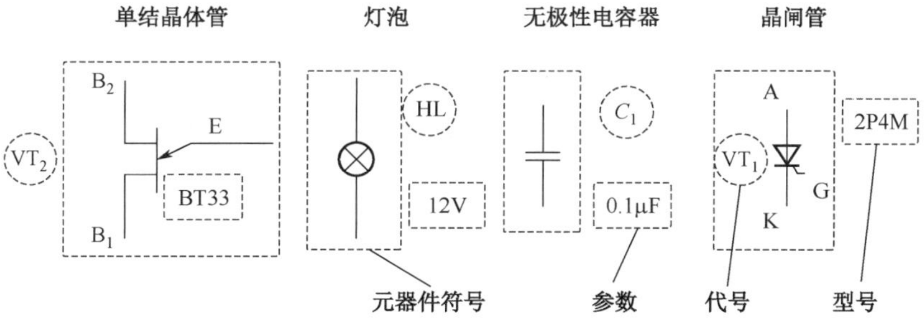

图 5-1-17　晶闸管调光线路原理图三要素

原理图识读或绘制的具体要求如下。

（1）图上体现交点。

①“∟”连接和“⊥”连接的连接点可以不加黑点。

②“＋”连接的连接点必须加黑点，不加则表示为非连接点。

（2）图上体现元器件极性。

① 符号无极性特点但实际有极性的元器件要标明极性。

② 符号有极性特点的元器件可不标明极性。

（3）图上体现元器件符号、代号、参数、连接。

① 必须正确画出元器件符号。

②必须正确标出元器件的代号和参数（型号或值）。

③ 画出正确的电气连接。

晶闸管调光线路原理图如图 5-1-18 所示。

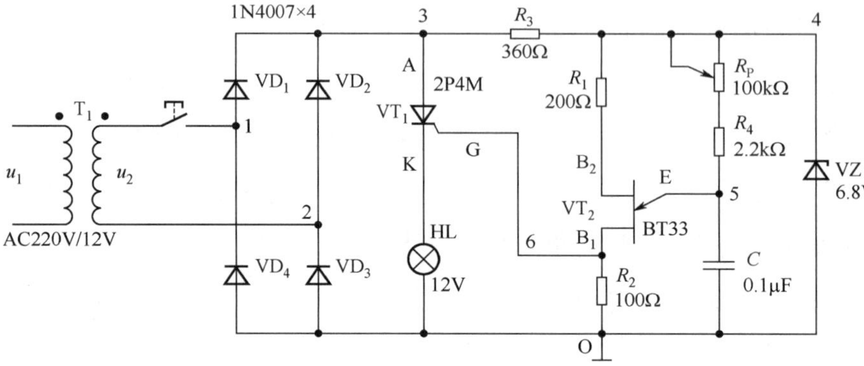

图 5-1-18　晶闸管调光线路原理图

2．晶闸管调光线路插装布线图识读

插装布线图是电子线路插装的依据，它是线路原理和插装要求相结合的产物。要正确装接线路需要正确识读插装布线图。同原理图一样，关键掌握三要素：元器件形状、元器件代号、元器件参数。晶闸管调光线路插装布线图三要素如图 5-1-19 所示。

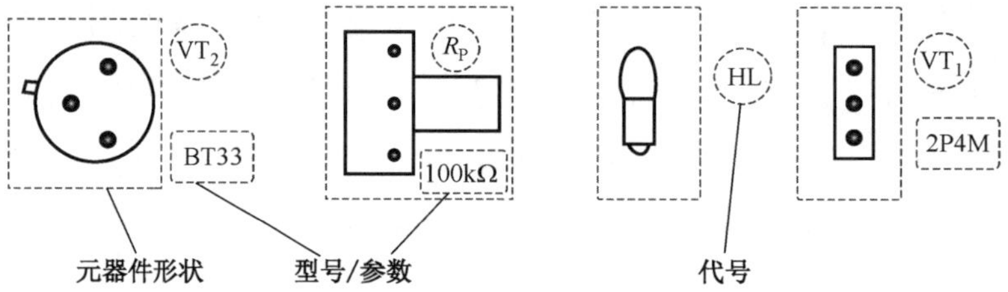

图 5-1-19　晶闸管调光线路插装布线图三要素

插装布线图识读或绘制的具体要求如下。

（1）图上体现焊点。

连接处必须体现焊点（加焊点标志）。

（2）图上体现元器件形状。

① 图上体现元器件的真实形状，电阻器要标明色环。

② 图上元器件占的孔数与总占格数要符合要求。

（3）图上体现元器件极性。

有极性的元器件要正确标明极性。

（4）图上体现元器件的代号、参数、连接。

①必须正确标出元器件的代号和参数（型号或值）。

② 画出正确的电气连接（必须与线路原理图的电气连接一致）。

晶闸管调光线路插装布线图如图 5-1-20 所示。

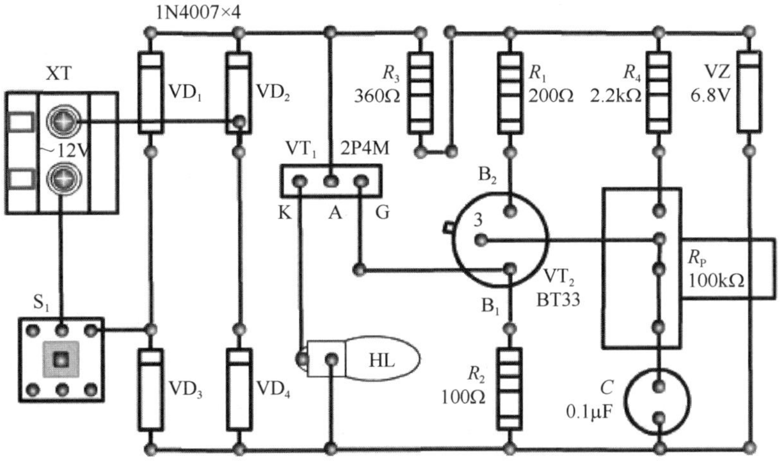

图 5-1-20　晶闸管调光线路插装布线图

3. 晶闸管调光线路元器件检测

焊接前检测元器件是电路制作的重要一步，必须认真完成这一步，降低返工的可能性。按照表 5-1-6 所示进行元器件检测。

表 5-1-6　元器件检测表

元器件	型号/规格	检测项目	检测过程		检测结果	
			检测工具	检测步骤	好坏/值	极性/标识
电阻器	100Ω、200Ω、360Ω、3kΩ，1/4W	电阻	万用表	① 用色环法读出电阻、精度（如电阻为 100Ω，精度为±5%）	实测值	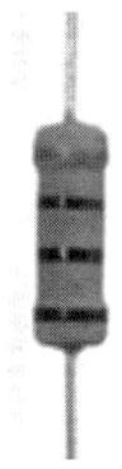
		好坏		② 万用表选取电阻挡（机械、欧姆调零） ③ 选取合适的量程（使指针落在满刻度的 1/3～2/3 处，换挡时注意欧姆调零） ④ 读数（读数时，眼睛、指针、刻度要在同一条直线上） ⑤ 判断好坏：$\frac{测量值-标称值}{标称值}\times100\%$ 小于等于精度时，电阻器可用，可判断为好	好/坏	
灯泡	12V	好坏	万用表/目测	① 可透过玻璃观察电珠两电极间连接的钨丝是否连接完好 ② 用万用表 R × 1Ω 或 R × 10Ω 挡（机械、欧姆调零）测量电珠两极电阻，如果灯泡是好的，会指示一定的电阻（灯泡功率不同，电阻也就不同）。如果指示∞或 0（∞就是不通，0 就是短路），说明灯泡已经损坏，不可使用	好/坏	
二极管/稳压二极管	1N4007 2CW55	极性	万用表/目测	① 万用表选取 R × 100Ω 或 R × 1kΩ 挡（机械、欧姆调零） ② 判断极性：将两表笔分别接二极管的两个电极，先测出一个结果，对调两表笔，再测出一个结果。在两次测量的结果中，测出电阻较小（指针偏转大）的值为二极管的正向电阻，此时黑表笔接的是二极管的正极	目测：管壳表面有灰白标识的一端为负极	
		好坏	万用表/目测		好/坏	

续表

<table>
<tr><th rowspan="2">元器件</th><th rowspan="2">型号/规格</th><th rowspan="2">检测项目</th><th colspan="2">检 测 过 程</th><th colspan="2">检 测 结 果</th></tr>
<tr><th>检测工具</th><th>检 测 步 骤</th><th>好坏/值</th><th>极性/标识</th></tr>
<tr><td>二极管/稳压二极管</td><td>1N4007
2CW55</td><td>硅管/锗管</td><td>万用表</td><td>③ 判断好坏：
<table>
<tr><th>正 向 电 阻</th><th>反 向 电 阻</th><th>管 子 好 坏</th></tr>
<tr><td>较小</td><td>较大</td><td>管子好（正、反向电阻相差越大，单向导电性越好）</td></tr>
<tr><td>趋于 0</td><td>趋于 0</td><td>管子短路损坏</td></tr>
<tr><td>趋于∞</td><td>趋于∞</td><td>管子开路损坏</td></tr>
<tr><td colspan="2">正、反向电阻比较接近</td><td>管子质量不佳</td></tr>
</table>
④ 硅管、锗管判断：用二极管串联合适的电阻接电源，用万用表测量二极管的管压降。若测得的管压降为 0.6～0.7V，则为硅二极管；若测得的管压降为 0.2～0.3V，则为锗二极管</td><td>硅/锗</td><td></td></tr>
<tr><td>单结晶体管</td><td>BT33</td><td>极性</td><td>万用表/目测</td><td>① 将万用表置于 R × 1kΩ 或 R × 100Ω 挡，假设单结晶体管的任一引脚为 E 极，黑表笔接假设的 E 极，红表笔分别接另外两引脚测其电阻。当出现两次电阻均比较小时，黑表笔所接的就是单结晶体管的 E 极
② 单结晶体管 B_1、B_2 极的判断方法：将万用表置于 R × 1kΩ 或 R × 100Ω 挡，黑表笔接 E 极，红表笔分别接另外两引脚测电阻，两次测量中电阻较大的一次，红表笔接的就是 B_1 极。
应当说明的是，上述判断 B_1、B_2 极的方法不一定对所有的单结晶体管都适用。对于不适用的单结晶体管将原来假定的 B_1、B_2 极对调即可以</td><td>极性</td><td>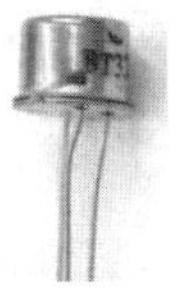</td></tr>
<tr><td rowspan="2">微调电阻器</td><td rowspan="2">100kΩ</td><td>电阻</td><td>万用表/目测</td><td>① 检查转轴的机械性能
② 读出电阻</td><td>0～100kΩ 可调</td><td rowspan="2"></td></tr>
<tr><td>好坏</td><td>万用表/目测</td><td>③ 万用表选取电阻挡（机械、欧姆调零），选取合适的量程（使指针落在满刻度的 1/3～2/3 之间，换挡时注意欧姆调零）
④ 测量电位器两个定片之间的电阻是否与标称值相符
⑤ 测动片与任一定片间的电阻。慢慢将转轴从一个极端转向另一个极端，若万用表的指针从 0Ω（或标称值）至标称值（或 0Ω）连续变化，且电位器内部无“沙沙”声，则质量完好
⑥ 读数（读数时，眼睛、指针、刻度要在同一条直线上）
⑦ 判断好坏：若转动中指针有跳动，说明该微调电阻器存在接触不良的故障；若电阻没有变化，说明该微调电阻器发生了电气性能损坏</td><td>好/坏</td></tr>
</table>

续表

<table>
<tr><th rowspan="2">元器件</th><th rowspan="2">型号/规格</th><th rowspan="2">检测项目</th><th colspan="2">检 测 过 程</th><th colspan="2">检 测 结 果</th></tr>
<tr><th>检测工具</th><th>检 测 步 骤</th><th>好坏/值</th><th>极性/标识</th></tr>
<tr><td rowspan="2">晶闸管</td><td rowspan="2">2P4M</td><td>极性</td><td>万用表/目测</td><td rowspan="2">① 万用表选取 R × 100Ω 或 R × 1kΩ 挡（机械、欧姆调零）
② 判断极性：先将黑、红表笔分别接晶闸管某两个引脚测量其电阻，再交换黑、红表笔重测两引脚间的电阻，一共测量六次
当测得其中两个电极间电阻较小（正向电阻），而交换表笔后测得电阻很大（反向电阻），那么以电阻较小的为准，黑表笔所接的就是门极，而红表笔所接的就是阴极，剩下的电极便是阳极
③ 判断好坏：测量普通晶闸管阳极与阴极之间的正、反向电阻，正常时均应为无穷大。若测得阳极、阴极之间的正、反向电阻为零或均较小，则说明晶闸管内部击穿短路或漏电
④ 可用万用表 R × 1Ω 挡测量。将黑表笔接阳极，红表笔接阴极，此时指针不动，电阻为无穷大。用镊子或导线将晶闸管的阳极与门极短路，相当于给门极加上正向触发电压。若此时万用表指针向右偏转，电阻为几欧姆至几十欧姆，则表明晶闸管因正向触发而导通。保持阳极、阴极上的表笔不动，断开阳极与门极的连接（撤走短路的镊子或导线），指针示值仍保持在几欧姆至几十欧姆的位置不动。保持阴极上的表笔不动，将黑表笔撤离阳极，若指针应回到无穷大，则说明此晶闸管的触发性能良好</td><td>晶闸管有字的一面面向自己，极性依次为阴极、阳极、门极</td><td rowspan="2"></td></tr>
<tr><td>好坏</td><td>万用表/目测</td><td>好/坏</td></tr>
</table>

4．按照装接工艺对晶闸管调光线路进行安装

元器件成形、插装和焊接的工艺和要求，请参照电子线路装接工艺训练部分相关工艺。晶闸管调光线路安装布局如图 5-1-21 所示。

图 5-1-21　晶闸管调光线路安装布局

5．按照检测步骤对晶闸管调光线路进行调试检测

按表 5-1-7 所示进行晶闸管调光线路的调试检测。

表 5-1-7　晶闸管调光线路调试检测

序　号	作 业 项 目		作 业 内 容
1	通电前检测	极性及错、漏焊	对照线路原理图及插装布线图核对元器件的位置、极性及错焊、漏焊
		电气连接	对照原理图用万用表检测线路连接是否正确、可靠，不能有虚焊、搭焊
		变压器	检查变压器引线是否完好无损，规格是否为 AC220V/12V
2	通电时注意事项	电容器	不出现膨胀现象，通电时保证人脸不正对电容器，以防电容器爆炸伤人
		变压器	按不同测量项目选用合适的变压器规格，出现异常立即断电检查
		外接连线	先将电路外接连线接好，检查无误后，再接电源（或打开电源开关）。拆线时一定要先关电源，确保安全操作
3	通电检测	电路功能	在输入端接入 220V/12V 变压器，验证电路功能是否正常（调节电位器 R_P，观察灯泡的亮度是可调的），若功能正常，则继续调试检测电路；若功能不正常，则进行检修
		电压测量	用万用表测量灯泡在微亮及最亮时的两端电压
			用万用表测量灯泡在微亮及最亮时晶闸管两端的电压
		移相范围测量	调节电位器 R_P，用示波器测量电路在灯泡微亮及最亮时的移相范围（控制角 α）
		波形测量	用示波器测量变压器二次侧电压波形（1—2 点）
			用示波器测量整流端电压波形（3—O 点）
			用示波器测量稳压二极管两端电压波形（4—O 点）
			用示波器测量电容器两端电压波形（5—O 点）
			用示波器测量触发脉冲电压波形（6—O 点）
			用示波器测量晶闸管两端电压波形 U_{AK}
			用示波器测量灯泡两端电压波形 U_{HL}
4	线路检修	故障排除	进行关键点测量，采用对比正常关键点电压和波形的方法进行线路检修
			检修排故后对线路重新进行通电检测
			总结故障检修排除的方法和步骤，编制故障检修流程图
5	安全文明施工	安全操作	在任务实施过程中必须严格按照相关安全规程执行

项目六

循迹小车线路的安装与调试

项目描述

循迹小车是指小车在白色地板上循黑线行走。智能循迹小车是一个基于自动引导的机器人系统，其运用传感器技术、电动机驱动技术及自动控制技术等来实现小车按照预先设定的模式自动循迹导航功能。自动循迹已经广泛应用于无人驾驶机动车、车间物料配送、仓储、服务机器人等多个领域。

项目目标

（1）能够进行集成运算放大器的识别与基本应用。

（2）能够进行循迹小车线路的装调。

任务一 集成运算放大器的识别与基本应用

任务描述

能够进行集成运算放大器的符号、型号、引脚识别与基本应用。

任务目标

终极目标：能够进行集成运算放大器的识别与基本应用。

促成目标：

（1）能够识别集成运算放大器的符号、型号、引脚。

（2）能够描述集成运算放大器的基本特性及基本应用。

知识平台

知识一 集成电路型号的识别

集成电路（Integrated Circuit，IC）是一种采用特殊工艺，将三极管、电阻器、电容器等元器件集成在硅基片上而形成的具有一定功能的器件，俗称芯片。集成电路的型号一般在其表面印刷（或激光刻蚀）出来。其命名一般是由前缀、数字编号和后缀组成，前缀主要为英文字母，用来表示集成电路的生产厂家及类别。常用集成电路的前缀字母有：LM（美国半导体公司）、MC（美国摩托罗拉公司）、TA（日本东芝公司）、HA（日本日立制作所）等；前缀 C 代表中国，如“CD”代表国产音频产品。第二部分为数字编号，表示不同的集成电路。第三部分是后缀，一般用来表示集成电路的封装形式、版本代号等。国产半导体集成电路型号命名规则如表 6-1-1 所示。

表 6-1-1　国产半导体集成电路型号命名规则

第零部分		第一部分		第二部分	第三部分		第四部分	
用字母表示器件符合国家标准		用字母表示器件的类型			用字母表示器件的工作温度范围		用字母表示器件的封装形式	
符号	意义	符号	意义		符号	意义	符号	意义
C	中国制造	T	TTL	用阿拉伯数字和字母表示器件系列的品种代号	C	0～70℃	W	陶瓷封装
		H	HTL		E	−48～75℃	B	塑料扁平
		E	ECL		R	−55～85℃	F	金密封扁平
		C	CMOS		M	−55～125℃	D	陶瓷直插
		F	线性放大器				P	塑料直插
		D	音响、电视电路				J	黑陶瓷扁平
		W	稳压器				K	金属菱形
		J	接口电路				T	金属圆形
		B	非线性电路					
		M	存储器					
		μ	微型电路					

知识二　集成电路引脚的识别

集成电路通常有多个引脚，每一个引脚都有其对应的功能定义。使用集成电路前，必须认真查对、识别集成电路的引脚，确认电源、接地端、输入、输出等引脚号，以免因接错而损坏元器件。集成电路的引脚排列有一定的规律，其第一个引脚附近一般有参考标志，如凹槽、色点、凸起部分等。常见的集成电路引脚的识别方法如表 6-1-2 所示。集成电路各引脚所代表的含义及具体连接方法，可查阅相关集成电路的数据手册。

表 6-1-2　常见的集成电路引脚的识别方法

封装形式	引脚的识别方法	图示
双列直插式	将有文字的一面朝上，缺口置于左方。由顶部俯视，从左下引脚起，按逆时针方向数，依次为 1、2、3、…	
双列贴片式	凹槽为第一个引脚的识别标志。将有文字的一面朝上，凹槽置于左方。由顶部俯视，从左下引脚起，按逆时针方向数，依次为 1、2、3、…	

知识三　集成运算放大器

1. 运算放大器的特点

运算放大器（Operational Amplifier）简称运放，是一种具有高电压放大倍数的直接耦合放大器，主要由输入、中间、输出三部分组成。运算放大器的符号如图 6-1-1 所示。图中 u_{i1} 端与输出电压 u_o 反相，称为反相输入端；u_{i2} 端与输出电压 u_o 同相，称为同相输入端。

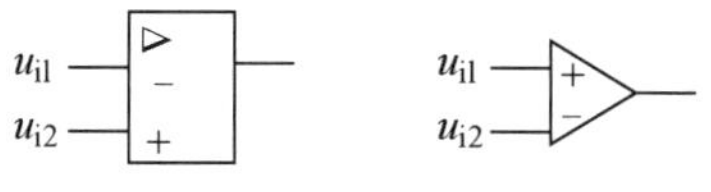

图 6-1-1　运算放大器的符号

运算放大器的参数很多，主要有电压放大倍数 A_u、输入电阻 R_i 和输出电阻 R_o 等。

理想运算放大器的主要参数为

$$A_u = \infty、R_i = \infty、R_o = 0$$

理想运算放大器具有以下特点。

（1）反相输入端的电压与同相输入端的电压几乎相等，称之为"虚短（路）"。(线性运用时才具有此特点）

（2）反相输入端与同相输入端的电流几乎为 0，称之为"虚断（路）"。

2. 运算放大器的基本应用

运算放大器通过外接不同的反馈电路和元器件等，即可构成比例、加减、积分、微分等运算电路。

1）反相比例运算放大器

反相比例放大电路如图 6-1-2 所示。输入信号 U_i 从反相输入端与地之间加入，R_F 是反馈电阻，接在输出端和反相输入端之间，将输出电压 U_o 反馈到反相输入端，实现负反馈。R_1 是输入耦合电阻，R_2 是补偿电阻（也称平衡电阻），$R_2 = R_1 // R_F$。

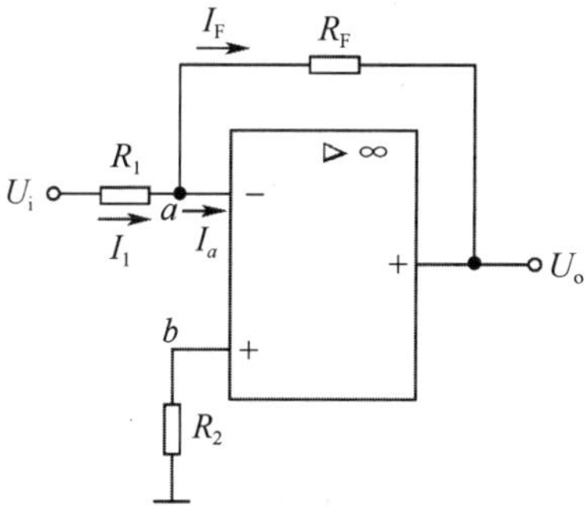

图 6-1-2　反相比例放大电路

反相比例放大器的电压放大倍数为

$$A_{uf} = -\frac{R_F}{R_1}$$

因此，输出电压与输入电压的关系为

$$U_o = -\frac{R_F}{R_1}U_i$$

可见，输出电压与输入电压存在比例关系，比例系数为$-R_F/R_1$，即反相比例放大器的电压放大倍数由 R_F/R_1 确定，负号表示输出电压 U_o 与输入电压 U_i 相位相反。故该放大电路通常称为反相比例运算放大器。

由运算放大器的特点可知 $I_+ = I_- = 0$，所以图 6-1-2 电路中的 $I_1 = I_F$，同时 R_2 上的电压降等于零，即同相输入端与地等电位。又有 $U_+ = U_-$，则反相输入端也与地等电位。故 a 点与 b

点电位相同，相当于短路，但内部并未真正短路，称为“虚短”。称反相输入端为“虚地”，即并非真正“接地”，“虚地”是反相比例运算放大器的一个重要特点。

所以，电压放大倍数为

$$A_{uf}=\frac{U_o}{U_i}=\frac{-R_F I_F}{R_1 I_1}=-\frac{R_F}{R_1}$$

2）同相比例运算放大器

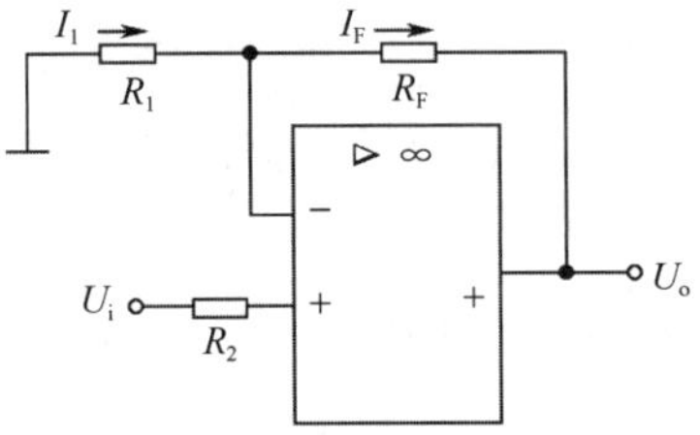

图 6-1-3　同相比例放大电路

同相比例放大电路如图 6-1-3 所示。输入信号电压 U_i 接入同相输入端，输出端与反相输入端之间接有反馈电阻 R_F 与 R_1，为使输入端保持平衡，$R_2=R_1 /\!/ R_F$。

同相比例放大电路的电压放大倍数为

$$A_{uf}=1+\frac{R_F}{R_1}$$

因此，输出电压与输入电压的关系为

$$U_o=\left(1+\frac{R_F}{R_1}\right)U_i$$

可见，输出电压与输入电压存在比例关系，比例系数为 $1+R_F/R_1$，即同相比例放大电路的电压放大倍数由 $1+R_F/R_1$ 确定，输出电压 U_o 与输入电压 U_i 同相位。故该放大电路通常称为同相比例运算放大器。

由运算放大器的特点可知输入电流 $I_i=0$，所以 $U_o=I_1(R_1+R_F)$，而 $U_o=U_+=U_-=I_1R_1$，所以，同相比例放大器的电压放大倍数为

$$A_{uf}=\frac{U_o}{U_i}=\frac{I_1(R_1+R_F)}{R_1I_1}=1+\frac{R_F}{R_1}$$

知识四　LM393 集成运算放大器

LM393 集成运算放大器是双运算放大器，其引脚与外形如图 6-1-4 所示。

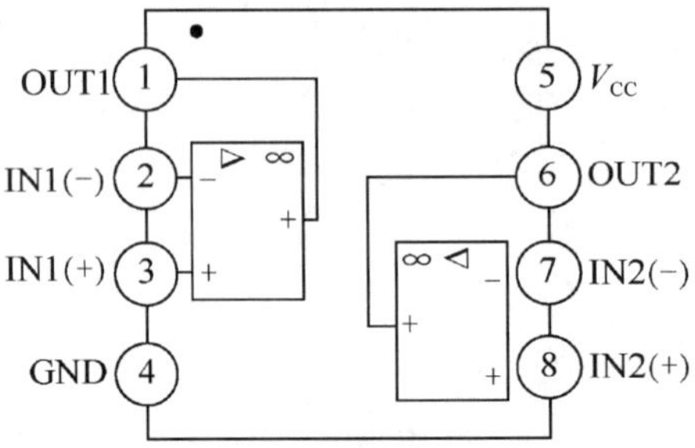

（a）引脚

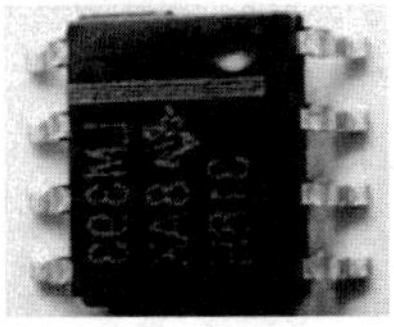
（b）外形

图 6-1-4　LM393 集成运算放大器的引脚与外形

由于 LM393 集成运算放大器具有电源电压范围宽、静态功耗小、可单电源使用、价格低廉等优点，因此被广泛应用在各种电路中。

任务实施

1. 识别集成运算放大器的符号、型号、引脚

按照下面的要求和步骤进行识别练习。

绘制理想运算放大器的符号。

要求：正确标明同相输入端、反相输入端、输出端。理想运算放大器的符号如图 6-1-5 所示。

识别出 LM393 集成运算放大器的型号、引脚。LM393 集成运算放大器的引脚定义如图 6-1-6 所示。

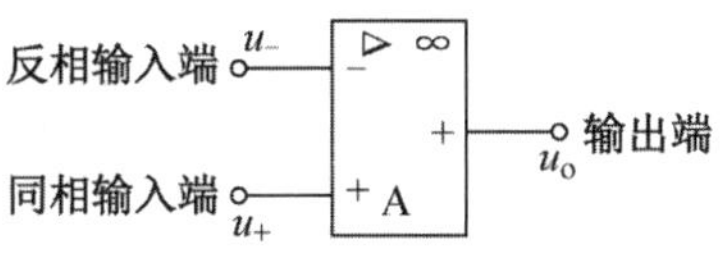

图 6-1-5　理想运算放大器的符号

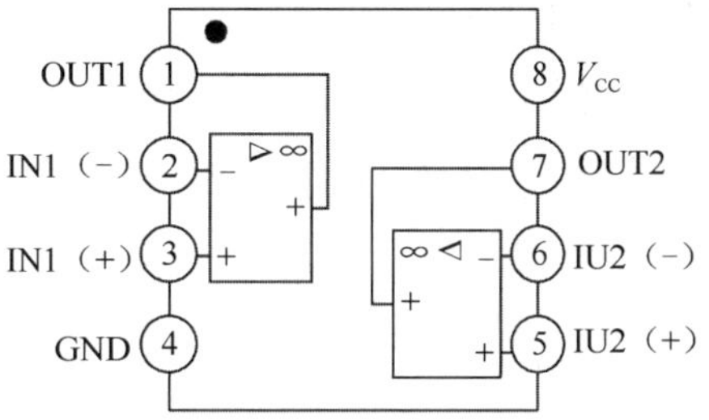

图 6-1-6　LM393 集成运算放大器的引脚定义

2. 集成运算放大器的基本应用

1）绘制同相比例运算放大器

绘制线路原理图时具体要求如下。

（1）使用标准元器件符号。

（2）原理图布局清晰、美观。

（3）原理图布局不应太拥挤，彼此间要留出一定的空间，注明元器件的流水号、型号和参数。

（4）元器件尽量保持水平或垂直，并且元器件间对齐。

（5）走线保持水平和垂直。

同相比例运算放大器如图 6-1-7 所示。

2）绘制反相比例运算放大器

参照同相比例放大电路来绘制反相比例运算放大器，如图 6-1-8 所示。

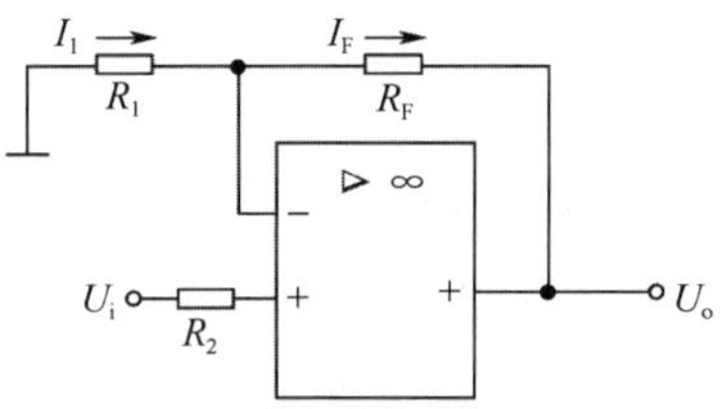

图 6-1-7　同相比例运算放大器

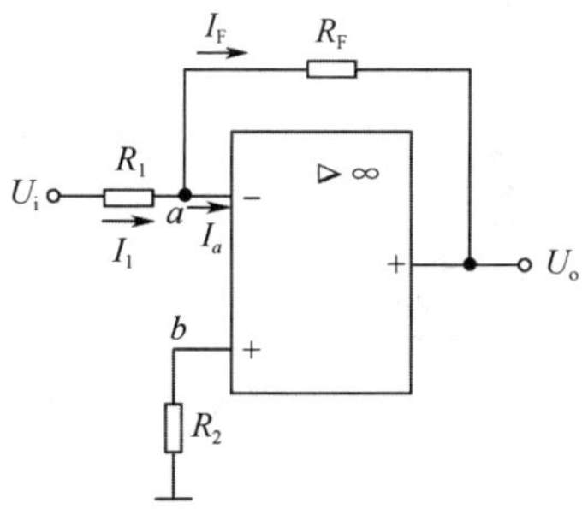

图 6-1-8　反相比例运算放大器

任务二 循迹小车线路的装调

任务描述

能够进行循迹小车线路的装调。

任务目标

终极目标：能够进行循迹小车线路的分析及装调。

促成目标：

（1）能进行循迹小车线路原理图识读。

（2）能进行循迹小车线路插装布线图识读。

（3）能进行循迹小车线路元器件检测。

（4）能按照装接工艺对循迹小车线路进行装接。

（5）能按照检测步骤对循迹小车线路进行调试检测。

知识平台

知识一 电压比较器

集成运算放大器可用作电压比较器，电压比较器的功能是比较两个电压的大小，如将一个信号电压 U_i 和另一个参考电压 U_R 进行比较，在 $U_i > U_R$ 和 $U_i < U_R$ 两种情况下，电压比较器能分别输出不同的电平，即高电平和低电平。

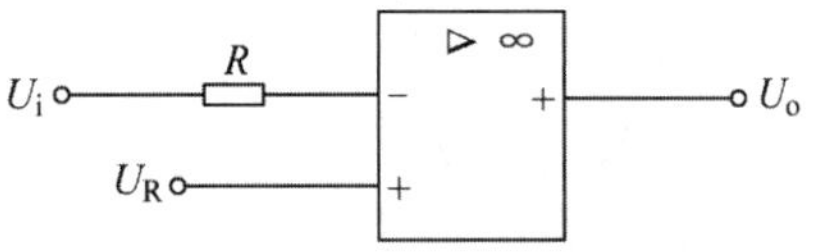

图 6-2-1 电压比较器

图 6-2-1 所示的电压比较器由集成运算放大器构成，并使它工作在开环状态，它的两个输入端分别接输入信号 U_i 和参考电压 U_R，这就是基本电压比较器。

其工作原理如下。

当 $U_i > U_R$ 时，$U_o = U_{ol}$（低电平）；

当 $U_i < U_R$ 时，$U_o = U_{oh}$（高电平）。

在图 6-2-1 所示电路中，如 $U_R = 0$（同相输入端接地），便构成过零比较器，其特性如下。

当 $U_i > 0$ 时，$U_o = U_{ol}$（低电平）；

当 $U_i < 0$ 时，$U_o = U_{oh}$（高电平）。

知识二 循迹小车检测模块工作原理

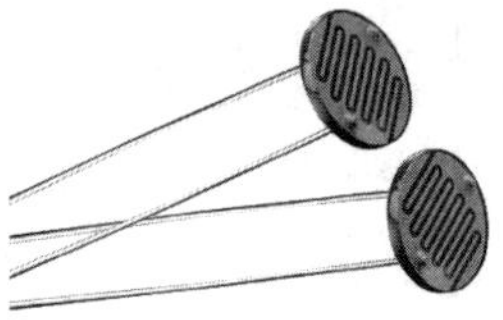

图 6-2-2 光敏电阻器

1．光敏电阻器

光敏电阻器如图 6-2-2 所示。它能够检测外界光线的强弱，外界光线越强，光敏电阻器的电阻越小。外界光线越弱，其电阻越大。当发光二极管发出的光投射到白色区域和黑色跑道时，因为反光率的不同，光敏电阻器的电阻会发生明显变化，便于后续电路进行控制。

2．LM393 集成运算放大器

LM393 是双路电压比较器集成电路，由两个独立的精密电压比较器构成。其作用是比较两个输入电压，根据两个输入电压的高低改变输出电压的高低。输出有两种状态：接近开路或下拉接近低电平。LM393 采用集电极开路输出，所以必须加上拉电阻才能输出高电平。

3．带减速齿轮的直流电动机

直流电动机驱动小车时必须减速，否则转速过高，小车跑得太快，根本来不及进行控制。且转速过高时转矩太小，甚至无法启动，必须使用集成了减速齿轮的直流电动机进行驱动。

循迹小车工作原理图如图 6-2-3 所示。LM393 随时比较着两路光敏电阻的大小，当出现不平衡时（如一侧压黑色跑道时）立即控制一侧电动机停转，另一侧电动机加速旋转，从而使小车修正方向，并恢复到正确的方向上。整个过程是一个闭环控制，因此能实现快速灵敏的控制。

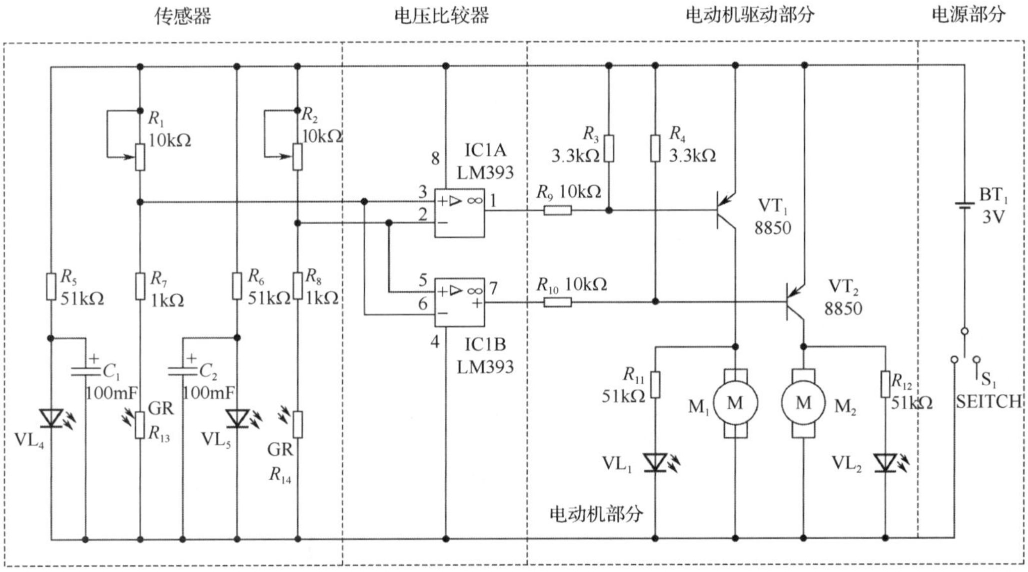

图 6-2-3　循迹小车工作原理图

任务实施

1．循迹小车线路工作原理图识读

循迹小车工作原理图如图 6-2-3 所示。原理图是电子线路装接和检修的重要资料之一，正确识读原理图，不管是对电子线路装接还是对检修而言都至关重要。要正确识读原理图，关键是掌握原理图三要素：元器件符号、元器件代号、元器件参数。

原理图识读或绘制的具体要求如下。

（1）正确识别元器件符号、元器件代号、元器件参数。

（2）识别出集成运算放大器符号与芯片引脚之间的对应关系。

2．循迹小车线路插装布线图识读

插装布线图是电子线路插装的依据，它是线路原理和插装要求相结合的产物。要正确装接线路就需要正确识读插装布线图。同原理图一样，其关键是掌握三要素：元器件形状、元器件代号、元器件参数。

插装布线图识读或绘制的具体要求如下。

（1）图上体现焊点。

连接处必须体现焊点（加焊点标志）。

（2）图上体现元器件形状。

① 图上体现元器件的真实形状，电阻器要标明色环。

② 图上元器件所占的孔数与总占格数要符合要求。

（3）图上体现元器件极性。

有极性的元器件要正确标明极性。

（4）图上体现元器件代号、参数、连接。

① 必须正确标出元器件的代号和参数（型号或值）。

② 画出正确的电气连接（必须与线路原理图的电气连接一致）。

循迹小车线路插装布线图如图 6-2-4 所示。

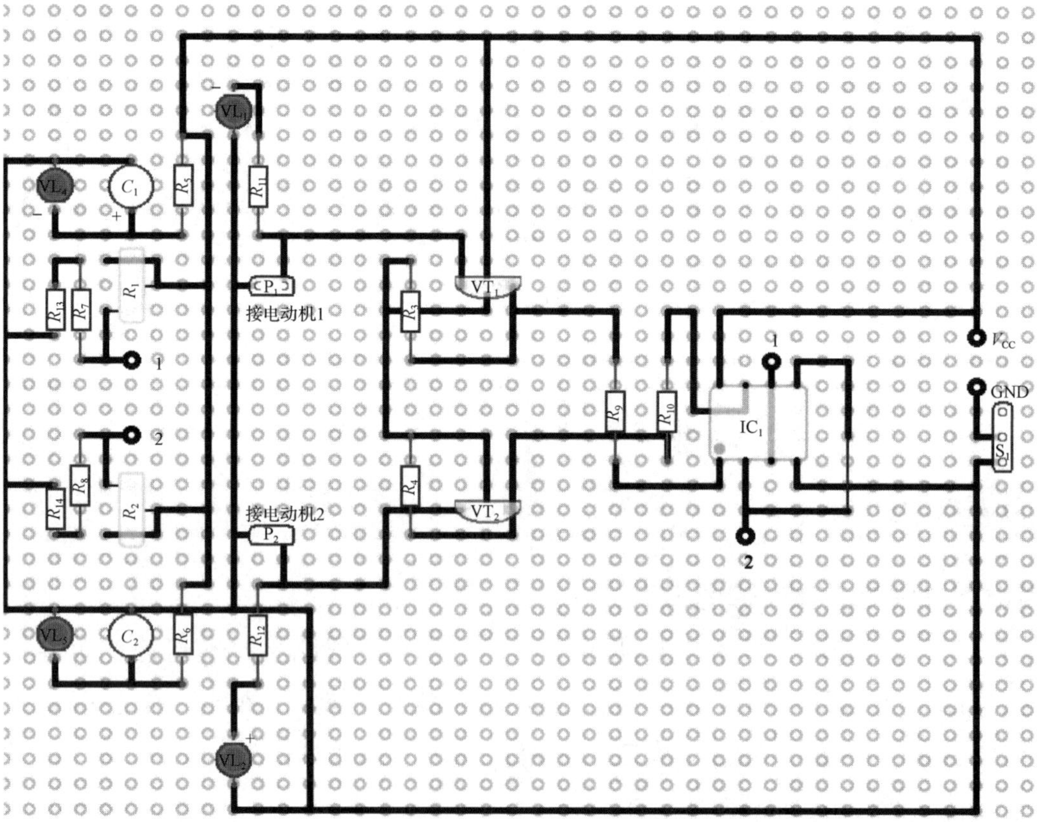

图 6-2-4　循迹小车线路插装布线图

3．循迹小车线路元器件检测

焊接前检测元器件是电路制作的重要一步，必须认真完成这一步，降低返工的可能性。循迹小车元器件清单如表 6-2-1～6-2-3 所示。元器件检测如表 6-2-4 所示。

表 6-2-1　电子元器件清单

代　　号	名　　称	型号/规格	数　　量
IC_1	集成电路	LM393	1
	集成电路座器	8 个引脚	1
C_1	电解电容	100μF	1
C_2		100μF	1
R_1	可调电阻	10kΩ	1
R_2		10kΩ	1
R_3	色环电阻	3.3kΩ	1
R_4		3.3kΩ	1
R_5		51Ω	1
R_6		51Ω	1
R_7		1kΩ	1
R_8		1kΩ	1
R_9		10Ω	1
R_{10}		10Ω	1
R_{11}		51Ω	1
R_{12}		51Ω	1
R_{13}	光敏电阻	CDS5	1
R_{14}		CDS5	1
VL_1	发光二极管	LED	1
VL_2		LED	1
VL_4	发光二极管	LED1	1
VL_5		LED2	1
VT_1	三极管	8550	1
VT_2	三极管	8550	1
S_1	开关	SEITCH	1

表 6-2-2　机械零部件清单

序　　号	名　　称	型号/规格	数　　量
1	减速电动机	JD3-1	2
2	车轮轮片 1	/	2
3	车轮轮片 2		2
4	车轮轮片 3		2
5	硅胶轮胎	26.25	2
6	车轮螺钉	M3 × 10	4
7	车轮螺母	M3	4
8	轮毂螺钉	M2，2.7	2
9	万向轮螺钉	M5 × 30	1
10	万向轮螺母	M5	1
11	万向轮	M5	1

表 6-2-3　装配部件清单

序　　号	名　　称	型号/规格	数　　量
1	电路板		1
2	连接导线	红色	1
3		黑色	1
4	胶底电池盒	AA × 2	1

表 6-2-4　元器件检测表

元器件	型号/规格	检测项目	检测过程		检测结果	
			检测工具	检测步骤	好坏/值	极性/标识
色环电阻器	3.3kΩ、1kΩ、51Ω、10Ω，均为1/4W	电阻	万用表	① 用色环法读出电阻、精度（如电阻为 1kΩ，精度为±10%） ② 万用表选取电阻挡（机械、欧姆调零） ③ 选取合适的量程（使指针落在满刻度的 2/3～1 处，换挡时注意欧姆调零） ④ 读数（读数时，眼睛、指针、刻度要在同一条直线上） ⑤ 判断好坏：$\frac{测量值-标称值}{标称值}\times 100\%$ 小于等于精度时，电阻器可用，可判断为好。例如，(900 − 1000)/1000 = −10%	电阻在允许误差范围内	
		好坏			好/坏	
电位器	10kΩ	好坏	万用表	① 万用表选取电阻挡（机械、欧姆调零） ② 选取合适的量程（使指针落在满刻度的 2/3～1 处，换挡时注意欧姆调零） ③ 调节电位器并观察读数（读数时，眼睛、指针、刻度要在同一条直线上），调节范围为 0～10kΩ	好/坏	电位器标识：103
电解电容器	100μF	电容	电容表/目测	① 万用表选取电阻挡（机械、欧姆调零） ② 选取合适的量程：原则上，大电容选取倍率小的挡位，小电容选取倍率大的挡位，不可以选取 R × 10kΩ 挡（如 100μF 的电容器，可选取 R × 100Ω 挡） ③ 判断好坏：将黑表笔接电容器正极，红表笔接电容器负极，万用表指针迅速偏转（充电，较大幅度），最后慢慢返回电阻无穷大处；将电容器放电，将黑表笔接电容器负极，红表笔接电容器正极，万用表指针迅速偏转（充电，较大幅度），最后慢慢返回接近电阻无穷大处（电容器一般存在一定的反向漏电流，所以反接时，指针回不到无穷大处，会有一定距离），那么可以认为这个电容器可用，是好的。返回越到位，电容器性能越好。其他情况认为不可用 ④ 判断极性：根据电容器反接时存在较大漏电流这一特点，可以判断指针回不到无穷大处那次，红表笔接的是电容器正极 ⑤ 电容器的电容可以用电容表测量，也可以直接目测，读出参数（小电容的电容器由于充放电不明显，一般不直接用万用表测极性和好坏）	100μF 25V	
		好坏	万用表		好/坏	
		极性	万用表/目测		目测：引脚较长的一侧为正极，引脚较短或白边那一侧为负极	

续表

元器件	型号/规格	检测项目	检测过程		检测结果	
			检测工具	检测步骤	好坏/值	极性/标识
光敏电阻器	CDS5	好坏	万用表	① 用一黑纸片将光敏电阻器的透光窗口遮住，此时万用表的指针基本保持不动，其电阻接近无穷大。此值越大，说明光敏电阻器性能越好。若此值很小或接近零，则说明光敏电阻器已烧穿损坏，不能再继续使用 ② 将一光源对准光敏电阻器的透光窗口，此时万用表的指针应有较大幅度的摆动，其电阻明显减小，此值越小，说明光敏电阻器性能越好。若此值很大甚至为无穷大，则表明光敏电阻器内部开路损坏，不能再继续使用 ③ 将光敏电阻器透光窗口对准入射光线，用一黑纸片在光敏电阻器的遮光窗上部晃动，使其间断受光，此时万用表指针应随黑纸片的晃动而左右摆动。若万用表指针始终停在某一位置不随纸片晃动而摆动，则说明光敏电阻器的光敏材料已经损坏	好/坏	
发光二极管	普通发光二极管	极性	目测/万用表	① 在万用表外部附接一节 1.5V 干电池，将万用表置于 R × 10Ω 或 R × 100Ω 挡，相当于给万用表串接了 1.5V 的电压，使检测电压增加至 3V（发光二极管的开启电压为 2V）。检测时，用万用表两支表笔轮换接触发光二极管的两个引脚。若管子性能良好，则必定有一次能正常发光，此时，黑表笔所接的为正极，红表笔所接的为负极	目测：引脚较长的一侧为正极，引脚较短或白边那一侧为负极	 长脚为正
		好坏	万用表	② 使用模拟万用表 R × 10kΩ 挡测量，二极管正向电阻为几十至二百千欧，反向电阻为∞。若正向电阻为 0 或为∞，反向电阻很小或为 0，则表示二极管损坏	好/坏	
三极管	8550	管型	万用表	① 万用表选取电阻挡（机械、欧姆调零）	NPN/PNP	
		引脚	万用表	② 选取合适的量程：原则上，选取 R × 100Ω 或 R × 1kΩ 挡，不可以选取 R × 10kΩ 挡（两支表笔插口要正确，这里用模拟万用表，正确插入表笔后，黑表笔连接万用表内部电源正极）	B：1 E：2 C：3	
		好坏	万用表	③ 判断管型：用两支表笔两两测量三极管三个引脚，六次测量下来，有两次偏转比较大（特点是红表笔都连接在 1 号引脚上），其余几次基本不偏转，则可以判断 1 号引脚为 B 极，三极管为 PNP 型 ④ 判断引脚：保持三极管三个引脚不相碰，用手捏住 B 极（1 号引脚）和余下的一个引脚（假设为 E 极），测量假设 E 极与 B 极之间的电阻。指针偏转最大的那次，黑表笔接的引脚为 E 极 ⑤ 按照以上判断管型和引脚的方法，若可以判断，则认为三极管是好的，否则认为质量不好	好/坏	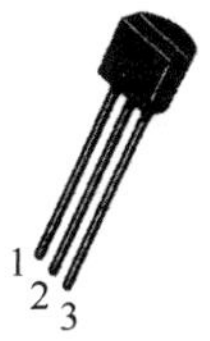
开关	拨动开关	好坏	万用表	使用模拟万用表电阻挡测量，选取 R × 1Ω 挡，开关接通时电阻为 0，断开时电阻为∞，否则为损坏	好/坏	

4．按照装接工艺对循迹小车线路进行安装

元器件成形、插装、焊接的工艺和要求，请参照电子线路装接工艺训练部分的相关工艺。

1）电路部分基本焊接

电路焊接按照元器件高度从低到高的原则，首先焊接 8 个电阻器，焊接时务必用万用表确认电阻是否正确，焊接有极性的元器件（如三极管、指示灯、电解电容器）时务必分清楚极性，焊接发光二极管时注意引脚长的是正极，且焊接时间不能太长，否则容易焊坏，集成电路芯片可以先不插，初步焊接完成后务必细心核对，防止焊错。

2）机械组装

将万向轮螺钉穿入电路板孔中，并旋入万向轮螺母和万向轮。电池盒通过双面胶贴在电路板上，引线穿过电路板预留孔焊接到电路板上，红线接 3V 正电源，黄线接地，多余的引线可以用于连接电动机。注意：车轮和电路板边缘保持足够的间隙，将电动机引线焊接到电路板上，引线要适当留长一些，以在电动机旋转方向错误后便于调换引线的顺序。

3）安装光电回路

光敏电阻器和发光二极管（注意极性）是反向安装在电路板上的，和地面间距约 5mm。光敏电阻器和发光二极管之间距离为 5mm 左右。

5．按照检测步骤对循迹小车线路进行调试检测

在电池盒内装入 2 节 5 号电池，打开开关，小车沿万向轮方向行驶。若遮住左边的光敏电阻器，则小车右侧的车轮转动；若遮住右边的光敏电阻器，则小车左侧的车轮转动。若小车向后行驶，则可以同时交换两个电动机的接线。若一侧正常而另一侧反转，则只要交换反转一侧电动机的接线即可。组装调试完成的循迹小车如图 6-2-5 所示。

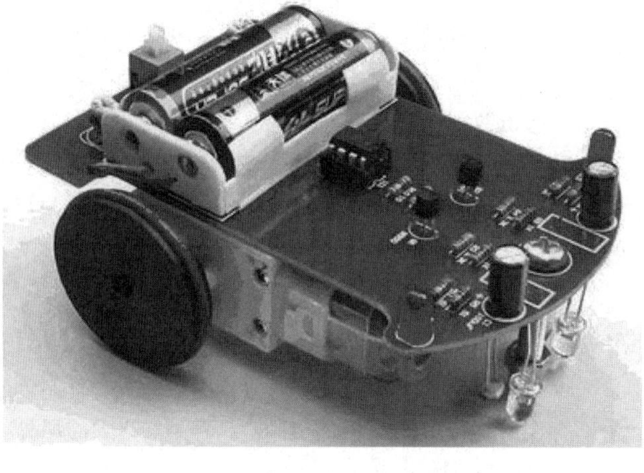

图 6-2-5　组装调试完成的循迹小车

项目七

液位传感器线路的安装与调试

项目描述

传感器是电子应用线路的重要组成部分。在电子线路领域，主要涉及传感器线路制作、安装及调试等内容。本项目主要以液位传感器为例，学习传感器在实际运用中如何安装和调试。

项目目标

能够正确安装和调试液位传感器简易线路。

能够根据控制要求设计和制作液位传感器控制线路。

能够优化设计、安装和调试液位优化检测线路。

任务一　安装和调试液位传感器简易线路

任务描述

能够按照装接工艺对液位传感器简易线路进行安装。

任务目标

终极目标：能够按照装接工艺对液位传感器简易线路进行安装。

促成目标：

（1）能够对液位传感器简易线路原理图进行识读。

（2）能够对液位传感器简易线路插装布线图进行识读。

（3）能够根据元器件检测要求进行液位传感器简易线路元器件的检测。

（4）能够按照装接工艺对液位传感器简易线路进行安装。

（5）能够按照检测步骤对液位传感器简易线路进行调试检测。

知识平台

知识一　液位传感器的分类

液位传感器是一种常用的测量仪器，具有测量精准、维护简便、使用灵活、可靠性高、耐用性强等优点，被广泛地应用于多个行业。液位传感器的种类是比较多的，接下来简要介绍其中较常用的几种类型。

1．浮球式液位传感器

浮球式液位传感器由磁性浮球、测量导管、信号单元、电子单元、接线盒及安装件组成。一般磁性浮球的比重小于 0.5，可漂于液面之上并沿测量导管上下移动。导管内装有测量元件，它可以在外磁作用下将被测液位信号转换成正比于液位变化的电流信号，并将电子单元转换成 4～20mA 或其他标准电信号输出。

2．浮筒式液位传感器

浮筒式液位传感器将磁性浮球改为浮筒，利用微小的金属膜应变传感技术来测量液体的液位、界位或密度。

3．静压式液位传感器

静压式液位传感器是利用防爆流量计液体静压力的测量原理工作的。一般先选用硅压力测压传感器将测量到的压力转换成电信号，再经放大线路放大和补偿线路补偿，最后以 4～20mA 或 0～10mA 电流方式输出。

4．投入分体式液位传感器

投入分体式液位传感器适用于水库大坝、城市地下水监测、供水系统、水文水利、石油化工、工业现场等液位的测量与控制。

这种传感器选用了进口的高精度、隔离式敏感组件，性能可靠，其量程宽为 1～200m H_2O；输出为 4～20mA 或 0～5V；电源电压为 24V DC；精度高；100%防水防潮，防护等级为 IP68；具有完备的线路功能，调校方便。

投入分体式液位传感器使用与安装的注意事项如下。

（1）液位传感器运输、存储时应恢复原包装，存放在阴凉、干燥、通风的库房内。

（2）使用中发现异常时，应关掉电源，停止使用，并进行检查。

（3）接供电电源时应严格按照接线说明进行连接。

知识二　液位传感器的工作原理

利用水压压力与水的高度成比例的原理，当液位传感器投入到被测液体中某一深度时，传感器迎液面受到的压力公式为

$$P = \rho g H + P_0$$

式中，P 为传感器迎液面所受压力（N）；ρ 为被测液体密度（kg/m^3）；g 为当地重力加速度（N/kg）；H 为传感器投入液体的深度（m）；P_0 为液面上的大气压（N）。

同时，通过不锈钢导气管将液体的压力引入传感器的正压腔，再将液面上的大气压 P_0 与传感器的负压腔相连，以抵消传感器背面的 P_0，使传感器测得压力为 ρgH，显然，通过测取压力 P，可以得到液位高度。

知识三　液位传感器的选型

1．根据测量对象与测量环境确定传感器的类型

要进行具体的测量工作，首先要考虑采用何种原理的传感器，这需要在分析多方面的因素之后才能确定。因为即使是测量同一物理量，也有多种原理的传感器可供选用。而哪种传感器更为合适，需要根据被测量的特点和传感器的使用条件考虑以下问题：量程的大小；被测位置对传感器体积的要求；测量方式为接触式还是非接触式；信号的引出方法，如是有线还是非接触测量；传感器的来源，如是国产还是进口，或是自行研制，价格能否承受。

在考虑上述问题后就能确定选用何种类型的传感器了，之后再考虑传感器的具体性能指标。

2．灵敏度的选择

通常，在传感器的线性范围内，希望传感器的灵敏度越高越好。因为只有灵敏度高时，与被测量变化对应的输出信号的值才比较大，有利于信号处理。但要注意的是，传感器的灵敏度高，与被测量无关的外界噪声也容易混入，也会被放大系统放大，以致影响测量精度。因此，要求传感器本身应具有较高的信噪比，尽量减少从外界引入的干扰信号。

传感器的灵敏度是有方向性的。若被测量是单向量，而且对其方向性要求较高时，则应选择其他方向灵敏度小的传感器；若被测量是多维向量，则要求传感器的交叉灵敏度越小越好。

3．频率响应特性

液位传感器的频率响应特性决定了被测量的频率范围，必须满足在允许频率范围内保持不失真的测量条件。实际上传感器的响应总有一定延迟，希望延迟时间越短越好。

传感器的频率响应高，可测的信号频率范围就宽，而由于受到结构特性的影响，机械系统的惯性较大，因此频率低的传感器可测信号的频率较低。

在动态测量中，应根据信号的特点（稳态、瞬态、随机等响应特性）进行测量，以免产生过大的误差。

4．线性范围

传感器的线性范围是指输出与输入成正比的范围。从理论上讲，在此范围内，灵敏度保持为定值。传感器的线性范围越宽，其量程越大，并且能保证一定的测量精度。在选择传感器时，当传感器的种类确定以后首先要看其量程是否满足要求。

但实际上，任何传感器都不能保证绝对的线性，其线性度也是相对的。当所求测量精度比较低时，在一定的范围内，可将非线性误差较小的传感器近似看作是线性的，这会给测量带来极大的方便。

5．稳定性

传感器使用一段时间后，其性能保持不变的能力称为稳定性。影响传感器长期稳定性的因素除传感器本身的结构之外，主要是传感器的使用环境。因此，要使传感器具有良好的稳定性，传感器必须有较强的环境适应能力。

任务实施

1．液位传感器简易线路原理图识读

原理图是电子线路装接和检修的重要资料之一，正确识读原理图，不管是对电子线路装接还是对检修而言都至关重要。要正确识读原理图，关键是掌握原理图三要素：元器件符号、代号、参数。液位传感器简易线路原理图三要素如图 7-1-1 所示。

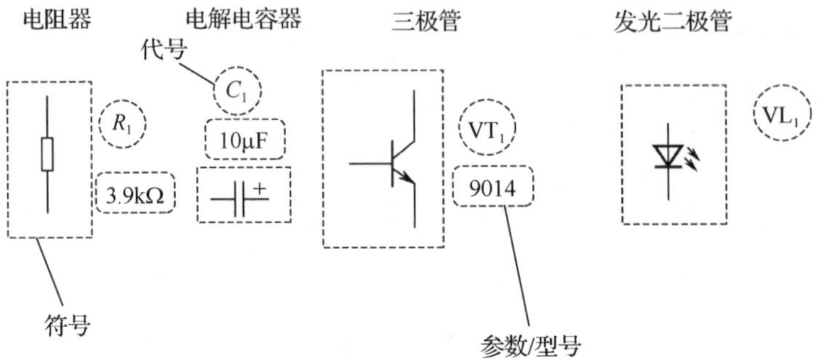

图 7-1-1　液位传感器简易线路原理图三要素

原理图识读或绘制的具体要求如下。

（1）图上体现交点。

① “∟”连接和“⊥”连接的连接点可以不加黑点。

② “＋”连接的连接点必须加黑点，不加则表示为非连接点。

（2）图上体现元器件极性。

① 符号无极性特点但实际有极性的元器件要标明极性。

② 符号有极性特点的元器件可不标明极性。

（3）图上体现元器件符号、代号、参数、连接。

① 必须正确画出元器件符号。

② 必须正确标出元器件的代号和参数（型号或值）。

③ 画出正确的电气连接。

液位传感器简易线路原理图如图 7-1-2 所示。

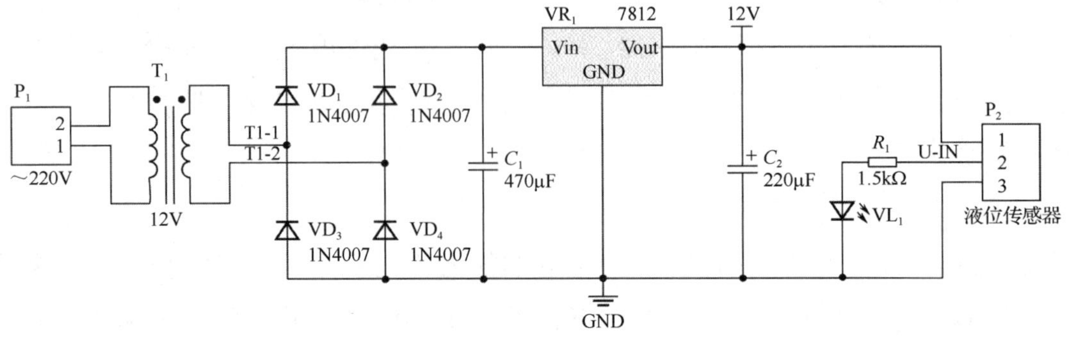

图 7-1-2　液位传感器简易线路原理图

2. 液位传感器简易线路插装布线图识读

插装布线图是电子线路插装的依据，它是线路原理和插装要求相结合的产物。要正确装接线路就需要正确识读插装布线图。同原理图一样，关键是掌握三要素：元器件形状、元器件代号、元器件参数。液位传感器简易线路插装布线图三要素如图 7-1-3 所示。

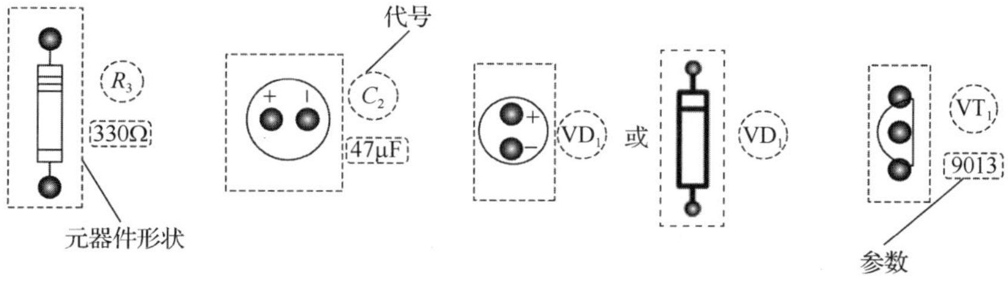

图 7-1-3 液位传感器简易线路插装布线图三要素

插装布线图识读或绘制的具体要求如下。

（1）图上体现焊点。

连接处必须体现焊点（加焊点标志）。

（2）图上体现元器件形状。

① 图上体现元器件的真实形状，电阻器要标明色环。

② 图上元器件所占的孔数与总占格数要符合要求。

（3）图上体现元器件极性。

有极性的元器件要正确标明极性。

（4）图上体现元器件代号、参数、连接。

① 必须正确标出元器件的代号和参数（型号或值）。

② 画出正确的电气连接（必须与线路原理图的电气连接一致）。液位传感器简易线路插装布线图如图 7-1-4 所示。

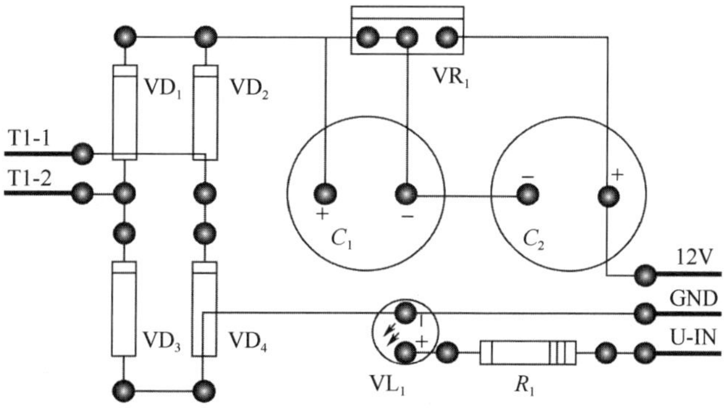

图 7-1-4 液位传感器简易线路插装布线图

3. 液位传感器简易线路元器件检测

焊接前检测元器件是线路制作的重要一步，必须认真完成这一步，降低返工的可能性。按照表 7-1-1 所示进行元器件检测。

表 7-1-1　元器件检测表

<table>
<tr><th rowspan="2">元器件</th><th rowspan="2">型号/规格</th><th rowspan="2">检测项目</th><th colspan="2">检 测 过 程</th><th colspan="2">检 测 结 果</th></tr>
<tr><th>检测工具</th><th>检 测 步 骤</th><th>好坏/值</th><th>极性/标识</th></tr>
<tr><td rowspan="2">液位传感器</td><td rowspan="2">NPN 输出接口 XKC-Y25-NPN</td><td>接口</td><td rowspan="2">万用表</td><td rowspan="2">① 检查电源是否为 12V，利用万用表 25V 直流电压挡检测电源两端的电压，若不知道被测电源的极性，则可将万用表的一支表笔接被测电源的某一端，另一支表笔快速触碰一下被测电源的另一端。若指针反方向摆动，则应把两支表笔对调后再次测量
② 目测观察，确认液位传感器接口接线是否正确，通过颜色区分。棕色线表示电源正极，接 12V 电源正极；蓝色线表示地，接 12V 电源负极；黄色线表示输出信号；黑色线表示悬空，用绝缘胶布包好即可
③ 使用万用表 25V 直流电压挡检测输出信号是否正常，红表笔接黄色输出信号线，黑表笔接蓝色地线。正常情况下，当液位传感器未检测到液位时，万用表测到的电压为 0V；检测到液位后，测到的电压为 12V，此时液位传感器上的指示灯亮。若没有 12V 输出，则应提高灵敏度；若未检测到液位，输出信号一直有 12V 电压输出，则应降低灵敏度。若输出信号在调整了灵敏度之后还是不正常，则传感器损坏</td><td>详细参考型号参数</td><td rowspan="2">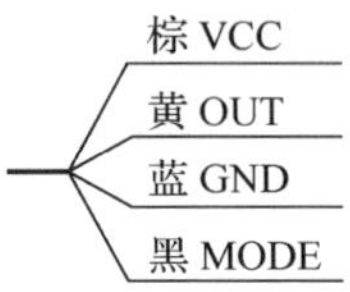</td></tr>
<tr><td>好坏</td><td>好/坏</td></tr>
<tr><td rowspan="3">变压器</td><td rowspan="3">220V 转 15V</td><td>转换值/功率</td><td rowspan="3">万用表</td><td rowspan="3">① 一、二次所有线圈没有断路。一般小功率的降压变压器，一次线圈细而多，因而容易断，二次线圈粗而少，很少会断。一次电阻一般在几十到几百欧，功率越小，测得电阻越大。此外测得电阻为 181Ω，正常，变压器功率为 4～5W。二次电阻小得多，应该在零点几到几欧。
② 一、二次线圈之间不短路、不漏电。用万用表电阻挡，两表笔分别接一、二次线圈的一个出线头，指示应在数兆欧以上，无穷大为佳。
一、二次线圈各自与铁芯不短路、不漏电。参照第②点测量
③ 一、二次线圈没有匝间短路的情况。如果空载上电，变压器就会异常发热，且匝间短路无法用万用表测出</td><td>详细参考型号参数</td><td rowspan="3">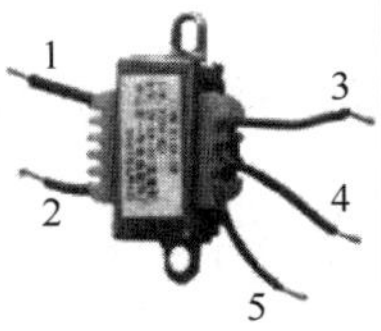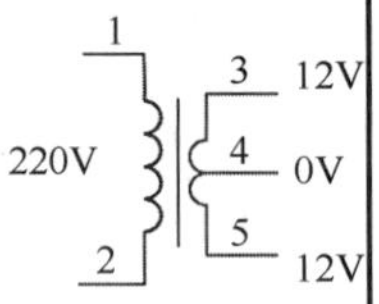</td></tr>
<tr><td>引脚</td><td>目测：导线数量少，线径粗的是一次侧，二次侧根据颜色区分</td></tr>
<tr><td>好坏</td><td>好/坏</td></tr>
<tr><td>电解电容器</td><td>470μF、220μF，25V</td><td>电容</td><td>电容表/目测</td><td>① 万用表选取电阻挡（机械、欧姆调零）
② 选取合适的量程：原则上，大电容选取倍率小的挡位，小电容选取倍率大的挡位，不可以选取 R × 10kΩ 挡（如 47μF 的电容器，可选取 R × 100Ω 挡）</td><td>47μF 25V</td><td></td></tr>
</table>

续表

元器件	型号/规格	检测项目	检测过程		检测结果	
			检测工具	检测步骤	好坏/值	极性/标识
电解电容器	470μF、220μF，25V	好坏	万用表/目测	③ 判断好坏：将黑表笔接电容器正极，红表笔接电容器负极，万用表指针迅速偏转（充电，较大幅度），最后慢慢返回电阻无穷大处；将电容器放电，将黑表笔接电容器负极，红表笔接电容器正极，万用表指针迅速偏转（充电，较大幅度），最后慢慢返回接近电阻无穷大处（电容器一般存在一定的反向漏电流，所以反接时，指针回不到无穷大处，会有一定距离），那么可以认为这个电容器可用，是好的。返回越到位，电容器性能越好。其他情况认为不可用 ④ 判断极性：根据电容器反接时存在较大漏电流这一特点，可以判断指针回不到无穷大处那次，红表笔接的是电容器正极 ⑤ 电容器的电容可以用电容表测量，也可以直接目测，读出参数（小电容的电容器由于充放电不明显，一般不直接用万用表测极性和好坏）	好/坏	
		极性	万用表		目测：引脚较长的一侧为正极，引脚较短或白边那一侧为负极	
电阻器	1.5kΩ，1/4W	电阻	万用表	① 用色环法读出电阻、精度（如电阻为1kΩ，精度为±10%） ② 万用表选取电阻挡（机械、欧姆调零） ③ 选取合适的量程（使指针落在满刻度的2/3～1处，换挡时注意欧姆调零） ④ 读数（读数时，眼睛、指针、刻度要在同一条直线上） ⑤ 判断好坏：$\frac{测量值-标称值}{标称值}\times 100\%$ 小于等于精度时，电阻器可用，可判断为好。例如，(900－1000)/1000＝－10%	电阻为900Ω	
		好坏			好/坏	
发光二极管		好坏	万用表	① 判断好坏：用万用表（指针式）R×1kΩ挡对换表笔测，正向电阻在3～9kΩ，反向电阻∞（无穷大）为好。利用万用表（指针式）R×10kΩ挡测量时，正负表笔接对后，发光二极管会发出暗光 ② 判断极性：用万用表（指针式）R×1kΩ挡对换表笔测，正向电阻为3～9kΩ时，黑表笔接的一端为正极，另一端为负极（注：数字万用表的黑表笔为负极，红表笔为正极）	好/坏	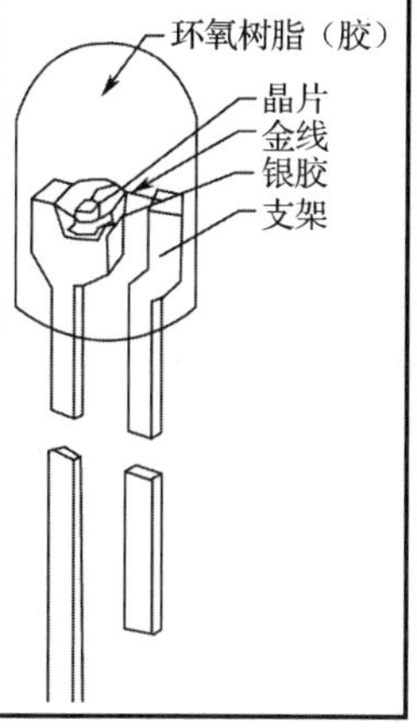
		极性			目测：引脚完整时长脚为正极，内部金属片大的是负极	

续表

元器件	型号/规格	检测项目	检测过程		检测结果	
			检测工具	检测步骤	好坏/值	极性/标识
普通二极管	1N4007	好坏	万用表	① 判断好坏：用万用表（指针式）R×1kΩ 挡对换表笔测，正向电阻在 3～9kΩ，反向电阻∞（无穷大）为好	好/坏	
		极性		② 判断极性：用万用表（指针式）R×1kΩ 挡对换表笔测，正向电阻为 3～9kΩ 时，黑表笔接的一端为正极，另一端为负极（注：数字万用表的黑表笔为负极，红表笔为正极）	目测：标有银白色环的一端为负极	
三端集成稳压器	7812	引脚	万用表、三端集成稳压检测仪	① 引脚的识别：引脚朝下，型号面（有文字的一面）面向自己，左边为 1 号引脚，中间为 2 号引脚，右边为 3 号引脚，LM78××系列引脚名称分别如下：1 号引脚为输入端，2 号引脚为公共端，3 号引脚为输出端	输入：1 公共：2 输出：3	 
		好坏		② 三端集成稳压检测仪判断好坏：将待检测的集成稳压器插入对应的测试插座 XS，选型开关 S 拨到正确的位置，将 R_{P_2} 调节到最大值，再将电源插头插入 AC 220V 的插座内。通过观察指示灯发光情况来判断稳压器性能的好坏，调节 R_{P_2} 测出稳压器的输出电压 ③ 万用表判断好坏：由于生产厂家、稳压值和批号的不同，三端集成稳压器各引脚之间的电阻差异很大，用万用表无法直接准确判断其好坏，比较简单可靠的办法是外加电压测量。从直流稳压电源上输出电压 V_i（V_i 比 78××系列稳压器的稳压值高 3～5V），加到 78××稳压器的 1、2 号引脚上，注意极性不能弄错。将万用表拨到直流电压相应的挡位，测量 3、2 号引脚之间的电压，若测量值与稳压值相同，则证明此稳压器是好的。如果稳压器的型号模糊不清，也可用此法判别其好坏及稳压值。此时可将 V_i 调至 30V，测得的电压就是该稳压器的稳压值，若稳压器无电压输出，则该稳压器已开路；若测得的电压等于 V_i，并随 V_i 调节而同步变化，则说明内部调整管已击穿；若接上 V_i 后直流稳压电源过载保护，则说明该稳压器已短路	好/坏	

4. 按照装接工艺对液位传感器简易线路进行安装

元器件成形、插装、焊接的工艺和要求，请参照电子线路装接工艺训练部分的相关工艺。焊接过程中，最好根据元器件焊接高度遵循由低到高的焊接顺序，如先焊电阻器、二极管，再焊芯片，最后焊电解电容器，这样在线路板焊接过程中可以利用工作台抵住元器件进行焊接。

1）电阻器

（1）色环应该朝同一方向且与插装布线图一致。

（2）等高，贴板焊接，最高不超过 6mm。

（3）两端引脚一样长。

2）电解电容器

（1）无散热要求，应贴板焊接。

（2）极性正确。

3）二极管

（1）无散热要求，应贴板焊接，最高不超过 6mm。

（2）极性正确，极性标志与插装布线图一致。

（3）两端引脚一样长。

4）发光二极管

（1）极性正确。

（2）引脚有卡位部分时，应焊接到卡位部分，否则应贴板焊接。

5）三端集成稳压器

（1）按照插装布线图进行插装，且引脚正确焊接。

（2）若无散热片，则应将引脚插到底后再进行焊接；若有散热片，则根据散热片尺寸高度进行焊接。

6）变压器

（1）区分清楚一次侧和二次侧。

（2）注意电压等级、线号和电压大小。

7）液位传感器

（1）线号正确，极性正确。

（2）液位传感器探头安装于非金属材质上，若是金属，则需要开孔后使用。

液位传感器线路插装布线图如图 7-1-5 所示。

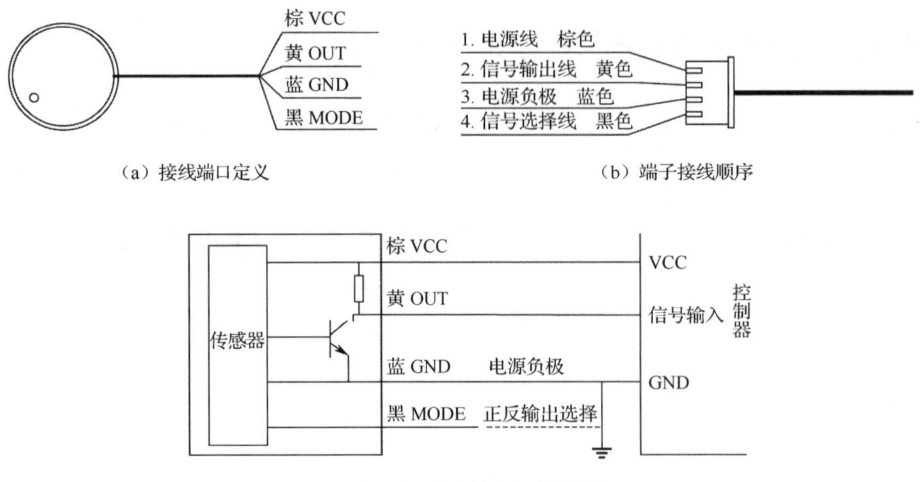

（a）接线端口定义　（b）端子接线顺序

（c）高低电平信号输出：连接控制器

图 7-1-5　液位传感器线路插装布线图

5．按照检测步骤对液位传感器简易线路进行调试检测

接通电源，电源电压为 AC 220V，通过变压器后，输出 AC 13～15V，电压要略高于三端稳压芯片 12V，不宜过高。电压过高时，三端稳压芯片会发热，需增加金属散热片。

绝缘材料容器由表面平整、厚度均匀、材质紧密、绝缘性能良好的非金属材料制成，如玻璃、塑料、不吸水的陶瓷、橡胶等材料或其复合材料。

安装方法如下。

（1）安装测量探头处的容器壁若为多层材料，则层间应紧密接触，无气泡或气体夹层，该处容器壁的内外表面应平整。

（2）壁厚：0～20mm。

（3）罐型：球罐、卧罐、立式罐等。

（4）液位传感器非金属容器的安装方式示意图如图 7-1-6 所示，其注意事项如下。

① 用胶水将探头粘贴固定或用支架固定于容器外壁即可。

② 安装探头的部位尽量避免与金属等部件接触，以免影响检测。

③ 安装探头的部位应避开进液口及进液流动的路径。

④ 低位探头正对的容器内部不应有淤泥或其他杂物，以免影响检测。

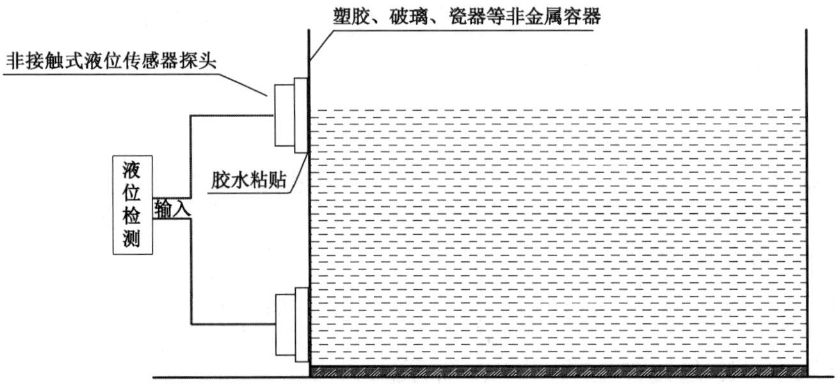

图 7-1-6　液位传感器非金属容器的安装方式示意图

液位传感器灵敏度的调节示意图如图 7-1-7 所示。

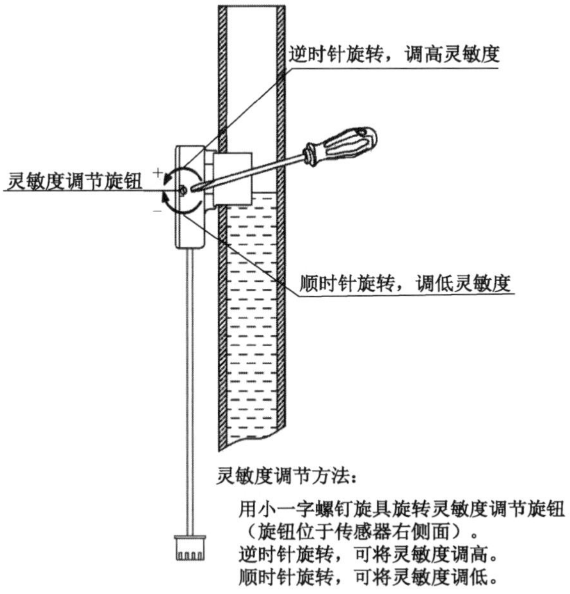

图 7-1-7　液位传感器灵敏度的调节示意图

液位传感器发生故障时的现象、原因及解决措施如表 7-1-2 所示。

表 7-1-2　液位传感器发生故障时的现象、原因及解决措施

故障现象	原因分析	解决措施
液位传感器通电后无任何反应（水位到达感应点时指示灯不亮，灵敏度调节无反应）	电源未接好	检查并接好电源
	电源线正负端接反	更正接线
	电源模块损坏	更换电源模块所在线路板
	灵敏度过低	把灵敏度调节旋钮调到适当挡位
指示灯一直亮	灵敏度过高	把灵敏度调节旋钮调到适当挡位
	初始化参数被异常修改	返回厂方重新初始化
	传感器有杂物或其他金属类部件紧贴	清理杂物，与金属部件保持一定距离

任务二　设计和制作液位传感器控制线路

任务描述

能够按照控制要求设计液位传感器控制线路并根据装接工艺对其进行安装。

任务目标

终极目标：能够按照控制要求设计液位传感器控制线路并根据装接工艺对其进行安装。

促成目标：

（1）能够识别逻辑门符号和进行简单的逻辑运算。

（2）能够根据功能要求设计液位检测逻辑门线路。

（3）能够根据液位传感器控制线路图进行安装和调试。

知识平台

知识一　数制

1. 数字量和模拟量

1）数字量

数字量是由 0 和 1 组成的信号类型，通常是经过编码后的有规律的信号。数字量是量化后的模拟量。例如，普通电笔（见图 7-2-1）只能检测出有电还是没电。

图 7-2-1　普通电笔

2）模拟量

模拟量是幅度随时间连续变化的信号，如连续的电压、电流等，其经过抽样和量化后就是数字量。例如，万用表（见图 7-2-2）能检测出电压有多大。

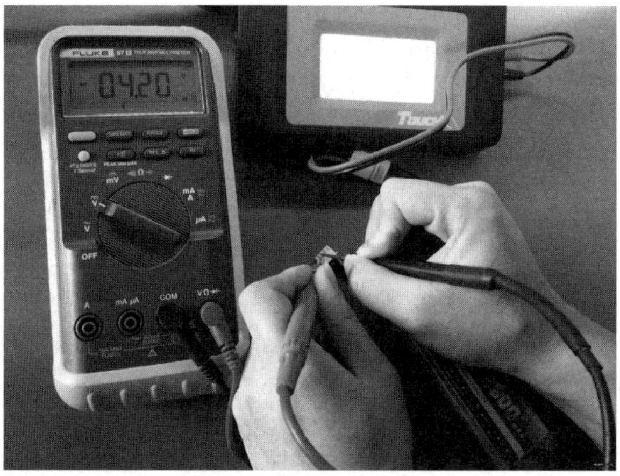

图 7-2-2　万用表

3）数字信号

数字信号是指时间和幅度上均为离散取值的物理量。数字信号可能是二值、三值或多值信号。但目前数字电路中只涉及二值信号，即用 0、1 表示的数字信号。用逻辑 1 和 0 表示的数字信号波形如图 7-2-3 所示。这里的 0 和 1 没有大小之分，只表示逻辑关系，即逻辑 0 和逻辑 1，因而称之为二值数字逻辑，简称数字逻辑。图 7-2-3 所示的波形为数字信号波形，是逻辑电平随时间变化的曲线。当电压在高电平和低电平之间变化时，就产生了数字信号波形，数字信号波形由脉冲序列组成。

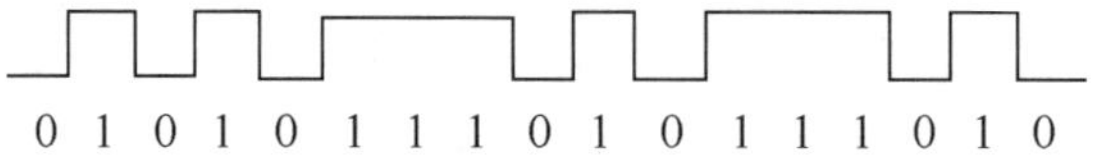

图 7-2-3　用逻辑 1 和 0 表示的数字信号波形

4）数字电路的特点

（1）数字系统一般容易设计。这是因为数字系统所使用的电路是开关电路，开关电路中电压或电流的精确值并不重要，重要的是其所处的范围（高或低）。

（2）信息的处理、存储和传输能力更强。数字电路在信息的处理、存储和传输方面都比模拟电路更有效、更可靠、更多。

（3）数字系统的精确度及精度容易保持一致。信号一旦数字化，在处理过程中所包含的信息就不会降低精度。在模拟系统中，电压和电流信号由于受到信号处理电路中元器件参数的改变及温度、湿度的影响而产生失真。

（4）数字系统很容易设计，其操作由编程指令进行控制。模拟系统也可被编程，但其操作实现很复杂。

（5）数字电路抗干扰能力强。在数字系统中，因为电压的准确值并不重要，只要噪声信号不影响区分高低电平，电压寄生波动（噪声）的影响可忽略不计。

（6）多数数字电路能制造在集成电路芯片上。事实上，模拟电路也受益于快速发展的集成电路工艺，但是模拟电路相对复杂一些，所用元器件无法经济地集成在一起（如大容量电容器、精密电阻器、电感器、变压器等），它使得模拟系统无法达到与数字系统同样的集成度。

2．数制基础

数制是一种计数方式，也称计数制，在日常生活中，最常用的就是十进制数，常见的其他进制数有二十四进制（天），六十进制（小时、分）。

1）十进制

自古以来，人们在日常生活中习惯使用的是十进制数。十进制的基数 R 为 10，采用十个数码符号 0、1、2、3、4、5、6、7、8、9 来表示一个数的大小（若是小数，则需要有一个小数点符号“.”），这样的若干个数码符号并列在一起即可表示一个十进制数。十进制数的表示常用下标 10、D 或不做任何标记。例如，十进制数 98 可以表示为 98_{10}、98_D 或 98。

十进制计数规律是逢十进一，所以十进制数的每位没有十，N 进制数中没有 N，如一天中没有第二十四点、一小时中没有第六十分钟。

2）二进制

在数字系统中，十进制不便于实现。例如，很难设计一个电子元器件，使其具有 10 个不同的电平（每一个电平对应 0～9 中的一个整数）。相反，设计一个具有两个工作电平的电子线路却很容易。而二进制数只需两个状态即可表示，与机器的开关状态相对应，所以容易实现。这就是二进制在数字系统中得到广泛应用的根本原因。此外，二进制数也是数字系统唯一可认识的代码。

所谓二进制，就是基数 R 为 2 的进位数制，它只有 0 和 1 两个数码符号。二进制数一般用下标 2 或 B 表示，如 10_2、1101_B 等。

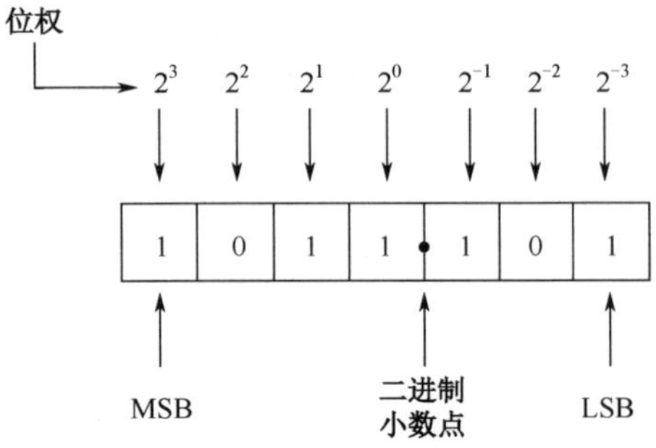

图 7-2-4　位权用 2 的幂表示

位权用 2 的幂表示，如图 7-2-4 所示。在二进制中，二进制数位经常称为“位”。因此，在图 7-2-4 所示的数中，小数点左边有 4 位，代表该数的整数部分，小数点右边有 3 位，代表小数部分，最左边一位是最高有效位（MSB），最右边一位是最低有效位（LSB），在图 7-2-4 中，MSB 的位权是 2^3，LSB 的位权是 2^{-3}。

在二进制中，仅有“0”和“1”两个符号或可能的数值，即使如此，二进制同样可用来表示十进制或其他进制所能表示的任何数，但用二进制表示一个数所用的位数较多。读数的时候也需要注意，如 10，并不是读作“拾”，而是读作“壹”“零”。

用 N 位二进制可实现 2^N 个计数，可表示的最大数是 2^N-1。通常计算机也以位来表示。例如，32 位计算机、64 位计算机等，代表的是计算机能同时处理 32 位和 64 位二进制的数据。

电路常见的状态就是有电和没电，属于二进制数。而电气元器件进行运算实际上就是二进制的运算。二进制数是用 0 和 1 两个数码符号来表示的数。它的基数为 2，进位规则是逢二进一，借位规则是借一当二，由 18 世纪德国数理哲学大师莱布尼茨发现。当前的计算机系统使用的基本上是二进制系统，数据在计算机中主要是以补码的形式存储的。计算机中的二进制是一个非常微小的开关，用“开”来表示 1，“关”来表示 0。

定义“开”和“关”是指电气元器件的输出、输入达到一定电压等级，根据集成芯片内部输入、输出线路结构的不同，可分为 TTL 和 CMOS 两种线路。

（1）TTL 线路：TTL 线路的主要形式为晶体管-晶体管逻辑门，该线路大部分采用了 5V 电源。

① 输出高电平 U_{oh} 和输出低电平 U_{ol}：

$$U_{oh} \geqslant 2.4V，U_{ol} \leqslant 0.4V$$

② 输入高电平 U_{ih} 和输入低电平 U_{il}：

$$U_{ih} \geqslant 2.0V，U_{il} \leqslant 0.8V$$

（2）CMOS 线路：CMOS 线路是电压控制器件，输入电阻极大，对于干扰信号十分敏感，因此不用的输入端不应开路，而应接地或电源。CMOS 线路的优点是噪声容限较宽、静态功耗很小。

① 输出高电平 U_{oh} 和输出低电平 U_{ol}：

$$U_{oh} \approx V_{CC}，U_{ol} \approx 0V$$

② 输入高电平 U_{ih} 和输入低电平 U_{il}：

$$U_{ih} \geqslant 0.7V_{CC}，U_{il} \leqslant 0.2V_{CC}（V_{CC}为电源电压）$$

在同样接入 5V 电源电压的情况下，CMOS 线路可以直接驱动 TTL 线路，因为 CMOS 线路的输出高电平大于 2.0V，输出低电平小于 0.8V；而 TTL 线路不能直接驱动 CMOS 线路，因为 TTL 线路的输出高电平大于 2.4V，若输出高电平为 2.4～3.5V，则 CMOS 线路无法检测到高电平，低电平小于 0.4V 时即满足要求，所以在 TTL 线路驱动 CMOS 线路时需要加上拉电阻。若出现不同电源电压的情况，则可以通过上面的方法进行判断。

3）十六进制

二进制数的缺点是位数多、不易书写和记忆，为此常采用十六进制数。十六进制的基数是 16（0～9，A～F），位权是 16^i，特点是逢十六进一。

常用进制如表 7-2-1 所示。

表 7-2-1　常用进制

常用进制	英文简写	数码符号	进位规律
二进制	B	0、1	逢二进一
八进制	O	0、1、2、3、4、5、6、7	逢八进一
十进制	D	0、1、2、3、4、5、6、7、8、9	逢十进一
十六进制	H	0、1、2、3、4、5、6、7、8、9、A、B、C、D、E、F	逢十六进一

3．知识扩展

十进制数转换为任意进制数：采用基数连除法，即除基取余法。把十进制整数 *N* 转换成 *R* 进制数的步骤如下。

（1）将 *N* 除以 *R*，记下所得的商和余数。

（2）将上一步所得的商再除以 *R*，记下所得的商和余数。

（3）重复步骤（2），直至商为 0。

（4）将各个余数转换成 *R* 进制的数码符号，并按照和运算过程相反的顺序把各个余数排列起来（把第一个余数作为 LSB，最后一个余数作为 MSB），即可得 *R* 进制数。

十进制整数转换成等值 *R* 进制数的流程图如图 7-2-5 所示。

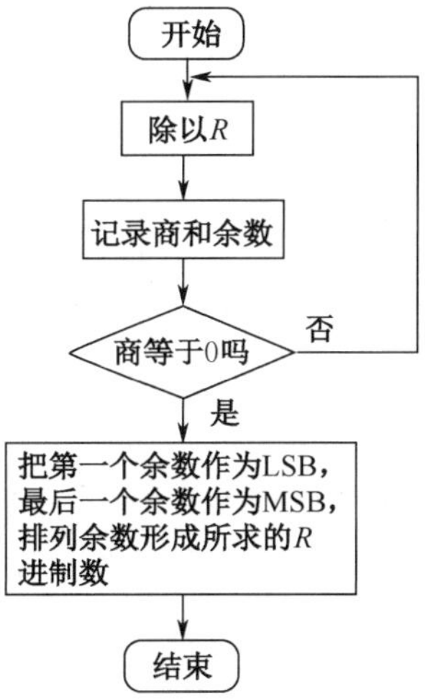

图 7-2-5　十进制整数转换成等值 *R* 进制数的流程图

【例 7-2-1】 将 37_{10} 转换成等值的二进制数。

解： 此题是将十进制数转换成等值的二进制数，所以采用除 2 取余法，具体步骤如下。

37 ÷ 2=18 …… 余数 1 → LSB

18 ÷ 2=9 …… 余数 0 ↑

9 ÷ 2=4 …… 余数 1 ↑

4 ÷ 2=2 …… 余数 0 ↑

2 ÷ 2=1 …… 余数 0 ↑

1 ÷ 2=0 …… 余数 1 → MSB

按照从 MSB 到 LSB 的顺序排列余数序列，可得 $37_{10} = 100101_2$。

4．任意进制数转换成十进制数

把非十进制数转换成十进制数时常采用按权展开相加法。具体步骤如下：先把非十进制数写成按权展开的多项式，再按十进制数的计数规则求其和。

【例 7-2-2】 将二进制数 101011.101_2 转换成十进制数。

解： 只要将二进制数用多项式表示法写出，再按十进制的运算规则算出相应的十进制数值即可。所以，

$$
\begin{aligned}
101011.101_2 &= 1\times 2^5 + 0\times 2^4 + 1\times 2^3 + 0\times 2^2 + 1\times 2^1 + 1\times 2^0 + 1\times 2^{-1} + 0\times 2^{-2} + 1\times 2^{-3} \\
&= 32+0+8+0+2+1+0.5+0+0.125 \\
&= 43.625_{10}
\end{aligned}
$$

二进制也属于位置计数体系。其中，每一个二进制数字都具有特定的数值，它是用 2 的幂所表示的权，即各位的权值为 2^i，i 是各数位的序号。二进制小数点（对应于十进制小数点）左边是 2 的正次幂，右边是 2 的负次幂。例如，数字 1011.101_2，为了求得与二进制数对应的十进制数，可把二进制各位数字（0 或 1）乘以位权并相加。可以找到以下规律。

2 的 0 次方是 1（任何数的 0 次方都是 1，0 的 0 次方无意义）

2 的 1 次方是 2

2 的 2 次方是 4

2 的 3 次方是 8

2 的 4 次方是 16

……

通常，常用的二进制数转换为十进制数多是 4 位二进制数的转换，此时可以熟记 4 位数的位权数，运算的时候就会十分方便。

例如，1101 二进制转换成十进制。从右往左算起，1 乘以位权的为第 1、3、4 位数。

所以，$1101_2 = 8 + 4 + 0 + 1 = 13_{10}$。

知识二 逻辑运算和逻辑运算符号

1. 逻辑运算

1）“与”运算

“与”逻辑线路模型如图 7-2-6 所示。只有当 *A*、*B* 两个串联开关全部闭合时，灯泡 *Y* 才会亮；相反的，只要 *A*、*B* 其中一个断开或者全部断开，灯泡 *Y* 就会灭。

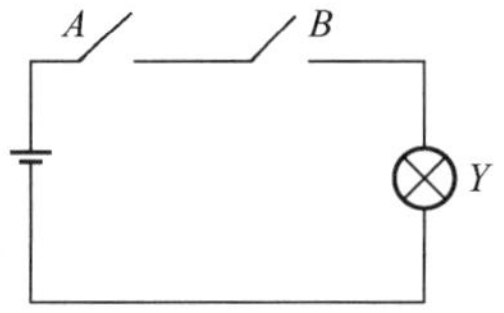

图 7-2-6 “与”逻辑线路模型

如果用 1 表示灯亮和开关闭合，用 0 表示灯灭和开关断开，即可得到表 7-2-2 所示的“与”逻辑的真值表。

表 7-2-2 “与”逻辑的真值表

输入		输出
A	*B*	*Y*
0	0	0
0	1	0
1	0	0
1	1	1

由此可知，“与”运算是指只有当决定事物结果的所有条件全部具备时，结果才会发生。“与”逻辑符号如图 7-2-7 所示。

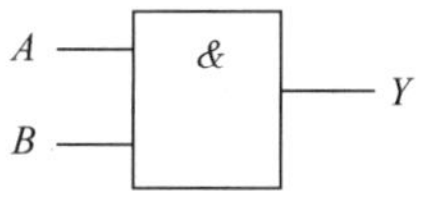

图 7-2-7 “与”逻辑符号

“与”运算（也称逻辑乘）的逻辑函数表达式为 $Y=A \cdot B$（“ • ”也可省略）。

2）“或”运算

“或”逻辑线路模型如图 7-2-8 所示。只要 *A*、*B* 两个并联开关有一个闭合，灯泡 *Y* 就会亮；相反的，当 *A*、*B* 两个开关均断开时，灯泡 *Y* 才会灭。

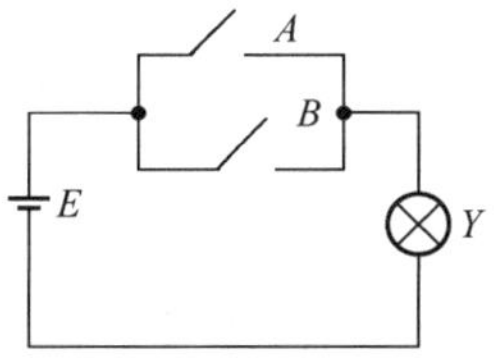

图 7-2-8 “或”逻辑线路模型

如果用 1 表示灯亮和开关闭合，用 0 表示灯灭和开关断开，即可得到表 7-2-3 所示的“或”逻辑的真值表。

表 7-2-3　“或”逻辑的真值表

输　入		输　出
A	B	Y
0	0	0
0	1	1
1	0	1
1	1	1

由表 7-2-3 可知，“或”运算是指决定事物结果的几个条件中，只要有一个或一个以上条件得到满足，结果就会发生，这种逻辑关系称为“或”逻辑。“或”逻辑符号如图 7-2-9 所示。

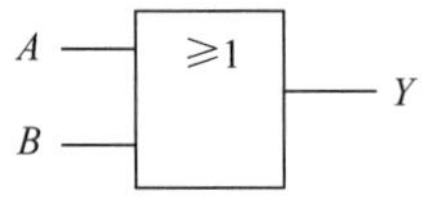

图 7-2-9　“或”逻辑符号

“或”运算的逻辑函数表达式为 $Y=A+B$。

3）“非”运算

“非”逻辑线路模型如图 7-2-10 所示，图中 A 开关断开，灯就亮；相反的，A 开关闭合，灯就会灭。

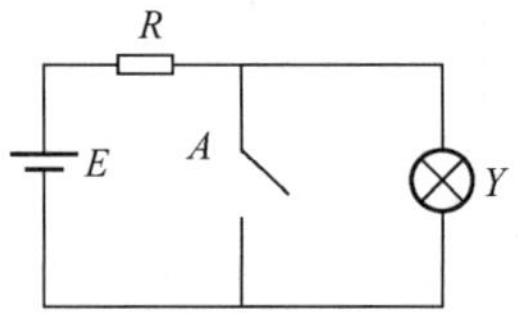

图 7-2-10　“非”逻辑线路模型

如果用 1 表示灯亮和开关闭合，用 0 表示灯灭和开关断开，即可得到表 7-2-4 所示的“非”逻辑的真值表。

表 7-2-4　“非”逻辑的真值表

输　入	输　出
A	Y
0	1
1	0

由表 7-2-4 可知，“非”运算是指在事件中，结果总是和条件呈相反状态。“非”逻辑符号如图 7-2-11 所示。

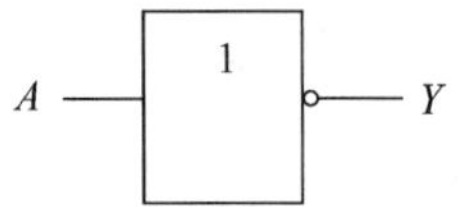

图 7-2-11　“非”逻辑符号

“非”运算的逻辑函数表达式为 $Y=\overline{A}$。

4）“与非”运算

“与非”逻辑的真值表如表 7-2-5 所示。

表 7-2-5 “与非”逻辑的真值表

输　入		输　出
A	B	Y
0	0	1
0	1	1
1	0	1
1	1	0

由表 7-2-5 可知，“与非”逻辑关系为“有 0 出 1，全 1 出 0”。“与非”运算的逻辑函数表达式为$Y=\overline{A \bullet B}$。也可以将其推广到多输入变量的一般形式：$Y=\overline{A \bullet B \bullet C \bullet D \cdots}$。“与非”逻辑符号如图 7-2-12 所示。

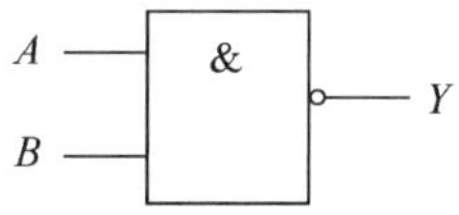

图 7-2-12 “与非”逻辑符号

5）“或非”运算

“或非”逻辑的真值表如表 7-2-6 所示。

表 7-2-6 “或非”逻辑的真值表

输　入		输　出
A	B	Y
0	0	1
0	1	0
1	0	0
1	1	0

由表 7-2-6 可知，“或非”逻辑关系为“有 1 出 0，全 0 出 1”。“或非”运算的逻辑函数表达式为$Y=\overline{A+B}$。也可以将其推广到多输入变量的一般形式：$Y=\overline{A+B+C+D\cdots}$。“或非”逻辑符号如图 7-2-13 所示。

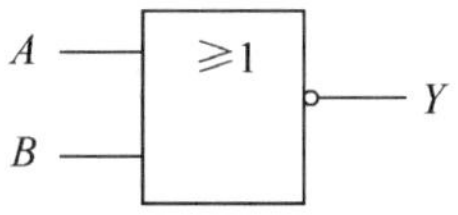

图 7-2-13 “或非”逻辑符号

2．RS 触发器

1）功能描述

（1）RS 触发器有以下两个稳定状态。

① Q^n 为触发器的原状态，在未接收输入信号或输入信号未到来之前，它总是处在某一个稳态。

② Q^{n+1} 为触发器的次态，不仅和输入信号有关，还取决于现态 Q^n。

R 为“0”状态，S 为“1”状态。

（2）RS 触发器具有置位、复位和保持（记忆）的功能。

（3）RS 触发器的触发信号是低电平有效，属于电平触发方式。

（4）RS 触发器存在约束条件（$R+S=1$），由于两个与非门的延迟时间无法确定，因此当 $R=S=0$ 时，将导致下一状态的不确定。

（5）当输入信号发生变化时，输出信号会发生相应的变化，即抗干扰性能较差。

2）逻辑功能描述

将逻辑关系列成真值表，这种真值表称为 RS 触发器的特性表（功能表），如表 7-2-7 所示。

表 7-2-7　RS 触发器的特性表（功能表）

输　入		输　出		逻辑功能
$\overline{R}$	$\overline{S}$	Q^n	Q^{n+1}	
0	0	0	×	不定
		1	×	
0	1	0	0	置“0”
		1	0	
1	0	0	1	置“1”
		1	1	
1	1	0	0	保持
		1	1	

其特性方程如下。

$$\begin{cases} Q^{n+1}=S+\overline{R}Q^n \\ \overline{S}+\overline{R}=1 \end{cases}$$

3）工作原理

（1）R 无效（$\overline{R}=1$），S 有效（$\overline{S}=0$），最终线路被置为“1”状态，即 $Q^{n+1}=1$。（由“0”状态置为“1”状态时历经不定态）

（2）R 有效，S 无效，最终线路被置为“0”状态，即 $Q^{n+1}=0$。（由“1”状态置为“0”状态时历经不定态）

（3）R 和 S 均无效，将使 $Q^{n+1}=Q^{n}=0$ 或 $Q^{n+1}=Q^{n}=1$。RS 触发器保持现态不变，表示为 $Q^{n+1}=Q^{n}$。

4）时序图和状态转换图

时序图又称为输出状态演化时序波形图。RS 触发器时序图如图 7-2-14 所示。

状态转换图是反映触发器“0”和“1”两种状态之间转换及条件的图形。RS 触发器状态转换图如图 7-2-15 所示。

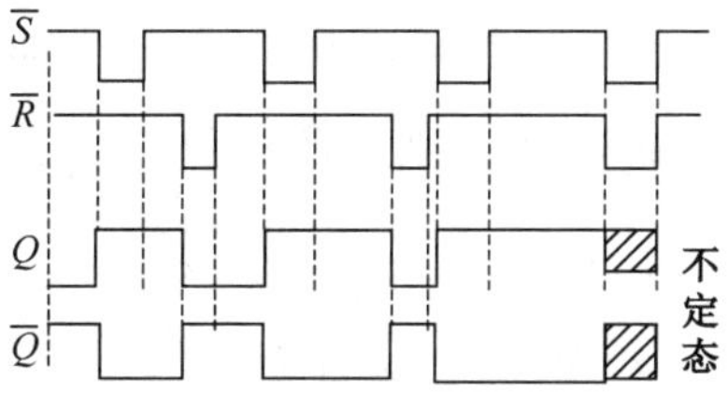

图 7-2-14　RS 触发器时序图

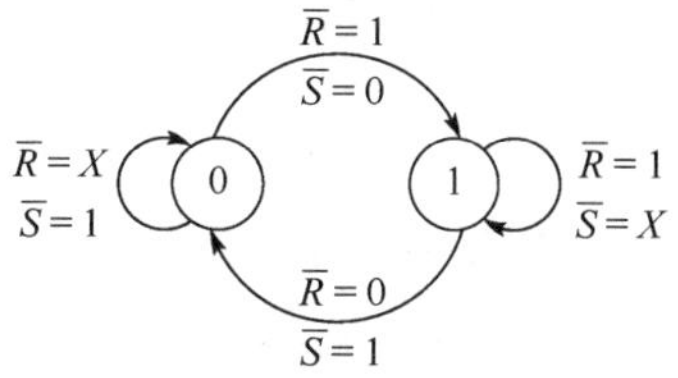

图 7-2-15　RS 触发器状态转换图

5）逻辑线路图

RS 触发器的逻辑线路图由两个与非门的输入、输出交叉连接而成。逻辑线路图和符号如图 7-2-16 所示。

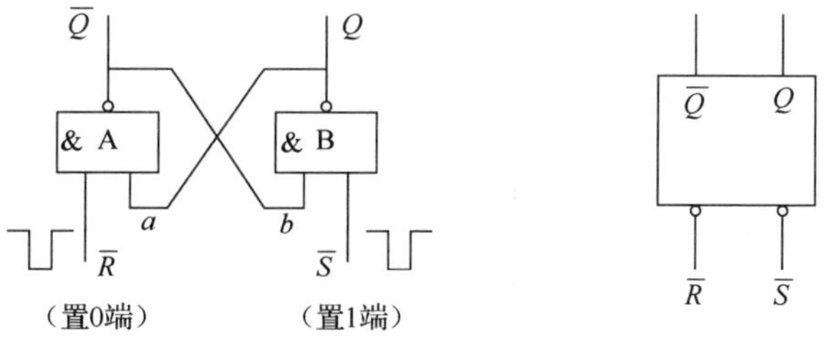

（a）电路　　（b）符号

图 7-2-16　逻辑线路图和符号

3. 组合逻辑线路应用

1）根据控制要求列出卡诺图

卡诺图的结构特点：卡诺图是真值表的变形，它可以将有 n 个变量的逻辑函数的 2^n 个最小项组织在给定的方格矩阵中，同时为相邻最小项（相邻与项）运用邻接律化简提供了直观的图形工具。2～4 变量卡诺图如图 7-2-17 所示。

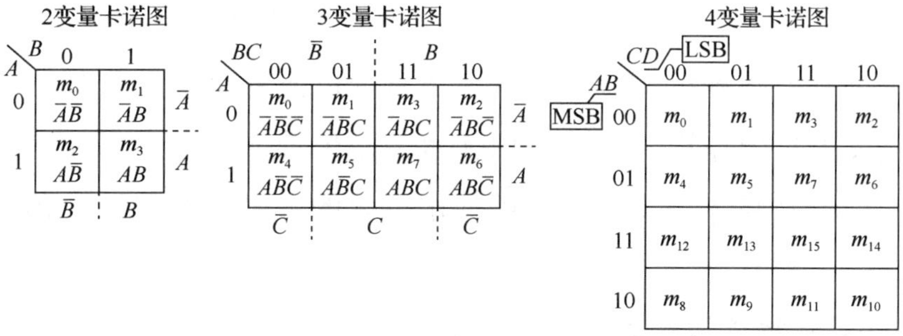

图 7-2-17　2～4 变量卡诺图

归纳起来，卡诺图在构造上具有以下两个特点。

① n 个变量的卡诺图由 2^n 个小方格组成，每个小方格代表一个最小项。

② 卡诺图上处在相邻、相对、相重合位置的小方格所代表的最小项为相邻最小项。

2）卡诺图转换表达式

（1）卡诺图与函数表达式的对应关系：把函数包含的所有最小项以“1”填入变量卡诺图对应编号的小格内。卡诺图与函数表达式关系图如图 7-2-18 所示。

（2）卡诺图的特点及简化：卡诺图的构造特点使卡诺图具有一个重要性质，即可以从图形上直观地找出相邻最小项并合并。合并的理论依据是并项定理，即 $AB + A\overline{B} = A$。卡诺图简化图如图 7-2-19 所示。根据并项定理和相邻最小项的定义，两个相邻最小项可以合并为一个与项并消去一个变量。例如，4 变量最小项 $\overline{A}BC\overline{D}$ 和 $\overline{A}BCD$ 相邻，可以合并为 $\overline{A}BD$，$ABC\overline{D}$ 和 $ABCD$ 相邻，可以合并为 ABD，而与项 $\overline{A}BD$ 和 ABD 又为相邻最小项，故可进一步将两个相邻最小项合并为 BD。

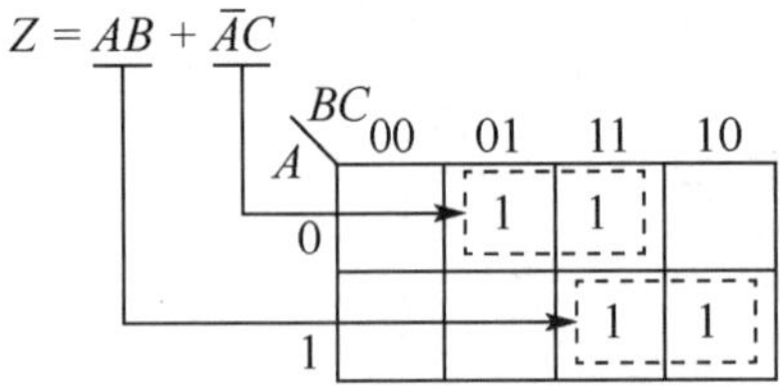

图 7-2-18　卡诺图与函数表达式关系图

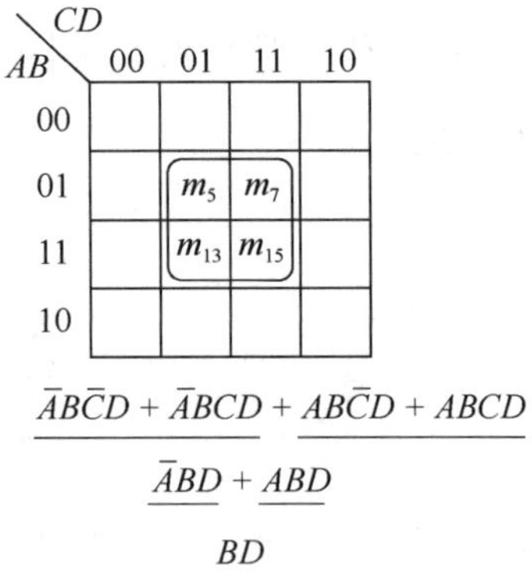

图 7-2-19　卡诺图简化图

用卡诺图化简逻辑函数的基本原理就是把上述逻辑依据和图形特征结合起来，通过把卡诺图上表征相邻最小项的相邻小方格“圈”在一起进行合并，达到用一个简单“与”项代替若干最小项的目的。

通常把用来包围那些能由一个简单“与”项代替的若干最小项的“圈”称为卡诺圈。

知识三　液位控制线路逻辑部分设计

1．控制要求

水塔自动上水控制及水满报警器是当今运用十分广泛的报警器产品，在农村、养殖户、小型厂矿等方面发挥着重要作用。在水塔内无水或水位偏低时，它能使水泵运转；在水位达到最高限位时，它能使水泵停止工作，从而使水塔内的水位始终保持在预定的高、低水位线之间。

2．列出卡诺图并转换成逻辑表达式

根据控制要求，液位分为上限位（U）和下限位（D），这里水泵先用红色发光二极管代

替，当水位下降到下限位时，红灯亮，模拟打开水泵正在加水；当水位上升到上限位时，停止加水，红灯灭。液位上、下限位安装了两个液位传感器，由于传感器是 NPN 高电平输出型，液体到达限位时为“1”，低于限位时为“0”，指示灯亮为“1”，灭为“0”。总体逻辑如下。

（1）*UD* 为 00 时，液位为最低，输出为 1。

（2）*UD* 为 01 时，若当前正在加水，则继续加水；若当前没有加水，则不加水。

（3）*UD* 为 11 时，停止加水。

（4）*UD* 为 10 时，液位到达上限而低于下限，不存在该状态，视为不定状态“X”。

从以上分析可以看出，该控制方式需要分析初态和次态。液位控制卡诺图如图 7-2-20 所示。

Q^n \ UD	00	01	11	10
0	1	0	0	X
1	1	1	0	X

图 7-2-20　液位控制卡诺图

3. 液位控制与触发器逻辑表达式比较

根据图 7-2-20 所示，将其转换成逻辑表达式时，不定状态可以视为“1”，由此可以得出其表达式。卡诺图转换成逻辑表达式如图 7-2-21 所示。

Q^n \ UD	00	01	11	10
0	1	0	0	X
1	1	1	0	X

$$(\overline{Q^n}\,\overline{U}\,\overline{D}+Q^n\overline{U}\,\overline{D}+\overline{Q^n}U\overline{D}+Q^nU\,\overline{D}+(Q^n\overline{U}\,\overline{D}+Q^n\overline{U}D)$$

去掉不同项得

$$(\overline{U}\,\overline{D}+U\overline{D})+(Q^n\overline{U})$$

所以

$$Q^{n+1}=\overline{D}+\overline{U}Q^n$$

图 7-2-21　卡诺图转换成逻辑表达式

RS 触发器的逻辑表达式为$Q^{n+1}=S+\overline{R}Q^n$，但触发器是低电平触发方式，而传感器是高电平输入，所以取反后 RS 触发器的逻辑表达式为$Q^{n+1}=\overline{S}+RQ^n$。刚好 *S* 对应 *D*、*R* 对应 *U*，只需将 *U* 取反后输入即可。

4. 根据逻辑表达式设计液位控制

由以上分析可设计出满足需求的线路，将两个液位传感器输入到一个 RS 触发器中，其中上限位液位传感器需要通过一个非门后接入线路。用 4 位与非门集成芯片搭建一个 RS 触发器，为了方便焊接而不浪费资源，采用串联与非门输入。液位传感器控制线路门线路如图 7-2-22 所示。

当水塔内缺水或水位低于下限位液位传感器 P_4 时，液位传感器 P_3、P_4 均是低电平“0”，上限位液位传感器 P_3 的低电平“0”经非门反相后，输出高电平“1”，对 RS 触发器不起作用。下限位液位传感器 P_4 的低电平“0”经非门反相后，输出高电平“1”，RS 触发器翻转，使 Q 端输出为高电平“1”，红灯（VL_1）亮，模拟启动水泵电动机抽水，送入水塔。水塔内水位将逐渐上升，当水位上升至检测下限位液位传感器 P_4 处时，下限位液位传感器 P_4 变为高电平“1”，此时 RS 触发器的 R、S 置数端均为“1”，触发器保持原态不变，即 Q 端输出为高电平“1”，水泵仍继续抽水。直到水塔内水位上升至检测上限位液位传感器 P_3 时，检测液位传感器 P_3 经过非门反相后变为低电平“0”，即 $R=0$，U1A 输出高电平“1”而使绿灯（VL_2）亮，与此同时，RS 触发器翻转，使 Q 端输出为低电平“0”，红灯灭，水泵停止抽水。

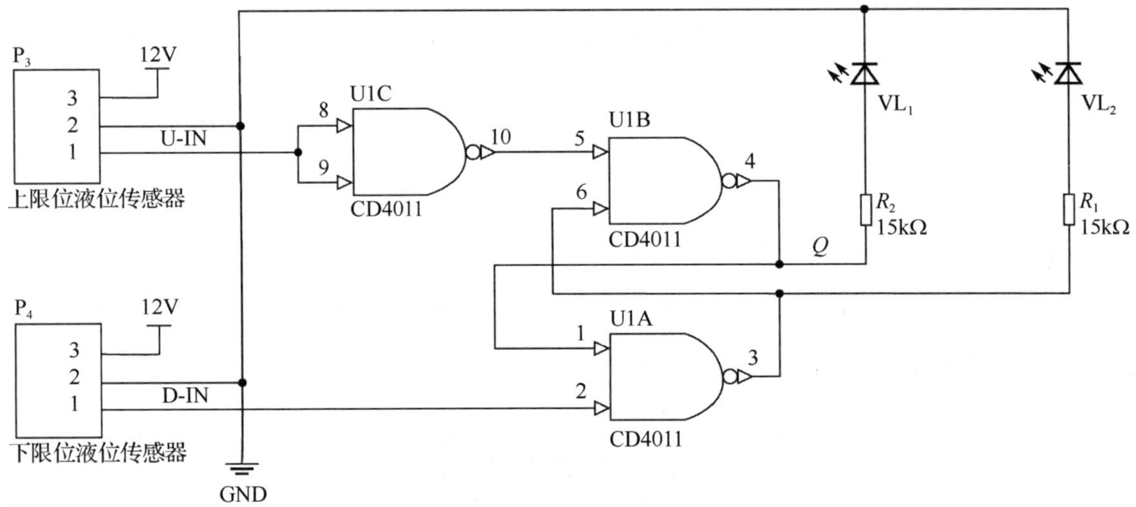

图 7-2-22　液位传感器控制线路门线路

注：在图 7-2-22 中，CD4011 的与非门为非国标符号，而是仿真软件中常用的符号，故线路图中使用该符号，后面类似的线路中做同样的处理，不再单独说明。

知识四　逻辑门芯片运用

1．CD4011 逻辑门集成芯片引脚功能

（1）CD4011 引脚图如图 7-2-23 所示。

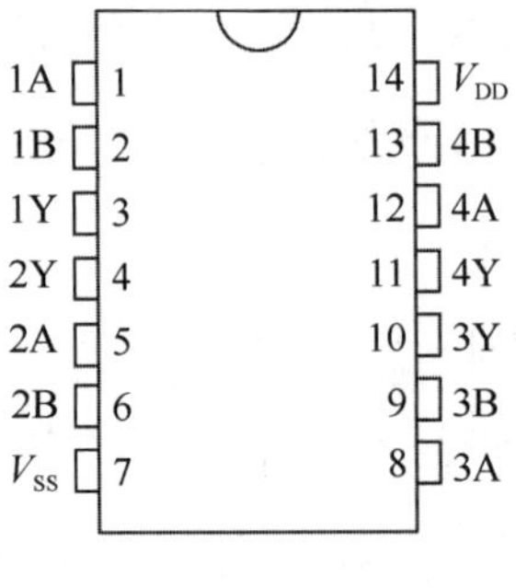

图 7-2-23　CD4011 引脚图

（2）CD4011 引脚功能如表 7-2-8 所示。

表 7-2-8　CD4011 引脚功能

引　脚　号	符　　号	功　　能	引　脚　号	符　　号	功　　能
1	1A	1 号与非门输入端	8	3A	3 号与非门输入端
2	1B	1 号与非门输入端	9	3B	3 号与非门输入端
3	1Y	1 号与非门输出端	10	3Y	3 号与非门输出端
4	2Y	2 号与非门输出端	11	4Y	4 号与非门输出端
5	2A	2 号与非门输入端	12	4A	4 号与非门输入端
6	2B	2 号与非门输入端	13	4B	4 号与非门输入端
7	V_{SS}	地	14	V_{DD}	电源

（3）CD4011 内部逻辑结构图如图 7-2-24 所示。

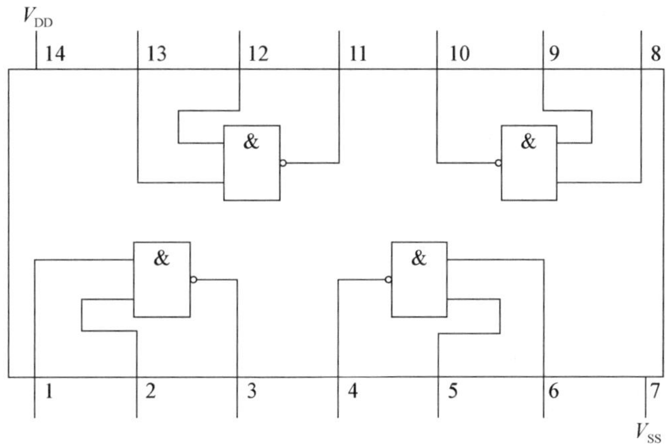

图 7-2-24　CD4011 内部逻辑结构图

2．CD4011 逻辑门集成芯片安装要求

1）TTL 线路使用注意事项

（1）电源要求如下。

① 电源电压为 5(1 ± 10%)V，有的要求 5(1 ± 5%)V。

② 电源入口处应接 20～50μF 的滤波电容器，以滤除纹波电压。

③ 在芯片的电源引脚处接 0.01～0.1μF 的滤波电容器，以过滤高频干扰。

④ 逻辑线路和其他强电回路应分别接地。

（2）输入端的处理如下。

① 输入端不能直接连接高于+5.5V 和低于−0.5V 的电源。

② 多余输入端允许悬空，悬空后代表逻辑 1，不允许带长线悬空。TTL 线路的输出端不允许直接连接+V_{CC}。

2）CMOS 线路使用注意事项

（1）电源要求如下。

① CMOS 线路工作电压范围较宽（+3～+18V），一般取

$$V_{DD}=\frac{V_{DD_{max}}+V_{DD_{min}}}{2}$$

V_{DD} 降低会使线路的工作频率下降。

② 接线时电源极性必须正确，不能接反。

（2）输入端的处理如下。

① 输入端不允许悬空，通常在输入端和地之间接保护电阻器，以避免拔下线路板后造成输入端悬空。

② 输入高电平不能大于（$V_{DD}+0.5$）V；输入低电平不得小于（$V_{SS}-0.5$）V，且输入端电流一般应限制在 1mA 以内。

③ CMOS 线路对输入脉冲的上升沿和下降沿都有要求。通常，当 $V_{DD}=5V$ 时，上升沿和下降沿应小于 10μs；当 $V_{DD}=10V$ 时，上升沿和下降沿应小于 5μs；当 $V_{DD}=15V$ 时，上升沿和下降沿应小于 1μs。

3）CD4011 的电气特性

（1）V_{DD} 电压范围：-0.5～18V。

（2）功耗如下。

双列普通封装功耗：700mW。

小型封装功耗：500mW。

（3）工作温度范围如下。

CD4011BM 工作温度：-55～+125℃。

CD4011BC 工作温度：-40～+85℃。

（4）CD4011 属于 CMOS 芯片。

任务实施

1. 液位检测线路原理图识读

原理图是电子线路装接和检修的重要资料之一，正确识读原理图，不管是对电子线路装接还是对检修而言都至关重要。要正确识读原理图，关键是掌握原理图三要素：元器件符号、元器件代号、元器件参数。液位检测线路原理图三要素如图 7-2-25 所示。

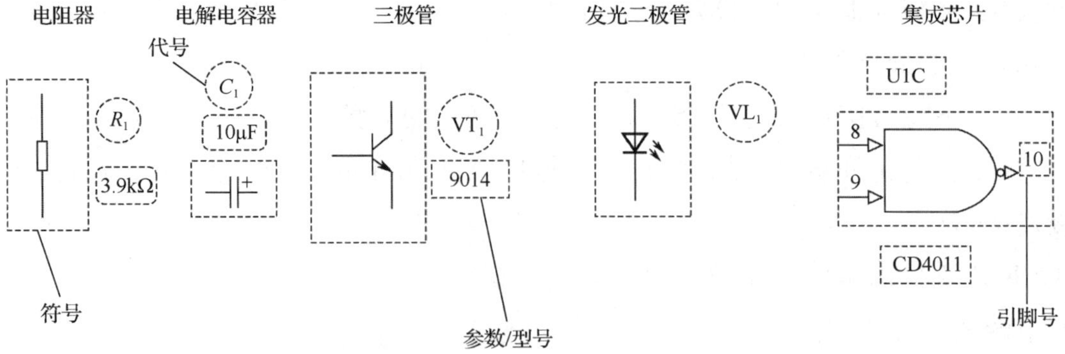

图 7-2-25 液位检测线路原理图三要素

原理图识读或绘制的具体要求如下。

（1）图上体现交点。

①“∟”连接和“⊥”连接的连接点可以不加黑点。

②“＋”连接的连接点必须加黑点，不加则表示为非连接点。

③ 连接线上的“T1-1”或“12V”等表示线号，同一个图内有两根绘制线时，若不相连的导线标上了同一个线号，则代表这两根导线相连。有一些线如不分开绘制，会使得整个线路图混乱，不易于读图、识图。

（2）图上体现元器件极性。

① 符号无极性特点但实际有极性的元器件要标明极性。

② 符号有极性特点的元器件可不标明极性。

（3）图上体现元器件符号、代号、参数、连接。

① 必须正确画出元器件符号。

② 必须正确标出元器件的代号和参数（型号或值）。

③ 画出正确的电气连接。液位检测线路原理图如图 7-2-26 所示。

④ 在多个门线路集成芯片（如 CD4011 为 4 位与非门集成芯片）中，为了让原理图更容易识读，会将其每个门线路分布于需要的位置。若未绘制出电源，则内部芯片默认已经连接了电源，即 CD4011 的 7 号引脚默认接地，14 号引脚默认接 12V 电源的正极。

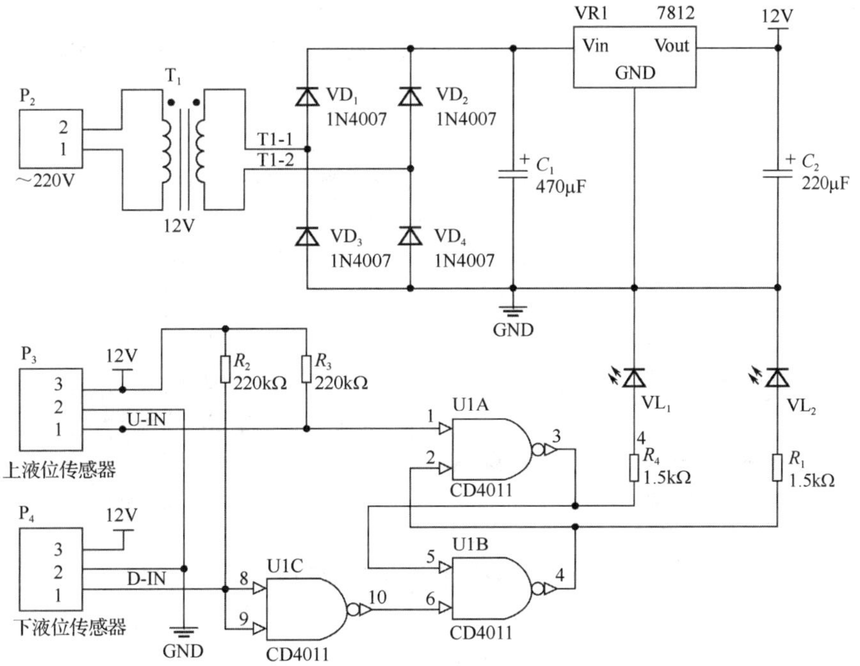

图 7-2-26　液位检测线路原理图

2. 液位检测线路插装布线图识读

插装布线图是电子线路插装的依据，它是线路原理和插装要求相结合的产物。要正确装接线路就需要正确识读插装布线图。同原理图一样，关键是掌握三要素：元器件形状、元器件代号、元器件参数。液位检测线路插装布线图三要素如图 7-2-27 所示。

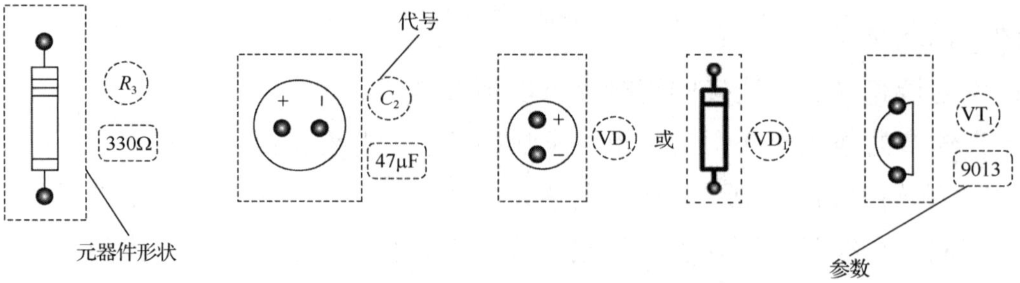

图 7-2-27　液位检测线路插装布线图三要素

插装布线图识读或绘制的具体要求如下。

（1）图上体现焊点。

连接处必须体现焊点（加焊点标志）。

（2）图上体现元器件形状。

① 图上体现元器件的真实形状，电阻器要标明色环。

② 图上元器件所占的孔数与总占格数要符合要求。

（3）图上体现元器件极性。

有极性的元器件要正确标明极性。

（4）图上体现元器件代号、参数、连接。

①必须正确标出元器件的代号和参数（型号或值）。

② 画出正确的电气连接（必须与线路原理图的电气连接一致）。液位检测线路插装布线图如图 7-2-28 所示。

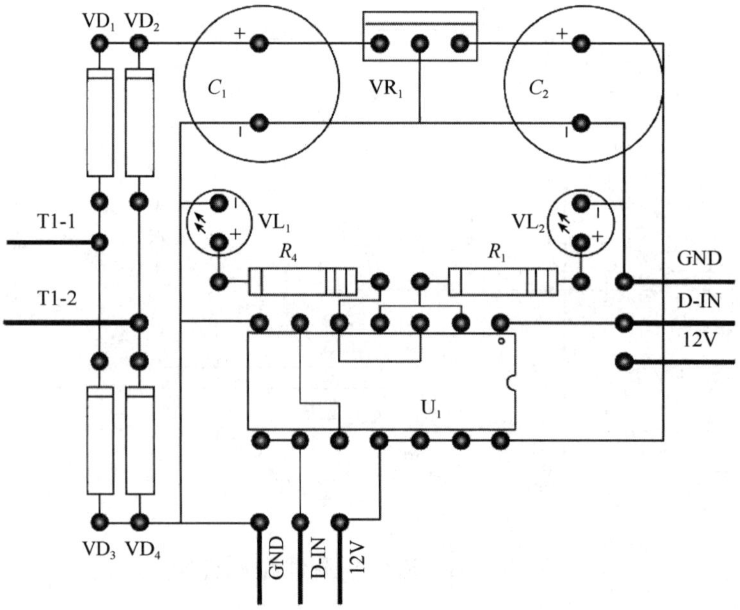

图 7-2-28　液位检测线路插装布线图

3．液位检测线路元器件检测

焊接前检测元器件是电路制作的重要一步，必须认真完成这一步，降低返工的可能性。按照表 7-2-9 所示进行元器件检测。

表 7-2-9 元器件检测表

<table>
<tr><th rowspan="2">元器件</th><th rowspan="2">型号/规格</th><th rowspan="2">检测项目</th><th colspan="2">检 测 过 程</th><th colspan="2">检 测 结 果</th></tr>
<tr><th>检测工具</th><th>检 测 步 骤</th><th>好坏/值</th><th>极性/标识</th></tr>
<tr><td rowspan="2">4位与非门集成芯片</td><td rowspan="2">CD4011</td><td>引脚</td><td rowspan="2">万用表</td><td rowspan="2">集成芯片很难通过不上电而利用万用表检测其好坏，一般是通过上电的方式检测是否正常，从而判断好坏。为了避免芯片损坏，可以焊接芯片座，当发现集成芯片工作不正常时，直接替换芯片
① 检查电源电压是否正常，并判断正负极
② 检查引脚是否损坏，确认芯片型号，并找到 1 号引脚位置
③ 上电后选用万用表的25V直流电压挡位，红表笔测 14 号引脚，黑表笔测 7 号引脚，看是否有 12V 电压。注意：检测时表笔搭在芯片的引脚上，而不是焊点上
④ 用手指感受芯片的温度是否正常，一般有一点热，但不烫手
⑤ 1 号（1A）和 2 号（1B）引脚短接后接入 12V 电源的正极，用万用表 25V 直流电压挡检测 3 号（1Y）引脚的得电状况（注意：表笔要细，拿表笔要稳，以免短接到其他引脚上而造成芯片损坏），结果如表所示，则代表该芯片 1 号门线路正常。利用该方法检测 2、3、4 号门线路
<table><tr><th>1 号引脚（1A）</th><th>2 号引脚（1B）</th><th>3 号引脚（1Y）</th></tr><tr><td>接地（0）</td><td>接地（0）</td><td>12V（1）</td></tr><tr><td>接正（1）</td><td>接地（0）</td><td>12V（1）</td></tr><tr><td>接地（0）</td><td>接正（1）</td><td>12V（1）</td></tr><tr><td>接正（1）</td><td>接正（1）</td><td>0V（0）</td></tr></table>注：接正即接电源正极</td><td>目测：圆点旁边或者凹槽向上，左边的那个引脚为 1 号引脚，逆时针数</td><td>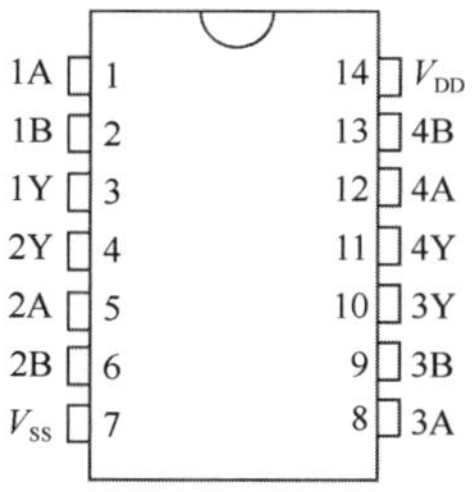</td></tr>
<tr><td>好坏</td><td>好/坏</td><td></td></tr>
<tr><td rowspan="2">液位传感器</td><td rowspan="2">NPN 输出接口 XKC-Y25-NPN</td><td>接口</td><td rowspan="2">万用表</td><td rowspan="2">① 检查电源是否为 12V，利用万用表 25V 直流电压挡检测电源两端的电压，若不知道被测电源的极性，则可将万用表的一支表笔接被测电源的某一端，另一支表笔快速触碰一下被测电源的另一端。若指针反方向摆动，则应把两支表笔对调后再次测量</td><td>详细参考型号参数</td><td rowspan="2">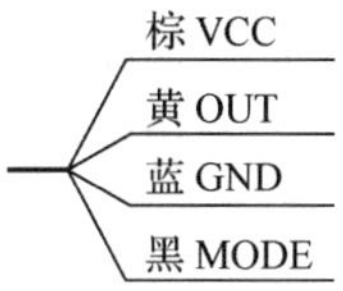</td></tr>
<tr><td>好坏</td><td>好/坏</td></tr>
</table>

续表

<table>
<tr><th rowspan="2">元器件</th><th rowspan="2">型号/规格</th><th rowspan="2">检测项目</th><th colspan="2">检 测 过 程</th><th colspan="2">检 测 结 果</th></tr>
<tr><th>检测工具</th><th>检 测 步 骤</th><th>好坏/值</th><th>极性/标识</th></tr>
<tr><td>液位传感器</td><td>NPN 输出接口 XKC-Y25-NPN</td><td>好坏</td><td>万用表</td><td>② 目测观察，确认液位传感器接口接线是否正确，通过颜色区分。棕色线表示电源正极，接 12V 电源正极；蓝色线表示地，接 12V 电源负极；黄色线表示输出信号；黑色线表示悬空，用绝缘胶布包好即可
③ 使用万用表 25V 直流电压挡位检测输出信号是否正常，红表笔接黄色输出信号线，黑表笔接蓝色地线。正常情况下，当液位传感器未检测到液位时，万用表测到的电压为 0V。检测到液位后，测到的电压为 12V，此时液位传感器上的指示灯亮。若没有 12V 输出，则应提高灵敏度；若未检测到液位，输出信号一直有 12V 电压输出，则应降低灵敏度；若输出信号在调整了灵敏度之后还是不正常，则传感器损坏</td><td>好/坏</td><td></td></tr>
<tr><td rowspan="3">变压器</td><td rowspan="3">220V 转 15V</td><td>转换值/功率</td><td rowspan="3">万用表</td><td rowspan="3">① 所有线圈没有断路。一般小功率的降压变压器，一次线圈细而多，因而容易断，二次线圈粗而少，很少会断。一次电阻一般在几十到几百欧，功率越小，测得电阻越大。此处测得电阻为 181Ω，正常，变压器功率为 4～5W。二次电阻小得多，应该在零点几到几欧
② 一、二次线圈之间不短路、不漏电。用万用表电阻挡，两表笔分别接一、二次线圈的一个出线头，指示应在数兆欧以上，无穷大为佳
一、二次线圈各自与铁芯不短路、不漏电。参照第②点测量
③ 一、二次线圈没有匝间短路的情况。如果空载上电，变压器就会异常发热，且匝间短路无法用万用表测出</td><td>详细参考型号参数</td><td rowspan="3">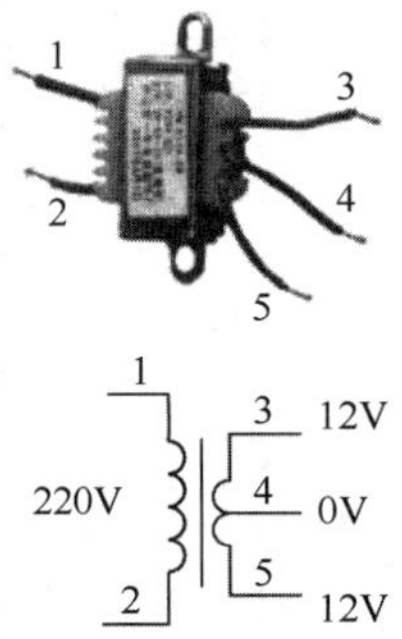</td></tr>
<tr><td>引脚</td><td>目测：导线数量少，线径粗的是一次侧，二次侧根据颜色区分</td></tr>
<tr><td>好坏</td><td>好/坏</td></tr>
<tr><td rowspan="2">电解电容器</td><td rowspan="2">470μF、220μF、100mF，25V</td><td>电容</td><td>电容表/目测</td><td rowspan="2">① 万用表选取电阻挡（机械、欧姆调零）
② 选取合适的量程：原则上，大电容选取倍率小的挡位，小电容选取倍率大的挡位，不可以选取 R × 10kΩ 挡（如 47μF 的电容器，可选取 R × 100Ω 挡）</td><td>47μF 25V</td><td rowspan="2">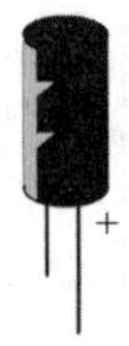</td></tr>
<tr><td>极性</td><td>万用表/目测</td><td>目测：引脚较长的一侧为正极，引脚较短或白边那一侧为负极</td></tr>
</table>

续表

<table>
<tr><th rowspan="2">元器件</th><th rowspan="2">型号/规格</th><th rowspan="2">检测项目</th><th colspan="2">检 测 过 程</th><th colspan="2">检 测 结 果</th></tr>
<tr><th>检测工具</th><th>检 测 步 骤</th><th>好坏/值</th><th>极性/标识</th></tr>
<tr><td>电解电容器</td><td>470μF、220μF、100mF，25V</td><td>好坏</td><td>万用表</td><td>③ 判断好坏：将黑表笔接电容正极，红表笔接电容器负极，万用表指针迅速偏转（充电，较大幅度），最后慢慢返回电阻无穷大处；将电容器放电，将黑表笔接电容器负极，红表笔接电容器正极，万用表指针迅速偏转（充电，较大幅度），最后慢慢返回接近电阻无穷大处（电容器一般存在一定的反向漏电流，所以反接时，指针回不到无穷大处，会有一定距离），那么可以认为这个电容器可用，是好的。返回越到位，电容器性能越好。其他情况认为不可用
④ 判断极性：根据电容器反接时存在较大漏电流这一特点，可以判断指针回不到无穷大处那次，红表笔接的是电容器正极
⑤ 电容器的电容可以用电容表测量，也可以直接目测，读出参数（小电容的电容器由于充放电不明显，一般不直接用万用表测极性和好坏）</td><td>好/坏</td><td></td></tr>
<tr><td rowspan="2">电阻器</td><td rowspan="2">1.5kΩ、220kΩ</td><td>电阻</td><td rowspan="2">万用表</td><td>① 用色环法读出电阻、精度（如电阻为 1kΩ，精度为±10%）</td><td>电阻为900Ω</td><td rowspan="2"></td></tr>
<tr><td>好坏</td><td>② 万用表选取电阻挡（机械、欧姆调零）
③ 选取合适的量程（使指针落在满刻度的 2/3～1 处，换挡时注意欧姆调零）
④ 读数（读数时，眼睛、指针、刻度要在同一条直线上）
⑤ 判断好坏：$\frac{测量值-标称值}{标称值}\times100\%$ 小于等于精度时，电阻器可用，可判断为好。例如，(900－1000)/1000＝−10%</td><td>好/坏</td></tr>
<tr><td rowspan="2">发光二极管</td><td rowspan="2">绿色、红色，导通电压1.8V/2.0V</td><td>极性</td><td rowspan="2">万用表</td><td>① 判断极性：用万用表（指针式）R × 1kΩ 挡对换表笔测，正向电阻为 3～9kΩ 时，黑表笔接的一端为正极，另一端为负极（注：数字万用表的黑表笔为负极，红表笔为正极）</td><td>目测：引脚完整时长脚为正极，内部金属片大的是负极</td><td rowspan="2">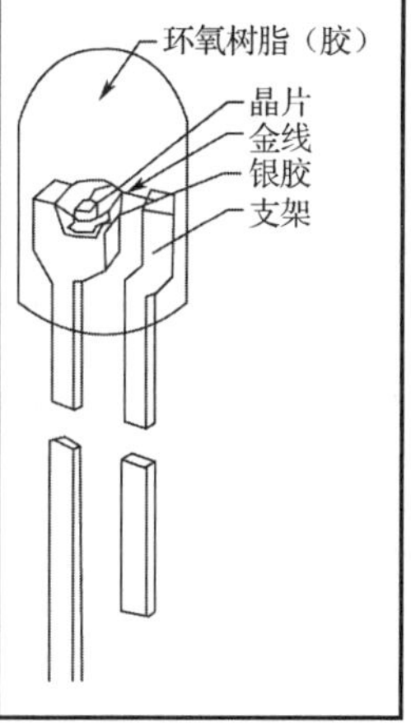</td></tr>
<tr><td>好坏</td><td>② 判断好坏：用万用表（指针式）R × 1kΩ 挡对换表笔测，正向电阻在 3～9kΩ，反向电阻∞（无穷大）为好。利用万用表（指针式）R × 10kΩ 挡测量时，正负表笔接对后，发光二极管会发出暗光</td><td>好/坏</td></tr>
</table>

续表

<table>
<tr><th rowspan="2">元器件</th><th rowspan="2">型号/规格</th><th rowspan="2">检测项目</th><th colspan="2">检 测 过 程</th><th colspan="2">检 测 结 果</th></tr>
<tr><th>检测工具</th><th>检 测 步 骤</th><th>好坏/值</th><th>极性/标识</th></tr>
<tr><td rowspan="2">普通二极管</td><td rowspan="2">1N4007</td><td>极性</td><td rowspan="2">万用表</td><td rowspan="2">① 判断极性：用万用表（指针式）R × 1kΩ 挡对换表笔测，正向电阻为 3～9kΩ 时，黑表笔接的一端为正极，另一端为负极（注：数字万用表的黑表笔为负极，红表笔为正极）
② 判断好坏：用万用表（指针式）R × 1kΩ 挡对换表笔测，正向电阻在 3～9kΩ，反向电阻∞（无穷大）为好</td><td>目测：标有银白色环的一端为负极</td><td rowspan="2"></td></tr>
<tr><td>好坏</td><td>好/坏</td></tr>
<tr><td rowspan="2">三端集成稳压器</td><td rowspan="2">7812</td><td>引脚</td><td rowspan="2">万用表、三端集成稳压检测仪</td><td rowspan="2">① 引脚的识别：引脚朝下，型号面（有文字的一面）面向自己，左边为 1 号引脚，中间为 2 号引脚，右边为 3 号引脚，LM78××系列引脚名称分别如下：1 号引脚为输入端，2 号引脚为公共端，3 号引脚为输出端
② 用三端集成稳压检测仪判别好坏：将待检测的集成稳压器插入对应的测试插座 XS，选型开关 S 拨到正确的位置，将 R_{P_2} 调节到最大值，再将电源插头插入 AC 220V 的插座内。通过观察指示灯发光情况来判断稳压器性能的好坏。通过调节 R_{P_2} 测出稳压器的输出电压
③ 用万用表判别好坏：由于生产厂家、稳压值和批号的不同，三端集成稳压器各引脚之间的电阻差异很大，用万用表无法直接准确判断其好坏，比较简单可靠的办法是外加电压测量。从直流稳压电源上输出电压 V_i（V_i 比 78××系列稳压器的稳压值高 3～5V），加到 78××稳压器的 1、2 号引脚上，注意极性不能弄错。将万用表拨到直流电压相应的挡位，测量 3、2 号引脚之间的电压，若测量值与稳压值相同，则证明此稳压器是好的。如果稳压器的型号模糊不清，也可用此法判别其好坏及稳压值。此时可将 V_i 调至 30V，测得的电压就是该稳压器的稳压值，若稳压器无电压输出，则该稳压器已开路；若测得的电压等于 V_i，并随 V_i 调节而同步变化，则说明内部调整管已击穿；若接上 V_i 后直流稳压电源过载保护，则说明该稳压器已短路</td><td>输入：1
公共：2
输出：3</td><td rowspan="2">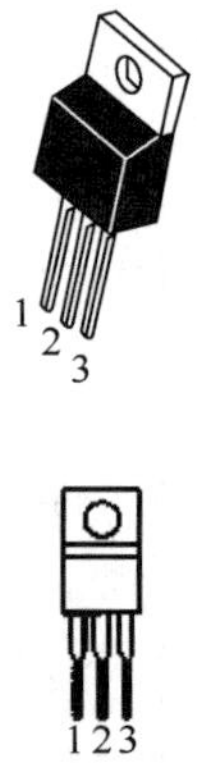
1输入
2公共
3输出</td></tr>
<tr><td>好坏</td><td>好/坏</td></tr>
</table>

4．按照装接工艺对液位检测线路进行安装

元器件成形、插装、焊接的工艺和要求，请参照电子线路装接工艺训练部分的相关工艺。焊接过程中，最好根据元器件焊接高度遵循由低到高的焊接顺序，如先焊接电阻器、二极管，再焊接芯片，最后焊接电解电容器，这样在电路板焊接过程中可以利用工作台抵住元器件进行焊接。

1）电阻器

（1）电阻器色环第一环（或精度环）应该朝同一方向且与插装布线图一致。

（2）等高，贴板焊接，最高不超过 6mm。

（3）两端引脚一样长。

2）电解电容器

（1）无散热要求，应贴板焊接。

（2）极性正确。

3）二极管

（1）无散热要求，应贴板焊接，最高不超过 6mm。

（2）极性正确，极性标志与插装布线图一致。

（3）两端引脚一样长。

4）发光二极管

（1）极性正确，VL_1 是红色的，VL_2 是绿色的。

（2）引脚有卡位部分时，应焊接到卡位部分，否则应贴板焊接。

5）集成芯片

（1）焊接芯片底座，底座上有凹槽，方向正确且与插装布线图一致。

（2）安装芯片时注意方向和引脚，不要过度弯曲而导致引脚损坏，按压至与芯片座几乎贴紧的位置即可。

（3）移除芯片时，用一字螺丝刀或镊子，从芯片座与芯片的前后缝隙中插入，前后交替撬起，直至可以伸入整个一字螺丝刀或镊子后，将其整个翘起，尽量保证引脚不弯曲、不损坏。

6）三端集成稳压器

（1）按照插装布线图进行插装，且引脚正确。

（2）若无散热片，则应将引脚插到底后进行焊接；若有散热片，则根据散热片尺寸高度进行焊接。

7）变压器

（1）区分清楚一次侧和二次侧。

（2）注意电压等级、线号和电压大小。

8）液位传感器

（1）线号正确，极性正确。

（2）液位传感器探头安装于非金属材质上，若是金属，则需要开孔后使用。

5. 按照检测步骤对液位检测线路进行调试检测

（1）检查带极性的元器件极性是否接正确，包括电解电容器、二极管、晶体管、集成芯片、液位传感器等。

（2）正确接通电源，第一次通电时板子上方勿朝向人，避免电解电容器爆炸伤人。

（3）检测各个芯片温度是否正常，正常工作的芯片在工作一段时间后不会烫手。

（4）根据步骤调整传感器，调整步骤请参照项目七的任务一。

（5）查看控制功能是否正确：当水位在下限位液体传感器时，绿灯灭、红灯亮，直到水位上升至上限位液体传感器时，红灯灭、绿灯亮。

液位传感器发生故障时的现象、原因及解决措施如表 7-2-10 所示。

表 7-2-10　液位传感器发生故障时的现象、原因及解决措施

故障现象	原因分析	解决措施
液位传感器通电后无任何反应（水位到达感应点指示灯不亮，灵敏度调节无反应）	电源未接好	检查并接好电源
	电源线正负端接反	更正接线
	电源模块损坏	更换电源模块所在电路板
	灵敏度过低	把灵敏度调节旋钮调到适当挡位
指示灯一直亮	灵敏度过高	把灵敏度调节旋钮调到适当挡位
	初始化参数被异常修改	返回厂方重新初始化
	传感器有杂物或其他金属类部件紧贴	清理杂物，与金属部件保持一定距离
不管水位到什么位置，液位传感器正常，指示灯能亮灭，但与控制要求不符	逻辑门 CD4011 集成芯片电源未接好	检查并接好电源
	逻辑门 CD4011 集成芯片引脚接触不良、虚焊	检查引脚线路，从 CD4011 集成芯片的元器件引脚到另一个元器件引脚，检测其是否导通
	逻辑门 CD4011 集成芯片引脚与元器件焊接错误	根据原理图和布线图检查
元器件发热不正常	电源正负端接反	更正接线

任务三　设计、安装和调试液位优化检测线路

任务描述

能够按照装接工艺对液位传感器优化线路进行安装。

任务目标

终极目标：能够按照装接工艺对液位传感器优化线路进行安装。

促成目标：

（1）能够识别时基集成线路元器件图。

（2）能够了解电子线路控制电动机的方式。

（3）能够熟悉声光报警线路，并加入原有液位检测逻辑门线路。

（4）能够根据液位检测优化线路图进行安装和调试。

知识平台

知识一　NE555 芯片应用

1．NE555 芯片引脚功能

1）NE555 内部框图和引脚图

NE555 内部框图和引脚图如图 7-3-1 所示。

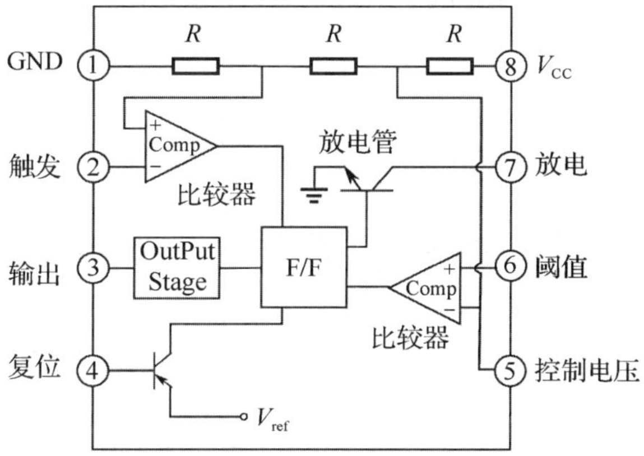

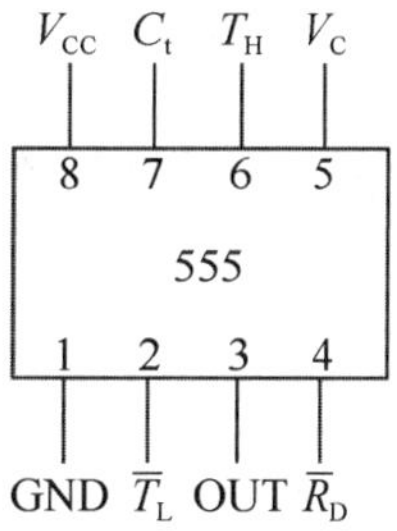

图 7-3-1　NE555 内部框图和引脚图

2）NE555 功能表

NE555 的功能表如表 7-3-1 所示。

表 7-3-1　NE555 的功能表

复位端 R_D	高触发端 T_H	低触发端 T_L	输出端 OUT	放　电　管	功　　能
0	—	—	0	导通	直接清零
1	0	1	—	保持上一状态	保持上一状态
1	1	0	1	截止	置 1
1	0	0	1	截止	置 1
1	1	1	0	导通	清零

3）NE555 引脚功能

1 号引脚为地（GND）。

2 号引脚为低触发端（输入端）。

3 号引脚为输出端：输出的电平状态受触发器控制，而触发器受 NE555 芯片内部上比较器 2 号引脚和下比较器 6 号引脚的控制。当芯片从 2 号引脚输入高电平时，触发器被置于复位状态，3 号引脚输出低电平。

6 号引脚为阈值（门限）端：即高触发端，该引脚和 2 号引脚是互补的，2 号引脚只对低电平起作用，对高电平不起作用，即电压小于 Vcc/3，此时 3 号引脚输出高电平；6 号引脚为阈值端，只对高电平起作用，对低电平不起作用，即输入电压大于 2Vcc/3，称为高触发端，3 号引脚输出低电平，但有一个先决条件，即 2 号引脚电位必须大于 Vcc/3 时才有效。3 号引脚在高电位接近电源电压 Vcc 时，输出电流最大可达 200mA。

4 号引脚为复位端：当 4 号引脚电位小于 0.4V 时，不管 2、6 号引脚状态如何，输出端 3 号引脚都输出低电平。

5 号引脚为控制电压端。

7 号引脚为放电端，与 3 号引脚输出同步，输出电平一致，但 7 号引脚并不输出电流，所以 3 号引脚称为实高（或低）、7 号引脚称为虚高。

8 号引脚为电源端，接电源电压正极。

2．NE555 芯片基本线路

1）单稳态触发器

如图 7-3-2 所示为单稳态触发器线路图及其波形图。其中，$t_W = RC\ln 3 \approx 1.1RC$。

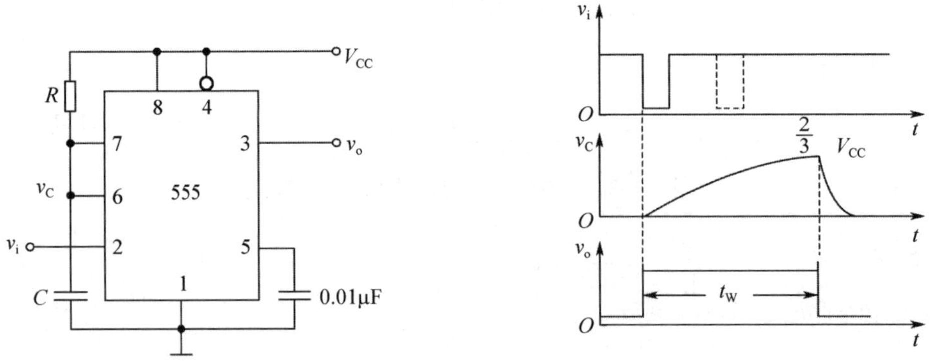

图 7-3-2　单稳态触发器线路图及其波形图

暂稳态时间与 R、C 有关，改变 R、C 的值可以改变暂稳态时间，若 R、C 选取不合理，则可能一次脉冲内有多次暂稳态，也有可能暂稳态持续数次脉冲。

单稳态触发器可以调制脉冲宽度，也可延迟脉冲的触发时间。单稳态触发器能够产生宽度为 t_W 的矩形脉冲，利用这个脉冲去控制某一线路，即可使它在 t_W 时间内动作（或者不动作）。

2）多谐振荡器

多谐振荡器可用于脉冲输出、音响警告、家电控制、检测仪器、电源变换、定时器等。

图 7-3-3 所示为多谐振荡器线路图及波形图。

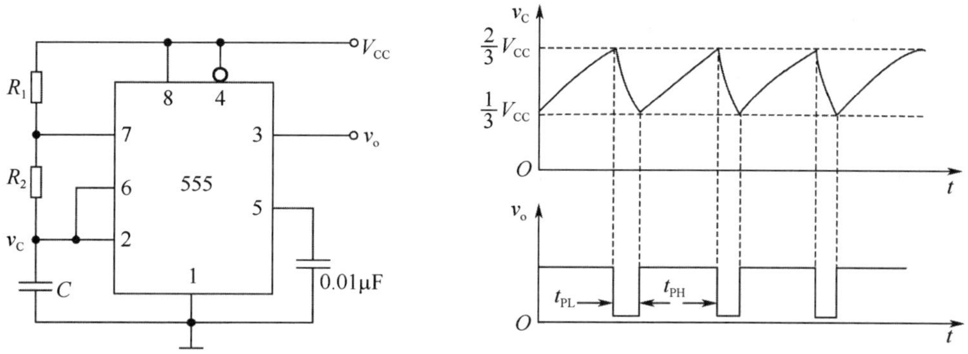

图 7-3-3　多谐振荡器线路图及波形图

线路第一暂态：输出为 1。电容器充电，线路转换到第二暂态，输出为 0。

线路第二暂态：电容器放电，线路转换到第一暂态。

其中，$t_{PL}=R_2C\ln2\approx0.7R_2C$；$t_{PH}=(R_1+R_2)C\ln2\approx0.7(R_1+R_2)C$。振荡频率 f 的计算公式为

$$f=\frac{1}{t_{PL}+t_{PH}}\approx\frac{1.43}{(R_1+2R_2)C}$$

R_1、R_2 的值与占空比密切相关，因此可以通过调节 R_1、R_2 的值来调节占空比。

3）施密特触发器

施密特触发器线路图及时序图如图 7-3-4 所示。

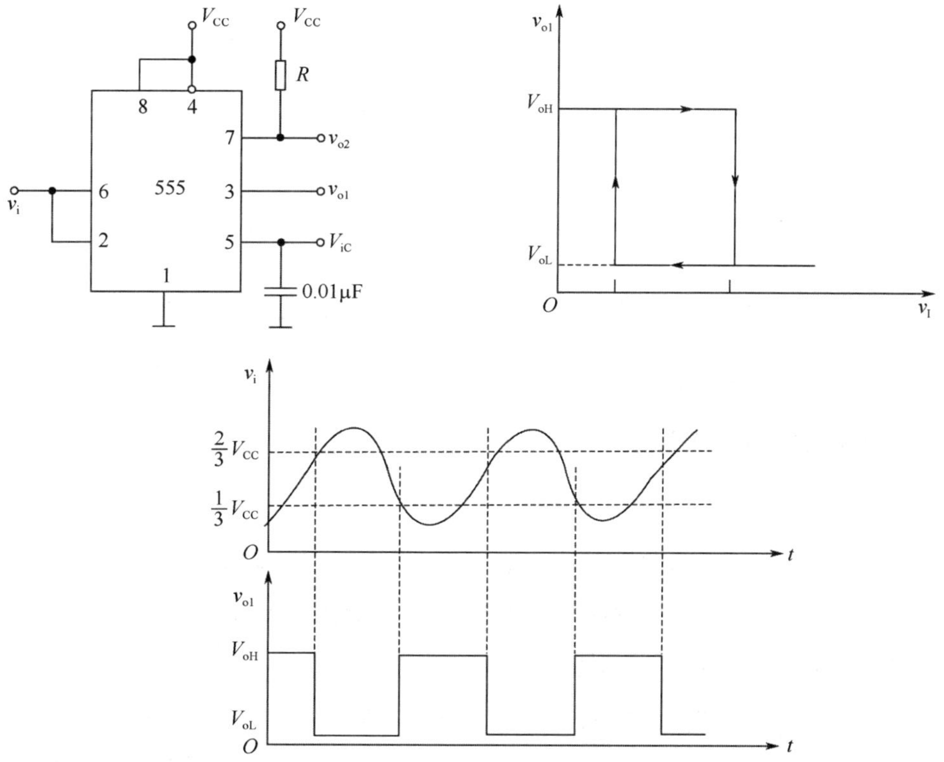

图 7-3-4　施密特触发器线路图及时序图

在数字系统中，矩形脉冲经传输后往往会发生波形畸变或边沿产生振荡等。通过施密特触发器进行整形，可以获得比较理想的矩形脉冲波形。

施密特触发器的作用有以下几种。

（1）正弦波转换为矩形波：可将正弦波转换为矩形波，如图 7-3-5 所示。

（2）脉冲整形：脉冲整形如图 7-3-6 所示。

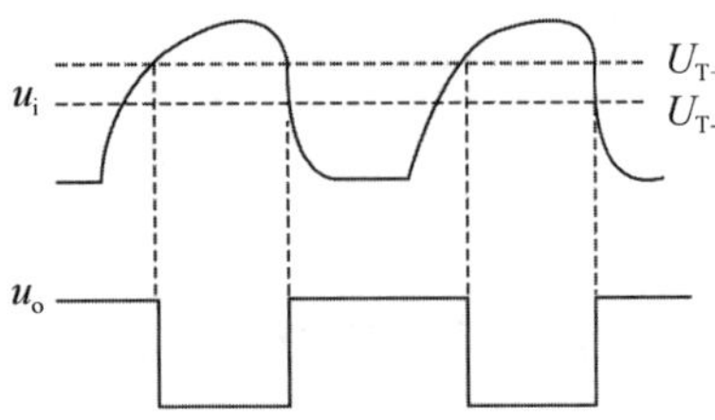

图 7-3-5　正弦波转换为矩形波

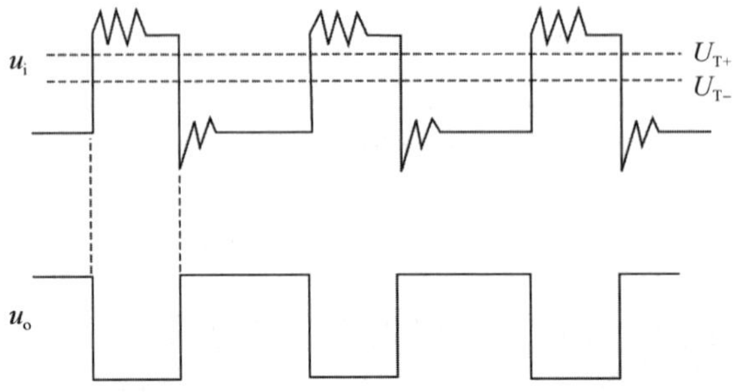

图 7-3-6　脉冲整形

（3）消除干扰信号：合理选择回差电压，可消除干扰信号，如图 7-3-7 所示。

（4）脉冲鉴幅：将一系列幅度各异的脉冲信号加到施密特触发器的输入端，只有那些幅度大于 V_{T+}的脉冲才会在输出端产生输出信号。脉冲鉴幅波形图如图 7-3-8 所示。可见，施密特触发器具有脉冲鉴幅能力。

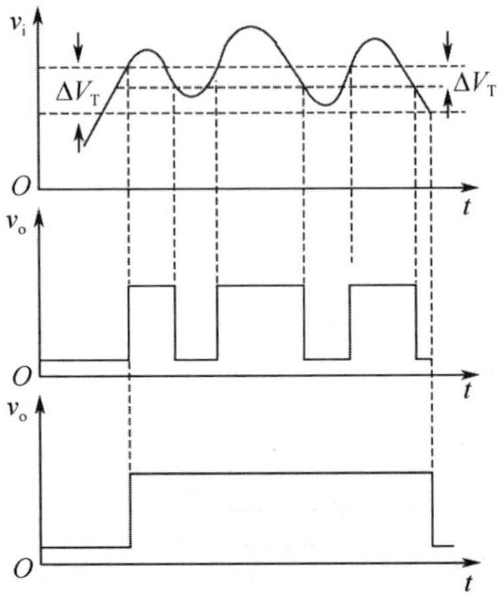

图 7-3-7　消除干扰信号

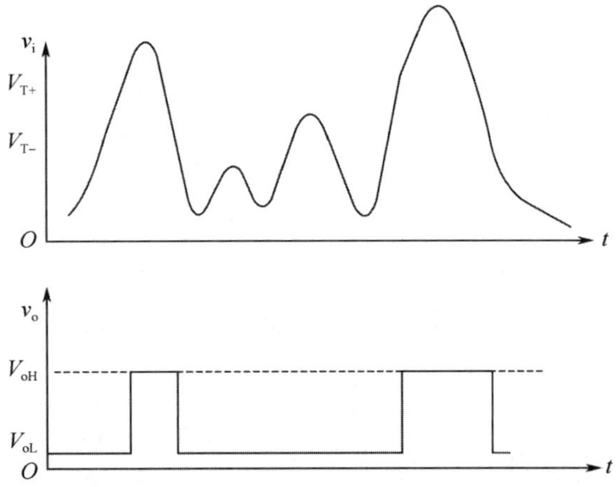

图 7-3-8　脉冲鉴幅波形图

知识二　水泵的间接控制

1. 小型继电器

小型继电器是在自动控制线路中起控制与隔离作用的执行部件，广泛应用于遥控、遥测、通信、自动控制、机电一体化及电力电子设备中，是最重要的控制元器件之一。继电器一般有能反映一定输入变量（如电流、电压、功率、阻抗、频率、温度、压力、速度、光等）的感应机构（输入部分）；有能对被控线路实现“通”“断”控制的执行机构（输出部分）；在继电器的输入和输出部分之间，还有对输入量进行耦合隔离、功能处理和对输出部分进行驱动的中间机构（驱动部分）。

在工程实际中，中间继电器主要有两个作用：一是隔离；二是增加辅助接点。在实际应用中，增加接点应用的比较少，因为现在的接触器可以另加很多对辅助接点，动作也可靠，所以没有必要在一般控制电路中增加辅助继电器。而隔离作用在目前的控制中用得是比较多的。

1）电气结构图

小型继电器电气结构图如图 7-3-9 所示。当继电器线圈通以电流时，在铁芯、轭铁、衔铁和工作气隙中形成磁通回路，从而使衔铁受到电磁吸力的作用而吸向铁芯，此时衔铁带动支杆而将板簧推开，使一组或几组常闭触点断开（也可以使常开触点接通）。当切断继电器线圈的电流时，电磁力消失，衔铁在板簧的作用下恢复到原位，触点又闭合。

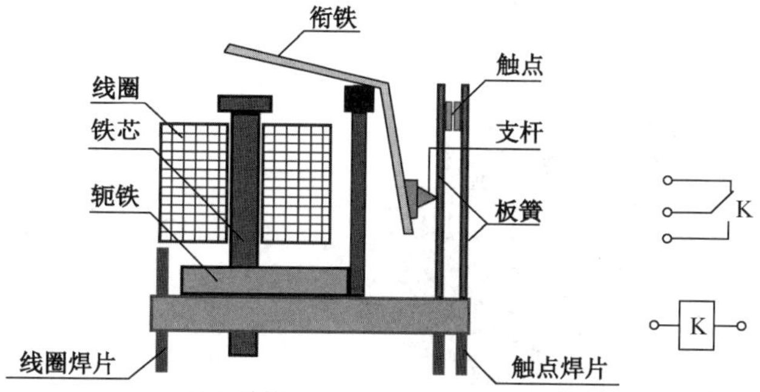

（a）结构　（b）符号

图 7-3-9　小型继电器电气结构图

在线路中，表示继电器时只要画出它的线圈和与控制线路有关的接点组即可。继电器的线圈用一个长方框符号表示，同时在长方框内或框旁标上继电器的文字符号“K”。继电器的接点有两种表示方法：一种是把它直接画在长方框的一侧，这样比较直观；另一种是按线路连接的需要，把各个接点分别画在各自的控制线路中，这样对分析和理解线路是有利的，同时必须在属于同一继电器的线圈和接点旁边注上相同的文字符号，并对接点组进行编号。

2）分类

常用小型继电器有直流式和交流式，其外形一样，其触点一般为两组常开、两组常闭或四组常开、四组常闭。对于直流电源工作的继电器而言，正负极接对时发光二极管才能亮，接反则不亮，但接反不影响动作效果。而以交流电源工作的继电器没有极性之分，二极管一定会亮。小型继电器底座的电气结构如图 7-3-10 所示。

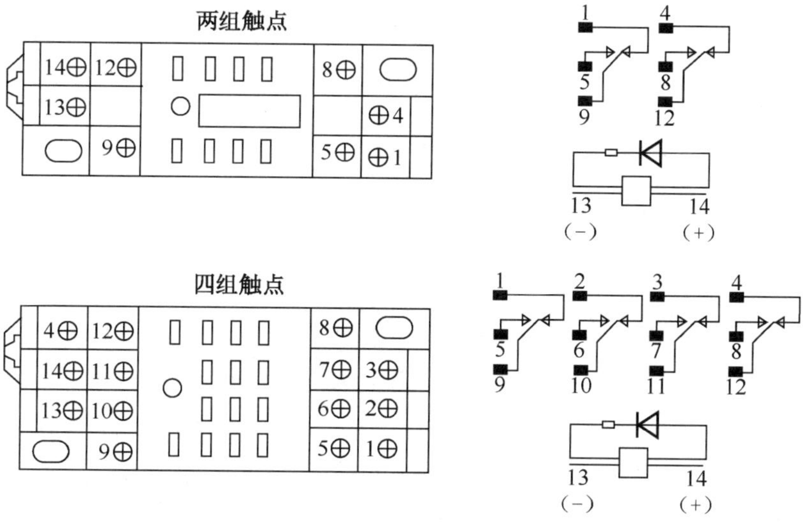

图 7-3-10　小型继电器底座的电气结构

2. 水泵接线

利用小型继电器的放大特性，可将一个很微小的电流放大，控制相对大功率的电气设备。它的输入信号为线圈的通电或断电。它的输出是触点的动作（其所有常开触点闭合，常闭触点打开）。触点接在其他控制回路中，通过触点的变化导致控制回路发生变化（如导通或截止），以此来实现既定的控制或保护。在此过程中，继电器主要起传递信号的作用，而小型接触器的触点能通过较大的电流、电压。

图 7-3-11　单相水泵外观和图形符号

这里的水泵采用的是单相 125W 非自动的家用小型水泵，其外观和图形符号如图 7-3-11 所示。该水泵的接线没有正负极之分，直接将其与图 7-3-9 中 K（继电器）的常开触点和 220V 交流电源串联即可。当 K 的线圈得电吸合，K 的常开触点闭合，水泵得电开始抽水。

任务实施

1. 液位检测优化线路原理图识读

原理图是电子线路装接和检修的重要资料之一，正确识读原理图，不管是对电子线路装接还是对检修而言都至关重要。要正确识读原理图，关键是掌握原理图三要素：元器件符号、元器件代号、元器件参数。液位检测优化线路原理图三要素如图 7-3-12 所示。

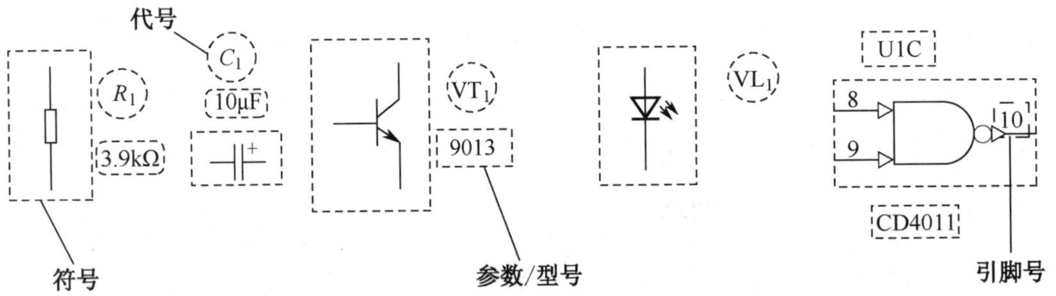

图 7-3-12　液位检测优化线路原理图三要素

原理图识读或绘制的具体要求如下。

（1）图上体现交点。

① “∟”连接和“⊥”连接的连接点可以不加黑点。

② “＋”连接的连接点必须加黑点，不加则表示为非连接点。

③ 连接线上的“T1-1”或“12V”等表示线号，同一个图内有两根绘制线时，若不相连的导线标上了同一个线号，则代表这两根导线相连。有一些线如不分开绘制，会使得整个线路图混乱，不易于读图、识图。

（2）图上体现元器件极性。

① 符号无极性特点但实际有极性的元器件要标明极性。

② 符号有极性特点的元器件可不标明极性。

（3）图上体现元器件符号、代号、参数、连接。

① 必须正确画出元器件符号。

② 必须正确标出元器件的代号和参数（型号或值）。

③ 画出正确的电气连接。

④ 在多个门线路集成芯片（如 CD4011 为 4 位与非门集成芯片）中，为了让原理图更容易识读，会将每个门线路分布于需要的位置。若未绘制出电源，则内部芯片默认已经连接了电源，即 CD4011 的 7 号引脚默认接地，14 号引脚默认接 12V 电源的正极。

液位检测优化线路原理图如图 7-3-13 所示。

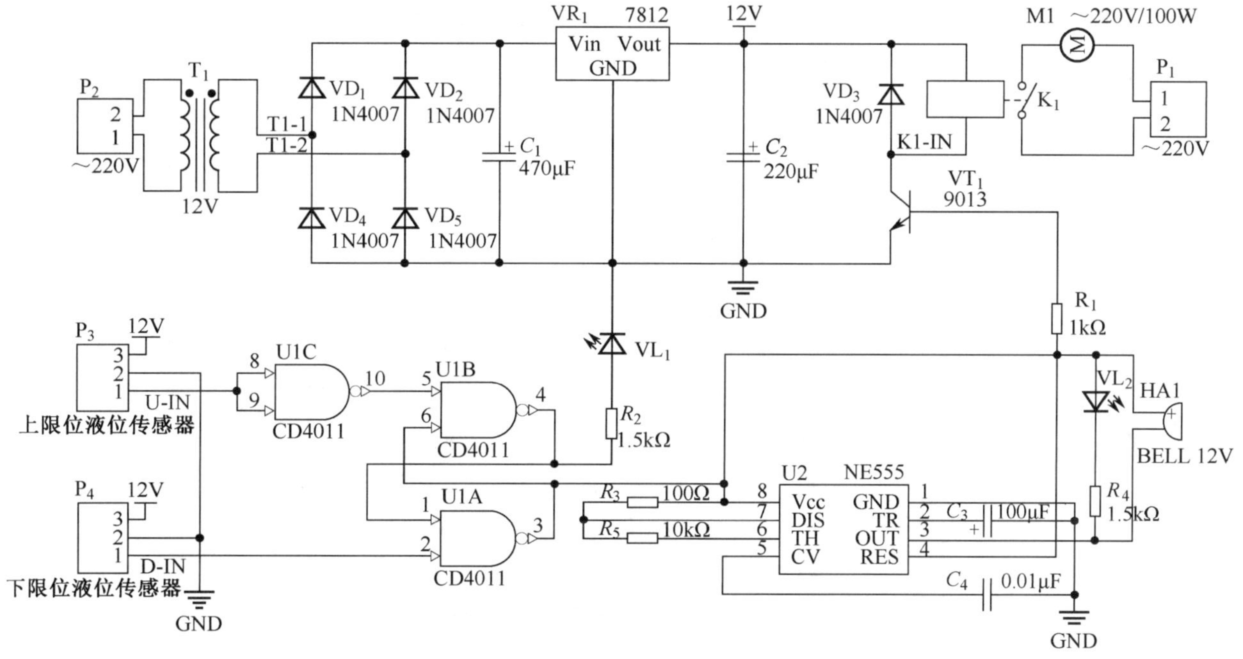

图 7-3-13　液位检测优化线路原理图

2. 液位检测优化线路插装布线图识读

插装布线图是电子线路插装的依据，它是线路原理和插装要求相结合的产物。要正确装接线路就需要正确识读插装布线图。同原理图一样，关键是掌握三要素：元器件形状、元器件代号、元器件参数。液位检测优化线路插装布线图三要素如图 7-3-14 所示。

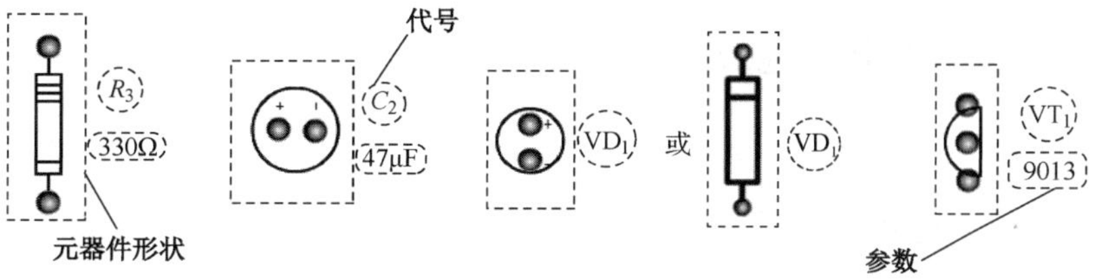

图 7-3-14　液位检测优化线路插装布线图三要素

插装布线图识读或绘制的具体要求如下。

（1）图上体现焊点。

连接处必须体现焊点（加焊点标志）。

（2）图上体现元器件形状。

① 图上体现元器件的真实形状，电阻器要标明色环。

② 图上元器件占的孔数与总占格数要符合要求。

（3）图上体现元器件极性。

有极性的元器件要正确标明极性。

（4）图上体现元器件代号、参数、连接。

① 必须正确标出元器件的代号和参数（型号或值）。

② 画出正确的电气连接（必须与线路原理图的电气连接一致）。

液位检测优化线路插装布线图如图 7-3-15 所示。

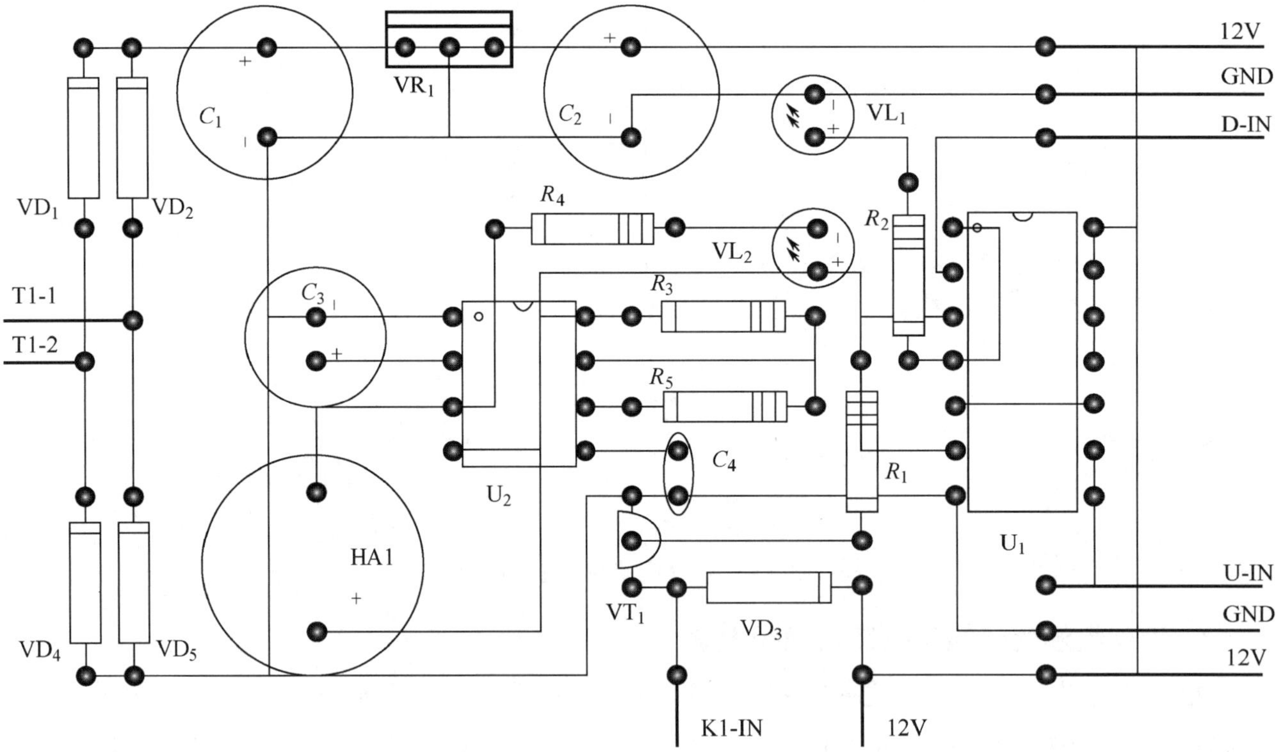

图 7-3-15　液位检测优化线路插装布线图

3．液位检测优化线路元器件检测

焊接前检测元器件是线路制作的重要一步，必须认真完成这一步，降低返工的可能性。按照表 7-3-2 所示进行元器件检测。

表 7-3-2　元器件检测表

<table>
<tr><th rowspan="2">元器件</th><th rowspan="2">型号/规格</th><th rowspan="2">检测项目</th><th colspan="2">检 测 过 程</th><th colspan="2">检 测 结 果</th></tr>
<tr><th>检测工具</th><th>检 测 步 骤</th><th>好坏/值</th><th>极性/标识</th></tr>
<tr><td rowspan="2">4位与非门集成芯片</td><td rowspan="2">CD4011</td><td>引脚</td><td rowspan="2">万用表</td><td rowspan="2">集成芯片很难通过不上电而利用万用表检测其好坏，一般是通过上电的方式检测是否正常，从而判断好坏。为了避免芯片损坏，可以焊接芯片座，当发现集成芯片工作不正常时，直接替换芯片
① 检查电源电压是否正常，并判断正负极
② 检查引脚是否损坏，确认芯片型号，并找到 1 号引脚位置
③ 上电后选用万用表的 25V 直流电压挡，红表笔测 14 号引脚，黑表笔测 14 号引脚，看是否有 12V 电压。注意：检测时表笔搭在芯片的引脚上，而不是焊点上
④ 用手指感受芯片的温度是否正常，一般有一点热，但不烫手
⑤ 1 号（1A）和 2 号（1B）引脚短接后接入 12V 电源的正极，用万用表 25V 直流电压挡检测 3 号（1Y）引脚的得电状况（注意：表笔要细，拿表笔要稳，以免短接到其他引脚上而造成芯片损坏），结果如表所示，则代表该芯片 1 号门线路正常。利用该方法检测 2、3、4 号门线路
<table><tr><th>1 号引脚（1A）</th><th>2 号引脚（1B）</th><th>3 号引脚（1Y）</th></tr><tr><td>接地（0）</td><td>接地（0）</td><td>12V（1）</td></tr><tr><td>接正（1）</td><td>接地（0）</td><td>12V（1）</td></tr><tr><td>接地（0）</td><td>接正（1）</td><td>12V（1）</td></tr><tr><td>接正（1）</td><td>接正（1）</td><td>0V（0）</td></tr></table>注：接正即接电源正极</td><td>目测：圆点旁边或凹槽向上，左边的那个引脚为 1 号引脚，逆时针数</td><td rowspan="2">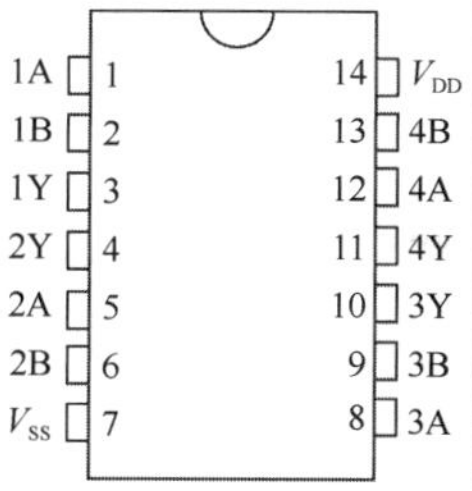</td></tr>
<tr><td>好坏</td><td>好/坏</td></tr>
<tr><td rowspan="2">8脚时基集成芯片</td><td rowspan="2">NE555</td><td>引脚</td><td rowspan="2">万用表、示波器</td><td rowspan="2">① 检查电源电压是否正常，并判断正负极
② 检查引脚是否损坏，确认芯片型号，并找到 1 号引脚位置
③ 上电后选用万用表的 25V 直流电压挡，红表笔检测 4、8 号引脚，黑表笔测 1 号引脚，看是否有 12V 电压。注意：检测时表笔搭在芯片的引脚上，而不是焊点上
④ 检查芯片电容器、电阻器是否焊接正确，用示波器观察 3 号引脚是否有波形输出</td><td>目测：圆点旁边或凹槽向上，左边的那个引脚为 1 号引脚，逆时针数</td><td rowspan="2"></td></tr>
<tr><td>好坏</td><td>好/坏</td></tr>
</table>

续表

元器件	型号/规格	检测项目	检测过程		检测结果	
			检测工具	检测步骤	好坏/值	极性/标识
液位传感器	NPN输出接口XKC-Y25-NPN	接口	万用表	① 检查电源是否为12V，利用万用表25V直流电压挡检测电源两端的电压，若不知道被测电源的极性，则可将万用表的一支表笔接被测电源的某一端，另一支表笔快速触碰一下被测电源的另一端；若指针反方向摆动，则应把两支表笔对调后再次测量 ② 目测观察，确认液位传感器接口接线是否正确，通过颜色区分。棕色线表示电源正极，接12V电源正极；蓝色线表示地，接12V电源负极；黄色线表示输出信号；黑色线表示悬空，用绝缘胶布包好即可 ③ 使用万用表25V直流电压挡检测输出信号是否正常，红表笔接黄色输出信号线，黑表笔接蓝色地线。正常情况下，当液位传感器未检测到液位时，万用表测到的电压为0V。检测到液位后，测到的电压为12V，此时液位传感器上的指示灯亮。若没有12V输出，则应提高灵敏度；若未检测到液位，输出信号一直有12V电压输出，则应降低灵敏度；若输出信号在调整了灵敏度之后还是不正常，则传感器损坏	详细参考型号参数	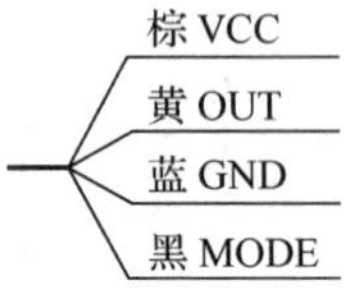
		好坏			好/坏	
变压器	220V转15V	转换值/功率	万用表	① 一、二次所有线圈没有断路。一般小功率的降压变压器，一次线圈细而多，因而容易断，二次线圈粗而少，很少会断。一次电阻一般在几十到几百欧，功率越小，测得电阻越大。此处测得电阻为181Ω，正常，变压器功率为4～5W。二次电阻就小得多，应该在零点几到几欧 ② 一、二次线圈之间不短路、不漏电。用万用表电阻挡，两表笔分别接一、二次线圈的一个出线头，指示应在数兆欧以上，无穷大为佳 一、二次线圈与铁芯均不短路、不漏电。参照第②点测量 ③ 一、二次线圈没有匝间短路的情况。如果空载上电，变压器就会异常发热，且匝间短路无法用万用表测出	详细参考型号参数	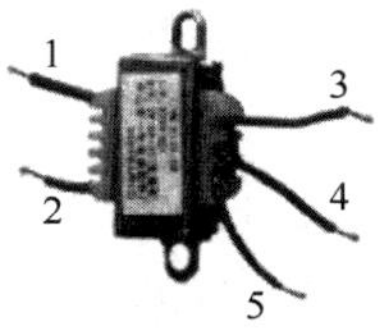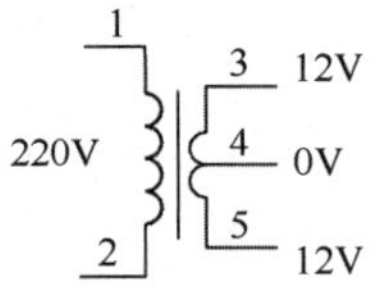
		引脚			目测：导线数量少，线径粗的是一次侧，二次侧根据颜色区分	
		好坏			好/坏	
电解电容器	470μF、220μF、100μF，25V	电容	电容表/目测	① 万用表选取电阻挡（机械、欧姆调零） ② 选取合适的量程：原则上，大电容选取倍率小的挡位，小电容选取倍率大的挡位，不可以选取R×10kΩ挡（如47μF的电容器，可选取R×100Ω挡）	47μF 25V	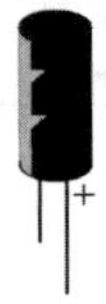
		好坏	万用表		好/坏	

续表

<table>
<tr><th rowspan="2">元器件</th><th rowspan="2">型号/规格</th><th rowspan="2">检测项目</th><th colspan="2">检 测 过 程</th><th colspan="2">检 测 结 果</th></tr>
<tr><th>检测工具</th><th>检 测 步 骤</th><th>好坏/值</th><th>极性/标识</th></tr>
<tr><td>电解电容器</td><td>470μF、220μF、100μF，25V</td><td>极性</td><td>万用表/目测</td><td>③ 判断好坏：将黑表笔接电容器正极，红表笔接电容器负极，万用表指针迅速偏转（充电，较大幅度），最后慢慢返回电阻无穷大处；将电容器放电，将黑表笔接电容器负极，红表笔接正极，万用表指针迅速偏转（充电，较大幅度），最后慢慢返回接近电阻无穷大处（电容器一般存在一定的反向漏电流，所以反接时，指针回不到无穷大处，会有一定距离），那么可以认为这个电容器可用，是好的。返回越到位，电容器性能越好。其他情况认为不可用
④ 判断极性：根据电容器反接时存在较大漏电流这一特点，可以判断指针回不到无穷大处那次，红表笔接的是电容器正极
⑤ 电容器的电容可以用电容表测量，也可以直接目测，读出参数（小电容的电容器由于充放电不明显，一般不直接用万用表测极性和好坏）</td><td>目测：引脚较长的一侧为正极，引脚较短或白边那一侧为负极</td><td></td></tr>
<tr><td rowspan="2">电阻器</td><td rowspan="2">100Ω、1kΩ、1.5kΩ、100kΩ，1/4W</td><td>电阻</td><td rowspan="2">万用表</td><td>① 用色环法读出电阻、精度（如电阻为1kΩ，精度为±10%）</td><td>电阻为900Ω</td><td rowspan="2"></td></tr>
<tr><td>好坏</td><td>② 万用表选取电阻挡（机械、欧姆调零）
③ 选取合适的量程（使指针落在满刻度的2/3～1处，换挡注意欧姆调零）
④ 读数（读数时，眼睛、指针、刻度要在同一条直线上）
⑤ 判断好坏：$\frac{测量值-标称值}{标称值}\times 100\%$ 小于等于精度时，电阻器可用，可判断为好。例如，$(900-1000)/1000=-10\%$</td><td>好/坏</td></tr>
<tr><td rowspan="2">发光二极管</td><td rowspan="2"></td><td>极性</td><td rowspan="2">万用表</td><td>① 判断极性：用万用表（指针式）R × 1kΩ挡对换表笔测，正向电阻为3～9kΩ时，黑表笔接的一端为正极，另一端为负极（注：数字万用表的黑表笔为负极，红表笔为正极）</td><td>目测：引脚完整时长脚为正极，内部金属片大的是负极</td><td rowspan="2">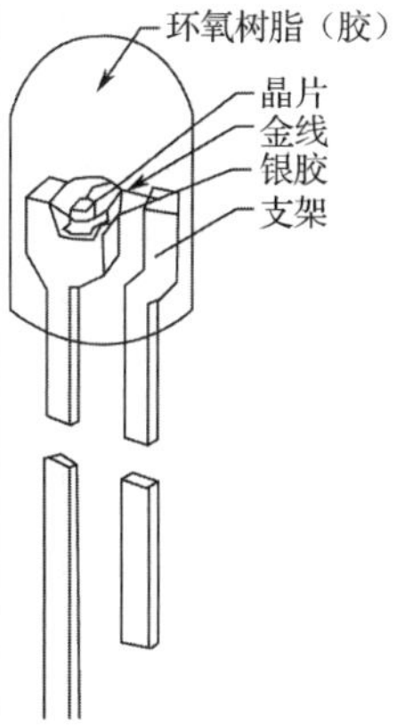
</td></tr>
<tr><td>好坏</td><td>② 判断好坏：用万用表（指针式）R × 1kΩ挡对换表笔测，正向电阻在3～9kΩ，反向电阻∞（无穷大）为好。用万用表（指针式）R × 10kΩ 挡测量时，两表笔接对后，发光二极管会发出暗光</td><td>好/坏</td></tr>
</table>

续表

元器件	型号/规格	检测项目	检测过程		检测结果	
			检测工具	检测步骤	好坏/值	极性/标识
普通二极管	1N4007	极性	万用表	① 判断极性：用万用表（指针式）R × 1kΩ 挡对换表笔测，正向电阻为 3～9kΩ 时，黑表笔接的一端为正极，另一端为负极（注：数字万用表的黑表笔为负极，红表笔为正极）	目测：标有银白色环的一端为负极	
		好坏		② 判断好坏：用万用表（指针式）R × 1kΩ 挡对换表笔测，正向电阻在 3～9kΩ，反向电阻∞（无穷大）为好	好/坏	
三端集成稳压器	7812	引脚	万用表、三端集成稳压检测仪	① 引脚的识别：引脚朝下，型号面（有文字的一面）面向自己，左边为 1 号引脚，中间为 2 号引脚，右边为 3 号引脚，LM78××系列引脚名称分别如下：1 号引脚为输入端，2 号引脚为公共端，3 号引脚为输出端	输入：1 公共：2 输出：3	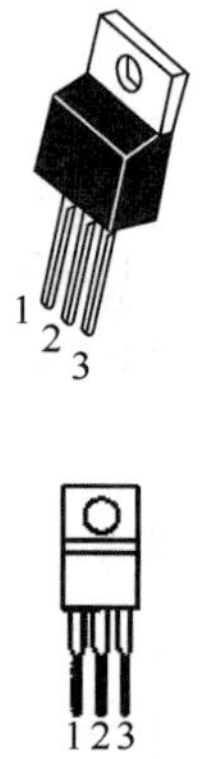
		好坏		② 用三端集成稳压检测仪判别好坏：将待检测的集成稳压器插入对应的测试插座 XS，选型开关 S 拨到正确的位置，将 R_{P_2} 调节到最大值，再将电源插头插入 AC220V 的插座内。通过观察指示灯发光情况来判断稳压器的性能的好坏，调节 R_{P_2} 测出稳压器的输出电压 ③ 用万用表判别好坏：由于生产厂家、稳压值和批号的不同，三端集成稳压器各引脚之间的电阻差异很大，用万用表无法直接准确判断其好坏，比较简单可靠的办法是外加电压测量。从直流稳压电源上输出电压 V_i（V_i 比 78××系列稳压器的稳压值高 3～5V），加到 78××稳压器的 1、2 号引脚上，注意极性不能弄错。将万用表拨到直流电压相应的挡位，测量 3、2 号引脚之间的电压，若测量值与稳压值相同，则证明此稳压器是好的。如果稳压器的型号模糊不清，也可用此法判别其好坏及稳压值。此时可将 V_i 调至 30V，测得的电压就是该稳压器的稳压值，若稳压器无电压输出，则该稳压器已开路；若测得的电压等于 V_i，并随 V_i 调节而同步变化，则说明内部调整管已击穿；若接上 V_i 后直流稳压电源过载保护，则说明该稳压器已短路	好/坏	

续表

<table>
<tr><th rowspan="2">元器件</th><th rowspan="2">型号/规格</th><th rowspan="2">检测项目</th><th colspan="2">检 测 过 程</th><th colspan="2">检 测 结 果</th></tr>
<tr><th>检测工具</th><th>检 测 步 骤</th><th>好坏/值</th><th>极性/标识</th></tr>
<tr><td rowspan="3">三极管</td><td rowspan="3">9013</td><td>管型</td><td rowspan="3">万用表</td><td rowspan="3">
① 万用表选取电阻挡（机械、欧姆调零）
② 选取合适的量程：原则上，选取 R × 100Ω 或 R × 1kΩ 挡，不可以选取 R × 10kΩ 挡（两支表笔插口要正确，这里用模拟万用表，正确插入表笔后，黑表笔连接万用表内部电源正极）
③ 判断管型：用两支表笔两两测量三级管三个引脚，如表所示。
<table>
<tr><th>次数</th><th>黑表笔</th><th>红表笔</th><th>挡位</th><th>电阻</th></tr>
<tr><td>第一次</td><td>1</td><td>2</td><td rowspan="6">R × 1kΩ</td><td>∞</td></tr>
<tr><td>第二次</td><td>2</td><td>1</td><td>5kΩ</td></tr>
<tr><td>第三次</td><td>1</td><td>3</td><td>∞</td></tr>
<tr><td>第四次</td><td>3</td><td>1</td><td>∞</td></tr>
<tr><td>第五次</td><td>2</td><td>3</td><td>5.6kΩ</td></tr>
<tr><td>第六次</td><td>3</td><td>2</td><td>∞</td></tr>
</table>
六次测量下来，有两次偏转比较大（第二次和第五次测量的特点是黑表笔都连接在 2 号引脚上），其余几次基本不偏转，则可以判断：2 号引脚为 B 极，同时三极管为 NPN 型（若偏转较大的那两次是红表笔接同一引脚，则管型为 PNP 型，且该引脚为 B 极）
④ 判断引脚：保持三极管三个引脚不相碰，用手捏住 B 极（2 号引脚）和余下任意一个引脚，如表所示。
<table>
<tr><th>次数</th><th colspan="2">用手捏住的引脚</th><th>黑表笔</th><th>红表笔</th><th>挡位</th><th>电阻</th></tr>
<tr><td>第一次</td><td rowspan="4">2</td><td rowspan="2">1</td><td>1</td><td>3</td><td rowspan="4">R × 1kΩ</td><td>∞</td></tr>
<tr><td>第二次</td><td>3</td><td>1</td><td>6kΩ</td></tr>
<tr><td>第三次</td><td rowspan="2">3</td><td>1</td><td>3</td><td>∞</td></tr>
<tr><td>第四次</td><td>3</td><td>1</td><td>38kΩ</td></tr>
</table>
四次测量下来（注意：四次测量中万用表的两支表笔不可接触 2 号引脚），找出指针偏转最大（电阻最小）的那次，黑表笔接的引脚为 C 极，剩下的引脚为 E 极（若三极管为 PNP 型，则找出指针偏转最大的那次，黑表笔接的引脚为 E 极）
⑤ 按照以上判断管型和引脚的方法，若可以判断，则认为三极管是好的，否则认为质量不好
</td><td>NPN/PNP</td><td rowspan="3">
</td></tr>
<tr><td>引脚</td><td>E：1
B：2
C：3</td></tr>
<tr><td>好坏</td><td>好/坏</td></tr>
</table>

续表

<table>
<tr><th rowspan="2">元器件</th><th rowspan="2">型号/规格</th><th rowspan="2">检测项目</th><th colspan="2">检测过程</th><th colspan="2">检测结果</th></tr>
<tr><th>检测工具</th><th>检测步骤</th><th>好坏/值</th><th>极性/标识</th></tr>
<tr><td rowspan="2">有源蜂鸣器</td><td rowspan="2">12V</td><td>极性</td><td rowspan="2">万用表</td><td rowspan="2">有源蜂鸣器直接接上额定电源（新的蜂鸣器在标签上都有注明）即可连续发声。若蜂鸣器表面或者标签损坏，则可以用万用表 R × 1Ω 挡进行测试：用黑表笔接蜂鸣器中的一个引脚，红表笔在另一引脚上来回碰触。若能发出持续声音，则红表笔是“+”，且电阻在几百欧以上；若不能发出声音，则调转红、黑表笔再测试一次</td><td>目测：蜂鸣器塑胶外壳上有“⊕”的那边是正极</td><td rowspan="2"></td></tr>
<tr><td>好坏</td><td>好/坏</td></tr>
<tr><td rowspan="2">小继电器</td><td rowspan="2">12V</td><td>引脚</td><td rowspan="2">万用表</td><td rowspan="2">① 检测触点电阻：用万用表的电阻挡，测量常闭触点与动点电阻，其值应为0；而常开触点与动点的电阻为无穷大。由此可以区分出哪个是常闭触点，哪个是常开触点。用万用表 R × 1Ω 挡测量常闭触点的电阻，正常为0；将衔铁按下，此时常闭触点的电阻应为无穷大。若在没有按下衔铁时，测出某一组常闭触点有一定的电阻或为无穷大，则说明该组触点已烧坏或氧化
② 检测线圈电阻：电磁式继电器线圈的电阻一般为 25Ω～2kΩ。额定电压低的电磁继电器线圈的电阻较低，额定电压高的电磁继电器线圈的电阻较高。可用万用表 R × 10Ω 挡测量继电器线圈的电阻，从而判断该线圈是否存在开路现象。若测得其电阻为无穷大，则线圈已断路损坏；若测得其电阻低于正常值很多，则线圈内部有短路故障；若线圈有局部短路，则用此方法不易发现</td><td>目测：外壳印有引脚编号和功能</td><td rowspan="2">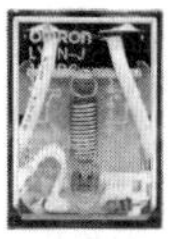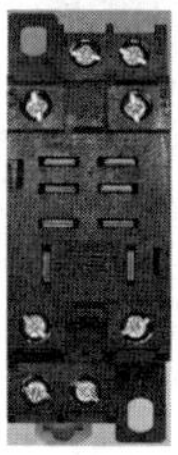</td></tr>
<tr><td>好坏</td><td>好/坏</td></tr>
<tr><td rowspan="2">水泵</td><td rowspan="2">～220V
125W
非自动</td><td>电压等级</td><td rowspan="2">万用表</td><td rowspan="2">① 测量电动机线圈电阻：先用万用表电阻挡测电动机线圈电阻。若是三相电动机，则要分别测三相线圈电阻。电阻在几十欧至千欧为正常，三相电动机的三组数据相近为正常。测量的目的是测量电动机线圈的好坏，判断有无线圈烧掉、电动机槽间是否存在短路等情况
② 测量电动机线圈对地绝缘：用万用表 R × 10kΩ 挡测电动机线圈与外壳的电阻。若是三相电动机，则要分别测三组线圈与外壳的电阻。万用表一端接线圈引线，另一端接电动机外壳，电阻在 1MΩ 以上为正常。测量的目的是检测电动机对外壳的绝缘性能是否良好
③ 用万用表只能初步判断，在完全符合的情况下再通电试验是否正常，如运行时有无噪声、温度是否异常、抽水是否正常等</td><td>目测：电动机铭牌上的额定电压</td><td rowspan="2"></td></tr>
<tr><td>好坏</td><td>好/坏</td></tr>
</table>

4．按照装接工艺对液位检测优化线路进行安装

元器件成形、插装、焊接的工艺和要求，请参照电子线路装接工艺训练部分的相关工艺。焊接过程中，最好根据元器件焊接高度遵循由低到高的焊接顺序，如先焊电阻器、二极管，再焊芯片，最后焊电解电容器，可以在线路板焊接过程中利用工作台抵住元器件进行焊接。

1）电阻器

（1）电阻器色环第一环（或精度环）应该朝同一方向且与插装布线图一致。

（2）等高，贴板焊接，最高不超过 6mm。

（3）两端引脚一样长。

2）电解电容器

（1）无散热要求，应贴板焊接。

（2）极性正确。

3）二极管

（1）无散热要求，应贴板焊接，最高不超过 6mm。

（2）极性正确，极性标志与插装布线图一致。

（3）两端引脚一样长。

4）发光二极管

（1）极性正确，VL_1 是绿色的，VL_2 是红色的。

（2）引脚有卡位部分时，应焊接到卡位部分，否则应贴板焊接。

5）集成芯片

（1）焊接芯片底座，底座上有凹槽，方向正确且与插装布线图一致。

（2）安装芯片时注意方向和引脚，不要过度弯曲而导致引脚损坏，按压至与芯片座几乎贴紧的位置即可。

（3）移除芯片时，用一字螺丝刀或镊子，从芯片座与芯片的前后缝隙中插入，前后交替撬起，直至可以伸入整个一字螺丝刀或镊子后，将其整个翘起，尽量保证引脚不弯曲、不损坏。

6）三极管

（1）按照插装布线图进行插装，且引脚正确。

（2）若无散热片，则应将引脚插到底后进行焊接；若有散热片，则根据散热片尺寸高度进行焊接。

7）变压器

（1）区分清楚一次侧和二次侧。

（2）注意电压等级、线号和电压大小。

8）液位传感器

（1）线号正确，极性正确。

（2）液位传感器探头安装于非金属材质上，若是金属，则需要开孔后使用。

9）有源蜂鸣器

（1）极性正确。

（2）应贴板焊接。

10）小型继电器

（1）注意底座标号，找对小型继电器的线圈，若小型继电器上有发光二极管，则要注意极性。

（2）注意识别和区分常闭触头、常开触头。

5．按照检测步骤对液位检测优化线路进行调试检测

（1）检查带极性的元器件极性是否接正确，包括电解电容器、二极管、三极管、集成芯片、液位传感器等。

（2）正确接通电源，第一次通电时板子上方勿朝向人，避免电解电容器爆炸伤人。

（3）检测各个芯片温度是否正常，正常工作的芯片在工作一段时间后不会烫手。

（4）根据步骤调整传感器，调整步骤请参照项目七的任务一。

（5）查看控制功能是否正确：当水位在下限位液体传感器时，绿灯灭、红灯亮，直到水位上升至上限位液体传感器时，红灯灭、绿灯亮。

（6）小型接触器是否能正常吸合，吸合后触点是否导通良好。

（7）水泵能否正常抽水。

液位传感器发生故障时的现象、原因及解决措施如表 7-3-3 所示。

表 7-3-3　液位传感器发生故障时的现象、原因及解决措施

故障现象	原因分析	解决措施
液位传感器通电后无任何反应（水位到达感应点时指示灯不亮，灵敏度调节无反应）	电源未接好	检查并接好电源
	电源线正负端接反	更正接线
	电源模块损坏	更换电源模块所在线路板
	灵敏度过低	把灵敏度调节旋钮调到适当挡位
指示灯一直亮	灵敏度过高	把灵敏度调节旋钮调到适当挡位
	初始化参数被异常修改	返回厂方重新初始化
	传感器有杂物或与其他金属类部件紧贴	清理杂物，与金属部件保持一定距离
不管水位到什么位置，液位传感器正常，指示灯能亮灭，但与控制要求不符	逻辑门 CD4011 集成芯片电源未接好	检查并接好电源
	逻辑门 CD4011 集成芯片引脚接触不良、虚焊	检查引脚线路，从 CD4011 集成芯片的元器件引脚到另一个元器件引脚，检测其是否导通
	逻辑门 CD4011 集成芯片引脚与元器件焊接错误	根据原理图和布线图检查并更正

续表

故障现象	原因分析	解决措施
水泵没有动作	电源未接好	检查并接好电源
	线路接触不良或有虚焊点	检查引脚线路，从 CD4011 芯片的元器件引脚到另一个元器件引脚，检测其是否导通
	三极管未接正确	检查三极管引脚并更正
	接线错误	根据原理图和布线图进行检查
报警线路闪灭不正常	电源未接好	检查 CD4011 到 NE555 的连接线在液位低于下限位时是否有电压输出
	线路接触不良或有虚焊点	检查引脚线路，从 NE555 芯片的元器件引脚到另一个元器件引脚，检测其是否导通
	红灯亮的时候很暗，或者不亮	根据原理图检查 R_3、R_5、C_3 与 NE555 是否连接正确或存在虚焊
元器件发热不正常	电源正负端接反	更正接线

项目八 声光控开关线路的安装与调试

项目描述

本项目主要介绍声光控开关线路的安装与调试，主要包括数字电子技术的应用、三极管放大线路的应用、晶闸管线路的应用、整流滤波线路的应用及相关应用的综合检测与维修技术。

项目目标

能够按照要求对声光控开关线路进行调试检修。

任务 对声光控开关线路进行安装与调试

任务描述

能够按照要求对声光控开关线路进行调试检修。

任务目标

终极目标：能够按照要求对声光控开关线路进行调试检修。

促成目标：

（1）能够对声光控开关线路原理图进行识读。

（2）能够对声光控开关线路插装布线图进行识读。

（3）能够根据元器件检测要求进行声光控开关线路元器件的检测。

（4）能够按照装接工艺对声光控开关线路进行安装。

（5）能够按照检测步骤对声光控开关线路进行调试检修。

知识平台

知识一 集成门电路

基本逻辑关系可以用分立元器件组成的电路来实现，也可以用集成电路来实现。

随着电子技术和电子集成技术的发展，出现了常用的小规模集成门电路，其中最常见的是 TTL 集成与非门和 MOS 集成门电路。

1. TTL 集成与非门

图 8-1-1 所示为 TTL 集成与非门的典型电路。它由输入级、中间级和输出级三部分组成。

输入级以多发射极晶体管 VT_1 为主，多发射极晶体管的等效电路如图 8-1-2 所示。它和电阻器 R_1 一起组成输入级，完成与逻辑功能，每一个发射极都相当于一个二极管。

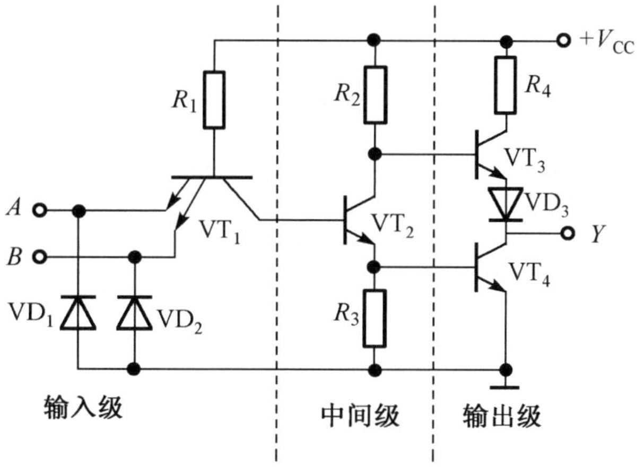

图 8-1-1　TTL 集成与非门的典型电路

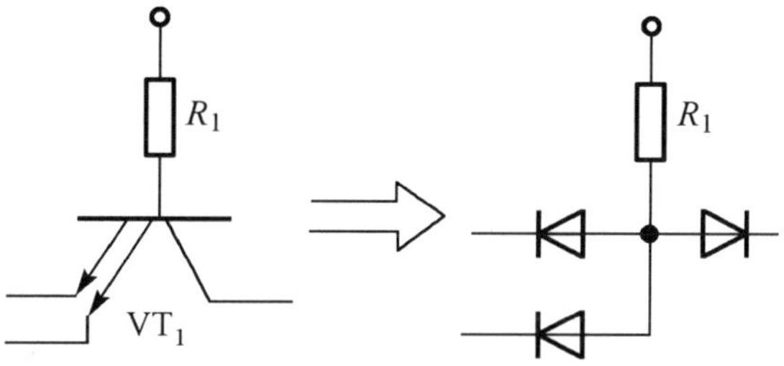

图 8-1-2　多发射极晶体管的等效电路

中间级以三极管 VT_2 为主，它和电阻器 R_2、R_3 一起组成中间级，完成“倒相”功能，从它的集电极和发射极分别输出两个信号，去驱动输出级中三极管 VT_3 和 VT_4 的工作。

输出级以三极管 VT_3 和 VT_4 为主，它们和二极管 VD_3、电阻器 R_4 一起组成输出级。当三极管 VT_3 饱和导通时，三极管 VT_4 截止；当三极管 VT_3 截止时，三极管 VT_4 饱和导通。

通常，TTL 集成与非门的高电平在 3.6V 左右，低电平在 0.3V 左右。其输入端接二极管 VD_1 和 VD_2 的作用是限制输入端出现的负极性干扰脉冲，以保护多发射极晶体管。

1）逻辑功能分析

当输入端 *A*、*B* 全为高电平时，多发射极晶体管 VT_1 的两个发射结都处于反偏状态，其集电极输出高电平，使三极管 VT_2 和 VT_4 同时达到饱和导通，此时三极管 VT_3 截止，输出端 *Y* 输出低电平；当输入端 *A*、*B* 中有低电平时，多发射极晶体管 VT_1 的两个发射结中至少有一个处于正偏状态，其集电极输出低电平，使三极管 VT_2 和 VT_4 截止，此时三极管 VT_3 饱和导通，输出端 Y 输出高电平。

可见，该电路实现了与非的逻辑功能，逻辑表达式为 $Y=\overline{AB}$，它的逻辑符号与分立元器件与非门完全相同。

2）主要参数

TTL 集成与非门的主要参数反映了电路的工作速度、抗干扰能力和驱动能力等，所以了解这些参数的含义对合理、安全地应用元器件是很重要的。TTL 集成与非门的主要参数如表 8-1-1 所示。

表 8-1-1　TTL 集成与非门的主要参数

参数名称	符　号	典型值	参数含义
输出高电平	U_{OH}	≥ 3.2V	当输入端有低电平时，在输出端输出的高电平值
输出低电平	U_{OL}	≤ 0.35V	当输入端全为高电平时，在输出端输出的低电平值
开门电平	U_{ON}	≤ 1.8V	在额定负载条件下，使输出为低电平（VT_4 饱和导通，即开门）所需的最小输出高电平值
关门电平	U_{OFF}	≥ 0.8V	在额定负载条件下，使输出为高电平（VT_4 截止，即关门）所需的最大输入低电平值
扇出系数	N_o	≥ 8	正常工作时能驱动的同类门的数目，也称负载能力
平均延迟时间	t_{pd}	≤ 40ns	$t_{pd}=\frac{t_{PHL}+t_{PLH}}{2}$ 其中，t_{PHL} 表示输出电压由高电平跳变到低电平时的传输延迟时间；t_{PLH} 表示输出电压由低电平跳变到高电平时的传输延迟时间。t_{pd} 反映了电路的工作速度

TTL 集成与非门的外形和引脚如图 8-1-3 所示。TTL 集成与非门具有广泛的用途，利用它可以组成不同逻辑功能的门电路。TTL 异或门就是在 TTL 集成与非门的基础上进行适当改动和组合而形成的。此外，编码器、译码器、触发器、计数器等逻辑电路也可以由它来组成。

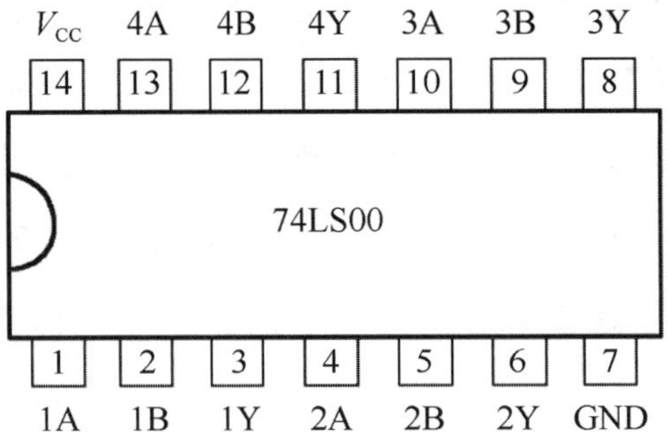

图 8-1-3　TTL 集成与非门的外形和引脚

2. MOS 集成门电路

MOS 集成门电路以绝缘栅场效应管为基本元器件，MOS 管有 PMOS 管和 NMOS 管两类。

CMOS 集成门电路是由 PMOS 管和 NMOS 管组成的互补对称型逻辑门电路，它具有集成度更高、功耗更低、抗干扰能力更强、扇出系数更大等优点。

1）MOS 管的特点

增强型 NMOS 管的图形符号如图 8-1-4（a）所示。当 $U_{gs} \geqslant U_t$（U_t 为开启电压）时，NMOS 管导通，漏极与源极间等效为一个闭合的开关，反之则等效为一个断开的开关。

增强型 PMOS 管的图形符号如图 8-1-4（b）所示。PMOS 管与 NMOS 管相反。当 $U_{gs} \leqslant U_t$ 时，PMOS 管导通，漏极与源极间等效为一个闭合的开关，反之则等效为一个断开的开关。

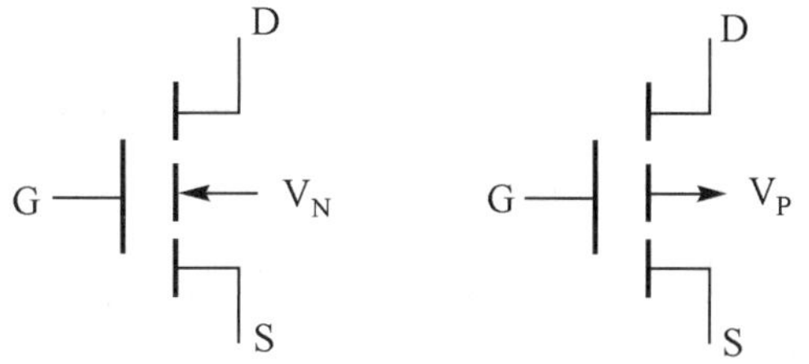

（a）增强型 NMOS 管　（b）增强型 PMOS 管

图 8-1-4　MOS 管的图形符号

2）几种 CMOS 集成门电路

常见的 CMOS 集成门电路有 CMOS 非门、CMOS 与非门和 CMOS 或非门，它们的逻辑功能与前面由分立元器件构成的同类门电路相同，因此其逻辑符号也一样。表 8-1-2 所示为 CMOS 集成门电路的电路结构、工作原理和逻辑表达式，设 $U_t = 0$。

表 8-1-2　CMOS 集成门电路的电路结构、工作原理和逻辑表达式

名　称	电 路 结 构	工 作 原 理	逻辑表达式
非门	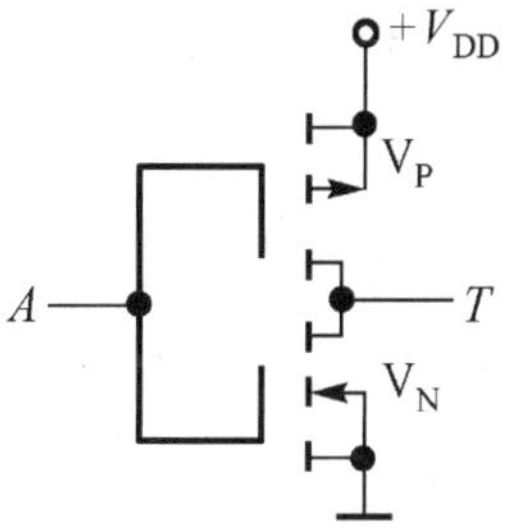	当输入端 A 为低电平时，V_P 导通，V_N 截止，输出端 Y 输出为高电平（接近于电源电压），反之，输出为低电平	$Y=\overline{A}$
与非门	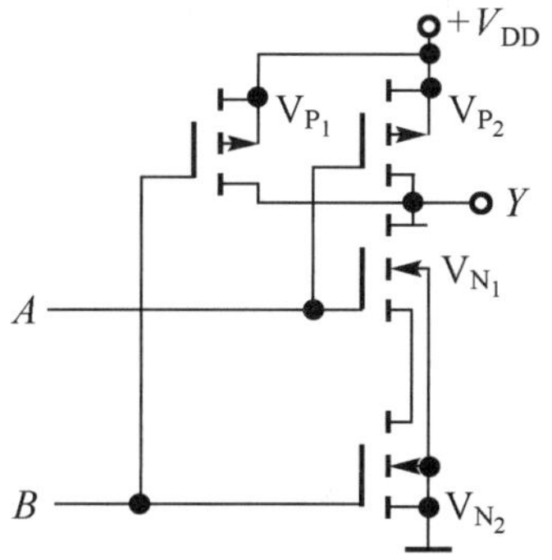	当两个输入端 A、B 均为高电平时，V_{N_1} 和 V_{N_2} 导通，V_{P_1} 和 V_{P_2} 截止，输出为低电平。 当输入端至少有一个为低电平时，V_{N_1} 和 V_{N_2} 中至少有一个截止，而 V_{P_1} 和 V_{P_2} 中至少有一个导通，故输出为高电平	$Y=\overline{AB}$

续表

名　称	电路结构	工作原理	逻辑表达式
或非门	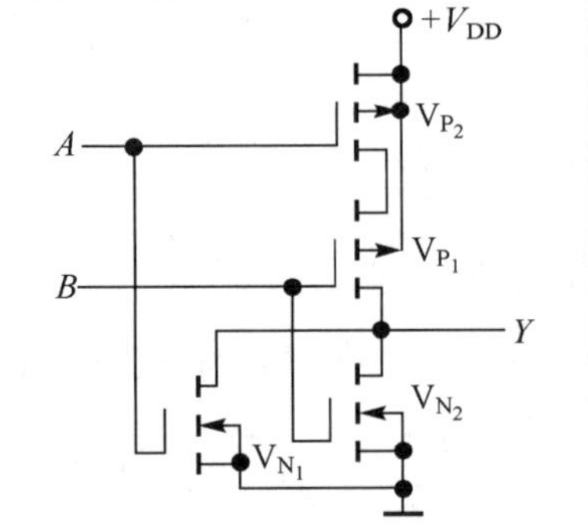	当两个输入端 A、B 均为低电平时，V_{N_1} 和 V_{N_2} 截止，V_{P_1} 和 V_{P_2} 导通，输出为高电平。 当输入端至少有一个为高电平时，V_{N_1} 和 V_{N_2} 中至少有一个导通，而 V_{P_1} 和 V_{P_2} 中至少有一个截止，故输出为低电平	$Y=\overline{A+B}$

3）CMOS 传输门和模拟开关

CMOS 传输门是一种控制信号能否通过的电子开关，对要传送的信号电平具有允许通过和禁止通过的功能，其电路组成和逻辑符号如图 8-1-5 所示。由图 8-1-5 可知，CMOS 传输门由一个 NMOS 管和一个 PMOS 管并接而成，两管的源极接在一起作为输入端，漏极接在一起作为输出端，栅极分别加互补的控制信号 C 和 $\overline{C}$。

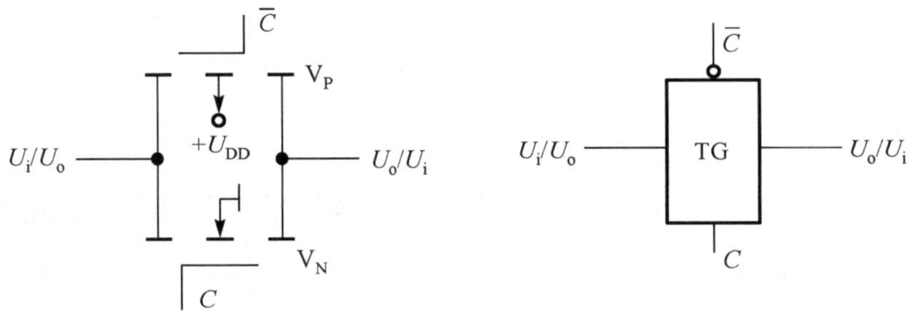

（a）电路组成　　（b）逻辑符号

图 8-1-5　CMOS 传输门的电路组成和逻辑符号

当控制信号 $C=0$（$\overline{C}=1$），且输入信号 U_i 在 0 至 V_{DD} 之间变动时，V_P 和 V_N 同时截止，相当于开关断开；当控制信号 $C=1$（$\overline{C}=0$），且输入信号 U_i 在 0 至 V_{DD} 之间变动时，V_P 和 V_N 中至少有一个处于导通状态，输入信号几乎无损失地传送到输出端，相当于开关接通。这种传输是双向的，因为 MOS 管的漏极和源极可以互换，所以 CMOS 传输门又称为双向开关。

CMOS 双向模拟开关如图 8-1-6 所示。显然，当 $C=1$ 时，传输门导通，开关接通，$U_o=U_i$；当 $C=0$ 时，传输门截止，开关断开，输出与输入之间关断，输入信号不能传送到输出端。

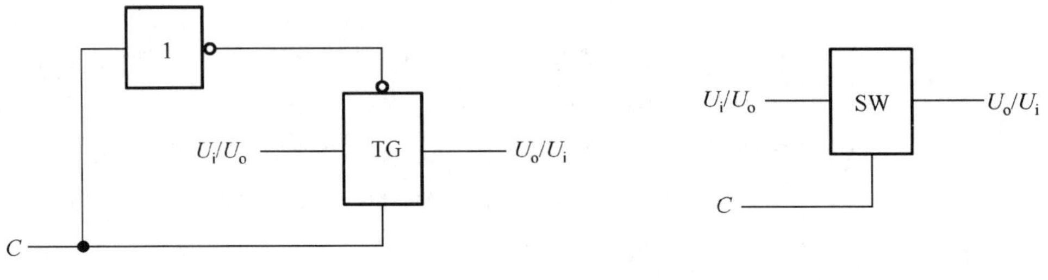

（a）电路组成　　（b）逻辑符号

图 8-1-6　CMOS 双向模拟开关

知识二　单向晶闸管线路工作过程

1．单向晶闸管线路工作过程

单向晶闸管导通和关断调试检修如表 8-1-3 所示。单向晶闸管导通与关断的条件如表 8-1-4 所示。

表 8-1-3　单向晶闸管导通和关断调试检修

<table>
<tr><th rowspan="2">线　路</th><th colspan="2">晶闸管的条件</th><th rowspan="2">现　象</th><th rowspan="2">结　论</th></tr>
<tr><th>阳 极 电 压</th><th>门 极 电 压</th></tr>
<tr><td>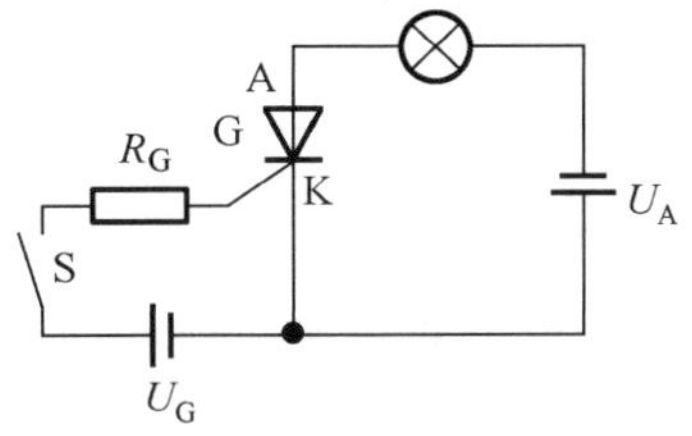
反向阻断</td><td rowspan="2">反向</td><td>正向</td><td>灯不亮</td><td rowspan="2">当晶闸管承受反向阳极电压时，无论门极是否有电压、承受正向电压还是反向电压，晶闸管均不导通，这种状态称为反向阻断</td></tr>
<tr><td>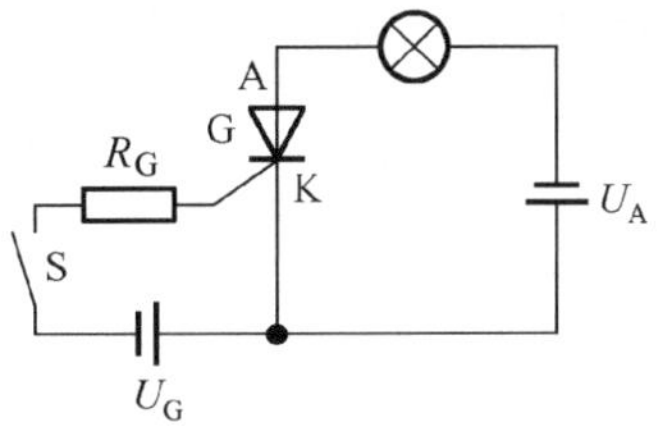
反向阻断</td><td>反向</td><td>灯不亮</td></tr>
<tr><td>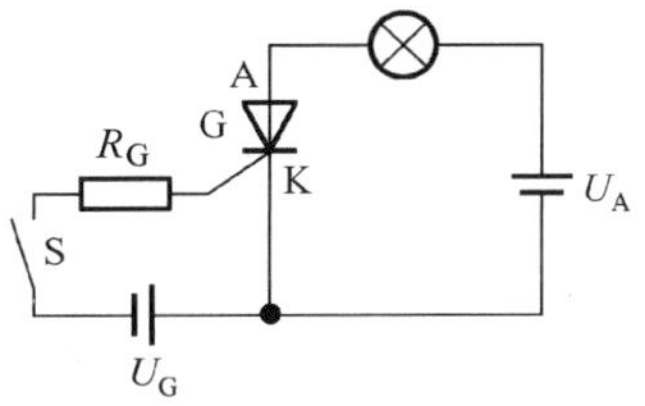
正向阻断</td><td rowspan="3">正向</td><td>反向</td><td>灯不亮</td><td>当晶闸管承受正向阳极电压时，门极加上反向电压或不加电压，晶闸管均不导通，这种状态称为正向阻断</td></tr>
<tr><td>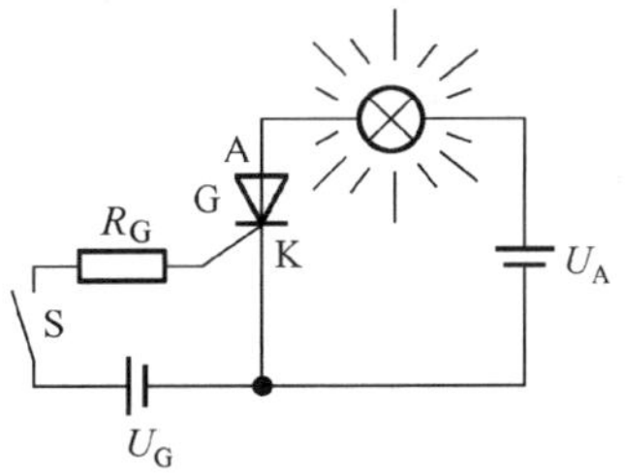
触发导通</td><td>正向</td><td>灯亮</td><td>当晶闸管承受正向阳极电压时，门极加上正向电压，晶闸管导通，这种状态称为正向导通状态。这就是晶闸管的闸流特性，即具有可控特性</td></tr>
<tr><td>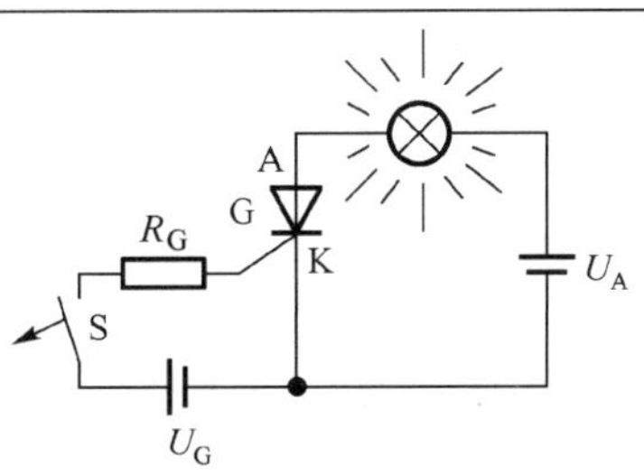
除去触发信号仍导通</td><td>断开触发电路</td><td>灯亮</td><td>晶闸管一旦导通后就维持阳极电压不变，将门极电源电路断开，晶闸管仍然处于导通状态，门极对管子不再具有控制作用，门极只起触发作用</td></tr>
</table>

表 8-1-4　单向晶闸管导通与关断的条件

项　　目	说　　明
晶闸管导电的特点	① 晶闸管具有单向导电特性 ② 晶闸管的导通是通过门极控制的
晶闸管导通的条件	① 阳极与阴极间加正向电压 ② 门极与阴极间加正向电压，这个电压称为触发电压 （以上两个条件必须同时满足，晶闸管才能导通）
导通后的晶闸管关断的条件	① 减小阳极与阴极间的电压，使通过晶闸管的电流小于 I_H ② 阳极与阴极间的电压减小为零 ③ 阳极与阴极间加反向电压 （只要具备其中一个条件即可使导通的晶闸管关断）

通过上述内容可知以下两点。

（1）晶闸管一旦触发导通，就能维持导通状态，门极失去控制作用。要使导通的晶闸管关断，必须使阳极电流降低到 I_H 以下。

（2）晶闸管具有“可控”的单向导电特性，所以晶闸管又称为单向可控硅。由于门极所需的电压、电流比较小（电流只有几十至几百毫安），而阳极与阴极可承受很大的电压，通过很大的电流（电流可大到几百安以上），因此晶闸管可实现弱电对强电的控制。

2．单向晶闸管的测量指标

晶闸管的参数很多，在生产实践中，人们最关心的是晶闸管在阻断状态下能够承受多大的正、反向电压，它在导通时可以通过多大的电流，导通的管子要想关断有什么条件等。在实际使用时，主要考虑晶阐管的主要参数，如表 8-1-5 所示。

表 8-1-5　晶闸管的主要参数

<table>
<tr><th>参　　数</th><th>符　　号</th><th colspan="2">说　　明</th></tr>
<tr><td>断态重复峰值电压</td><td>U_{DRM}</td><td>结温为额定值时，门极断开，允许重复加在晶闸管阴极、阳极间的正向峰值电压。一般而言，这一电压比正向转折电压小 100V</td><td rowspan="2">通常情况下，U_{DRM} 和 U_{RRM} 两者相差不大，统称为峰值电压，俗称额定电压。若两者不等，则取其中较小的电压</td></tr>
<tr><td>反向重复峰值电压</td><td>U_{RRM}</td><td>结温为额定值时，门极断开，允许重复加在晶闸管阴极、阳极间的反向峰值电压。一般而言，这一电压比反向击穿电压小 100V</td></tr>
<tr><td>通态平均电流</td><td>$I_{T(AV)}$</td><td colspan="2">在规定的环境温度和散热条件下，结温为额定值，允许通过工频正弦半波电流的平均值</td></tr>
<tr><td>通态平均电压</td><td>$U_{T(AV)}$</td><td colspan="2">结温稳定，通过正弦半波额定的平均电流，晶闸管导通时，阳极和阴极间的电压平均值习惯上被称为导通时的管压降，一般为 1V 左右。它的大小反映了晶闸管的管耗大小，此值越小越好</td></tr>
<tr><td>维持电流</td><td>I_H</td><td colspan="2">在规定的环境温度下，门极断路时，维持晶闸管继续导通所需的最小电流，一般为几十到几百毫安。它是晶闸管由通到断的临界电流，要使晶闸管关断，必须使正向电流小于 I_H</td></tr>
</table>

知识三　声光控开关线路工作过程

声光控开关控制线路的实物图如图 8-1-7 所示，其原理图如图 8-1-8 所示。其工作过程如下。

图 8-1-7　声光控开关控制线路的实物图

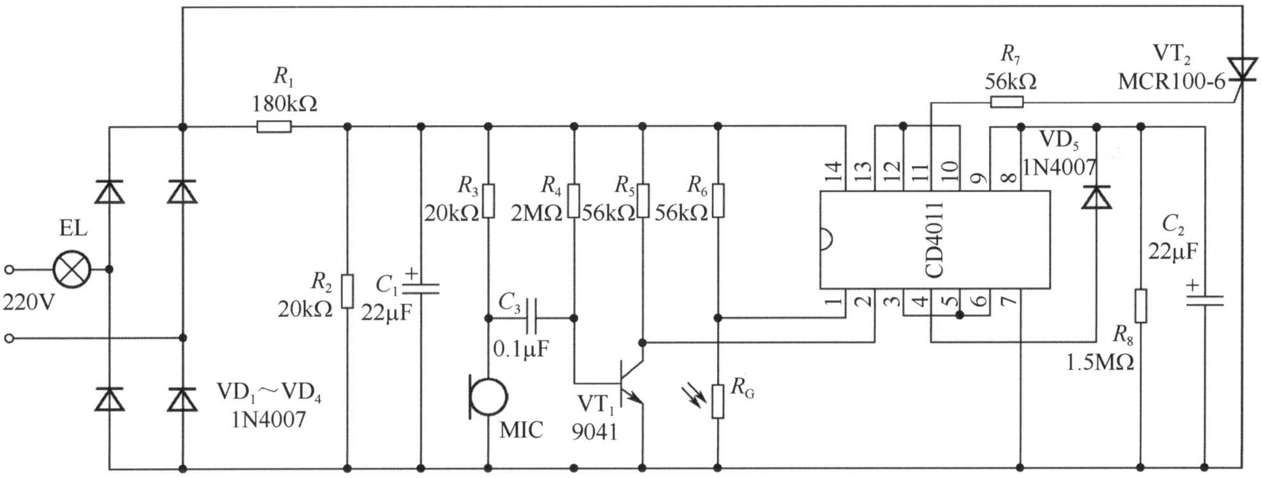

图 8-1-8　声光控开关控制线路原理图

声音信号由驻极体话筒 MIC 接收并转换成电信号，经电容器 C_3 耦合到三极管 VT_1 的基极进行电压放大，放大后的信号送到与非门（D_1）的 2 号引脚，R_4 是 VT_1 的偏置电阻器，C_1 是电源滤波电容器。为了使声光控开关在白天断开，即灯不亮，由光敏电阻器 R_G 等元器件组成光控电路，电阻器 R_6 和光敏电阻器 R_G 组成串联分压电路。在夜晚环境中无光时，光敏电阻器 R_G 的电阻很大，它两端的电压高，为高电平，此时和被放大的音频电信号一起加到 CD4011 的第一个门电路——D_1 的输入端，D_1 打开。D_1 输出为低电平，使 D_2 输出为高电平，经 D_2 整形后通过二极管 VD_5 送至门电路 D_3、D_4（同时很快给电容器 C_2 充电），整形后输出的高电平作为触发延迟信号加到单向晶闸管 VT_2 的门极，使晶闸管 VT_2 导通。在声控或光控信号消失后，D_1 关闭，输出为高电平，D_2 输出为低电平，二极管 VD_5 截止，充满电后的 C_2 只向电阻器 R_8 放电。当放电到一定电平时，经与非门 D_3 使 D_4 输出为低电平，单向晶闸管失去触发信号而截止，完成一次灯由亮到灭的自动熄灭过程。

任务实施

1. 声光控开关线路原理图识读

原理图是电子线路装接和检修的重要资料之一，正确识读原理图，不管是对电子线路装接还是对检修而言都至关重要。要正确识读原理图，关键是掌握原理图三要素：元器件符号、元器件代号、元器件参数。声光控开关线路原理图三要素如图 8-1-9 所示。

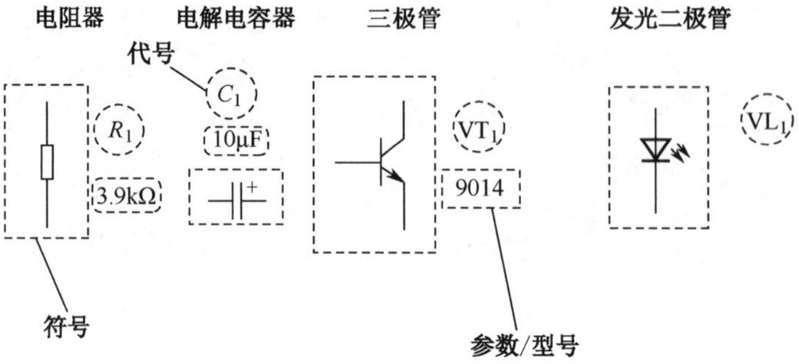

图 8-1-9　声光控开关线路原理图三要素

原理图识读或绘制的具体要求如下。

（1）图上体现交点。

① “∟”连接和“⊥”连接的连接点可以不加黑点。

② “＋”连接的连接点必须加黑点，不加则表示为非连接点。

（2）图上体现元器件极性。

① 符号无极性特点但实际有极性的元器件要标明极性。

② 符号有极性特点的元器件可不标明极性。

（3）图上体现元器件符号、代号、参数、连接。

① 必须正确画出元器件符号。

② 必须正确标出元器件的代号和参数（型号或值）。

③ 画出正确的电气连接。

声光控开关线路原理图如图 8-1-10 所示。

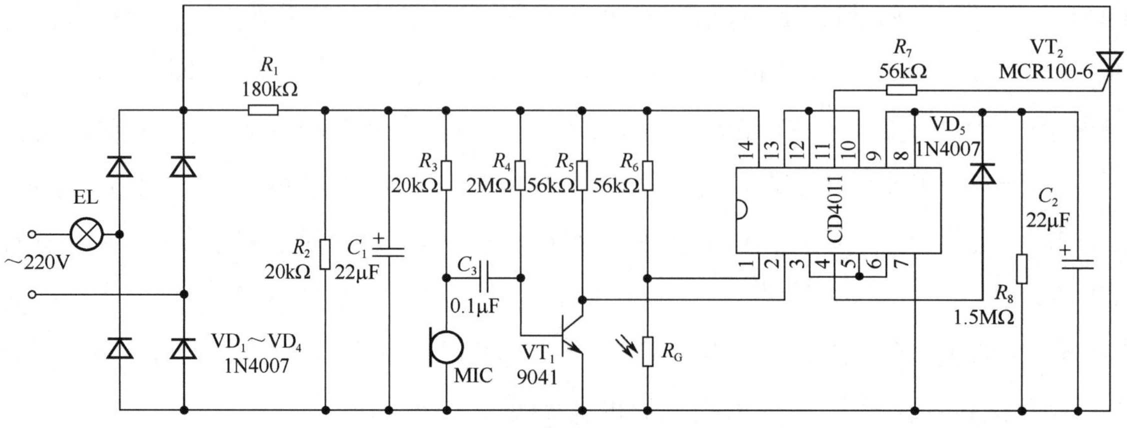

图 8-1-10　声光控开关线路原理图

2. 声光控开关线路插装布线图识读

插装布线图是电子线路插装的依据，它是线路原理和插装要求相结合的产物。要正确装接线路就需要正确识读插装布线图。同原理图一样，其关键是掌握三要素：元器件形状、元器件代号、元器件参数。声光控开关线路插装布线图三要素如图 8-1-11 所示。

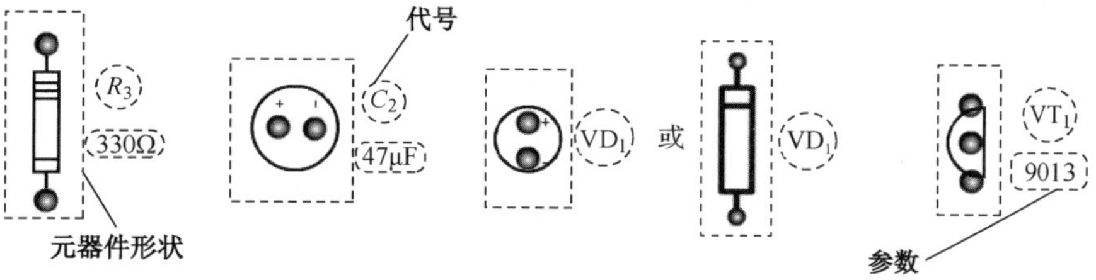

图 8-1-11　声光控开关线路插装布线图三要素

插装布线图识读或绘制的具体要求如下。

（1）图上体现焊点。

连接处必须体现焊点（加焊点标志）。

（2）图上体现元器件形状。

① 图上体现元器件的真实形状，电阻器要标明色环。

② 图上元器件所占的孔数与总占格数要符合要求。

（3）图上体现元器件极性。

有极性的元器件要正确标明极性。

（4）图上体现元器件代号、参数、连接。

① 必须正确标出元器件的代号和参数（型号或值）。

② 画出正确的电气连接（必须与电路原理图的电气连接一致）。

声光控开关线路插装布线图如图 8-1-12 所示。

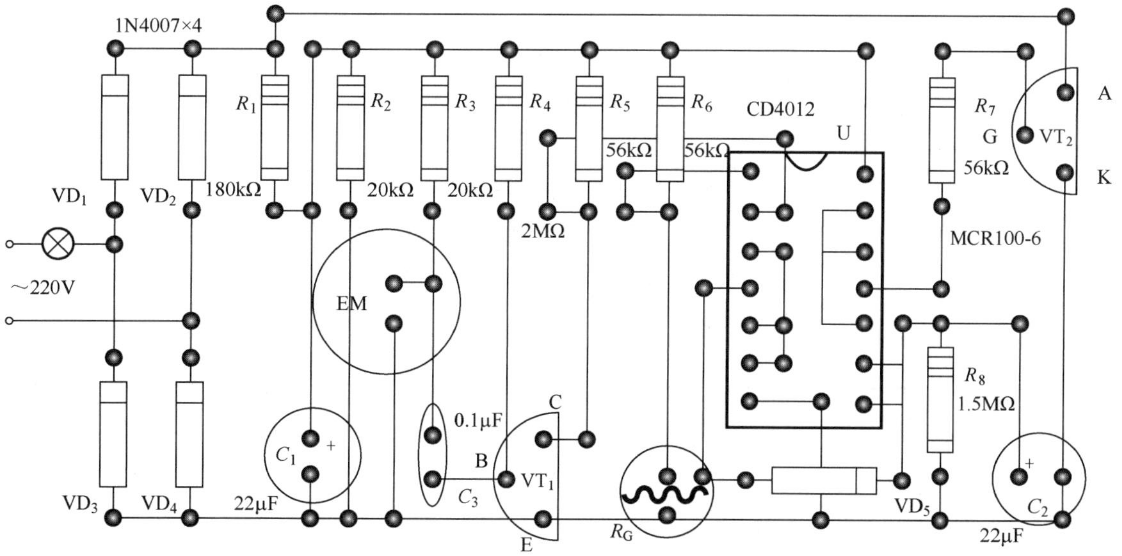

图 8-1-12　声光控开关线路插装布线图

3．声光控开关线路元器件检测

按照表 8-1-6 所示进行元器件检测。

表 8-1-6　元器件检测表

<table>
<tr><th rowspan="2">元器件</th><th rowspan="2">型号/规格</th><th rowspan="2">检测项目</th><th colspan="2">检 测 过 程</th><th colspan="2">检 测 结 果</th></tr>
<tr><th>检测工具</th><th>检 测 步 骤</th><th>好坏/值</th><th>极性/标识</th></tr>
<tr><td rowspan="2">电阻器</td><td rowspan="2">1 kΩ，1/4W</td><td>电阻</td><td rowspan="2">万用表</td><td rowspan="2">① 用色环法读出电阻、精度（如电阻为 1kΩ，精度为±10%）
② 万用表选取电阻挡（机械、欧姆调零）
③ 选取合适的量程（使指针落在满刻度的 2/3～1 处，换挡时注意欧姆调零）
④ 读数（读数时，眼睛、指针、刻度要在同一条直线上）
⑤ 判断好坏：$\frac{测量值-标称值}{标称值}\times 100\%$ 小于等于精度时，电阻器可用，可判断为好。例如，(900－1000)/1000＝−10%</td><td>电阻为900Ω</td><td rowspan="2"></td></tr>
<tr><td>好坏</td><td>好/坏</td></tr>
<tr><td rowspan="3">电解电容器</td><td rowspan="3">47μF，25V</td><td>电容</td><td>电容表/目测</td><td rowspan="3">① 万用表选取电阻挡（机械、欧姆调零）
② 选取合适的量程：原则上，大电容选取倍率小的挡位，小电容选取倍率大的挡位，不可以选取 R × 10kΩ 挡（如 47μF 的电容器，可选取 R × 100Ω 挡）
③ 判断好坏：将黑表笔接电容器正极，红表笔接电容负极，万用表指针迅速偏转（充电，较大幅度），最后慢慢返回电阻无穷大处；将电容器放电，将黑表笔接电容器负极，红表笔接电容器正极，万用表指针迅速偏转（充电，较大幅度），最后慢慢返回接近电阻无穷大处（电容器一般存在一定的反向漏电流，所以反接时，指针回不到无穷大处，会有一定距离），那么可以认为这个电容器可用，是好的。返回越到位，电容器性能越好。其他情况认为不可用
④ 判断极性：根据电容器反接时存在较大漏电流这一特点，可以判断指针回不到无穷大处那次，红表笔接的是电容器正极
⑤ 电容器的电容可以用电容表测量，也可以直接目测，读出参数（小电容的电容器由于充放电不明显，一般不直接用万用表测极性和好坏）</td><td>47μF 25V</td><td rowspan="3"></td></tr>
<tr><td>好坏</td><td>万用表</td><td>好/坏</td></tr>
<tr><td>极性</td><td>万用表/目测</td><td>目测：引脚较长的一侧为正极，引脚较短或白边那一侧为负极</td></tr>
<tr><td rowspan="2">三极管</td><td rowspan="2">9013</td><td>管型</td><td>万用表</td><td rowspan="2">① 万用表选取电阻挡（机械、欧姆调零）
② 选取合适的量程：原则上，选取 R × 100Ω 或 R × 1kΩ 挡，不可以选取 R × 10kΩ 挡（两支表笔插口要正确，这里用模拟万用表，正确插表笔后，黑表笔连接万用表内部电源正极）</td><td>NPN/PNP</td><td rowspan="2">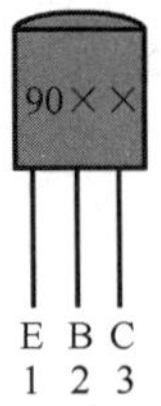</td></tr>
<tr><td>引脚</td><td>万用表</td><td>E：1
B：2
C：3</td></tr>
</table>

续表

<table>
<tr><th rowspan="2">元器件</th><th rowspan="2">型号/规格</th><th rowspan="2">检测项目</th><th colspan="2">检 测 过 程</th><th colspan="2">检 测 结 果</th></tr>
<tr><th>检测工具</th><th>检 测 步 骤</th><th>好坏/值</th><th>极性/标识</th></tr>
<tr><td>三极管</td><td>9013</td><td>好坏</td><td>万用表</td><td>③ 判断管型：用两支表笔两两测量三极管三个引脚，如表所示。
<table>
<tr><th>次数</th><th>黑表笔</th><th>红表笔</th><th>挡位</th><th>电阻</th></tr>
<tr><td>第一次</td><td>1</td><td>2</td><td rowspan="6">R × 1kΩ</td><td>∞</td></tr>
<tr><td>第二次</td><td>2</td><td>1</td><td>5kΩ</td></tr>
<tr><td>第三次</td><td>1</td><td>3</td><td>∞</td></tr>
<tr><td>第四次</td><td>3</td><td>1</td><td>∞</td></tr>
<tr><td>第五次</td><td>2</td><td>3</td><td>5.6kΩ</td></tr>
<tr><td>第六次</td><td>3</td><td>2</td><td>∞</td></tr>
</table>
六次测量下来，有两次偏转比较大（第二次和第五次测量的特点是黑表笔都连接在 2 号引脚上），其余几次基本不偏转，则可以判断：2 号引脚为 B 极，同时三极管为 NPN 型（若偏转较大的那两次是红表笔接同一引脚，则管型为 PNP 型，且该引脚为 B 极）
④ 判断引脚：保持三极管三个引脚不相碰，用手捏住 B 极（2 号引脚）和余下任意一个引脚，如下所示。
<table>
<tr><th>次数</th><th colspan="2">用手捏住的引脚</th><th>黑表笔</th><th>红表笔</th><th>挡位</th><th>电阻</th></tr>
<tr><td>第一次</td><td rowspan="4">2</td><td rowspan="2">1</td><td>1</td><td>3</td><td rowspan="4">R × 1kΩ</td><td>∞</td></tr>
<tr><td>第二次</td><td>3</td><td>1</td><td>6kΩ</td></tr>
<tr><td>第三次</td><td rowspan="2">3</td><td>1</td><td>3</td><td>∞</td></tr>
<tr><td>第四次</td><td>3</td><td>1</td><td>38kΩ</td></tr>
</table>
四次测量下来（注意：四次测量中万用表的两支表笔不可接触 2 号引脚），找出指针偏转最大（电阻最小）的那次，黑表笔接的引脚为 C 极，剩下的引脚为 E 极（若三极管为 PNP 型，则找出指针偏转最大的那次，黑表笔接的引脚为 E 极）
⑤ 按照以上判断管型和引脚的方法，若可以判断，则认为三极管是好的，否则认为质量不好</td><td>好/坏</td><td></td></tr>
<tr><td rowspan="2">驻极体话筒</td><td rowspan="2">MIC</td><td rowspan="2">极性</td><td>目测</td><td rowspan="2">① 万用表选取电阻挡（机械、欧姆调零）
② 选取合适的量程：一般选取 R × 100Ω 或 R × 1kΩ 挡，不可以选取 R × 10kΩ 挡
③ 目测判断极性：有线从引脚引到外壳的一端为电源负极
④ 万用表测量判断极性
方法一：电阻挡测量两引脚与外壳，电阻小，接近短路那次测量对应的引脚为电源负极
方法二：选取 R × 100Ω 或 R × 1kΩ 挡，测量两引脚，测量时给话筒吹声，记录指针偏转位置。保持挡位不变，调换万用表两支表笔，给话筒吹声，记录指针偏转位置。比较两次指针偏转的位置，偏转比较大的那次，黑表笔接的是话筒电源正极</td><td rowspan="2">与外壳相连接的为电源负极</td><td rowspan="2"></td></tr>
<tr><td>万用表</td></tr>
</table>

续表

元器件	型号/规格	检测项目	检测过程		检测结果	
			检测工具	检测步骤	好坏/值	极性/标识
驻极体话筒	MIC	好坏	万用表	⑤ 万用表测量判断好坏：采用上面的方法二进行测量。若能够清晰判断出极性，则初步认为话筒是好的	好/坏	
晶闸管	MCR 100-6	极性	万用表/目测	① 万用表选取 R × 100Ω 或 R × 1kΩ 挡（机械、欧姆调零） ② 判断极性：将黑、红表笔分别接在晶闸管某两个引脚上，测量其电阻，再交换黑、红表笔重测两个引脚间的电阻，一共测量六次。 当测得其中两个电极间电阻较小（为正向电阻），而交换表笔后测得电阻很大（为反向电阻）时，以电阻较小的为准，黑表笔所接的就是门极，而红表笔所接的就是阴极，剩下的电极便是阳极	晶闸管有字的一面面向自己，极性依次为阴极、阳极、门极	
		好坏	万用表/目测	③ 判断好坏：测量普通晶闸管阳极与阴极之间的正、反向电阻，正常时均应为无穷大。若测得阳极、阴极之间的正、反向电阻为零或均较小，则说明晶闸管内部击穿短路或漏电 ④ 可用万用表 R × 1Ω 挡测量。将黑表笔接阳极，红表笔接阴极，此时表针不动，电阻为无穷大。用镊子或导线将晶闸管的阳极与门极短路，相当于给门极加上正向触发电压，此时万用表指针向右偏转，电阻为几至几十欧姆，表明晶闸管因正向触发而导通。保持阳极、阴极上的表笔不动，断开阳极与门极的连接（撤走短路的镊子或导线），指针示值仍保持在几至几十欧姆的位置不动。保持阴极上的表笔不动，将黑表笔撤离阳极，若指针应回到无穷大，则说明此晶闸管的触发性能良好	好/坏	
光敏电阻器	CDS5	好坏	万用表	① 用一黑纸片将光敏电阻器的透光窗口遮住，此时万用表的指针基本保持不动，其电阻接近无穷大。此值越大，说明光敏电阻器性能越好。若此值很小或接近零，则说明光敏电阻器已烧穿损坏，不能再继续使用 ② 将一光源对准光敏电阻器的透光窗口，此时万用表的指针应有较大幅度的摆动，其电阻明显减小。此值越小，说明光敏电阻器性能越好。若此值很大甚至为无穷大，则表明光敏电阻器内部开路损坏，不能再继续使用 ③ 将光敏电阻器透光窗口对准入射光线，用一黑纸片在光敏电阻器的遮光窗上部晃动，使其间断受光，此时万用表指针应随黑纸片的晃动而左右摆动。若万用表指针始终停在某一位置而不随纸片晃动而摆动，则说明光敏电阻器的光敏材料已经损坏	好/坏	

续表

<table>
<tr><th rowspan="2">元器件</th><th rowspan="2">型号/规格</th><th rowspan="2">检测项目</th><th colspan="2">检 测 过 程</th><th colspan="2">检 测 结 果</th></tr>
<tr><th>检测工具</th><th>检 测 步 骤</th><th>好坏/值</th><th>极性/标识</th></tr>
<tr><td>二极管</td><td>1N4007</td><td>极性</td><td>万用表/目测</td><td>① 万用表选取 R × 100Ω 或 R × 1kΩ 挡（机械、欧姆调零）
② 判断极性：将两支表笔分别接在二极管的两个电极，先测出一个结果，对调两支表笔，再测出一个结果。在两次测量的结果中，测量出来电阻较小（指针偏转大）的那一次为二极管的正向电阻，此时黑表笔接的是二极管的正极
③ 判断好坏：
<table><tr><th>正 向 电 阻</th><th>反 向 电 阻</th><th>管 子 好 坏</th></tr><tr><td>较小</td><td>较大</td><td>管子好（正、反向电阻相差越大，单向导电性越好）</td></tr><tr><td>趋于 0</td><td>趋于 0</td><td>管子短路损坏</td></tr><tr><td>趋于∞</td><td>趋于∞</td><td>管子开路损坏</td></tr><tr><td colspan="2">正、反向电阻比较接近</td><td>管子质量不佳</td></tr></table>④ 硅管、锗管判断：用二极管串联合适的电阻器接电源，用万用表测量二极管的管压降。若测得的管压降为 0.6～0.7V，则为硅二极管；若测得的管压降为 0.2～0.3V，则为锗二极管</td><td>目测：管壳表面有灰白标识的一端为负极</td><td></td></tr>
</table>

4．按照装接工艺对声光控开关线路进行安装

元器件成形、插装、焊接的工艺和要求，请参照电子线路装接工艺训练部分的相关工艺。对声光控开关线路进行安装时的注意事项如下。

（1）为了防止 CD4011 在焊接过程中损坏，也为了后面调试方便，在安装 CD4011 时，应先安装芯片底座。在插装和焊接底座时，没有用到的引脚底座也需要焊接，焊接要一步到位，防止温度过高而出现底座引脚松动等情况。

（2）在焊接驻极体话筒、光敏电阻器、晶闸管、三极管时，焊接温度不得超过 300℃，焊接时间不得超过 12s，如需要引线，则长度应尽可能短。

（3）灯泡采用外置方式，灯座通过导线连接到线路中，在焊接接线端子时要注意不要损坏塑料固件。

5．按照检测步骤对声光控开关线路进行调试检测

按表 8-1-7 所示进行声光控开关线路的调试检测。

表 8-1-7　声光控开关线路的调试检测

<table>
<tr><th>序　号</th><th colspan="2">作 业 项 目</th><th>作 业 内 容</th></tr>
<tr><td rowspan="5">1</td><td rowspan="5">通电前检测</td><td>元器件引脚连线</td><td>使用万用表检测两个引脚之间的通断</td></tr>
<tr><td>元器件极性</td><td>目测元器件极性</td></tr>
<tr><td>集成芯片电源</td><td>CD4011 的 14 号引脚接电源正极，7 号引脚接地</td></tr>
<tr><td>集成芯片插装</td><td>U 形缺口左边为 1 号引脚或三角符号为 1 号引脚</td></tr>
<tr><td>电阻器</td><td>核对 R_1 是否短路或接线有误</td></tr>
</table>

续表

<table>
<tr><th>序　号</th><th colspan="2">作 业 项 目</th><th colspan="5">作 业 内 容</th></tr>
<tr><td rowspan="5">2</td><td rowspan="5">通电时注意事项</td><td>线路电压</td><td colspan="5">V_{CC}对接地端电压为7～13V</td></tr>
<tr><td>芯片</td><td colspan="5">CD4011的14号引脚对7号引脚电压为7～13V</td></tr>
<tr><td rowspan="2">电容器</td><td colspan="5">不出现膨胀现象</td></tr>
<tr><td colspan="5">通电时保证人脸不正对电容器，以防电容器爆炸伤人</td></tr>
<tr><td>特别注意事项</td><td colspan="5">在R_1和R_2分压把电压降下来之前的线路中，都是安全电压之上的电压，所以在全线路通电试车前需要断开高压线路进行各支路调试。具体做法就是断开C_1正极端与R_1、R_2之间的连线，并加入8V直流电压，进行支路调试</td></tr>
<tr><td rowspan="18">3</td><td rowspan="18">通电检测</td><td rowspan="5">线路调试
（声路支路调试）</td><td colspan="5">断开光敏电阻器支路</td></tr>
<tr><td colspan="5">给话筒制造声音，用万用表检测CD4011的2号引脚电压。有声时为高电平，无声时为低电平</td></tr>
<tr><td colspan="5">用万用表检测三极管U_{BE}电压</td></tr>
<tr><td colspan="5">用万用表检测三极管U_{CE}电压和波形</td></tr>
<tr><td colspan="5">以上测量值都正常，声路支路调试成功</td></tr>
<tr><td rowspan="3">线路调试
（光路支路调试）</td><td colspan="5">断开声路支路</td></tr>
<tr><td colspan="5">用遮光筒实现遮光和不遮光，用万用表检测CD4011的1号引脚电压。遮光时为高电平，不遮光时为低电平</td></tr>
<tr><td colspan="5">用万用表检测光敏电阻器两端的电压，分别测量遮光和不遮光时的电压。遮光时为高电平，不遮光时为低电平</td></tr>
<tr><td rowspan="10">线路调试
（CD4011支路调试）</td><td>用万用表测量（对7号引脚的电压）</td><td colspan="4">测量值</td></tr>
<tr><td>1号引脚</td><td>0</td><td>1</td><td>1</td><td>0</td></tr>
<tr><td>2号引脚</td><td>0</td><td>1</td><td>0</td><td>1</td></tr>
<tr><td>3、5、6号引脚</td><td>1</td><td>0</td><td>1</td><td>1</td></tr>
<tr><td>4、8、9号引脚</td><td>0</td><td>1</td><td>0</td><td>0</td></tr>
<tr><td>10、12、13号引脚</td><td>1</td><td>0</td><td>1</td><td>1</td></tr>
<tr><td>11号引脚</td><td>0</td><td>1</td><td>0</td><td>0</td></tr>
<tr><td colspan="5">接入分压降压线路，接通电源</td></tr>
<tr><td colspan="5">遮光和制造声音</td></tr>
<tr><td colspan="5">灯泡点亮，延时熄灭，线路试车成功</td></tr>
<tr><td rowspan="5">4</td><td rowspan="5">线路检修</td><td>检测声路线路</td><td colspan="5">测量值与线路调试值进行比较</td></tr>
<tr><td>检测光路线路</td><td colspan="5">测量值与线路调试值进行比较</td></tr>
<tr><td>检测CD4011</td><td colspan="5">测量值与线路调试值进行比较</td></tr>
<tr><td>检测晶闸管线路</td><td colspan="5">测量值与线路调试值进行比较</td></tr>
<tr><td>检测整流、分压线路</td><td colspan="5">测量值与线路调试值进行比较</td></tr>
</table>

反侵权盗版声明

举报电话：（010）88254396；（010）88258888

传　　真：（010）88254397

E-mail：dbqq@phei.com.cn

通信地址：北京市万寿路 173 信箱

电子工业出版社总编办公室

邮　　编：100036